测量：永远在提高精度的路上

主　编：李　刚　林　凌

副主编：乔　文　乔晓艳　周　梅

　　　　张盛昭　汤宏颖　杨　雪

　　　　李　哲

南开大学出版社

NANKAI UNIVERSITY PRESS

天　津

图书在版编目(CIP)数据

测量：永远在提高精度的路上 / 李刚，林凌主编；乔文等副主编. -- 天津：南开大学出版社，2025.4.

ISBN 978-7-310-06684-1

Ⅰ. P2

中国国家版本馆 CIP 数据核字第 2025ZW8913 号

测量：永远在提高精度的路上

CELIANG：YONGYUAN ZAI TIGAO JINGDU DE LUSHANG

南开大学出版社出版发行

出版人：王 康

地址：天津市南开区卫津路 94 号 邮政编码：300071

营销部电话：(022)23508339 营销部传真：(022)23508542

https://nkup.nankai.edu.cn

河北文曲印刷有限公司印刷 全国各地新华书店经销

2025 年 4 月第 1 版 2025 年 4 月第 1 次印刷

230×170 毫米 16 开本 29 印张 475 千字

定价：98.00 元

如遇图书印装质量问题,请与本社营销部联系调换,电话：(022)23508339

前　言

依据马克思的观点：一门科学成熟的标志在于数学的充分运用。著名大科学家门捷列夫也说过：科学源于测量，没有测量，就没有严谨的科学。将两位伟人的话联系起来思考，可以得出测量与数学、科学之间的关系以及测量的重要性。

测量是科学中永恒的主题：所谓探索客观世界规律，其最高境界就是用数学来描述客观规律，离开了测量何谈用数学？现代医学首要问题是诊断，而要得到准确的诊断也离不开各种各样的医学仪器。不仅如此，包括医学仪器制造在内，各行各业哪一个能够离开"测量"？

作者有幸一辈子都在从事生物医学测量的教学和科研工作，近四十年不间歇地学习、研究和探索积累了不少有价值的东西，否则，如何指导200多名硕士研究生和博士研究生呢？如何发表700篇论文和获得120多项国家发明专利呢？

通过思考把5个主要研究方向的收获整理成这本书，其中也包括很多本人指导的研究生的贡献。

虽然是作者部分主要研究方向的体会，但本书并未局限于狭窄的领域内，也不是个人的经验总结，而是通过整理升华，特别是以"测量"为主题，辅之和融会贯通数学、物理、信号与系统和电子学的理论与技术，使得本书可以在十分广阔的领域发挥借鉴作用。

第1章的内容为测量与误差，这是本书的基础，但不限于纯理论方面，也结合了测量系统的设计等与测量实践息息相关的内容，还包含作者对测量的与众不同的认识与总结。

第2章介绍"M+N"理论。"M+N"理论是作者积累几十年的研究而提出的一种理论。它符合唯物辩证法的观点，从全局的角度考察提高测量精度的策略和途径，将被对象、外界影响、测量系统等所有方面面纳入影响测量精度的因素，既结合了误差理论又借鉴了"信号与系统"的思想，为提高测量精度提供了思路和可行、可操作的方法。

第3章介绍了"测量中的调制解调技术及其复用方式"，与众不同的是以"测量与误差抑制"的视角审视这种司空见惯的技术，通过多个实例证明调制解调技术可大幅度提高测量精度。本章中的精华是"高速锁相算法"，其处理速度到了其他任何算法都不可能超越的地步，同时该算法又极为简单，且不会有任何精度损失。

第 4 章介绍了抑制随机噪声的锐利武器——平均方法，并给出了"平均"的各种应用形式，如过采样、高速数字锁相算法等，并把各种平均方法用一个术语："大平均"来概括。

第 5 章介绍了作者最重要的研究方向——动态光谱理论与血液成分无创分析。从传感原理、光谱 PPG 信号检测与处理、动态光谱的提取与处理到动态光谱的建模分析，全面介绍了"动态光谱理论与血液成分无创分析"的方方面面。

第 6 章介绍了作者另外一个重要的研究方向——透射多光谱图的采集与处理。这是一个应用价值极大，也是十分艰难的课题，但我们课题组也取得了多项成果，对多维测量、数据（图像）处理具有很高的借鉴价值。

限于篇幅，还有不少有价值的东西未能在本书出现，虽然有些遗憾，但相信以后会有机会与大家分享。

2020 年 5 月，教育部印发了《高等学校课程思政建设指导纲要》，该纲要对高等学校课程和教材都提出了更高的要求。以该纲要为指示，本书将专业知识与思政教育相结合，融入了课程思政的内容，旨在培养学生的社会责任感和家国情怀。

本书由乔文教授编写第 1 章，李哲副教授编写第 2 章，周梅副教授编写第 3 章，张盛昭副教授编写第 4 章，汤宏颖副教授编写第 5 章，杨雪副教授编写第 6 章，全书由乔晓艳教授、李刚教授和林凌教授统稿。本书的编写参考和引用了大量的文献资料，特别是作者所指导的研究生们的论文。出于对篇幅、工作量和教材简洁性的考虑，没有在每个引用的地方去特意注明，作者在此向这些文献的原作者表示衷心的感谢。

作者

2023 年春

于北洋园

目　录

第1章 测量、精度与误差

对于测量（检测），作者有如下一些感悟与大家分享：

——测量的永恒目标是提高精度。

——提高精度的必由之路是抑制每一项误差。

——抑制误差手段的效果标志着工程师或科学家的水平高低、能力大小。

——新的测量方法是科学上的"创新"，也必然是工程实践上的足够积累。

——学术上，可以"不惜代价"地提高精度，检测现有技术达不到的信号（或某种对象）。

——工程上，在做到足够高的精度同时，还要保证足够的"经济性"，即考虑成本、工艺、可靠性……

——现代科学，完全与测量共生共长。

——工程上，无处不存在测量。

——科学（学术）与工程不仅没有任何矛盾之处，而且是不可分割、密不可分的一体两面。

——现代生活、现代工业、现代农业、现代运输……现代一切的一切，无时无刻都离不开测量，无时无处不存在测量。

——现代医学，没有测量就没有诊断。

……

本书是由作者在生物医学信号检测与处理方向上的成果集结而成的，因而在本章也会介绍有关生物医学信号检测与处理方面的基础知识，这也是本书必要的基础，但又不能像一般的教科书那样，大篇幅、系统和全面地介绍生物医学信号检测与处理的基础知识。

1.1 测量的基本知识

信号是一个物理词汇，信号是表示消息的物理量，如电信号可以通过幅度、频率、相位的变化来表示不同的消息。从广义上讲，它包含光信号、声信号和电信号等。因此，生物医学信息是通过生物医学信号的检测与处理而获取的，习惯上也称为生物医学信号测量。

如同其他领域的测量一样，没有一定精度的测量是毫无意义的。测量的永恒目标是追求更高的精度、更高的速度、更低的成本，还有对人体更低的伤害，最佳的测量是无损无创的。

要保证足够高的测量精度，必须掌握测量的基本概念和提高测量精度的一般方法。

1.1.1　测量的概念

（1）测量的物理含义

测量是用实验的方法把被测量与同类标准量进行比较，以确定被测量大小的过程。

（2）测量过程

一个测量过程通常包括以下 3 个阶段：

①准备阶段；

②测量阶段；

③数据处理阶段。

（3）测量手段

按照层次和复杂程度，测量手段通常分为以下 4 类：

①量具，体现计量单位的器具。

②仪器，泛指一切参与测量工作的设备。

③测量装置，由几台测量仪器及有关设备所组成的整体，用以完成某种测量任务。

④测量系统，由若干不同用途的测量仪器及有关辅助设备组成，用以多种参量的综合测试。测量系统是用来对被测特性定量测量或定性评价的仪器或量具、标准、操作、方法、夹具、软件、人员、环境和假设的集合。

（4）测量结果的表示

测量结果由两部分组成，即测量单位和与此测量单位相适应的数字值，一般表示成

$$X = A_x X_0 \tag{1-1}$$

式中，X 表示测量结果；A_x 表示测量所得的数字值；X_0 表示测量单位。

1.1.2　测量及方法的分类

测量及方法可以有以下两种分类方式。

（1）按被测量变化的速度分类

①静态测量

在测量过程中被测量保持稳定不变，如人的身高在测量过程中几乎不变，又如骨密度、颅内压，等等。

某些在测量过程中变化缓慢的医学信息的测量也可以看作静态测量，如体温和绝大多数血液成分。

②动态测量

在测量过程中被测量一直处于变化状态，如脉搏波、心电（ECG）和脑电（EEG）等。

（2）按比较的方式分类

①直接测量

A. 直接比较测量法：将被测量直接与已知其值的同类量相比较的测量方法。

B. 替代测量法：用选定的且已知其值的量替代被测的量，使得在指示装置上有相同的效应，从而确定被测量值。

C. 微差测量法：将被测量与同它的量值只有微小差别的同类已知量相比较并测出这两个被测量间的差值的测量方法。

D. 零位测量法：通过调整一个或几个与被测量有已知平衡关系的量，用平衡的方法确定出被测量的值。

E. 符合测量法：由对某些标记或信号的观察来测定被测量值与作比较用的同类已知被测量间微小差值的测量方法。

②间接测量

间接测量是通过对与被测量有函数关系的其他量的测量，通过计算得到被测量值的测量方法。

为保证测量精度和可靠性，一般情况下应尽量采用直接测量，只有下列情况才选择间接测量：

A. 被测量不便于直接读出。

B. 直接测量的条件不具备，如直接测量该被测量的仪器不够准确或没有直接测量的仪表。

C. 间接测量的结果比直接测量更准确。

③组合测量

在测量过程中，在测量两个或两个以上相关的未知数时，需要改变测量条件进行多次测量，根据直接测量和间接测量的结果，解联立方程组求出被测量，称为组合测量。

④软测量

软测量是把生产过程和知识有机结合起来，应用计算机技术对难以测量或暂时不能测量的重要变量，选择另外一些容易测量的变量，通过构成某种数学关系来推断或估计，以软件来替代硬件的功能。应用软测量技术实现元素组分含量的在线检测不但经济可靠，且动态响应迅速，可连续给出萃取过程中元素组分含量，易于达到对产品质量的控制。

在医学上，可利用人体生理、生化参量的某些关联实现某种医学信息的检测，如血糖的无创测量。有学者提出一种基于血糖无创检测的代谢率测量方法，通过温度传感器、湿度传感器、辐射传感器分别测得人体局部体表与环境之间通过对流、蒸发、辐射三种传热方式所散发的热量。利用从热力学第一定律出发建立的人体热平衡方程，选择相关参数并建立数学模型，求得人体局部组织代谢率和血糖。

⑤建模测量

所谓"模型"就是"关系"，即被测量与系统输出量（观察量）之间关系。可以是多被测量，也可以有多被测量与多输出量（观察量）之间的动态关系。

建模测量的步骤如下：

A. 基于物理原理、化学原理和生物原理寻找一组与被测量有稳定、确切、单调关系的观察量。

B. 在此基础上建立测量系统。

C. 采集足够多的样本数据,样品的分布覆盖所有被测量的动态范围和可能状态。

D. 对所采集的数据建模,这些模型可以是数学表达式或人工神经网络的权系数、表格等。

E. 将模型嵌入测量系统中,对新的被测量进行测量时系统可以直接输出结果。

建模测量不仅适用于难以用其他方式测量的多被测量，所建立的"模型"也是对客观事物运动规律的一种认识，其意义不可小觑。

1.1.3　测量系统的性能参数

这类参数体现了"奥林匹克精神"——更快、更高、更强。虽然理想（理论）如此，但实践上满足要求就好，其原因有二：一则实际测量系统的性能不可能做到理想的性能，二则高性能往往与高成本密不可分，通常也需要考虑性价比的问题。

性能参数又可分为三类：静态参数、动态参数和其他性能参数。

为简单、清晰起见，我们通过测量系统的转换函数 $f(t)$（图 1-1）来分析与时间无关的静态特性和与时间有关的动态特性。

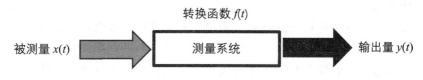

图 1-1　测量系统的数学模型

（1）静态参数

当被测量为某些确定的值，或者其变化极其缓慢或与时间无关时，可用静态特性来描述测量系统的性能 f 或测量系统输出 y 与输入 x 的关系。静态参数主要有：量程、线性度、灵敏度、迟滞、重复性、精度、分辨率、零点漂移。下面逐一介绍这些指标。

①量程

量程是测量系统的测量范围，是指测量上下极限之差的值。每个测量系统都有自身的测量范围，被测量处在这个范围内时，测量系统的输出信号才是有一定的准确性的。因此，量程也是用户选型时第一关注的技术指标，根据被测量选择一款合适量程的测量系统是极为重要的。

测量系统的量程 X_{FS}、满量程输出值 Y_{FS}、测量上限 X_{max}、测量下限 X_{min} 的关系如图 1-2 所示。

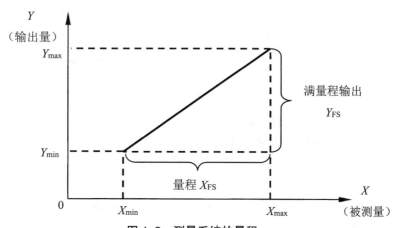

图 1-2　测量系统的量程

②线性度

测量系统的线性度又称非线性误差，是指测量系统的输出与输入之间的线性程度。理想的测量系统输入—输出关系应该是线性的，这样使用起来才最为方便。但实际中的测量系统都不具备这种特性，只是不同程度地接近这种线性关系。

实际中有些测量系统的输入—输出关系非常接近线性，在其量程范围内可以直接用一条直线来拟合其输入—输出关系。有些测量系统则有很大的偏离，但通过进行非线性补偿、差动使用等方式，也可以在工作点附近一定的范围内用直线来拟合其输入—输出关系。

选取拟合直线的方法很多，图1-3表示的是用最小二乘法求得的拟合直线，这是拟合精度最高的一种方法。实际特性曲线与拟合直线之间的偏差被称为测量系统的非线性误差 δ，其最大值与满量程输出值 Y_{FS} 的比值即为线性度 Y_L。

$$Y_L = \pm \frac{\delta}{Y_{FS}} \tag{1-2}$$

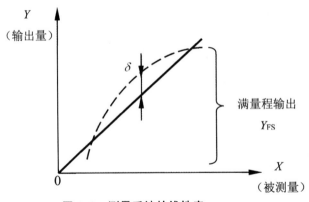

图1-3　测量系统的线性度

注意：在不考虑延时、蠕变、迟滞、空程或回差、不稳定性等因素时，可用下列多项式来描述静态特性：

$$y = a_0 + a_1 x + a_2 x^2 + \cdots + a_n x^n \tag{1-3}$$

相对而言，测量系统的非线性特性有以下几种情况：

A. 理想的线性情况

如图 1-4 所示。如果若 $a_1 \neq 0$，但 $a_2 = a_3 = \cdots a_n = 0$，则

$$y = a_1 x \qquad (1\text{-}4)$$

若 $a_0 \neq 0$，但 $a_2 = \cdots a_n = 0$。这依然是线性函数，仅仅是直线不过 0 点，测量系统有零点偏移：

$$y = a_0 + a_1 x \qquad (1\text{-}5)$$
$$a_2 = \cdots a_n = 0$$

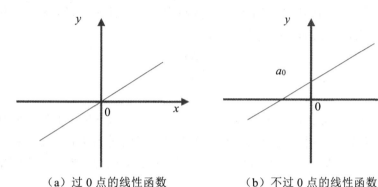

　　（a）过 0 点的线性函数　　　　　　（b）不过 0 点的线性函数

图 1-4　理想的线性情况

B. 非线性项次数为偶数（图 1-5）

如果 $a_0 = 0$，$a_3 = a_5 = a_7 \cdots = 0$，则

$$y = a_1 x + a_2 x^2 + a_4 x^4 \cdots \qquad (1\text{-}6)$$

C. 非线性项次数为奇数（图 1-6）

如果 $a_0 = a_2 = a_4 = a_6 \cdots = 0$，则

$$y = a_1 x + a_3 x^3 + a_5 x^5 \cdots \qquad (1\text{-}7)$$

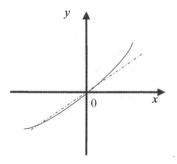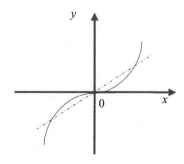

图 1-5　非线性项次数为偶数　　　　**图 1-6　非线性项次数为奇数**

D. 非线性项次数有奇数也有偶数

$$y = a_0 + a_1 x + a_2 x^2 + a_3 x^3 + a_4 x^4 \ldots \tag{1-8}$$

测量系统的特性曲线不具备对称性。

③灵敏度

测量系统的灵敏度是指其输出变化量 ΔY 与输入变化量 ΔX 的比值，可以用 k 表示。对于一个线性度非常高的测量系统来说，也可认为是其满量程输出值 Y_{FS} 与量程 X_{FS} 的比值（图 1-7）。灵敏度高通常意味着测量系统的信噪比高，这将方便信号的传递、调理及计算。

$$k = \pm \frac{\Delta Y}{\Delta X} \tag{1-9}$$

④迟滞

当输入量从小变大或从大变小时，所得到的测量系统输出曲线通常是不重合的。也就是说，对于同样大小的输入信号，当测量系统处于正行程与反行程时，其输出值是不一样大的，会有一个差值 ΔH，这种现象被称为测量系统的迟滞（图 1-8）。

产生迟滞现象的主要原因包括测量系统敏感元件的材料特性、机械结构特性等，例如运动部件的摩擦、传动机构间隙、磁性敏感元件的磁滞等。迟滞误差 Y_H 的具体数值一般由实验方法得到，用正反行程最大输出差值 ΔH_{max} 的一半占其满量程输出值 Y_{FS} 的百分比来表示。

$$Y_H = \pm \frac{\Delta H_{max}}{2Y_{FS}} \times 100\% \tag{1-10}$$

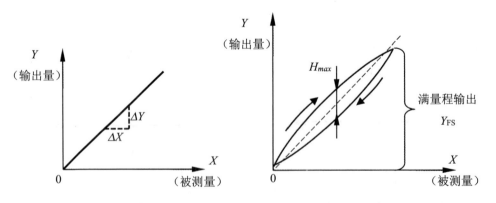

图 1-7　测量系统的灵敏度　　　　图 1-8　测量系统的迟滞

⑤重复性

一个测量系统即便是在工作条件不变的情况下，若其输入量连续多次地按同一方向（从小到大或从大到小）做满量程变化，所得到的输出曲线也会有不同，可以用重复性误差 γ_R 来表示（图 1-9）。

重复性误差是一种随机误差，常用正行程或反行程中的最大偏差 ΔY_{max} 的一半与其满量程输出值 Y_{FS} 的比值来表示。

$$\gamma_R = \pm\frac{\Delta Y_{max}}{2Y_{FS}}\times100\% \qquad （1-11）$$

⑥精度

在测试测量过程中，测量误差是不可避免的。误差主要有系统误差和随机误差两种。

引起系统误差的原因有测量原理及算法固有的误差、仪表标定不准确、环境温度影响、材料缺陷等，可以用准确度来反映系统误差的影响程度。

引起随机误差的原因有传动部件间隙、电子元件老化等，可以用精密度来反映随机误差的影响程度。

精度则是一种反映系统误差和随机误差的综合指标（图 1-10），精度高意味着准确度和精密度都高。一种较为常用的评定测量系统精度的方法是用线性度 γ_L、迟滞 γ_H 和重复性 γ_R 三项误差值的方和根来表示。

$$\gamma = \sqrt{\gamma_L^2+\gamma_H^2+\gamma_R^2} \qquad （1-12）$$

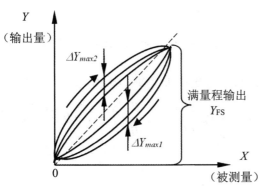

图 1-9　测量系统的重复性误差

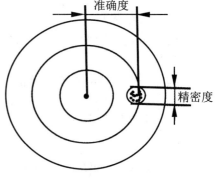

图 1-10　测量系统的准确度、精密度与精度的关系

⑦分辨率

测量系统的分辨率代表它能探测到的输入量变化的最小值。比如一把直尺，它的最小刻度为 1mm，那么它无法分辨出两个长度相差小于 1mm 的物体的区别。

有些采用离散计数方式工作的测量系统，例如光栅尺、旋转编码器等，它们的工作原理就决定了其分辨率的大小。有些采用模拟量变化原理工作的测量系统，例如热电偶、倾角传感器等，它们在内部集成了 A/D 功能，可以直接输出数字信号，因此其 A/D 的分辨率也就限制了测量系统的分辨率。

⑧零点漂移

在测量系统的输入量恒为零的情况下，测量系统的输出值仍然会有一定程度的小幅变化，这就是零点漂移（图 1-11）。引起零点漂移的原因有很多，比如测量系统内敏感元件的特性随时间而变化、应力释放、元件老化、电荷泄漏、环境温度变化等。其中，环境温度变化引起的零点漂移是最为常见的。

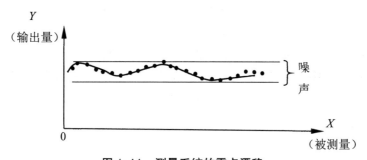

图 1-11　测量系统的零点漂移

（2）动态参数

被测量随时间变化时测量系统的输出与输入关系表现的是测量系统的动态参数。

描述一个系统的动态特性时，用微分方程更为方便、准确：

$$a_n \frac{d^n y}{dt^n} + a_{n-1} \frac{d^{n-1} y}{dt^{n-1}} + \ldots + a_1 \frac{dy}{dt} + a_0 y = b_m \frac{d^m x}{dt^m} + b_n \frac{d^{m-1} x}{dt^{m-1}} + \ldots + b_1 \frac{dx}{dt} + b_0 x$$

$$（1-13）$$

式中，y 表示 $y(t)$，x 表示 $x(t)$。

对式（1-13）取拉普拉斯变换，可得

$$Y(s)(a_n s^n + a_{n-1} s^{n-1} + \ldots + a_1 s + a_0) = X(s)(b_m s^m + b_{m-1} s^{m-1} + \ldots + b_1 s + b_0)$$

$$（1-14）$$

可得测量系统的系统函数：

$$H(s) = \frac{Y(s)}{X(s)} = \frac{b_m s^m + b_{m-1} s^{m-1} + \ldots + b_1 s + b_0}{a_n s^n + a_{n-1} s^{n-1} + \ldots + a_1 s + a_0} \qquad (1\text{-}15)$$

对一阶系统：

$$H(s) = \frac{b_0}{a_1 s + a_0} \qquad (1\text{-}16)$$

或

$$a_1 \frac{dy}{dt} + a_0 y = b_0 x \qquad (1\text{-}17)$$

对二阶系统：

$$H(s) = \frac{b_0}{a_2 s^2 + a_1 s + a_0} \qquad (1\text{-}18)$$

或

$$a_2 \frac{d^2 y}{dt^2} + a_1 \frac{dy}{dt} + a_0 y = b_0 x \qquad (1\text{-}19)$$

对绝大多数的测量系统，基于二阶系统分析已经具有足够的精度。

测量系统动态参数又可以分为两类：带宽（频域指标）和速度（时域指标：压摆率和建立时间）。

①带宽（频域）

在实际应用中，大量的被测量是时间变化的动态信号，比如血压的变化、物体位移的变化、加速度的变化等。这就要求测量系统的输出量不仅能够精确地反映被测量的大小，而且能跟得上被测量变化的快慢，这就是指测量系统的动态特性。

从传递函数的角度来看，大多数测量系统都可以简化为一个一阶或二阶环节，因此，通常可以用带宽来大概反映其动态特性。如图 1-12 所示，在测量系统的带宽范围内，其输出量的幅值在一定范围内有个小幅变化（最大衰减为 0.707）。因此，当输入值做正弦变化时，通常认为输出值是可以正确反映输入值的；但是当输入值变化的频率更高时，输出值将会产生明显的衰减，导致较大的测量失真。

②压摆率

在被测量以阶跃信号形式加载在测量系统后，测量系统输出的最大变化率被称为压摆率，有时也被称为转换速率。此参数的含义如图 1-13 所示。

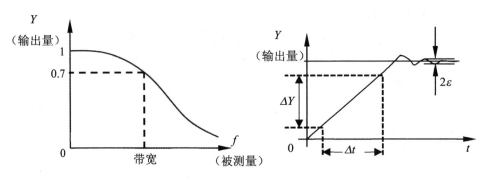

图 1-12 测量系统的带宽   图 1-13 压摆率 SR 的定义

③建立时间

在被测量以阶跃信号形式加载在测量系统后，测量系统输出达到某一特定范围所需的时间 t_s 为建立时间。此处所指的特定值范围与稳定值之间的误差区被称为误差带，用 2ε 表示，如图 1-14 所示。此误差带可用误差电压相对于稳定值的百分数（也称为精度）表示。建立时间的长短与精度要求直接有关，精度要求越高，建立时间越长。

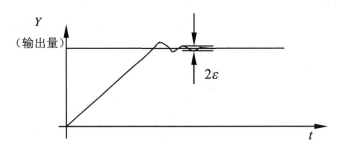

图 1-14 建立时间 t_s 的定义

1.2 误差理论的基本知识

由于实验方法和实验设备的不完善，周围环境的影响以及人的观察力、测量程序等限制，实验观测值和真值之间，总是存在一定的差异。人们常用绝对误差、相对误差或有效数字来说明一个近似值的准确程度。为了评定实验数据的精确性或误差，认清误差的来源及其影响，需要对实验的误差进行分析和讨论。由此可以判定哪些因素是影响实验精确度的主要方面，从而在以后实验中，进一步改进实验方案，缩小实验观测值和真值之间的差值，提高实验的精确性。

研究误差的意义为：

①正确认识误差的性质，分析误差产生的原因，以消除或减少误差。

②正确处理测量和实验数据，合理计算所得结果，以便在一定条件下得到更接近真值的数据。

③正确组织实验过程，合理设计仪器或选用仪器和测量方法。

研发新产品时，在一定的经济条件下，设计满足精度及其他要求的系统。

进行科学探索时，研究在已有的条件下如何得到更高的精度或灵敏度。

1.2.1 误差的基本概念

正如著名科学家门捷列夫所言："科学是从测量开始的。"他又说："没有测量，就没有科学。"时至今日，不仅人们的日常生活每时每刻离不开测量，诊断和治疗同样也离不开测量。但是，无论测量仪器多么精密，方法多么先进，实验技术人员如何认真、仔细，观测值与真值之间总是存在着不一致的地方，这种差异就是误差（error），可以说，误差存在于一切科学试验的观测之中，即任何测量结果都存在着误差。

（1）真值

所谓"真值"是指某个被测量的真实值。真值仅仅是一种理想的"存在"，一般情况下是不知道的。有以下两种情况，我们认为"真值"存在：

①理论真值

三角形的三内角之和为 $180°$，一个圆周角为 $360°$。

某一被测量与本身之差为零，或与本身之比值为 1。

②约定真值

因为真值无法获得，计算误差时必须找到真值的最佳估计值，即约定真值。约定真值通常由以下方法获得：

A. 计量单位制中的约定真值。国际单位制所定义的 7 个基本单位，根据国际计量大会的共同约定，凡是满足上述定义条件而复现出的有关被测量都是真值。

B. 标准器相对真值，凡高一级标准器的误差为低一级或普通测量仪器误差的 $1/20 \sim 1/3$ 时，则可认为前者是后者的相对真值。

C. 在科学实验中，真值就是指在无系统误差的情况下，观测次数无限多时所求得的平均值。但是，实际测量总是有限的，故用有限次测量所求得的平均值作为近似真值（或称最可信赖值）。

（2）测量误差

测量的目的不仅要给出测量结果的量值，还要给出测量结果的不确定度。在实际测量过程中，不论测量工作如何仔细，测量仪器如何准确，测量方法如何可靠，测量误差总是存在。测量误差的数据处理方法是传统方法，而测量不确定度的处理方法是由误差处理方法演变过来的。

①测量误差的定义

所谓的误差即测得量值减参考量值：

$$\delta = x - \mu \qquad (1-20)$$

式中，δ 为测量误差；x 为测得量值；μ 为参考量值。

其中，测得量值也可称为测得值，是表示测量结果的量值。参考量值也可称为参考值，可以是被测量的真值（量的真值），可以是给定的一个约定量值（约定真值），还可以是具有可忽略测量不确定度的测量标准赋予的量值（标准量值）。

因此，根据测量误差定义中"参考量值"的含义。测量误差也可分别表示为

测量误差=测得量值－量的真值

测量误差=测得量值－约定量值　　　　　（1-21）

测量误差=测得量值－标准量值误差

可以看出，这里巧妙地增加了"约定量值"和"标准量值"这两个参考量值，这样不仅保留了理论上的"真值"含义，还增加了可忽略测量不确定度的测量标准赋予的量值的含义。也就是说，测量误差的新定义既体现出理论和数学概念上的完整性，又体现出实际处理过程中的可操作性，为测量误差的正确使用奠定了理论基础。

我们知道，在任何测量中不存在完善的条件，也找不到没有缺陷的测量仪器和测量方法，也不可能创造理想的环境条件、理想的操作人员。因此，量的真值是理想的概念，是客观存在的，人们可以逐步测得接近它的量值，但只能是被测量量值的近似或估计。真值是量的定义的完整体现，本质上真值是不能确定的，实际用的是"约定量值（约定真值）"。实际上，并不会由于真值不可知而否定测量误差的可操作性。

约定量值是真值的估计值，约定量值替代真值有一个条件，即"充分接近于真值"，"充分"是相对的，随给定的目的而定，表示两者的差值对测量结果的影响可忽略不计，或控制在某个范围之内。如在测量误差计算中，常常用多次重复测量并经修正后的算术平均值作为被测量的约定量值。

根据测量误差定义，可以得出以下结论：

A. 相同的测得量值，不论其测量方法是否相同，其测量误差必然相同。

B. 根据测量误差定义所得的误差，应该是大小已知、方向确定的一个具体的数值，即测量误差恒有一个符号。换句话说，测得量值大于参考量值时，测量误差为正值；测得量值小于参考量值时，测量误差为负值。因此，测量误差不会以正负号（±）的形式表示。

C. 测量误差往往是由若干个分量构成的，这些分量也都各有其误差值（带有正或负的符号），它们的代数和构成了测量误差。

D. 测量误差的分量，按其出现在测得量值中的规律进行分类。

E. 所有从测量误差引申出来的一些词组，例如基值误差、零值误差、仪器误差、人员误差、环境误差、调整误差、允许误差、观测误差等，其中的含义均是测量误差的引申。过去常用的"极限误差"也源于测量误差。但有些误差是在特定条件下人为规定的，例如最大允许误差和误差限。这是指技术规范或检定规程对给定测量、测量仪器所允许的误差的极限值。需要引起注意的是，不应将测量误差与产生的错误和过失相混淆。

有时将测量误差称为"绝对测量误差"或"绝对误差"，这样可以同"相对误差"相区别。相对误差是指测量误差除以被测量的参考量值。根据测量误差定义 $\delta = x - \mu$，若用 δ_r 表示相对误差，则有

$$\delta_r = \frac{\delta}{\mu} = \frac{\delta - \mu}{\mu} \times 100\% \qquad (1-22)$$

所以，相对误差表示绝对误差所占参考量值的百分比。一般来说，当被测量的大小相近时，通常用绝对误差进行测量水平的比较。当被测量相差较大时，用相对误差才能进行有效的比较。

②测量误差的分类

测量误差可以按其在测得量值中的规律分为若干分量。根据测量误差的定义，有

$$\delta = x - \mu \qquad (1-23)$$

式（1-23）可改写为

$$\delta = x - \mu = [x - E(x)] + [E(x) - \mu] \qquad (1-24)$$

式（1-24）中，$E(x)$ 表示测得量值 x 的数学期望（又称为期望值）。令 $x - E(x) = \eta$，$E(x) - \mu = \varepsilon$，则有

$$\delta = \eta - \varepsilon \qquad (1-25)$$

可以看出，测量误差是由两个分量组成的，即随机误差 η 和系统误差 ε。

A. 随机误差

$x - E(x) = \eta$，η 为测得量值与其数学期望的偏离值，一般称为随机误差。随机误差的定义为：在重复测量时按不可预见的方式变化的测量误差的分量。其特点是，当测量次数 n 趋于无穷大时，随机误差的数学期望趋于零，即

$$E(\eta) = E[x - E(x)] = E(x) - E(x) = 0 \qquad (1\text{-}26)$$

说明：

随机误差的参考量值应确保是同一个被测量无穷多次重复测量的平均值。因此，随机误差可理解为测得量值减去同一个被测量无穷多次重复测量的平均值。而同一个被测量无穷多次重复测量的平均值就是数学期望值，即

$$\lim_{n \to \infty} \sum_{i=1}^{n} x_i = E(x) \qquad (1\text{-}27)$$

所以，随机误差等于数学期望值减去参考量值。其中，算术平均值是以频率定义的，数学期望值是以概率定义的。当测量次数 n 无穷大时，频率即为概率，此时，算术平均值和数学期望值是一回事。

测量次数不可能为无穷多次，因此，只能确定随机误差的估计值。

随机误差等于测量误差减去系统误差，即

$$\delta = x - \mu \qquad (1\text{-}28)$$

过去沿用的"偶然误差"概念不再必要。

在相同的测量条件下多次测量同一量时，误差的绝对值和符号变化时大时小、时正时负，没有确定的规律，那么就称这种误差为随机误差。

随机误差是大量的随机因素综合影响而产生的误差，它在数值上相对于测量值来说是很小的。从数学的观点看，它是一个连续型随机变量。随机误差就单个而言是没有规律的，但其从总体来说是服从某一概率统计规律的。因此，可用概率论和数理统计的方法对它进行研究，以便掌握无规律随机误差的某些规律，确定随机误差对测量结果的影响，并通过对测量数据的适当处理，尽可能消除随机误差对测量结果的影响。

换一个角度来说，随机误差实际上是一种不确定性误差，而不确定性误差是以不确定度表征的误差。

通过随机误差的数学表达式 $x - E(x) = \eta$ 可以看出，这是一个数学定义，或者说是一个理想概念。在实际工作中，测量次数不可能为无穷多次，因而数学期望值也无法得到。一般在测量次数有限的情况下，可以用算术平均值

作为数学期望值的最佳估计值，以测量列的一个测得值与其算术平均值之差来表示随机误差。不过在测量次数有限时，数学期望值和算术平均值是有区别的。因此，将"测量列中的一个测得值与该测量列算术平均值之差"称为残差，即

$$\eta = \left[x_i - E(x)\right] = x_i - \overline{x} = v_i \qquad (1\text{-}29)$$

式中，$\overline{x}$ 表示测量列的算术平均值。此时，随机误差的最佳估计值就是残差 v_i。残差又称为残余误差或剩余误差，是指测量列中的一个测得值与该测量列算术平均值之差，记作 v_i，即

$$v_i = x_i - \overline{x} \qquad (1\text{-}30)$$

残差是计算实验标准偏差和测量不确定度的必不可少的参数。残差有两个特性：

第一，测量列中 n 个残差的代数和等于零，即

$$\sum_{i=1}^{n} v_i = \sum_{i=1}^{n} \left(v_i - \overline{x}\right) \qquad (1\text{-}31)$$

利用残差的这一特性，可以用来检查所求出的算术平均值与残差的正确性。如果计算出的残差的代数和不为零，说明所求的算术平均值和残差不正确，应重新计算。

第二，测量列中 n 个残差的平方和为最小，即

$$\sum_{i=1}^{n} v_i^2 = \sum_{i=1}^{n} \left(v_i - \overline{x}\right)^2 = min \qquad (1\text{-}32)$$

上述特性虽然简单，却是最小二乘法的理论基础。在科学实验和实际测量中，应用最小二乘法原理处理测量数据，所得到的测量结果的残差平方和必为最小，那么该值也必然被认为是可以信赖的。因而，实际应用中，一般都是用测得值减去算术平均值的所得值作为随机误差的最佳估计值。

随机误差又称为随机测量误差或测量的随机误差。

B. 系统误差

$E(x) - \mu = \varepsilon$，ε 称为数学期望与参考量值的偏离值，一般称为系统误差，其定义为：在重复测量时保持恒定不变或按可预见的方式变化的测量误差分量。其特点是，测量误差的数学期望即为系统误差，即

$$\delta = x - \mu \qquad (1\text{-}33)$$
$$E(\delta) = E(x - \mu) = E(x) - \mu = \varepsilon \qquad (1\text{-}34)$$

说明：

系统误差的参考量值可以是被测量的真值，或是给定的约定量值，或是测量不确定度可忽略不计的测量标准赋予的量值。因此，系统误差可理解为同一个被测量无穷多次测量得到的平均值减去被测量的参考量值。同一个被测量无穷多次测量得到的平均值就是数学期望。所以，系统误差等于数学期望减去参考量值。

系统误差等于测量误差减去随机误差，即

$$\varepsilon = \delta - \eta \qquad (1\text{-}35)$$

与量的真值一样，系统误差及其原因不能完全被知道。

通过系统误差的数学表达式 $\varepsilon = E(x) - \mu$ 可以看出，这是一个数学定义，或者说是一个理想概念。在实际工作中，测量次数 n 不可能无穷大，因而数学期望值不能真正得到，而参考量值是指约定量值或标准量值。所以，我们只能确定系统误差的估计值。如果用算术平均值作为数学期望值的最佳估计值，根据测量误差定义有

$$\delta = x - \mu = \left[x - E(x)\right] + \left[E(x) - \mu\right] \approx (x - \overline{x}) + (\overline{x} - \mu) \qquad (1\text{-}36)$$

因此，系统误差的最佳估计值可表示为

$$\varepsilon = \delta - \eta \approx x - \mu \qquad (1\text{-}37)$$

此时，系统误差的最佳估计值为算术平均值与参考量值之差。根据式（1-37）可以看出，当测量次数 n 有限时，算术平均值是一个服从正态分布的随机变量。而系统误差表达式中的参考量值 μ 为一常数，因而系统误差的估计值 ε 的取值具有一定的随机性。当测量次数 n 确定后，算术平均值 x 也就随之确定，此时系统误差 ε 也应是一个定值。也就是说，通过适当增加测量次数可以减小随机因素对系统误差的影响。当参考量值的不确定度高到可忽略不计时，有时也会忽略随机误差的影响，通过单次测量即可获得系统误差的估计值，即

$$\varepsilon = \delta - \eta \approx x - \mu = \delta \qquad (1\text{-}38)$$

此时，由于随机误差已忽略不计，因此测量误差就是系统误差。在实际测量中，这种通过单次直接测量获取系统误差的方法已得到普遍应用。根据测量误差定义可知，当测量次数 n 为 1 时，测得量值只有 1 个。因此，算术平均值不存在，残差也不存在，测量误差即为系统误差。前提条件是参考量值的测量不确定度可忽略不计，而且测量条件符合要求。综上所述，系统误差的估计值可用以下两种形式表示：

第一，在多次测量中，系统误差的估计值为算术平均值减参考量值，即

$$\varepsilon = \bar{x} - \mu \qquad (1-39)$$

第二，在单次测量中，系统误差的估计值为单次测得量值减参考量值，即

$$\varepsilon = x - \mu \qquad (1-40)$$

其中，式（1-39）是已考虑随机误差影响的系统误差估计值的表达式；式（1-40）是没有考虑随机误差影响的系统误差估计值的表达式。

系统误差是测量误差的分量，在同一个被测量的多次测量过程中，它保持恒定或以可预知的方式变化，因而有时也被称为规律性误差或确定性误差。

系统误差又被称为系统测量误差、测量的系统误差。通过系统误差可以引出"修正"的概念。"修正"的定义为"对系统效应的补偿"。

修正可以采用不同形式，诸如附加一个值或乘一个因子，或由图表给出。其中，"值"是指"修正值"，"因子"是指"修正因子"。

修正值是指以代数法相加于未修正测得量值，以补偿系统误差的值。说明：修正值等于负的系统误差。由于系统误差不能被完全知道，因此，这种补偿不完全。

因此，如果用 b 表示修正值，则修正值可表示为

$$b = -\varepsilon \qquad (1-41)$$

修正因子是指为补偿系统误差而与未修正测得量值相乘的数字因子。修正后的测量结果中，由系统效应引起的系统误差的数学期望值为零。含有误差的测得量值，加上修正值后就可以补偿或减少误差的影响。也就是说，加上某个修正值，与扣掉某个测量误差的效果是一样的。

$$参考量值=测得量值+修正值=测得量值-测量误差 \qquad (1-42)$$

在准确的测量和量值传递中，常常采用这种加修正值的直观的办法。用高一个等级的计量标准来检定计量器具，其主要目的之一就是要获得准确的修正值。

通过修正值已进行修正后的测量结果，即使仍然存在不确定度，但还是十分接近被测量的真值。因此，不应把测量不确定度与已修正的测量结果的误差相混淆。

C. 随机误差与系统误差的区别

测得量值与测得量值的数学期望值之差，称为随机误差，它表明测得量值的离散程度。

测得量值的数学期望值与参考量值之差，称为系统误差，它表明测得量值的数学期望值偏离参考量值的程度。

随机误差和系统误差具有本质的区别。随机误差的数学期望为零，而系统误差的数学期望就是它本身。也就是说，在相同条件下做实验，出现时大时小、时正时负，没有明确规律的误差，就是随机误差。改变实验条件，出现某一确定规律的误差，就是系统误差。在这种情况下，尽管实验次数 n 趋向无穷大，而误差值的数学期望却趋向一个常数，这个常数就是系统误差。

通过随机误差的数学表达式 $\eta = x - E(x)$ 可以看出这是一个理论定义，一般用算术平均值作为数学期望值的最佳估计值，因而引出了残差的概念。

研究随机误差的关键是掌握残差的特性和应用方法，正确运用残差计算实验标准偏差。而研究系统误差的关键是掌握如何确定系统误差的常数（或与被测量无关的表达式），并将其作为修正值以补偿或减少误差的影响。因为修正值等于负的系统误差，如果不能确定系统误差的常数，而只是作一般的分析和评定是没有任何实际意义的。

通过对误差分类，因此有

测量误差＝测得量值-参考量值

$$=（测得量值-数学期望）+（数学期望-参考量值）\qquad（1\text{-}43）$$

从而有

$$测得量值＝参考量值+随机误差+系统误差\qquad（1\text{-}44）$$

过去常用的"粗大误差"，是非正常情况下出现的一种错误所导致的，而含有这种错误的测得值不得参与数据处理，也不能作为一种误差分量。

D. 测量误差的实际意义

根据测量误差的定义可以看出，测量误差在实际测量过程中一般不直接引用，而直接引用的是测量误差的两个分量，即随机误差和系统误差。其中，残差作为随机误差的估计值，是计算实验标准偏差的必要元素；而负的系统误差可作为修正值对测得量值进行修正。

残差是计算实验标准偏差的必要元素，这是因为实验标准偏差是残差平方和除以自由度所得之商的平方根。也就是说，没有残差就无法计算实验标准偏差。而残差又是随机误差的估计值，随机误差是测量误差的一个分量，可见测量误差与实验标准偏差的密切关系。测量不确定度是用来表征测得量值分散性的参数，而其中所指的参数就是实验标准偏差。因此，测量误差与测量不确定度是密不可分的两个重要概念。由测量误差的定义、测量误差的分类、测量误差的分布、测量误差的估计、测量误差的数据处理，特别是测量误差推导出的实验标准偏差等重要概念，已形成一套完整的测量误差理论体系，为测量不确定度的评定奠定了坚实的理论基础。

③测量误差的抑制

要抑制（注意：这里的用词是"抑制"而不是"消除"）测量误差，首先要找到误差的性质和来源，然后再寻求有效的抑制办法。

A. 随机误差

这类误差的大小、方向都是"随机"的，但它是"永恒"存在的，因此，也无须去寻找和"发现"，但它的数学期望值为零。随机误差不可能被消除，只能尽可能抑制。

● 提高器件、电路和系统的精密度。降低测量系统的随机噪声，这是一项基础的工作。

● 采用滤波器限制电路和系统的带宽仅在覆盖有用信号的频带内。随机噪声具有无限带宽，不得已"只能让"有用信号频带内的随机噪声"混进来"。

● 因 A/DC 的量化噪声也是"随机噪声"，通过"大平均"、过采样等既可以降低带内随机噪声，也可以抑制带外随机噪声。随机噪声的均方值与"求和（平均）"数据点数 N 的方根 $\sqrt{N}$ 成反比。

更详细、全面的内容参见本书第 4 章"过采样与'大平均'"。

B. 系统误差

系统误差是随着某个"因素"规律性变化的误差。这个"因素"又可以分为两类：

● 系统自身的内部"因素"，如与系统增益、工作点、频率等有关的线性、非线性误差。

● 系统外部的"因素"，如温度、压力、湿度、环境电磁场，等等。

系统误差的规律也可以分为两类：

● 时域的变换规律。一般为单调变化的规律，线性或单调增、单调减，可以对数据用"拟合"多项式的方法找到其"规律"。

● 频域的变换规律。这类系统误差的规律是有"周期性"，可以用傅里叶变换的方法找到其"规律"。

实践中的系统误差肯定不是某一单纯的"规律"，而是多项系统误差的组合，有可能由某一项系统误差占据主要的部分。

光有上述的理论还不够，因为这"仅仅是发现了测量数据中有系统误差及其规律"，并没有找到其"原因（因素）"。下面是 3 种可能的方法：

● 固定被测量，长时间测量很多数据进行分析，包括刚开机就进行测量。这有助于发现"时漂""温漂"等涉及"稳定性"的系统误差。

● 按一定间隔改变被测量，在被测量的每个点测量几十甚至更多的数据点进行平均，通过这些数据查找系统误差的规律。这有助于发现系统与工作点、状态相关的系统误差。

上述 2 种方法用于发现系统"内部因素"导致的系统误差。

● 固定被测量，改变系统外界的"因素"，如温度、压力、湿度、环境电磁场，可以找到与这些因素相关的系统误差。详细情况请参见本书第 2 章"'M+N'理论"。

有人认为，一些精密仪器对温度、压力、湿度等使用环境已有较严格的要求，但实际上并不能保证它们的绝对准确，但改变这些"因素"可以突出它们的影响，发现这些因素对测量的影响就可以提高测量系统的精度。

1.2.2 误差的来源

在测量过程中，误差的来源可归纳为以下 4 个方面：

（1）测量装置误差

①标准量具误差

以固定形式复现标准量值的器具，如标准量块、标准线纹尺、标准电池、标准电阻、标准砝码等，它们本身体现的量值都不可避免地含有误差。

②仪器误差

凡用来直接或间接将被测量和已知量进行比较的器具设备，都被称为仪器或仪表，如天平等比较仪器和压力表、温度计等指示仪表，它们本身都具有误差。

③附件误差

仪器的附件及附属工具等带来的误差。

（2）环境误差

由于各种环境因素与规定的标准状态不一致而引起的测量装置和被测量本身的变化所造成的误差，如温度、湿度、气压（引起空气各部分的扰动）、振动（外界条件及测量人员引起的振动）、照明（引起视差）、重力加速度、电磁场等所引起的误差，通常仪器仪表在规定的正常工作条件下所具有的误差被称为基本误差，而超出此条件时所增加的误差被称为附加误差。

（3）方法误差

由于测量方法不完善所引起的误差，如采用近似的测量方法而造成的误差，例如测量圆周长 s，再通过计算求出直径 $d=s/\pi$，因近似数 π 取值的不同，会引起不同大小的误差。

（4）人员误差

人员误差包括由测量者分辨能力的限制、工作疲劳导致眼睛的生理变化、固有习惯引起的读数误差，以及精神上的因素产生的一时疏忽等所引起的误差。总之，在计算测量结果的精度时，对上述四个方面的误差必须进行全面的分析，力求不遗漏、不重复，特别要注意对误差影响较大的那些因素。

1.2.3　精度与不确定度

反映测量结果与真实值接近程度的量，称为精度（也称精确度），它与误差大小相对应，测量的精度越高，其测量误差就越小。"精度"包括精密度和准确度两层含义。

测量中所测得量值重现性的程度，称为精密度。它反映偶然误差的影响程度，精密度高就表示偶然误差小。

测量值与真值的偏移程度，称为准确度。它反映系统误差的影响精度，准确度高就表示系统误差小。

精确度（精度）反映了测量中所有系统误差和偶然误差综合的影响程度。在一组测量中，精密度高的准确度不一定高，准确度高的精密度也不一定高；但精确度高，则精密度和准确度都高。

不确定度是由于测量误差的存在而对被测量值不能确定的程度，表达方式有系统不确定度、随机不确定度和总不确定度。

系统不确定度实质上就是系统误差限，常用未定系统误差可能不超过的界限或半区间宽度 e 来表示。随机不确定度实质上就是随机误差对应于置信概率（$1-a$）时的置信$[-ka, +ka]$（a 为显著性水平）。当置信因子 $k=1$ 时，标准误差就是随机不确定度，此时的置信概率（按正态分布）为 68.27%，总不确定度是由系统不确定度与随机不确定度按方差合成的方法得来的。

为了说明精密度与准确度的区别以及精确度的意义，可用打靶的例子来说明，如图 1-15 所示。

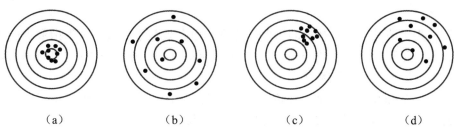

（a）　　　　　（b）　　　　　（c）　　　　　（d）

图 1-15　精密度和准确度的关系

图 1-15（a）中表示精密度和准确度都很好，则精确度高；图 1-15（b）表示准确度很好，但精密度却不高；图 1-15（c）表示精密度很好，但准确度却不高；图 1-15（d）表示精密度与准确度都不高，在实际测量中没有像靶心那样明确的真值，而是设法去测定这个未知的真值。

在实验过程中，往往满足于实验数据的重现性，而忽略了数据测量值的准确程度。绝对真值是不可知的，人们只能制定出一些国际标准作为测量仪表准确性的参考标准。随着人类认识运动的推进和发展，可以逐步逼近绝对真值。

1.2.4　有效数字及其运算规则

在科学与工程中，总是以一定位数的有效数字来表示测量或计算结果。不是说一个数值中小数点后面位数越多越准确。实验中从测量仪表上所读数值的位数是有限的，取决于测量仪表的精度。模拟仪表的最后一位数字往往是仪表精度所决定的估计数字，即一般应读到测量仪表最小刻度的十分之一位。数值准确度大小由有效数字位数来决定。

（1）有效数字

含有误差的任何近似数。如果其绝对误差界是最末位数的半个单位，那么从这个近似数左方起的第一个非零的数字，称为第一位有效数字，从第一位有效数字起到最末一位数字止的所有数字，不论是零或非零的数字，都叫有效数字。若具有 n 个有效数字，就说是 n 位有效位数，例如取 314，第一位有效数字为 3，共有三位有效位数；又如 00027，第 1 位有效数字为 2，共有两位有效位数；而 000270，则有 3 位有效位数。

要注意有效数字不一定都是可靠数字。如直尺测量某个长度，最小刻度是 1mm，但我们可以读到 0.1mm，如 42.4 mm。又如体温计最小刻度为 0.1℃，我们可以读到 0.01℃，如 37.16℃。此时有效数字为 4 位，而可靠数字只有三位，最后一位是不可靠的，称为可疑数字。记录测量数值时只保留 1 位可疑数字。

为了清楚地表示数值的精度，明确给出有效数字位数，常用指数的形式表示，即写成一个小数与相应 10 的整数幂的乘积。这种以 10 的整数幂来记数的方法称为科学记数法。

如 75200 有效数字为 4 位时，记为 7520×10；有效数字为 3 位时，记为 752×10^2；有效数字为 2 位时，记为 7.5×10^4。

0.00478 有效数字为 4 位时，记为 4.780×10^{-3}；有效数字为 3 位时，记

为 4.78×10^{-3}；有效数字为 2 位时，记为 4.8×10^{-3}。

（2）有效数字运算规则

①记录测量数值时，只（需）保留一位可疑数字。

②当有效数字位数确定后，其余数字一律舍弃。舍弃办法是四舍六入五凑偶，即末位有效数字后边第一位小于 5，舍弃不计，大于 5 则在前一位数上增 1；等于 5 时，前一位为奇数，则进 1 为偶数，前一位为偶数，则舍弃不计。这种舍入原则可简述为"小则舍，大则入，正好等于奇变偶"，如保留 4 位有效数字 3.71729→3.717、5.14285→5.143、7.6235→7.624、9.37656→9.376。

③在加减计算中，各数所保留的位数，应与各数中小数点后位数最少的相同，例如将 24.65、0.0082 和 1.632 三个数字相加时，应写为 24.65+0.01+1.63=26.29。

④在乘除运算中，各数所保留的位数，以各数中有效数字位数最少的那个数为准；其结果的有效数字位数亦应与原来各数中有效数字最少的那个数相同。例如，0.0121×25.64×1.05782 应写成 0.0121×25.6×1.06=0.328。上例说明，虽然这三个数的乘积为 0.3281823，但只应取其积为 0.328。

⑤在近似数平方或开方运算时，平方相当于乘法运算，开方是平方的逆运算，故可按乘除运算处理。

⑥在对数运算时，n 位有效数字的数据应该用 n 位时效表，或用（$n+1$）位对数表，以免损失精度。

⑦三角函数运算中，所取函数值的位数应随角度误差的减小而增多，其对应关系如表 1-1 所示。

表 1-1　三角函数函数值的位数与角度误差的关系

角度误差	10"	1"	0.1"	0.01"
函数值位数	5	6	7	8

（3）测量数据的计算机处理

大批量测量数据的处理几乎都使用计算机，而且，现代的医学仪器和科学仪器及各种测控系统也都是采用计算机进行控制和完成数据处理后输出最终结果。在这样的情况下，尤其要注意测量数据的有效位数。

①在处理复杂数据时，需要仔细考虑所有的数据来源及其精度、所有的中间计算过程。处理前的测量值和其他参加运算的数值的有效位数决定了最后结果的有效数字位数。位数过多会导致对结果的误解，过少则损失测量的

精度。

②用计算机进行数据处理几乎无一例外地、有意或无意地使用浮点数，IEEE754 标准中规定 float 单精度浮点数在机器中表示用 1 位表示数字的符号，用 8 位来表示指数，用 23 位来表示尾数，即小数部分。对于 double 双精度浮点数，用 1 位表示符号，用 11 位表示指数，52 位表示尾数，其中指数域为阶码。IEEE 浮点值的格式如图 1-16 所示。

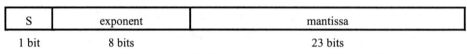

s：符号位；exponent：指数（阶码）；mantissa：尾数（小数）

（a）IEEE 单精度浮点数

s：符号位；exponent：指数（阶码）；mantissa：尾数（小数）

（b）IEEE 双精度浮点数

图 1-16　IEEE754 标准中规定浮点数（float 和 double）

通常认为单精度浮点数的计算速度快，占用内存小，且 23 位的精度足够高！其实不然，比如对 18 位的 A/DC（模拟数字转换器）得到的 4096 个时序数字信号进行傅里叶变换，相量表采用单精度的 23 位有效数字，总共是 4096 个乘加计算（可增加 6 位有效数字），实际得到最后结果的有效位数应该为 18 位+6 位=24 位，已经超过了单精度浮点数的表达范围。这还没有计算在计算过程中，因浮点数进行加减法运算时需要对位等造成的精度损失。由此可见，采用计算机进行数据处理时也需要考虑其可能带来的精度损失。这在高精度测量时尤为重要！

1.2.5　误差的合成与分配

任何测量结果都包含有一定的测量误差，这是测量或系统过程中各个环节一系列误差因素共同作用的结果。如何正确地分析和综合这些误差因素，并正确地表述这些误差的综合影响，达到：

- 提高测量的精度。消除或减少其占比较大的误差来源。
- 设计和优化测量方法或系统。

A. 使测量可以达到最高精度。

B. 满足测量精度要求的经济的测量方法或测量系统。

本节简介了误差合成与分配的基本规律和基本方法,这些规律和方法不仅应用于测量数据处理中给出测量结果的精度,而且还适用于测量方法和仪器装置的精度分析计算,以及解决测量方法的拟定和仪器设计中的误差分配、微小误差取舍及最佳测量方案确定等问题。

现代测量系统或复杂测量几乎全部都是间接测量、组合测量或建模测量。为了讨论问题方便起见,这里把所有测量类别均归纳为间接测量。

间接测量是通过直接测量与被测的量之间有一定函数关系的其他量,按照已知的函数关系式计算出被测的量。因此,间接测量的量是直接测量所得到的各个测量值的函数,而间接测量误差则是各个直接测得值误差的函数,故称这种误差为函数误差。研究函数误差的内容,实质上就是研究误差的传递问题,而对于这种具有确定关系的误差计算,也可称为误差合成。

下面分别介绍函数系统误差和函数随机误差的计算问题。

①函数系统误差计算

在间接测量中,不失一般性,假定函数的形式为初等函数,且为多元函数,其表达式为:

$$y = f(x_1, x_2, \cdots, x_n) \tag{1-45}$$

式中, $x_1, x_2, \cdots, x_n$ 为各个直接测量值, y 为间接测量值。

由多元偏微分可知:

$$dy = \frac{\partial f}{\partial x_1} dx_1 + \frac{\partial f}{\partial x_2} dx_2 + \cdots + \frac{\partial f}{\partial x_n} dx_n \tag{1-46}$$

若已知各个直接测量值的系统误差 $\Delta x_1, \Delta x_2, \cdots, \Delta x_n$, 由于这些误差值均比较小,可以用来替代式(1-46)中的 $dx_1, dx_2, \cdots, dx_n$, 从而可近似得到函数的系统误差 Δy 为

$$dy = \frac{\partial f}{\partial x_1} dx_1 + \frac{\partial f}{\partial x_2} dx_2 + \cdots + \frac{\partial f}{\partial x_n} dx_n \tag{1-47}$$

式(1-47)称为函数系统误差公式,而 $\frac{\partial f}{\partial x_1}, \frac{\partial f}{\partial x_2}, \cdots, \frac{\partial f}{\partial x_n}$ 为各个直接测量值的误差传递系数。

例 1-1　用直流电桥测量未知电阻,如图 1-17 所示,当电桥平衡时,已

知 $R_1=200\Omega$，$R_2=100\Omega$，$R_3=50\Omega$，其对应的系统误差分别为$\Delta R_1=0.2\Omega$，$\Delta R_2=0.1\Omega$，$\Delta R_3=0.1\Omega$。求电阻R_x的测量结果。

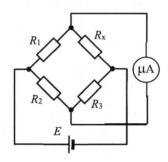

图 1-17   惠斯登电桥法测量电阻

由惠斯登电桥平衡条件可得：$R_{x0}=\dfrac{R_1}{R_2}R_3=100\Omega$。

根据式（1-47）可得电阻R_x的系统误差

$$\Delta R_x=\frac{\partial f}{\partial R_1}\Delta R_1+\frac{\partial f}{\partial R_2}\Delta R_2+\frac{\partial f}{\partial R_3}\Delta R_3 \qquad（1\text{-}48）$$

式（1-48）中各个误差传递系数分别为

$$\frac{\partial f}{\partial R_1}=\frac{R_3}{R_2}=\frac{50}{100}=0.5$$

$$\frac{\partial f}{\partial R_2}=\frac{R_1 R_3}{R_2^2}=\frac{200\times50}{100^2}=-1$$

$$\frac{\partial f}{\partial R_3}=\frac{R_1}{R_2}=\frac{200}{100}=2$$

由式（1-48）可得$\Delta R_x=0.5\times0.2\Omega-1\times0.1\Omega+2\times0.1\Omega=0.2\Omega$，将测量结果修正后可得$R_x=R_{x0}-\Delta R_x=100\Omega-0.2\Omega=99.8\Omega$。

对于一个复杂的测量系统，也可以采用类似的方法分析其误差。

例 1-2   对图 1-18 所示的测量系统，不失一般性，不管其量纲，假设：$x=0.20$，$k_1=10$，$\Delta k_1=0.1$；$k_2=50$，$\Delta k_2=-1$；$k_3=4096/2.5=16.38$，$\Delta k_3=2/2.5=0.8$（这里给出的是 12 位 A/DC，一般做到系统误差为最低有效位 LSB）。求该系统的测量结果D。

由系统构成可计算得到：$D_0=k_1 k_2 k_3 x=10\times50\times16.38\times0.20=1638$。

根据式（1-47）可得D的系统误差

$$\Delta D = \left(\frac{\partial f}{\partial k_1} \Delta k_1 + \frac{\partial f}{\partial k_2} \Delta k_2 + \frac{\partial f}{\partial k_3} \Delta k_3 \right) x \qquad (1\text{-}49)$$

式（1-49）中各个误差传递系数分别为

$$\frac{\partial f}{\partial k_1} = k_2 k_3 x = 50 \times 16.38 \times 0.20 = 163.8$$

$$\frac{\partial f}{\partial k_2} = k_1 k_3 x = 10 \times 16.38 \times 0.20 = 32.76$$

$$\frac{\partial f}{\partial k_3} = k_1 k_2 x = 10 \times 50 \times 0.20 = 100$$

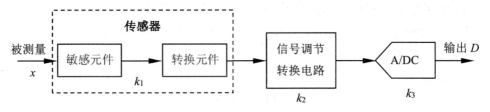

图 1-18　测量系统

由式（1-48）可得 $\Delta D = [163.8 \times 0.1 + 32.76 \times (-1) + 100 \times 0.8] \times 0.2 = 63.62$，将测量结果修正后可得 $D = D_0 - \Delta D = 1638 - 63.62 = 1574.38$。

换算成被测量 Δx：

因为

$$x = D / k_1 k_2 k_3 \qquad (1\text{-}50)$$

所以，　$\Delta x = \dfrac{\Delta D}{k_1 k_2 k_3} = \dfrac{63.62}{10 \times 50 \times 16.38} = 0.076 \approx 0.08$。

此例的提示：

A. 本例是为了说明如何计算一个测量系统的系统误差而假定的一些数据，实际中的值可以由高一等精度的仪器进行标定得到。

B. 被测量的相对系统误差为 $\dfrac{\Delta x}{x} \times 100\% = \dfrac{0.08}{0.2} \times 100\% = 40\%$，说明该系统的测量精度是很低的，而各个环节的相对精度

$$\frac{\Delta k_1}{k_1} \times 100\% = \frac{0.1}{10} \times 100\% = 1\%$$

$$\frac{\Delta k_2}{k_2} \times 100\% = \frac{-1}{50} \times 100\% = -2\%$$

$$\frac{\Delta k_3}{k_3} \times 100\% = \frac{0.8}{16.38} \times 100\% = 0.00049\%$$

最低也在 -2% ，由此可知，一个高精度的测量系统必须保证每个环节的精度足够高！

②函数随机误差计算

随机误差是用表征其取值分散程度的标准差来评定的，对于函数的随机误差，也是用函数的标准差来进行评定。因此，函数随机误差计算，就是研究函数 y 的标准差与各测量值 $x_1, x_2, \cdots, x_n$ 的标准差之间的关系。但在式（1-46）中，若以各测量值的随机误差 $\delta x_1, \delta x_2, \cdots, \delta x_n$ 代替各微分量 $dx_1, dx_2, \cdots, dx_n$ 只能得到函数的随机误差 δy 而得不到函数的标准差 σy 。因此，必须进行下列运算，以求得函数的标准差。

函数的一般形式为

$$y = f(x_1, x_2, \cdots, x_n) \tag{1-51}$$

为了求得用各个测量值的标准差表示函数的标准差公式，设对各个测量进行了 N 次等精度测量，其相应的随机误差为

$$对 x_1: \quad \delta x_{11}, \delta x_{12}, \cdots, \delta x_{1n}$$
$$对 x_2: \quad \delta x_{21}, \delta x_{n2}, \cdots, \delta x_{nn}$$
$$\vdots$$
$$对 x_n: \quad \delta x_{n1}, \delta x_{n2}, \cdots, \delta x_{nn}$$

根据式（1-46），可得函数 y 的随机误差为

$$\left.\begin{aligned}
\delta y_1 &= \frac{\partial f}{\partial x_1}\delta x_{11} + \frac{\partial f}{\partial x_2}\delta x_{21} + \cdots + \frac{\partial f}{\partial x_n}\delta x_{n1} \\
\delta y_2 &= \frac{\partial f}{\partial x_2}\delta x_{12} + \frac{\partial f}{\partial x_2}\delta x_{22} + \cdots + \frac{\partial f}{\partial x_n}\delta x_{n2} \\
&\vdots \\
\delta y_n &= \frac{\partial f}{\partial x_1}\delta x_{1n} + \frac{\partial f}{\partial x_2}\delta x_{2n} + \cdots + \frac{\partial f}{\partial x_n}\delta x_{nn}
\end{aligned}\right\} \tag{1-52}$$

将方程组中每个方程平方后相加，再除以 N ，可得

$$\sigma_y^2 = \left(\frac{\partial f}{\partial x_1}\right)^2 \sigma_{x1}^2 + \left(\frac{\partial f}{\partial x_2}\right)^2 \sigma_{x2}^2 + \cdots + \left(\frac{\partial f}{\partial x_n}\right)^2 \sigma_{xn}^2 + 2\sum_{1 \leq i < j}^{n}\left(\frac{\partial f}{\partial x_i}\frac{\partial f}{\partial x_j}\frac{\sum\limits_{m=1}^{N}\delta x_{im}\delta x_{jm}}{N}\right)$$

$$（1-53）$$

若定义

$$K_{ij} = \frac{\sum\limits_{m=1}^{N}\delta x_{im}\delta x_{jm}}{N} \qquad （1-54）$$

$$\rho_{ij} = \frac{K_{ij}}{\sigma_{xi}\sigma_{xj}} \qquad （1-55）$$

或

$$K_{ij} = \rho_{ij}\sigma_{xi}\sigma_{xj} \qquad （1-56）$$

则式（1-53）可以改写为

$$\sigma_y^2 = \left(\frac{\partial f}{\partial x_1}\right)^2 \sigma_{x1}^2 + \left(\frac{\partial f}{\partial x_2}\right)^2 \sigma_{x2}^2 + \cdots + \left(\frac{\partial f}{\partial x_n}\right)^2 \sigma_{xn}^2 + 2\sum_{1 \leq i < j}^{n}\left(\frac{\partial f}{\partial x_i}\frac{\partial f}{\partial x_j}\rho_{ij}\sigma_{xi}\sigma_{xj}\right)$$

$$（1-57）$$

若各个测量值的随机误差是相互独立的，且当 N 适当大时（比如 $N>10$），

$$K_{ij} = \frac{\sum\limits_{m=1}^{N}\delta x_{im}\delta x_{jm}}{N} \approx 0$$

则式可以简化为

$$\sigma_y^2 = \left(\frac{\partial f}{\partial x_1}\right)^2 \sigma_{x1}^2 + \left(\frac{\partial f}{\partial x_2}\right)^2 \sigma_{x2}^2 + \cdots + \left(\frac{\partial f}{\partial x_n}\right)^2 \sigma_{xn}^2 \qquad （1-58）$$

或

$$\sigma_y = \sqrt{\left(\frac{\partial f}{\partial x_1}\right)^2 \sigma_{x1}^2 + \left(\frac{\partial f}{\partial x_2}\right)^2 \sigma_{x2}^2 + + \left(\frac{\partial f}{\partial x_n}\right)^2 \sigma_{xn}^2} \qquad （1-59）$$

1.3　信号、噪声与干扰

信号是表示消息的物理量，如电信号可以通过幅度、频率、相位及其变化来表示不同的消息。从广义上讲，它包含光信号、声信号和电信号等。但目前相对于其他物理信号，电信号在放大、滤波、处理等具有无法比拟的优势，因而本书涉及的信号均指电信号。

1.3.1　信号

信号是运载消息的工具，是消息的载体。按照实际用途区分，信号包括电视信号、广播信号、雷达信号，通信信号等；按照所具有的时间特性区分，则有确定性信号和随机性信号等。

但在不同的场合、不同的信号处理阶段信号的含义有所不同。如图 1-19 所示光电容积脉搏波（photoplethysmographic，PPG）信号的检测电路，LED 发出的直流光束①经过被试者的手指后，直流光束的幅值（强度）携带了光电容积脉搏波的容积变化信息②，对于光敏管的接收而言，得到的信号是被脉搏波容积变化所调制的直流光是"信号"，经过光敏管 PD 和 A1 组成的跨阻放大器得到电压信号③，再通过 C3 和 R4 组成的高通滤波器，得到从直流信号中分离出来交流 PPG 信号④，此时，可以认为 PPG 波形才是信号，而直流却被视为噪声，需要被除去。最后得到经同相放大器 A2 放大后的 PPG 信号。

从这个实例中，可以看到，"信号"在不同阶段、不同场合的所指都在发生变化。实际上，信号是包含被测"信息"的一个载体，有时也用"有用信号"来表示我们需要获取的信号，而不需要的则称之为"噪声"。需要注意的是：包含在光（电）信号的直流分量被认为是"有用信号"或"载波"，在分离后把它作为"无用信号"或"噪声"予以丢弃。

信号也可以表达在频率、相位及其组合上，如调频信号、调相信号。调频信号由于其极强的抗干扰性能，以及相应的调制电路和解调电路可以分别等效 A/DC（Analog to Digital Converter，模数转换器）或 D/AC（Digital to Analog Converter，数模转换器），在信号检测和处理系统中发挥独特的作用。

现代信号检测与处理系统中，微处理器发挥了不可或缺的作用。不仅可以控制测量系统处于最佳状态，如改变增益以适应信号幅值的变化，或改变滤波器的参数以适应信号中的噪声变化和外界干扰的变化，还可以进行"数字信号处理"。因而，信号又可以分为模拟信号和数字信号。

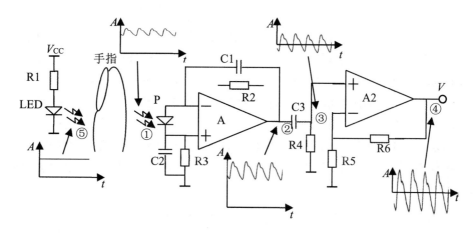

图 1-19　直流激励 LED 的 PPG 测量电路

1.3.2　噪声

噪声是电子学中的概念，基本上等同于测量中的"误差"，是应该去除的成分。

狭义的"噪声"主要是指电阻（包括任何具有电阻的器件）的热噪声和晶体管（包括所有半导体集成电路中的晶体管）等有源器件所产生的噪声。电路噪声是永远存在的，电路噪声设计的目的是尽可能地降低电路噪声。

（1）电路噪声的来源

仪器内部电路的噪声有前置放大器输入电阻的热噪声与晶体管等有源器件所产生的噪声。

①电阻热噪声

众所周知，导体是由于金属内自由电子的运动而导电的，导体内的自由电子在一定温度下，由于受到热激发而在导体内部作大小与方向都无规律的变化（热运动），这样就在导体内部形成了无规律的电流，在一个足够长的时间内，其平均值等于零，而瞬时值就在平均值的上下跳动，这种现象称为"起伏"。由于这样的起伏是无规则的，因此，在电路中常称之为起伏噪声或热噪声。起伏电流流经电阻时，电阻两端就会产生噪声电压。由于噪声电压是一个无规律的变化，无法用数学解析式来表达，但是在一个较长的时间内自由电子热运动的平均能量总和是一定的，因此就可以用表征噪声功率的噪声电

压均方值来表征噪声的大小。由热运动理论和实践证明，噪声电压的均方值为

$$\overline{V_n^2} = 4kTBR \qquad (1-60)$$

式中，k 为波耳兹曼常数（1.372×10^{-23}J／K）；T 为导体的热力学温度 $[T(\text{K}) = t(\text{℃}) + 273(\text{℃})]$；$R$ 为电阻值；B 为与电阻 R 相连的电路带宽。

晶体管（包括运算放大器）等有源器件是仪器（或电子电路）本身噪声的主要噪声来源之一。晶体管的噪声包括晶体管电阻的热噪声、分配噪声、散粒噪声和 1/f 噪声。在半导体中电子无规律的热运动同样会产生热噪声，在晶体二极管的等效电阻 R_{eq} 和三极管基极电阻 r_{bb}' 上的热噪声电压均方根值分别为

$$\begin{cases} \sqrt{\overline{V_n^2}} = \sqrt{4kTBR_{eq}} \\ \sqrt{\overline{V_n^2}} = \sqrt{4kTB\gamma_{bb'}} \end{cases} \qquad (1-61)$$

由于热噪声的功率频谱密度为 $P(\text{f}) = V_n^2 / \overline{B} = 4kTR$，所以电阻及晶体管的热噪声功率频谱密度是一个与频率无关的常数，也就是说，在一个极宽的领带上，热噪声具有均匀的功率谱，这种噪声通常称为"白噪声"。

仅就电阻的热噪声而言，由式（1-60）可以给出，降低电路的工作温度，减小电阻阻值和限制电路的带宽可以降低电阻的热噪声。但是，降低电路的工作温度在绝大多数的情况下是困难的、难以接受的。减少电阻阻值受电路设计的限制。唯一可行的办法是把电路的带宽限制在一定的范围内，即工作在信号的有效带宽。这样既可以降低电阻的热噪声，又可以抑制带外的干扰信号。

假定有一个 1kΩ 的电阻，在常温 20℃工作，带宽为 1kHz，由式（1-60）可计算得到电阻的热噪声为 0.127μV，这样小的值只有经过高增益放大才有可能在普通的示波器上观察到。但在许多医学测量仪器中，前置放大器的输入阻抗常常在 10MΩ以上（由于信号源的输入阻抗也接近，甚至超过这个数量级左右），这时计算得到的热噪声为 12.7μV。

实际上，任何一个器件（除超导器件外）不仅有电阻热噪声，还有其他的噪声，这些噪声与器件的材料和工艺有关，往往这些噪声有可能比热噪声更大，因而在电路的噪声设计时，选择合适的器件也是十分重要的。如精密金属膜电阻的噪声就比普通碳膜电阻的小得多。

②晶体管的噪声

晶体管中不仅有电阻热噪声，还存在分配噪声、散粒噪声和 $1/f$ 噪声。这些噪声也同样存在于各种以 PN 结构成的半导体器件，如运算放大器中。

在晶体管中，由于发射极注入基区的载流子在与基区本身的载流子复合时，载流子的数量时多时少，因而引起基区载流子复合率有起伏，导致集电极电流与基极电流的分配有起伏，最后造成集电极电流的起伏，这种噪声称为分配噪声，分配噪声不是白噪声，它与频率有关：频率越高，噪声也越大。

在晶体管中，电流是由无数载流子（空穴或电子）的迁移形成的，但是各个载流子的迁移速度不会相同，致使在单位时间内通过 PN 结空间电荷区的载流子数目有起伏，因而引起通过 PN 结的电流在某一电平上有一个微小的起伏，即散粒噪声。散粒噪声与流过 PN 结的直流电流成正比。散粒噪声也是白噪声，它的频谱范围很宽，但在低频段占主要地位。

晶体管的 $1/f$ 噪声主要是由半导体材料本身和表面处理等因素引起的。其噪声功率与工作频率 f 近似成反比关系，$1/f$ 噪声的频率越低则噪声越大，故 $1/f$ 噪声亦称为"低频噪声"。

通常用线性网络输入端的信号噪声功率比（S_i/N_i）与输出端信号噪声功率比（S_o/N_o）之比值，来衡量网络内部噪声的大小，并定义该比值为噪声系数 NF，即

$$NF =(S_i/N_i) / (S_o/N_o) \tag{1-62}$$

噪声系数 NF 表示信号通过线性网络后，信噪比变坏了多少倍。噪声系数也以分贝作单位，用分贝作单位时表示为

$$NF =10\lg[(S_i/N_i) / (S_o/N_o)] \tag{1-63}$$

显然，若网络是理想的无噪声线性网络，那么网络输入端的信号与噪声得到同样的放大，即$(S_i/N_i)=(S_o/N_o)$，噪声系数 $NF=1$（0dB）。若网络本身有噪声，则网络的输出噪声功率是放大了的输入噪声功率与网络本身产生的噪声功率之和，故有$(S_i/N_i)>(S_o/N_o)$，噪声系数 $NF>1$。

应该指出，网络的输入功率（S_i 和 N_i）还取决于信号源内阻和网络的输入电阻 R_i 之间的关系。为计算和测量方便起见，通常采用所谓资用功率的概念。资用功率是指信号源最大可能供给的功率。为了使信号源有最大功率输出，必须使 $R_i=R_s$，即网络的输入电阻 R_i 和信号源内阻 R_s 相匹配。这时网络的资用信号功率为

$$S_i = V_i^2/4R_s \tag{1-64}$$

资用噪声功率为

$$N_i = V_n^2/4R_s = 4kTBR_s/4R_s = 4kTB \qquad (1\text{-}65)$$

由此可以看出，资用信号功率 S_i 与资用噪声功率 N_i 仅是信号源的一个特性，它仅仅取决于信号源本身的内阻和电动势，与网络的输入电阻 R_i 无关，故噪声系数可写作

$$NF =(S_i/N_i)/(S_o/N_o) = (N_o/N_i) / (S_o/S_i) =N_o/N_i \, A_P \qquad (1\text{-}66)$$

式中，A_P 为资用功率增益。

根据网络理论，任何四端网络内的电过程均可等效地用连接在输入端的一对电压电流发生器来表示。因而，一个放大器的内部噪声可以用一个具有零阻抗的电压发生器 E_n 和一个并联在输入端具有无穷大阻抗的电流发生器 I_n 来表示，两者的相关系数为 r_o。这个模型称为放大器的 E_n-I_n 噪声模型，如图 1-20 所示。其中，V_s 为信号源电压；R_s 为信号源内阻；E_{ns} 为信号源内阻上的热噪声电压；Z_i 为放大器输入阻抗；A_v 为放大器电压增益；V_{so}、E_{no} 分别为总的输出信号和噪声。

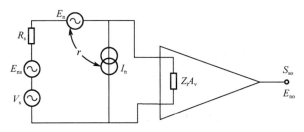

图 1-20　放大器的 E_n-I_n 噪声模型

有了放大器的 E_n-I_n 噪声模型，放大器便可以看作无噪声的了，因而对放大器噪声道研究归结为分析 E_n、I_n 在整个电路中所起的作用就行了，这就大大地简化了对整个电路仪器的噪声的设计过程。通常情况下，器件的数据手册都会给出 E_n、I_n 这两个参数。实际运用时，可以通过简单的实验粗略地测量这两个参数。

（2）级联放大器的噪声

设有一个级联放大器，由图 1-21 所示的三级放大器组成，其中各级的功率增益分别为 K_{p1}、K_{p2}、K_{p3}，各级放大器本身的噪声功率分别为 P_{n1}、P_{n2}、P_{n3}，各级本身的噪声系数分别为 F_1、F_2、F_3，P_{ni} 为信号源的噪声功率。则总的输出噪声功率为：

$$P_{n0} = K_{P1}K_{P2}K_{P3}P_{ni} + K_{P2}K_{P3}P_{n1} + K_{P3}P_{n2} + P_{n3} \qquad (1\text{-}67)$$

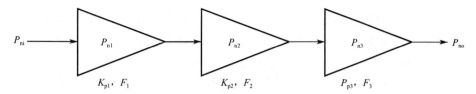

图 1-21　级联放大器简图

根据式（1-66），总的噪声系数 NF 为

$$NF = \frac{P_{no}}{K_p P_{ni}}$$

$$= \frac{P_{no}}{K_{p1} K_{p2} K_{p3} P_{ni}} \tag{1-68}$$

$$= 1 + \frac{P_{n1}}{K_{p1} P_{ni}} + \frac{P_{n2}}{K_{p1} K_{p2} P_{ni}} + \frac{P_{n3}}{K_{p1} K_{p2} K_{p3} P_{ni}}$$

另一方面，第一级输出的噪声功率 P_{n1o} 为

$$P_{n1o} = K_{p1} P_{ni} + P_{n1} \tag{1-69}$$

则第一级的噪声系数

$$NF_1 = \frac{P_{n1o}}{K_{p1} P_{ni}}$$

$$= 1 + \frac{P_{n1}}{K_{p1} P_{ni}} \tag{1-70}$$

同样，若分别考虑各级，则可得各级本身的噪声系数分别为

$$NF_2 = 1 + \frac{P_{n2}}{K_{p2} P_{ni}} \tag{1-71}$$

$$NF_3 = 1 + \frac{P_{n3}}{K_{p3} P_{ni}} \tag{1-72}$$

将式（1-70）至式（1-72）代入式（1-68），则总的噪声系数

$$NF = NF_1 + \frac{NF_2 - 1}{K_{p1}} + \frac{NF_3 - 1}{K_{p1} K_{p2}} \tag{1-73}$$

上式就是三级放大器噪声系数的一般表达式。同理可以推得 n 级放大器的噪声系数为

$$NF = NF_1 + \frac{NF_2 - 1}{K_{p1}} + \frac{NF_3 - 1}{K_{p1} K_{p2}} + \cdots + \frac{NF_n - 1}{K_{p1} K_{p2} \cdots K_{p(n-1)}} \tag{1-74}$$

由式（1-74）可以看出，如果第一级的功率增益 K_{p1} 很大，那么第二项及其以后各项则很小而可以忽略。于是，总的噪声系数 NF 主要由第一级的噪声系数 NF_1 决定，因而在这种情况下，影响级联放大器噪声性能的主要是第一级的噪声，所以在设计中应尽量提高第一级的功率增益，尽量降低第一级的噪声。但如果第一级的功率增益不是很大，这时式（1-74）中的第二项不是很小，于是第二级的噪声也有较大影响而不能忽视。广义说来，如果认为耦合网络（传感器或传感器接口电路）也可以看作一级的话，那么位于信号源与输入级之间的耦合网络由于其功率增益小于 1，使得式（1-74）中的第二项变得很大，因此 NF_2 成为主要噪声贡献者，NF_2 即输入级的噪声系数，此时它的大小就决定了整个 NF 的大小。所以，对于级前接有耦合网络的级联放大器来说，减小噪声系数的关键在于使本级具有高增益和低噪声。

1.3.3　人体内部的噪声与人机界面的噪声

医学仪器的测量对象主要是人体，体内各个系统之间，如呼吸系统与循环系统之间相互作用而产生噪声。而仪器与人体之间也会产生影响，这些影响对测量而言就是噪声。

（1）人体内部的噪声

人体是一个复杂的系统，不仅表现在其复杂结构上，更表现在其各个系统之间、器官之间的相互影响上。

人体内部相互之间的干扰可以分为三种类型：精神与机体之间、同类型生理或生化量之间和不同类型的生理或生化量之间。

①精神与机体之间的相互干扰

最典型的是测量血压时的"白大褂"效应。测量血压时，经常有人看见医生就会紧张，导致血压升高。这是大脑（神经系统）对心血管系统的作用给血压测量带来干扰。也有人在贴上心电电极时，心跳立即加速。

②同类型生理或生化量之间相互干扰

最典型的是生物电测量时体内不同的生物电之间相互干扰，如测量脑电时，由于眨眼和眼珠运动而产生干扰，这种干扰常称为眼动干扰。

④　不同类型生理或生化量之间相互干扰

测量心电时，由呼吸产生的心脏与胸腔之间相对运动会产生基线漂移干扰。

这些干扰往往难以直接消除，只能尽可能地降低，如采取使受试者安静，或者暂时屏住呼吸等措施。更多的是采用数字信号处理的方法来消除。

（2）人机界面的噪声

这类噪声主要是传感器与受试者之间产生的噪声，如在测量血氧饱和度时传感器与受试者手指之间有相对运动。更常见，也更需要重视的是生理电测量，如心电、脑电和肌电等测量时存在极化电压和运动伪迹等噪声，而且这些噪声的幅值往往大于被测信号几个量级，因而在设计相应的测量电路或系统时必须考虑这些噪声的去除。在电路上涉及滤除这些噪声的内容太多，在本书的后续章节中有大量篇幅进行详细讨论，在此不再赘述。

（3）人体感应的噪声

人体是一个相对而言的良导体，而现代社会处处都存在各种频率的电磁波，特别是在医院和居民住宅，不仅存在无线广播、通信所产生的高频无线电波，也难以避免地存在日常使用交流电—工频的各种电器所产生的工频（50Hz）电磁场，还有各种频谱很宽的杂散电磁波，如现已广泛使用的开关电源所产生的宽带干扰电磁波。当这些电磁波被人体所接收时，就会对连接在人体上的医学仪器产生干扰。

（4）体表生理电检测中的噪声

临床上经常检测的体表生理电主要有心电、脑电、肌电等。由于生理电本身就是电信号，而这些电信号又具有特别重要的意义，在检测这些生理电信号时受到的干扰又特别严重，因此在此专门进行介绍。

极化电压：由于测量生物电信号必然要使用电极，而电极与人体皮肤表面之间又往往存在导电膏等液体介质，三者就构成了电化学中的"半电池"（相当于半个电池）。半电池在电极上就会出现所谓的"极化电压"。极化电压的幅值与电极的材料、导电膏的成分等密切相关。有关国家标准中规定：心电图机等生物电检测仪器必须能够承受最大 300mV 的极化电压。这包含两个含义：一是在心电图机等生物电检测仪器的输入端施加±300mV 的直流电压（极化电压为直流电）时心电图机等生物电检测仪器能够正常工作。二是生物电检测仪器的输入端有可能出现高达 300mV 的极化电压的干扰。

工频干扰：所谓的工频是指日常生活和工作所用的交流电源的频率。现代生活可以说已经完全离不开交流电源，各种各样的设备、仪器、计算机和家电等都要使用工频交流电源供电。这些交流电源供电的设备及它们的电源线（包括建筑物墙体上或墙体中的电源线）无时无刻不向外辐射电磁场（包括工频电场和工频磁场）。工频电磁场作用在人体、人机接口和仪器上时就成为工频干扰。工频干扰是以 50Hz 频率为主，包括 50Hz 的各次谐波，其幅值往往大于被测生物电信号 3 个数量级以上。

1.3.4　干扰

　　干扰与噪声一样，都是影响测量系统精度的主要因素，经常会把干扰和噪声混为一谈，统称为噪声。但它们确实是不同的"误差"因素，准确区别它们有助于我们在设计和调试测量系统时采取恰当而有效的方法抑制它们。以下用对比的方法说明干扰和噪声的区别，以及与误差（精度）的关系。

　　（1）来源

　　干扰：来自外部且对系统工作产生影响的因素。

　　噪声：来自内部且对系统工作产生影响的因素。

　　如设计一套测量系统，系统内部的影响因素是噪声，评估的主要方法是等效输入噪声，也可以用多次测量某一固定输入量时得到的均方误差。而外部干扰则需要分析其来源、途径和测量系统受影响的部位，通过移除干扰源、切断干扰途径和增强受影响部位的抗干扰能力降低干扰对测量系统的影响。又如测量系统内部的电源对前置放大器的干扰，也可以采用同样的方式。电源是测量系统的内部，但对前置放大器而言就是外部了。

　　（2）数量、种类与量纲

　　干扰：干扰源有很多"个"，表现为包括电学量在内的各种物理量、化学量。

　　噪声：永恒地存在任何元器件和电路环节中，基本上表现为"电压"和"电流"形式。

　　（3）存在的必然性

　　干扰：虽然难以避免，但有时某个或某几个干扰源有可能不存在。

　　噪声：永恒地存在，但可以从器件选择、电路形式和系统架构等精心设计予以降低。

　　（4）描述参数

　　干扰：系统的抗干扰能力只能针对具体的一项干扰而言。

　　噪声：系统的噪声可以用单项参数来描述，如系统的等效输入噪声。

　　（5）抑制性能

　　干扰：测量系统的某一抗干扰能力可以有两项指标，即极限指标（超过此强度系统不能正常工作）和灵敏度指标（某项干扰影响系统输出的程度）。

　　噪声：可以测量元器件和电路环节、系统的噪声指标（性能）。

　　（6）前后级电路的影响

　　干扰：越是前级电路，越容易受干扰，而且干扰对系统的影响越大。

噪声：越是前级电路，其器件本身的噪声和电路形式对系统的总噪声占比越大，通常情况下可以占到 90%以上。

1.4　电子测量系统的"两段论"与"信息（精度）空间"

任一现代电子测量系统，均可以划分为两个阶段：信息获取阶段和信息挖掘阶段。理解这两个阶段目标和重点的微妙不同，恰如其分地综合应用对应的技术手段，才能保证整体电子测量系统的精度、性能和可靠性。

现代电子测量系统也可以看作"通信系统"，香农定理同样适用，依据香农定理，可以从顶层和一个新的视野审视电子测量系统，结合误差理论与数据处理，可以提高电子测量系统的精度和灵敏度。

1.4.1　电子测量系统的两个阶段

在电子测量系统中，基本上不可缺少的是 A/DC，以此作为分界线，之前是模拟信号处理电路，之后是数字信号处理（部分）。

模拟信号处理电路：这是信息获取阶段。之所以换一个术语，是更明确这一阶段的任务：

①这一阶段决定了电子测量系统能够达到的最高精度和性能。按照"信息论"的观点，每一级电路都不可能获得比前级更多的"信息"，只可能减少信息。但可以提高信噪比，也可以抑制噪声。

②确保信号不能出现明显的非线性失真。一旦出现非线性数字，在后一阶段将无回天之力，不可能恢复信息，更别指望具有"信噪比"。

数字信号处理（部分）：这一阶段发挥数字信号处理的优势，即抑制噪声、提取特征、分离信号、数据挖掘、通信和与网络连接，等等。

（1）第一阶段：信息获取阶段

信息获取是指围绕一定的目标，在一定范围内通过一定的技术手段或方法获得原始信号的活动和过程。因此，在信息获取阶段要尽可能获取所需信息的全部，即获取的信息要全面，为后续信息的挖掘提供足够的信息。信息获取阶段要明确信息获取的三要素，即明确所获取信息的要求（什么信息？信息的特征是什么？）；确定信息获取的范围方向（可以通过哪些途径获取该信息？）；确定采用的技术手段和方法（采用哪种途径能够获取最优的效果？）

因此，以动态光谱数据采集与分析系统为例（图1-22），高质量的光谱PPG信号的检测是动态光谱无创血液成分检测的关键，其信噪比决定基于动态光谱的人体血液成分无创检测的成败与精度的高低。动态光谱的核心是在同一足够小的区域对同一部分血液采用同一光谱测量系统测得的光谱PPG信号提取同一部分血液的吸收光谱，有效地抑制个体差异和测量条件的差异带来的影响（误差），在不计散射的情况下利用"平均"效应大幅度提高动态光谱的信噪比。图1-22所示是基于光谱仪的动态光谱采集装置示意图，主要由可编程式稳压电源、光源、光谱仪、光纤和计算机组成，光源的光照射手指，通过手指的光通过光纤传输到光谱仪，光谱仪在数据采集过程中先将采集到的数据存放在光谱仪的内部缓存器中，等到数据采集结束之后再将光谱仪中的数据通过USB传输至计算机。

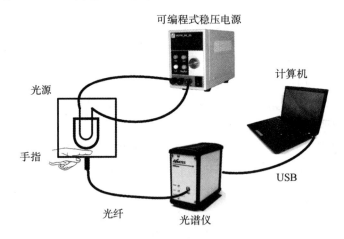

图1-22 动态光谱采集系统

然而，在现实的技术条件下需要在很多影响因素上作出平衡：

①提高入射光强有助于提高信噪比，但人体的耐受性及生物组织的光热效应极大地限制了入射光强。

②增加入射光照射面积有利于提高入射光强，但由于人体组织的非均匀性又将带来原理性误差。

③PPG信号的幅值提高有助于带来信噪比的提高，但显而易见的是散射作用将明显增加非线性的影响。

④所用波长（波段）受到光源、人体组织和光电（光谱）检测器件（灵敏度与信噪比等）的严重制约。

⑤增加检测光谱 PPG 的数据量有助于提高信噪比，但受到系统的采样速度和采集时长的限制，系统的采样速度主要受现今的技术水平和经济因素的限制，过长的采集时间也可能引入其他误差。

为了抑制这些不利因素的影响，研究团队进行了许多相关的研究。对于入射光照射面积的影响，课题组研究了窄平圆光束、宽平圆光束和宽光纤光束三种光照条件对动态光谱的影响，结果显示，细光纤的透射光路径比较一致，获取的 PPG 信号相似程度更高，有利于提高动态光谱的信噪比。为了提高部分强吸收波段或光源过弱波段的信噪比，课题组提出了一种双采样时间的采集方式，通过改变不同波段的积分时间，使得所有波长下的信号均不饱和，且信号最强波段达到光谱仪的最佳线性输入范围。针对人体无创血液成分检测中散射造成的吸光度与血液成分之间不再是线性关系，依据"M+N"理论，将这种非线性归类为第三类信息，针对非线性光谱信息提出"多维多模式多位置"的建模和测量方法，利用这种非线性所携带的光谱信息，进一步提高测量精度。通过从不同的方向透射手指，以获得不同光程的透射光谱，利用光谱的非线性，增加非线性测量方程与被测对象光谱信息量，提高测量精度。

此外，还需要考虑入射手指的光束大小与方向、探测面积与光纤的入射孔径，以及光源与探测光纤的相对位置等问题。PPG 信号的检测方法通常决定了所得信号的有效信息的多少，后续的处理分析的目的是尽量地充分提取利用有效信息，因此保证信号检测环节的信噪比至关重要。

（2）第二阶段：信息挖掘阶段

信息挖掘是通过对大量的数据进行处理和分析，滤除样本信息中与检测无关的干扰信息并发现和提取隐含在其中的具有价值的信息的过程。在获得足够高信噪比的光谱 PPG 信号之后，按照信息论的原理，提高信噪比的途径只有抑制噪声而不可能增加"有用信息"（实际上能够做的只有尽可能降低"有用信息"的损失）。一般存在以下问题。

①确定"有用信号"：这是一个看似容易却十分困难而又不可回避的问题。

②找准"敌人"：影响信噪比的噪声种类、强度与性质。

③在抑制某种噪声时是否损失了"有用信号"和引入新的噪声。

④信号（光谱）预处理与提取方法的统筹考虑以取得更高的信噪比。

⑤提取动态光谱的质量评估：没有评估（测量与标准）的结果（产品）是没有意义，而动态光谱的质量评估的困难在于标准和方式。

1.4.2　信道编码与信息（精度）空间

电子测量系统也是电子信息系统，对于信号、信息、编码、信噪比等电子信息系统的概念和术语可以直接对应到电子测量系统中。

香农"有噪信道编码定律"：在高斯白噪声背景下的连续信道的容量

$$C = B\log_2\left(1 + \frac{S}{N}\right) = B\log_2\left(1 + \frac{S}{n_0 B}\right) \tag{1-75}$$

其中，B 为信道带宽（Hz）；S 为信号功率（W）；n_0 为噪声功率谱密度（W/Hz）；N 为噪声功率（W）。

由香农公式得到的重要结论：

①信道容量受三要素 B、S、n_0 的限制。

②提高信噪比 S/N 可增大信道容量。

③若 $n_0 \to 0$，则 $C \to \infty$，表明无噪声信道的容量为无穷大。

④若 $S \to \infty$，则 $C \to \infty$，表明当信号功率不受限制时，信道容量为无穷大。

⑤C 随着 B 的增大而增大，但不能无限制增大，即当 $B \to \infty$ 时，$C \to 1.44 S / n_0$。

⑥C 一定时，B 与 S/N 可以互换。

⑦若信源的信息速率 $R_b \leqslant C$，则理论上可实现无误差传输。

（1）一维信号测量系统

对一维信号测量系统，不论是传感器、模拟信号处理电路还是 A/DC，最小容量 C_{i_min} 处是整个系统最大 C_{totalt_max}，即 $C_{totalt\_max} < C_{i\_min}$。

在系统设计时，一定是依据传感器和模拟信号处理电路的最小容量 C_{i_min}（即精度）选择 A/DC 的精度并给出一定的裕量。其推论也是我们所熟悉的：从应用一个电子测量系统的角度，评价一个系统的精度可以用其 A/DC 的精度来粗略估计，而且系统的精度必定低于 A/DC 的精度（不考虑"过采样"等措施的情况下）。

注意式（1-75）有两个重要的"提示"：

● C 随着 B 的增大而增大，但增加的随机噪声也会成比例增加（S/N 隐含着这点）。因此，在系统设计时的最佳平衡是：只要保证覆盖有用信号的带宽即可。

● S/N 并不局限于有用信号 S 对某一项噪声 N_i 的比值，而是有用信号 S 对所有噪声的总和 N_{total} 的比值。N_{total} 的合成可以参考式（1-59）。可以用式（1-76）计算。

$$S/N_{total} = S / \sqrt{\left(\frac{\partial f}{\partial x_1}\right)^2 \sigma_{x1}^2 + \left(\frac{\partial f}{\partial x_2}\right)^2 \sigma_{x2}^2 + \cdots + \left(\frac{\partial f}{\partial x_n}\right)^2 \sigma_{xn}^2} \qquad （1-76）$$

式（1-76）说明一个测量系统的精度受所有可能的误差（噪声）的影响。在实际应用时，小于最大误差项 1/3 或以下时，可以不计该误差的影响：

● 在系统设计时，重点放在排在前面的几项误差，可以保证系统的总精度。

● 对影响不大的器件和环节，可以降低其性能要求。

● 对于有多级模拟放大环节的系统设计，参照式（1-13）给出的结论，可以降低后级放大器和器件的噪声性能要求。

式（1-75）是以 2 为底的对数表达，为了有一个具体的印象，计算 S/N=1000 时，C=9.967≈10，大约为 n = 10 位 A/DC 的精度。所以，这里的信息容量就是精度（信噪比）。

（2）下抽样与插值

下抽样与插值改变的是"抽样（采样）率"，并没有改变信息容量。下抽样与插值（算法）既没有增加信息（容量），也没有减少信息（容量），但改变了"数据"通过率。

设计电子信息测量系统中的 A/DC 时，香农定律的意义在于：

①在满足奈奎斯特（香农，采样）定理的前提条件下，选择更高分辨率 n 的 A/DC，可获得更高的信息容量（精度空间）。

②在一定分辨率 n 的 A/DC，通过下抽样可以将采样率降到满足奈奎斯特定理的程度，即信号带宽达到对信号更高的分辨力。

（3）MIOIMS 系统

对一维信号的电子测量系统而言，如图 1-23（a）所示，对信息容量与精度之间的关系容易理解，但对"空间"概念的理解似乎有点牵强。实际上，一维是"空间"的特例，但在"多输入、多输出和多干扰测量系统（Multiple Input, Multiple output and Multiple Interference Measurement System，MIOIMS）"中，"空间"就成为自然而然的事情。

①一维信号的电子测量系统的信息空间

由式（1-75）和式（1-76）可以计算一维信号的电子测量系统的信息空间，也就是可以评估系统的测量精度。

②一维信号的多模式电子测量系统的信息空间

图 1-23（b）所示的测量系统，其总的信息空间为：

测量子系统的信息容量基本相等，则总的信息空间 C 为

$$C = B \log_2 m (1 + S/N) \qquad (1\text{-}77)$$

式中，为子系统的数量，每一个子系统的信息空间为

$$C_1 = C_2 = \cdots = C_m = B \log_2 (1 + S/N) \qquad (1\text{-}78)$$

式（1-78）可以改写为

$$C = B \log_2 m (1 + S/N) = B \left[\log_2 m + \log_2 (1 + S/N) \right] \qquad (1\text{-}79)$$

当 $m = 1, 2, 4$（个等精度子系统并联）时，相应的 $\log_2 1 = 0$，意味着一个子系统没有增加任何信息空间，图 1-23（a）所示的测量系统等同；$\log_2 2 = 1$，意味着 2 个并联的子系统增加了信息空间；$\log_2 4 = 2$，意味着 4 个子系统的并联增加 1 倍的信息空间。这些结果与"平均"的效果相同。

测量子系统的信息容量不相等，则总的信息空间 C

$$C_{\text{total}} = \sqrt{\sum_{i=1}^{m} C_i^2} \qquad (1\text{-}80)$$

③多维（个）信号的电子测量系统

图 1-23（c）所示的测量系统的信息空间为 C，但需要在多个被测目标中分配。如果 m 个被测目标平均分配，假定为：

$$C_1 = C_2 = \cdots = C_m = C/m \qquad (1\text{-}81)$$

但实际情况并非这么简单，因此，这里的讨论仅仅给出方向性、概貌的结果。

④实际系统中的随机误差和系统误差的影响

任何一个电子测量系统均难以避免地存在随机误差，但香农定律本身把随机误差放在核心位置，换言之，应用香农定律分析问题时，必须对系统中的随机误差有比较明确的掌握。但香农定律并没有考虑系统误差的影响。

如果把系统误差的"来源"也作为"被测目标"，那么，系统误差（随机误差也是一样的）的来源也要"瓜分"系统的信息容量。

● 如果通过固定的方式消除系统误差对信息容量的占用，或者说提高了信息容量，这是提高电子测量系统精度的最有力的方法。

● 通过补偿和修正的方法抑制系统误差，虽然也可以提高测量精度，但这是以损失部分信息容量为代价的，也是一种"不得己"的办法。

● 控制系统误差的来源，在不同系统误差的来源的幅值或状态下进行测量，可以最大限度地消除系统误差且使得系统的信息容量不受损失。

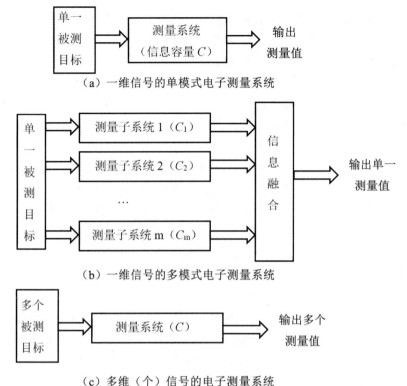

图 1-23　动态光谱采集系统

● 增加不同维度、模式的测量子系统，既增加的信息容量，又利用各个子系统对某些系统误差的不相关性，最大限度地抑制系统误差。

1.5　医学诊断与医学研究中的测量

通过前面的讨论，我们可以认为"测量就是科学"！同样，在医学上可以认为"测量就是诊断"！

测量可以为临床诊断提供各种医学信息：心电图、血压和体温等各种生理信息，血液成分、尿液成分、呼吸气体成分等化学信息，X 光图像、B 超、MRI（磁共振成像）和 PET-CT 图像等图像信息，各种微生物和病毒的存在与否和数量多少的信息，以及基因等生物信息。

同样，医学基础研究也必须依靠这些信息。

在家庭健康、慢病管理、个人健康管理、运动保健等方面同样需要这些信息。

获取这些信息只能依靠传感器及由其构成的测量装置、仪器或系统。

设计医学测量电子仪器的出发点在于了解被测信号的频率、幅值、信号源内阻及信号的特点，以便确定信号检测所需的增益和频带及其他对测量系统的要求。

此外，了解检测时所存在的干扰：频率、幅值、来源与干扰方式及其他特点。在设计医学测量电子仪器时，了解该测量可能存在的干扰的重要性一点儿不亚于对被测信号的了解。可以说，不了解与被测信号或其测量过程可能伴随的干扰，就不可能设计出具有实用价值的医学测量电子仪器。

有了对被测信号或其测量过程可能伴随的干扰的充分了解，在设计相应的电路时的策略是先打击最大的"敌人"——幅值最大的干扰。

抑制干扰有各种各样的方法：纯电路的方法，如滤波、提高共模抑制比等；也有一些非电路的方法，如屏蔽；还有一些结合电路与非电路的方法，如隔离、光电耦合和屏蔽驱动；再有一些比较特殊的方法，如调制/解调、斩波/稳零；当然还有数字滤波的方法。

各种抑制干扰的技术（电路）措施都有其优势，但也会有其不足。

不能孤立地应用一种抑制干扰的方法，而是要与多种方法相配合；也不能走向另外一个极端——仅仅考虑抑制干扰的方法，也需要与放大、前后级电路等相结合，从整体上考虑。

生物医学信号处理包含两种类型：

（1）模拟信号处理

在生物医学信息（信号）测量系统（图 1-24）中，模拟/数字转换器及其之前的电路部分均属于模拟信号处理。模拟信号处理的作用：

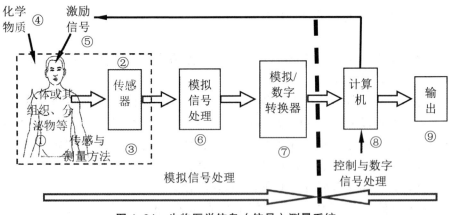

图 1-24　生物医学信息（信号）测量系统

● 保证获得足够高精度的数字信号（模拟/数字转换器的输出）。

● 保证获得足够高采样率的数字信号，也就是满足动态信号的采集要求和足够高的信息量（由香农定律所确定）。

● 一般情况下，不得有非线性失真。

获取高质量数字信号是实现高精度、高质量生物医学信号测量的必要前提，模拟信号处理（包括信息传感）的重要性就在于此！

在图 1-24 中，各个部分的作用与功能简述如下（序号与图中的序号相对应）。

①人体或其组织、成分、分泌物、基因、携带的微生物、生理和生化运动等，都是生物医学信息（信号）测量系统的测量对象。

②除少数医学信息（信号），如身高和心电等生物电外，均需要合适的传感器把被测信号转换为电信号，如体温、血压等。还有一些信号需要通过一次或多次转换和计算才能得到目标参数，如血氧饱和度。动脉血液中含氧血红蛋白和还原血红蛋白的含量不同影响透射光的吸光度，进而影响两个或以上波长的光电容积脉搏波（PPG）的幅度，通过两个或以上波长的 PPG 的交直流分量可计算得到被测者的血氧饱和度值。

③被测对象与传感器总是不可分割地统筹考虑与设计，这就是"传感与测量方法"。其中要点如下：

A. 针对被测对象选取合适的传感器。如体温测量可以选择热敏电阻、热电偶、红外测温等。

B. 选择传感方法或传感器要尽可能做到对人体无伤害或少伤害。

C. 在保证一定的精度和可靠性的条件下，也要注意使用的舒适性和便捷性。

D. 测量方法最为体现创新性：测量到以往所测量不到的信息，比以往的测量精度更高，同样精度情况比以往更快速、更低成本、更方便。

④有些测量需要向人体注射一些化学物质，特别是一些图像的获取需要注射显影剂、增强剂以得到更清晰的图像。

⑤需要向人体注入某种能量的生物医学信息（信号）测量系统更为常见：医用诊断 X 光机和 CT 机需要 X 光源，生物阻抗成像需要施加恒流电流，PPG 需要激励光……激励信号的施加要尽可能做到对人体无伤害或少伤害，避免或降低被测试者的不适。

⑥除前面已经说明"模拟信号处理"的功能和作用外，从系统来看，模拟信号处理电路还需要与传感器的接口和驱动模拟/数字转换器，这两点也是

模拟信号处理电路中极其重要的环节。

⑦由于现代生物医学信息（信号）测量系统无一不采用计算机（微控制器或嵌入式系统）作为控制核心和完成数字信号处理等功能，因此需要把模拟信号转变为数字信号，完成这一功能的就是模拟/数字转换器（Analog to digital converter，A/DC）。选择 A/DC 的主要参数为：

A. 转换位数 n（动态范围 2^n）。注意这不是精度，但是依据精度来选择 A/DC 的转换位数。

B. 精度。通常用最低有效位（Least Significant Bit，LSB）来表示。

C. （最高）采样速度。每秒多少次，采用单位是 SPS（Sample Per Second），或 kSPS（kilo SPS）、MSPS（mega SPS）、GSPS（giga SPS）。依据奈奎斯特定律和信号与可能混入的噪声的最大频率来选择。

⑧计算机是生物医学信息（信号）测量系统的核心，完成控制和数字信号处理等功能，一般选用微控制器或嵌入式系统。其选择依据主要是计算（数字信号处理）能力和控制能力。很多情况下还要考虑其功耗、片上外设（如搭载 A/DC 等）性能。

⑨输出功能包括通信、显示等。

（2）数字信号处理

数字信号处理具有很多模拟信号处理难以比拟的优越性。

①精度高。在模拟系统的电路中，元器件精度要达到 10^{-3} 以上已经不容易了，而数字系统 17 位字长可以达到 10^{-5} 的精度，这是很平常的。

②灵活性强。数字信号处理系统其性能取决于运算程序和设计好的参数，这些均存储在数字系统中，只要改变运算程序或参数，即可改变系统的特性，比改变模拟系统方便得多。

③可以实现模拟系统很难达到的指标或特性。例如，数字滤波可以实现严格的线性相位；数据压缩方法可以大大地减少信息传输中的信道容量。

④可以进行自适应处理，这是模拟信号处理难以实现的。

⑤可以进行十分复杂的计算和特征提取，这也是模拟信号处理不能实现的。

早期数字信号处理存在一些缺点：增加了系统的复杂性，它需要模拟接口及比较复杂的数字系统；应用的频率范围受到限制，主要受 A/DC 的采样频率的限制；系统的功率消耗比较大。但这些缺点基本上都已克服或已降到可以忽略的地步。

关于课程思政的思考：

依据马克思的观点：一门科学成熟的标志在于数学的充分运用。著名大科学家门捷列夫也说过：科学源于测量，没有测量，就没有严谨的科学。将两位伟人的话联系起来思考，可以看出测量与数学、科学之间的关系以及测量的重要性。

第 2 章 "M+N" 理论

2.1 引言

经过几十年的测量领域的研究，针对多被测量和多输出量的测量及系统，凝练出"M+N"理论，为提高多被测量和多输出量的测量及系统的精度提供了理论指导和锐利武器。当然，对常规的单一被测量的测量及系统提高精度是同样有效。

在科学上，早期几乎都是研究单一测量目标：温度、压力、长度，等等。随着科学的发展，越来越多需要研究 2 个或以上的被测量，如热力学中的处于平衡的系统，为描述和确定系统所处的状态只需三个状态参量，它们是温度 T、体积 V 和压强 p，故状态方程为 $F(T,V,p)=0$。说明为了确定这样的系统所处的状态，只有两个状态参量是独立的，它们可是 (p,V)，也可是 (p,T) 或 (T,V)，要同时测量两个状态参量。

随着科技的发展，需要同时同步面对的测量对象的种类与数量越来越多，图 2-1 所示的多测量对象 $(x_1,x_2,\cdots,x_m)$、多输出量 $(y_1,y_2,\cdots,y_l)$ 的测量系统也越来越多，所涉及的物理原理也越来越多，对测量系统干扰 $(c_1,c_2,\cdots,c_n)$ 的种类更是越来越多和越来越复杂。

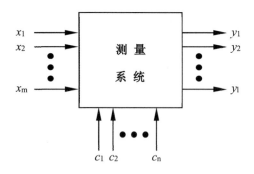

图 2-1　多测量对象、多输出量的测量系统

作为线性的测量系统，其输出可以表达为：

$$Y\left(y_1,y_2,\cdots,y_l\right) = X\left(x_1,x_2,\cdots,x_m\right) + C\left(c_1,c_2,\cdots,c_n\right) \qquad (2\text{-}1)$$

式中，$y_1,y_2,\cdots,y_l$ 为系统的 l 个输出量；$x_1,x_2,\cdots,x_m$ 为系统的 m 个输入量，其中至少有一个被测量或多个被测量；$c_1,c_2,\cdots,c_n$ 为对系统的 n 个干扰因素，其中至少有一个干扰因素或多个干扰因素。

式（2-1）也可以改写为：

$$Y\left(y_1,y_2,\cdots,y_l\right) = F\left(x_1,x_2,\cdots,x_m,c_1,c_2,\cdots,c_n\right) \qquad (2\text{-}2)$$

针对多（m 个）输入、多（n 个）干扰（系统误差）和多（l 个，$l \geqslant m+n$）输出的测量系统，为了更准确地了解 l 个输出量与 m 个输入量的关系以便准确地测量 m 个中至少有一个被测量或多个被测量，消除或抑制 n 个中至少有一个或多个干扰因素，形成了一整套的理论与方法，被称为 "M+N" 理论。

"M+N" 理论从 "系统、全面" 的高度看待测量系统，借助 "信号与系统" 和 "数据挖掘" 的原理找到观测数据（测量系统的输出）与被测量和干扰量（系统误差）之间的关系，提出了提高测量精度和抑制系统误差的若干行之有效的策略，为复杂测量或测量系统提高精度提供了清晰、明确、可操作性好的途径。

为描述简单起见，把多输入、多输出和多干扰测量系统（Multiple Input, Multiple output and Multiple Interference Measurement System）简称为 MIOIMS。

以下是几个 MIOIMS 的实例。

➤ 同时测量压力、温度和湿度的传感器

瑞典林雪平大学的研究团队研制出一种有机混合离子—电子传导凝胶（图 2-2），可同时测量压力、温度和湿度，且测量过程互不干扰。

压力、温度和湿度的测量大多独立，需集成至电子电路，并使用专用的放大器、信号处理和通信接口。为了降低成本，研究人员将 PEDOT:PSS（保证导电性和塞贝克系数）、纳米原纤化纤维素（提供机械强度）和 GOPS（提供水稳定性和弹性）三种组分混合到水溶液中，真空冷冻干燥后制成分支状的感应气凝胶。该气凝胶多孔且富有弹性，兼具电子和离子导通能力与热电效应。气凝胶上下表面经层压制备两个铝电极，连接结果分析设备。气凝胶受热时，其电子热电反应（测量温度，冷热温差越大电流越大）和离子热电反应（测量湿度，湿度为零则不输送离子）的发生速度不同，可通过跟踪电信号随时间的变化来检测温度和湿度变化。当材料受压时，电阻下降、电导率增加，从而反映压力变化。

这种气凝胶传感器集成了三种信号测量功能，可降低传感器系统复杂性和成本，在多功能物联网、机器人、电子皮肤、功能服装、分布式监控、安全等领域有一定的应用前景。

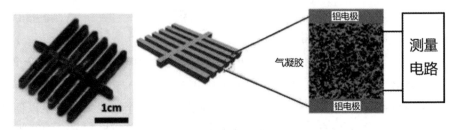

图2-2   同时测量压力、温度和湿度的传感器

➢   基于细胞电阻抗传感器的细胞多生理参数分析系统

浙江大学王平教授等针对传统的细胞传感器系统存在参数单一的问题，设计了基于细胞电阻抗传感器的细胞多生理参数分析系统（图2-3），该系统具有操作简便、高一致性和高通量等特点。采用系统测试实验和细胞实验对系统的基本性能继续测试。实验结果表明，细胞多生理参数分析系统能同时检测细胞生长和心肌细胞的搏动，具备快速、长期、无损和高通量测量的特点。

➢   单摄像头获取人脸图像信号与多种生理信号检测

摄像头的基本功能是获得图像或视频，天津大学的李刚课题组利用摄像头进行生物特征识别，在获得人脸图像的同时，还拾取被测试者的心率、血氧饱和度和其他信息，大幅度提高了生物识别的准确率。

如何提高MIOIMS的性能就成为迫切需要解决的问题。本章以基于光谱的化学成分定量分析为平台，介绍了"M+N"理论。

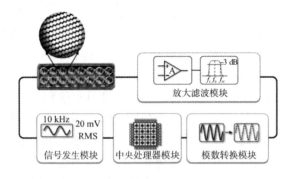

图2-3   多功能阻抗传感器系统框图

2.2 "M+N" 理论的架构

如图 2-4 所示，一个光谱测量系统有三个基本要素：被测对象（成分）、光谱测量系统和光谱数据。

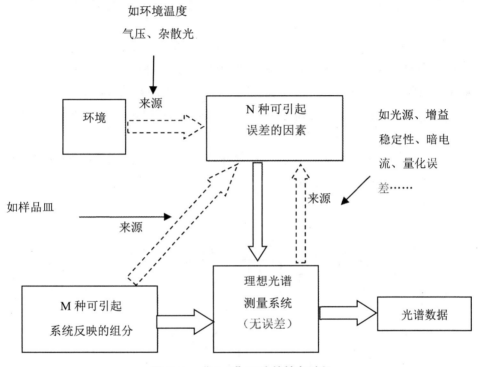

图 2-4　"M+N" 理论的抽象过程

被测对象（成分）：被测对象中，如被测溶液，可能含有无数种成分，但由于光谱测量系统的灵敏度有限，对于不能引起光谱测量系统反应的成分可以不予考虑。但被测对象本身和其带来的、不可避免会引起光谱测量系统反应的一些因素，如样品皿的厚度或其光学特性、光路的形位误差等也可能引起光谱测量系统反应。同时，被测对象也会受到环境因素的影响，如温度、压力等。所有这些不是被测对象本质上引起光谱测量系统反应的因素，都可归结到 "可引起误差的 N 因素" 中。

光谱测量系统：其本身每个部件、每个环节均可能带来这样或那样的误差，对每个误差把其来源、性质和大小都研究透是极其困难的。为此，我们可以参照"运算放大器"的模型——理想的"三角形"：开环增益、共模抑制比和输入阻抗均为"无穷大"，失调电压等误差可以认为是外加在"三角形"上的。类似地，也可以把光谱测量系统作为一个理想的无误差系统，实际的误差（非理想的因素）可以归结到外部的误差因素。

　　光谱数据：不仅是表征了被测对象的信息，也包含被测对象带来的误差、光谱测量系统本身带来的误差、外界（环境）的干扰及通过被测对象带来的干扰。

　　至此，把光谱测量系统的所有误差因素归结成 N（Noises）因素，再将 N 因素分为两类（图 2-5）：$\sum n_i$，能够影响被测成分（对象）及其得到光谱测量系统反映的部分 N 因素，如环境温度等；$\sum n_j$，不能影响被测成分（对象），也就不能通过对被测成分（对象）影响而得到光谱测量系统反映的部分 N 因素，如光谱仪的暗电流、积分误差等。

　　对于被测成分（对象）M 也可以分为两部分：$\sum m_i$，能够被 $\sum n_i$ 影响并得到光谱测量系统反应的被测成分（对象）；$\sum m_j$，不能被 $\sum n_i$ 影响的被测成分（对象）。

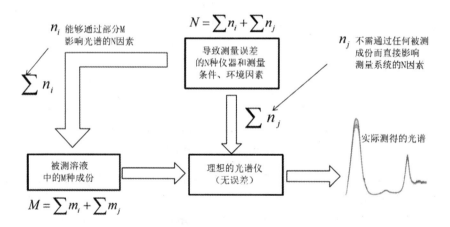

图 2-5　M 与 N 的分类

　　综上所述，可以把光谱测量系统的误差模型进一步简化成图 2-6 所示的关系框架。

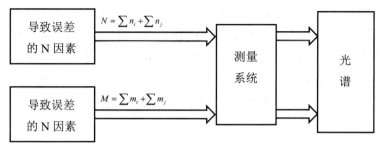

图 2-6   "M+N" 理论框架

按照误差理论与数据处理的要求，一个测量系统的误差可以分为三种类型：

①随机误差。其幅值大小和极性均为不可确定的，频率分布在无限宽的带宽上，不同时刻、不同通道、不同波长……得到数据点的随机误差是不相关的。抑制随机误差的原理就是利用不同数据点的随机误差之间不相关，且其均值趋向于 0 的特性。抑制随机误差的另外一个"高效"的方法是限制信号（数据）的频带，频带越窄，随机噪声幅值越小。

②系统误差。这类误差具有某种"规律"性。

数据本身表现出某种规律性。通过一组测量数据的分析，通常采用"时域（顺序）"和"频域"分析，可以得出误差的规律并予以修正。但这种方法是"治标"的，并没有找到这种系统误差的"根"和予以消除。

找到测量数据与某种"误差因素"的关联。看似数据并没有明显的系统（规律性）误差，但如果我们有意放大某种影响因素（n_i）的影响（扩大其幅值）得到一组测量数据，并寻找测量数据与 n_i 之间的关系（建模），就有可能更好地抑制这种（潜在）系统误差。

③粗大误差。某种原因导致数据明显地偏离"正常"的数值，常规的方法是"3σ"准则来判断是否存在粗大误差。说说简单，处理起来却是一个极为"棘手"又必须解决的问题：

所谓超出"3σ"已经是非常大的数值，肯定需要去除以免影响测量精度，但是"2σ"就不大了吗？究竟多少"σ"合适呢？

出现或经常出现粗大误差（超出"3σ"或"2σ"的测量值）必定意味着系统隐藏重要的干扰因素，如线路接触不良、外界的干扰使系统进入非线性状态、器件工作在极限状态、瞬时信号过强而进入非线性、器件选择和电路设计的"裕量"不够，等等。逐一查找这些原因是相当困难的和低效的，解决问题的最有效方法是逐一核查每个可能的因素并校正之。

可以引起测量系统反应的被测对象 M 和系统误差的因素 N 具有同样的特性：测量系统的输出数据与每个 M 和/或 N 之间有确定性的规律（关系），可以通过建模（数据挖掘）等方法找到它们之间的（数学）关系，进而，通过这一关系实现对 M（m_i 和/或 m_j）的测量，对 N（n_i 和/或 n_j）的补偿、修正，对 N（n_i 和/或 n_j）的测量，以及利用 n_i 提高的测量对 M（m_i 和/或 m_j）的测量。

2.3 "M+N" 理论的应用

在宏观和系统层面，从误差理论的角度应该有两点基本认识：

第一，无论目标组分（m_i 和/或 m_j）或非目标组分（m_i 和/或 m_j），要么 M 种组分都可以被精确测量，要么两者都不能精确测量。

第二，如果目标分量（m_i 和/或 m_j）是可测量的，则剩余的非目标分量（m_i 和/或 m_j）和所有 N 个干扰因素决定其测量精度。测量系统中的 M 因素和 N 因素的性质是等价的。

基于上述的两个基本点和前面的讨论基础上，我们得到 "M+N" 理论提高定量光谱分析精度的 5 种策略（如图 2-7 所示）：

① "固定的策略"。保持 N 因素的不变，以消除 N 因素（例如，样品温度）变化对光谱的影响。

② "补偿的策略"。测量 N 因素的变化并补偿 N 因素（例如，样品温度）变化对光谱的影响。

③ "覆盖 N 或 M 因素的变化"。采集 M 和 N 因素所有的可能变化范围的样本数据进行建模分析，可以得到对所有 "M+N" 因素不敏感校准模型。注意，这种策略无形中 "损失" 一部分测量数据的 "信息空间"。

④ "增加谱线差异"。建模测量的核心是利用 "超定方程" 找出被测对象（目标成分，m_i 和/或 m_j）与测量数据之间的关系，评价这个关系（模型）的优劣程度（鲁棒性）。从 "代数几何" 的角度来看，影响模型的鲁棒性在于两个主要因素：目标成分测量方程（模型）与其他所有 "M+N" 因素的测量方程（模型）相互垂直（不相关）的程度；测量数据中随机误差的大小。

实现这一策略简单而又有效的方法：

第一，增加测量方程数，对光谱测量而言就是增加测量光谱的波长数或波段数。光谱的波长数或波段数越多，越有可能得到谱线差异大的测量方程

（数）。同时，测量方程（数）（光谱数据）越多也就意味着参与"平均"计算的测量数据越多，有助于降低随机噪声（误差）。

第二，增加测量位置，如在光轴两个光路径位置上测量，得到两个透射光谱计算"吸收（消光）光谱"，从而可以消除光源强度和光谱分布的不确定性带来的误差，以及其他光路的不一致等带来的误差。

⑤"多模式光谱测量"。不同模式的光谱测量，通常具有"程度不一"的非线性，大多基于以下原因。

第一，过于强烈的非线性无疑会影响测量精度，而建模是具有充分的"民主性"，自动降低甚至消除非线性过强的测量方程（数据）在模型中的"权重"。

第二，一定的非线性在建模时"自动地线性化"，不管是被测成分还是非被测成分的这种非线性测量方程，均有助于提高被测成分相对于其他 M 的"谱线差异"。

诸如反射光谱、散射光谱、荧光光谱、拉曼光谱等与透射光谱联用，只要这些参与建模的光谱具有与透射（吸收）光谱相当甚至更高的光谱测量精度，均可以显著地提高建模（测量）的精度。

上述讨论可以用图 2-7 来总结：n_i 表示由该因素产生的特征光谱能与 m_i 的光谱进行关联，并加以利用的因素；n_j 表示不通过任何 M 影响到光谱的 N。"M+N"理论把 M 和 N 这两种因素放在同等的地位，综合考虑它们对测量精度的影响，而不是只关注被测对象或外部干扰。

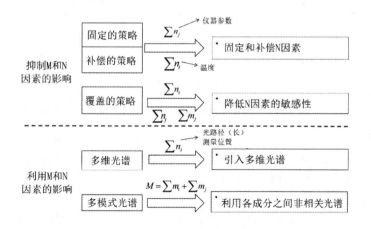

图 2-7   "M+N"理论的基本观点和策略

图 2-8（a）描述了"M+N"理论和光谱测量的模式。在所获得的光谱中，有四种光谱信息可以用式（2-3）来表示：

$$Spectrum_{acquired} = \psi \left(Spectrum_{m_i}, Spectrum_{m_j}, Spectrum_{n_i}, Spectrum_{n_j} \right) \quad （2-3）$$

其中，ψ 表示是光谱仪的函数，$Spectrum_{mi}$、$Spectrum_{mj}$、$Spectrum_{ni}$ 与 $Spectrum_{nj}$ 分别是 m_i、m_j、n_i 与 n_j 因素的光谱响应。

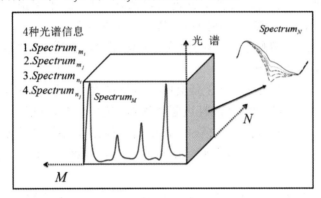

（a）"M+N" 理论的模式与光谱测量

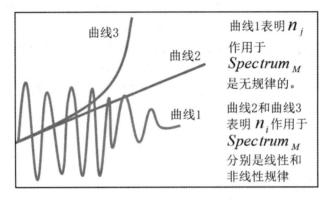

（b）N 因素对测量光谱 Spectrumm 的作用

图 2-8   "M+N" 理论的模式与光谱测量及 N 因素对测量光谱 Spectrumm 的作用

如图 2-9 所示，全面地总结了 "M+N" 理论抑制各种误差的内在逻辑，为全面提高 MIOIMS 系统的精度指明了方向和具有可操作性的措施。

①以误差理论与数据处理为依据，引入信号与系统的概念，按照唯物辩证法的观点：

全面，把被测对象、测量系统和测量环境作为一个整体来考虑。

系统，把被测成分和非被测成分作为不可分割、相互关联和相互作用的一个矛盾的整体来考虑。

整体，把被测对象 M、环境干扰和测量系统的内部噪声 N 作为对测量数据（光谱）影响的同等地位来讨论。

特性与共性，不管是 M 还是 N，每个因素都会影响被测成分的精度，但各个因素影响被测成分的精度的方式和程度并不完全相同。

相互转化，作为影响测量精度的 N 因素（消极因素），在一定的条件下可以转化为提高测量精度的"积极因素"。

②在应用上指明了寻找和消除测量误差（源）、提高测量精度的方向。

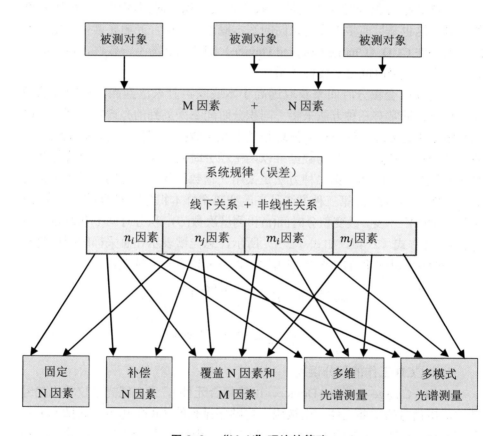

图 2-9   "M+N"理论的策略

2.4   "M+N"理论的应用实例

"M+N"理论已经展露出其强大的威力，取得许多应用成果。本节介绍几个可堪称经典的应用，从中可以领悟"M+N"理论的魅力。

2.4.1 "覆盖策略"消除光谱仪积分时间带来的误差

（1）研究背景

积分时间是光谱仪最重要的参数之一，也是经常需要调节以获取理想光谱的参数。理想的光谱信号既不能饱和，也不能太弱。因此，在实际操作中，通常需要人为地设置合适的积分时间，以确保光谱捕获在理想的范围内。

光谱数据与积分时间的线性关系是以改变积分时间获取高信噪比光谱的基础，这也是目前学术界所认同的基本概念。然而，光栅光谱仪采集光谱的主要元件 CCD（Charge-Coupled Device）制造工艺的不一致性，将会导致光谱数据与积分时间呈非线性关系。

当需要改变积分时间来获取远高于本底噪声且未达到光谱仪饱和的理想光谱时，通常有三种方法来将不同积分时间下采集到的光谱修正到同一时间尺度下进行处理，这三种方法均是基于光谱数据与积分时间之间呈线性关系。第一种方法是利用光谱数据乘以两个积分时间之比的因子，以确保数据处于相同的积分时间；第二种方法是采用光谱数据除积分时间，以"单位进光量"参与后续建模；第三种方法是在改变单个样本积分时间的同时保持"总采样时间(T)"不变，改变积分时间(t)和测量次数(Q)，积分时间(t)和测量次数(Q)必须遵守式（2-4）。如式（2-5）所示，总光谱表示在总采样时间内将每一次积分时间内获得的单个光谱相加，以总光谱参与后续建模。

$$总采样时间 T = \sum_{i=1}^{采样次数Q} 积分时间 t \qquad （2-4）$$

$$总光谱 S = \sum_{i=1}^{采样次数Q} 光谱_i \qquad （2-5）$$

（2）CCD 工作的积分误差

CCD（Charge-Coupled Device，电荷耦合元件），是光栅光谱仪将光信号转化成电信号的主要元件，由按照一定顺序排列的 MOS 电容（光敏元）以及在 MOS 电容两端的输入和输出部分添加二极管构成。如图 2-10 所示，按照工作流程，可以将其工作过程大致分为四步：电荷的产生、存储、传输和检测。

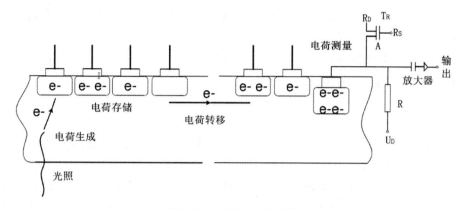

图 2-10 CCD 工作过程

当光照射在光敏单元上时，入射光子被 MOS 电容的硅底材料吸收，转换为电子，称为光生电子。式（2-6）为光电转换的量子效率 QE 的计算公式。

$$QE = \frac{Q_{电子} - Q_{空穴对}}{Q_{入射光子数}} \tag{2-6}$$

光谱仪所设置的积分时间即为 CCD 的曝光时间，如图 2-11（a）所示，采集信号时 CCD 处于曝光状态，此时光敏元，即 MOS 电容有一个电极为高电位，随着这个电极的电势增大，该 MOS 电容开始存储电子，可称之为势阱。电势越高，势阱越深。随着曝光时间的增加，势阱中的电子存储得越来越多，电势逐渐降低，即势阱逐渐被填满达到饱和。在 CCD 积分时间内光转化为电子存储在势阱中的电荷由式（2-7）计算可得：

$$Q_{in} = t_c \frac{(QE)qA}{hv} \Phi_{e\lambda} \tag{2-7}$$

其中，t_c 为积分时间；(QE) 为材料的量子效率；q 为电子电荷量；A 为光敏单元的受光面积；$\Phi_{e\lambda}$ 为光谱辐射通量。

当积分时间结束时，电荷需要转移，这个过程是通过时序驱动脉冲控制 MOS 电容的电极高低来实现的。本节以三相供电的 CCD 为例，说明电荷的转移过程。如图 2-11（a）所示，已有信号电荷存储在 1 号电极下的势阱中；当对电极 2 加压使之与电极 1 的电压相同时，两者所形成的势阱将联通，如图 2-11（b）所示；随后电极 1 由高电平变为低电平，电极 2 由低电平变为高电平，此时电极 1 下的势阱逐渐变浅，电极 2 下面的势阱逐渐变深，电荷自然向电极 2 下面的势阱传输，如图 2-11（c）所示；由此，深势阱从电极 1 下移动至电极 2 下面，势阱内的电荷也向右转移了一位，如图 2-11（d）所示。由上述原理可知，控制电荷顺序传输只需控制电极上的电压不断改变即可。

转移到下一个势阱中的电荷与原来的电荷量之比称为转移效率η，由式（2-8）计算所得，该参数是评价 CCD 性能的重要参数。

$$\eta = \frac{Q(0) - Q(t)}{Q(0)} = 1 - \frac{Q(t)}{Q(0)} \qquad (2\text{-}8)$$

其中，$Q(0)$ 为起始时刻电极下电荷量，$Q(t)$ 为 t 时刻该电极下的电荷量。由式（2-8）可知，若起始电荷量为 $Q(0)$，n 次转移后输出的电荷量为 $Q(0)\eta^n$。电荷完成传输后经过电路输出为光谱数据，大部分 CCD 输出电荷信号主要利用电流输出方式。通过上述介绍，可将 CCD 的工作过程简化概括为：在积分时间内，光子转化为电子积累在势阱中，并在光敏单元之间转移。可以看出，这也是 MOS 电容不断充电的过程。为更好地研究该过程中存在的误差源，本节构建了一个等效积分电路来表示 MOS 电容的充电过程，如图 2-12 所示。

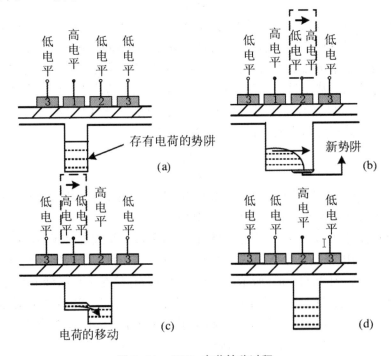

图 2-11　CCD 电荷转移过程

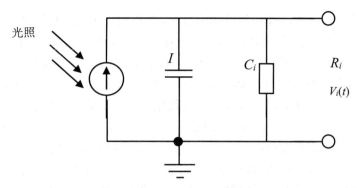

图 2-12 CCD 工作原理等效电路图

其中，C_i 和 R_i 表示每个光敏单元的电容和漏电电阻；T 表示积分时间；I 表示光电流；$V_i(t)$ 表示每个光敏单元的实时输出电压。当光照射光敏元器件时，产生光电流给电容充电，输出电压 $V_i(t)$ 由式（2-9）表示：

$$V_i(t) = \frac{1}{C_i} \int_0^T \left(I - \frac{V_i(t)}{R_i} \right) dt \tag{2-9}$$

从式（2-9）可以看出，输出电压由 C_i、R_i、T、I 共同决定。由于光敏单元制作工艺无法保证绝对一致，因此各光敏单元的光电转换的量子效率 QE 无法保证一致，则光电流 I 也无法保证一致；同时，各单元之间的 C_i、R_i 也不是绝对相等的，且积分时间即漏电时间，积分时间不同导致每个 MOS 电容单元的漏电程度也不同，这就导致了，V_i 与 T 呈非线性关系。同时，由于光子噪声的存在，不同积分时间下的信噪比也是不同的。这些误差均会导致 CCD 最终输出信号与积分时间之间的非线性关系，图 2-13 为非线性关系的示意图。

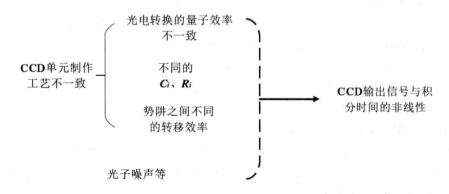

图 2-13 CCD 输出信号与积分时间非线性原理图

　　实验采用第三种设置积分时间的方式，即设置一个总采样时间（T）不变，改变积分时间（t）和测量次数（Q），积分时间（t）和测量次数（Q）满足式（2-4）。积分时间 t 下采集的光谱为 S_t，由于设置了 Q 次测量次数，由此将获得 Q 个光谱 S_t，将这 Q 个光谱 S_t 按照式（2-5）相加得到 S 代表总采样时间内的总光谱数据，以总光谱数据 S 参与数据分析。实验对不同的光谱仪设置不同的积分形式，每一种积分形式的总采样时间（T）是相同的，不同的是积分时间（t）和测量次数（Q）。理论上，基于光谱数据与积分时间的线性关系，在总采样时间（T）不变的情况下，改变积分时间（t）和测量次数（Q）不会影响总光谱数据，即无论以何种积分形式，总光谱数据 S 应是一致的。若总光谱数据 S 不一致，则说明光谱数据与积分时间呈非线性关系。

　　以不同的积分形式采集同一个样本的光谱数据，其中积分时间（t）的选择依据为光谱信号远高于本底噪声且未达到饱和。将不同的积分形式下获得的光谱数据按照式（2-5）的算法分别算出总光谱 S_i，i 代表不同的积分形式。为了更直观地评估不同积分形式下采集的总光谱 S_i 之间的差异，以第一种积分形式采集的总光谱 S_1 为基准，分别计算了其他积分形式下采集的总光谱 S_i 与基准总光谱 S_1 的相对误差，将每个波长的光强分别按照式（2-10）参与运算。

$$相对误差 = \frac{\left| I_\lambda^{S_1} - I_\lambda^{S_i} \right|}{I_\lambda^{S_1}} \cdot 100\%, \ i = 2, 3, \cdots \qquad （2\text{-}10）$$

　　实验所获取的所有光谱均已扣除背景噪声，由于所配置的脂肪乳溶液在不同的波段下光学性质不同，因此需要分别设置可见光光谱仪的积分形式和近红外光谱仪的积分形式。

（3）光谱仪积分误差的测试

　　采用分辨率为0.9nm、波长范围为300～1200nm、波段数为945、模数转换器分辨率为16位、工作温度为20℃±30℃的可见光光谱仪，采集可见波段光谱。光谱仪性能符合仪器制造商（Avantes）的出厂要求，光谱仪合格。以可见光光谱仪的动态测量范围为基准，将总采样时间（T）设置为18000ms，并使用表2-1所示的6种积分形式采集光谱。其中，t 为光谱仪单次扫描的积分时间，Q 为扫描次数。将6种积分形式下采集的16个样本的6组光谱数据标记为 $AVISX_i$，$AVISX_i$ 为"$16 \times Q \times 945$"的光谱矩阵。将每组 $AVISX_i$ 按照式（2-5）分别计算总光谱 $AVISS_i$，$AVISS_i$ 为"16×945"的光谱矩阵。图2-14为总光谱 $AVISS_1$ 的光谱图。

表 2-1　可见光光谱仪积分形式设置

积分形式	A	B	C	D	E	F
光谱数据	$AVISX_1$	$AVISX_2$	$AVISX_3$	$AVISX_4$	$AVISX_5$	$AVISX_6$
总光谱	$AVISS_1$	$AVISS_2$	$AVISS_3$	$AVISS_4$	$AVISS_5$	$AVISS_6$
t	80ms	100ms	120ms	150ms	180ms	200ms
Q	225	180	150	120	100	90

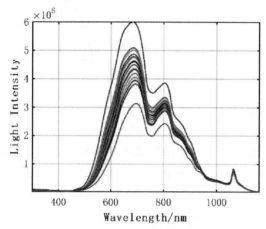

图 2-14　16 个样本在积分形式 A 下的总光谱图

　　计算得到总光谱 $AVISS_i$ 后，依据式（2-10），计算 $AVISS_i$ 和 $AVISS_1$ 的相对误差，以 22%和 23%的脂肪乳样本为例，图 2-15（a）为 6 种不同积分形式下采集的 22%脂肪乳的总光谱图，图 2-15（b）为 $AVISS_i$（$i=2\sim6$）和 $AVISS_1$ 在各个波长下的相对误差分布图。图 2-16（a）为 6 种不同积分形式下采集的 23%脂肪乳的总光谱图，图 2-16（b）为 $AVISS_i$（$i=2\sim6$）相对 $AVISS_1$ 在各个波长下的相对误差分布图。

　　由图 2-15（b）和图 2-16（b）可以看出，排除两端信噪比极差没有分析意义的波段，Avantes 可见光光谱仪信噪比较高的波段相对误差为 0.5%～1%。

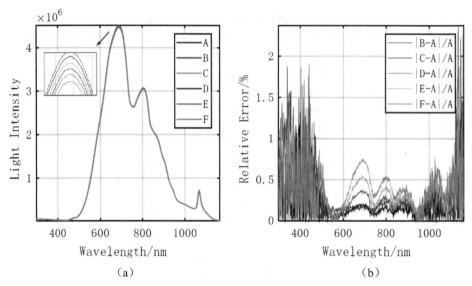

图 2-15　6 种不同积分形式下采集的 22%脂肪乳的总光谱图，以及 $AVISS_i$（$i=2\sim6$）

相对 $AVISS_1$ 在各个波长下的相对误差分布图

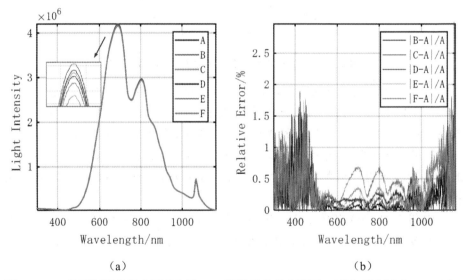

图 2-16　6 种不同积分形式下采集的 23%脂肪乳的总光谱图，以及 $AVISS_i$（$i=2\sim6$）

相对 $AVISS_1$ 在各个波长下的相对误差分布图

（4）"覆盖策略"抑制光谱仪的积分误差

为了有效地消除改变积分时间所带来的影响，提高测量精度，依据

"M+N"理论中抑制 N 因素的策略，当 N 因素带来的误差为非线性误差时，可以在校正集中扩大 N 因素的分布范围。此应用中，积分时间即为 N 因素，使采集校正集光谱所设置的积分时间变化范围，覆盖采集预测集光谱所设置的积分时间。

由 PLS 的原理可知，PLS 回归得到的结果是一组回归向量，该回归向量与光谱数据相乘即可得到物质的浓度信息。而 PLS 在回归过程中，存在主成分分解的过程，并且是同时分解光谱与浓度，因此在计算每一个新的主成分之前，交换光谱与浓度的得分，不断重复迭代得到最优的回归向量。此时得到的最优回归向量具有以下特性：与分析对象浓度相关性最大的波长，其在回归向量中对应的点具有更高的权重。因此，当某些波长更容易受积分时间的变化影响时，光谱模型在自身的迭代优化中，将对它们赋予较低的权重，从而获取一个对积分时间不敏感的校正模型。

根据 PLS 的这种特性，校正集的选择考虑单次扫描积分时间的分布，使得校正集中的光谱必须包括不同的单次扫描积分时间 t 采集的光谱，此时建立的模型将对积分时间的改变带来的影响不敏感。

如图 2-17 所示，为了兼顾校正集中脂肪乳浓度和干扰因素（单次扫描积分时间）的均匀分布，按浓度升序顺序对 16 个脂肪乳样品进行了编号。在 A 到 F 组中，按照 5 个浓度的间隔将每组中的 3 个样本光谱添加到预测集中，每组选择的 3 个预测集样本为不同的浓度，其余 13 个样本添加到校正集中。以 A 组为例，将 A 积分格式采集的 1 号、6 号和 11 号样品的光谱放入预测集，将其他 5 种积分格式采集的 1 号、6 号和 11 号样品的光谱放入校准集。这种划分校正集和预测集的方法既保证了校正集包括不同积分时间下采集光谱，又避免了校正集和预测集的重叠。

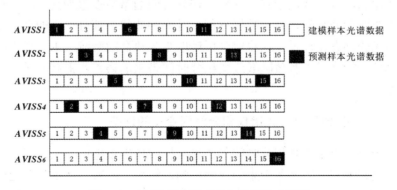

图 2-17 多种积分形式参与构建校准模型

表 2-2 中给出了按照该策略构建的"校正模型"的性能参数。可以看出将干扰因素（即不同的单次扫描积分时间）加入校正集后，预测集的 RMSEP 为 0.0343，远低于可见光波段中任何一个模型"交互验证"后的 RMSEP。该结果充分表明，多种积分形式参与建模的策略可以有效地抑制由单次测量积分时间变化引起的误差。

表 2-2　光谱数据交叉验证结果（可见光波段）

模型	1	2	3	4	5	6	7
预测集 ＼ 校正集	A	B	C	D	E	F	校准模型
	(0.0556)	(0.0892)	(0.0787)	(0.0248)	(0.0064)	(0.0439)	(0.0103)
A	—	0.1080	0.1095	0.1194	0.1242	0.3663	
B	0.0815	—	0.1271	0.1113	0.1269	0.3941	
C	0.0790	0.1236	—	0.0504	0.0664	0.2817	0.0343
D	0.1253	0.1884	0.0968	—	0.0648	0.2110	
E	0.1601	0.2888	0.1615	0.0623	—	0.1136	
F	0.2183	0.3874	0.2382	0.1015	0.0539	—	

利用光谱法进行定量分析的实际应用中，常常需要人为地改变积分时间来获取高信噪比的光谱。例如，利用动态光谱法无创分析人体的血液成分，由于人体的骨骼、肌肉及血流灌注系数的不同，积分时间需要人为地改动以获取有效的光谱信号；另外，在光谱法测量分析复杂溶液的一些应用中，有时要测量多个光程处的光谱，此时必然需要改变积分时间以获取有效的光谱。这些改变积分的场合均会影响最终模型的预测能力。而对于一些需要长时间积分的场合，如荧光光谱法分析物质成分时，能够被激发产生荧光的物质含量都较低，且存在荧光的猝灭及自体吸收的现象，这都将导致最终的荧光信号非常微弱，为了获取较强的信号，积分时间通常被设置为几十秒，在这种情况下改变积分时间，光谱数据与积分时间的非线性部分很可能会覆盖被测物质荧光的动态变化量，这将给分析精度带来致命的影响。本节提出的构建校准模型的策略可以有效降低改变积分时间带来的误差，提高光谱定量分析的精度。

2.4.2　"补偿策略"修正光谱仪积分时间变化的误差

上一节给出了多种积分时间形式参与构建校准模型的方法，可从一定程度上抑制改变积分时间所带来的误差影响。然而，依据"M+N"理论中的抑制 N 因素的策略，使校正集光谱的积分时间变化范围覆盖预测集光谱的积分时间变化范围，会导致光谱在模型的自身迭代优化时，使所建立的模型对于积分时间的改变较为敏感的波长赋予较低的权重，这是由于光谱受到 N 因素的影响，从而建立一个对 N 因素变化不敏感的模型，在一定程度上会损失一部分波长上的信息量，没有使光谱数据得到充分利用。

本小节给出了一种针对光谱仪积分时间带来误差的"补偿"方法，该方法完整地利用了所有波长上的光谱信息，不会由于积分时间的改变而损失任何波长上的信息，从而达到对改变积分时间所引入的非线性影响的抑制作用。

（1）理论与推导

若 ΔI 是与光照强度无关的由 CCD 本身的电源对于电容 C 可能产生的充放电而引起的误差项，则图 2-12 可以改画为图 2-18 所示的等效电路。$I = I_0 + \Delta I$ 会给电容充电，充电时电容的输出电压可以表示为：

$$V(t) = \frac{1}{C} \int_0^t \left((I_0 + \Delta I) - \frac{V(t)}{R} \right) dt \qquad (2\text{-}11)$$

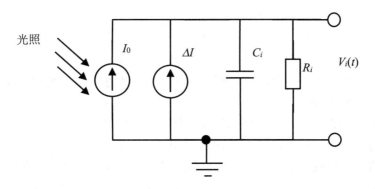

图 2-18 CCD 工作原理等效电路图

式（2-11）可以进一步转化为式（2-12）和式（2-13）：

$$C \cdot V(t) + \frac{1}{R} \int_0^t V(t) dt = (I_0 + \Delta I) \cdot t \qquad (2\text{-}12)$$

$$V(t) = \frac{(I_0 + \Delta I)}{C} \cdot t - \frac{1}{RC} \int_0^t V(t) dt \qquad (2\text{-}13)$$

对上式进行求解，得到：

$$V(t) = (I_0 + \Delta I) \cdot \frac{2RCt + t^2}{2RC^2 + 2Ct} \qquad (2\text{-}14)$$

对式（2-14）进一步展开计算，将 I_0 提出并为其设定一个初值（光强最大值），即相当于对光谱数据进行归一化处理，再进一步化简得到式（2-15）和式（2-16）：

$$\frac{V(t)}{I_0} = \left(1 + \frac{\Delta I}{I_0}\right) \cdot \frac{2RCt + t^2}{2RC^2 + 2Ct} \tag{2-15}$$

$$\frac{V(t)}{I_0} = \frac{1}{2}\left(1 + \frac{\Delta I}{I_0}\right)\left(\frac{1}{C}t + R - \frac{R^2C}{RC+t}\right) \tag{2-16}$$

观察式（2-16）可以看出，等式右边括号中的第三项可以展开为麦克劳林级数，其可以展开成麦克劳林级数的条件是 $\left|\frac{t}{RC}\right| < 1$，即要保证 $t < RC$。由于 RC 的值未知，先假设此条件成立，则展开的三阶麦克劳林级数如式（2-17）所示：

$$\frac{R^2C}{RC+t} = R \cdot \frac{1}{1+\frac{t}{RC}} = 1 - \frac{1}{C}t + \frac{1}{RC^2}t^2 - \frac{1}{R^2C^3}t^3 + \cdots \tag{2-17}$$

将式（2-17）带入式（2-9）中，可以通过进一步地化简得到：

$$\frac{V(t)}{I_0} = \frac{1}{2}\left(1 + \frac{\Delta I}{I_0}\right)\left(\frac{2}{C}t - \frac{1}{RC^2}t^2 + \frac{1}{R^2C^3}t^3\right) \tag{2-18}$$

由此，便得到了一个用积分时间的多项式来表达光谱值的数学模型。

（2）实验设计

实验分为两部分，首先对所用的近红外光谱仪进行不同积分时间的标定，通过拟合得到所有波长上的标定方程；然后使用求得的标定方程对采集到的光谱数据进行修正处理，并利用修正前后的光谱对比进行建模。

①光谱仪的标定

实验所用的光谱仪的型号为 AvaSpec-HS1024x58TEC，探测的波长覆盖300nm 到 1160nm，积分时间的范围覆盖从 5.22 ms 到 10 min。该光谱仪采用热电制冷方式和背照式的 CCD 探测器。该光谱仪的信噪比为 1000:1。使用光谱较为平坦的红外灯泡作为光源。

保证入射光的强度不变，在所有波长下，测量采用不同的积分时间所得到的红外灯光源的光谱。积分时间的选取范围要保证采集到的光谱既没有达到饱和，又远高于光谱仪自身的本底噪声。实验共采集 23 个不同积分时间的光源光谱，积分时间从 10ms 至 190ms，每个积分时间采集 100 组光谱。

下面将对积分时间的多项式形式与光强值关系的物理模型进行分析。首先，对采集得到的不同积分时间的光谱数据进行归一化处理。然后，将积分

时间 t 与光谱数据 A，按照式（2-18）的多项式形式进行最小二乘曲线拟合，1130.54nm 波长处的拟合的结果如图 2-19 所示。

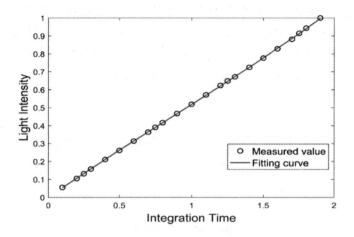

图 2-19　1130.54nm 波长的拟合结果

$$A = at + bt^2 + ct^3 \qquad (2-19)$$

由图 2-19 可以看出，选用多项式的拟合函数对积分时间和光强值进行拟合可以达到不错的效果，相关系数 R 接近于 1，而均方根误差 RMSE 只有 0.002，效果比较理想。这从物理模型的角度证明了前面推导出的数学模型的可行性与有效性，从而可以进一步将式（2-19）中拟合出的系数与数学模型中积分时间的各次项系数相对应。即：

$$a = \frac{I_0 + \Delta I}{I_0 C} \qquad (2-20)$$

$$b = -\frac{I_0 + \Delta I}{2 I_0 R C^2} \qquad (2-21)$$

$$c = \frac{I_0 + \Delta I}{2 I_0 R^2 C^3} \qquad (2-22)$$

联立上面三个方程，得出 $RC = \dfrac{a}{2b}$，观察拟合出的大小为 945×3 的系数矩阵，在所有波长上均满足 $RC = \dfrac{a}{2b} > t$，满足按照麦克劳林级数展开的条件，即上述的推导是成立的，从而达到了比较理想的拟合效果。

②样本与实验装置

如图 2-20 所示，实验装置由激光光源、光谱仪、电脑、光纤、实验平台等部分组成。光源采用 nktphotonics 公司生产的 WhiteLase Micro 超连续激光器。实验仍然使用上一小节中标定的光谱仪 AvaSpec-HS1024x58TEC。天津市第一中心医院提供 228 个全血样本及其对应的血红蛋白浓度的生化分析值。将全血样本倒入比色皿中，比色皿放置于固定在实验平台上的卡槽中，卡槽下方连接输入光纤，卡槽上方是由位移平台控制的输出光纤，输出光纤由电机控制移动，以保证每次采集样本的光程长度一致。

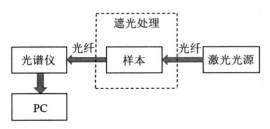

图 2-20   实验装置

实验开始前打开光源和光谱仪预热半小时，保证入射光强度不变，每个样本采集 4 个不同积分时间的光谱数据，经过实验初步选取的 4 个积分时间为 20ms、40ms、50ms 和 60ms。每个样本在每个积分时间下采集 100 组光谱数据。实验所采集的某血液样本在四个积分时间下的透射光谱，如图 2-21 所示。

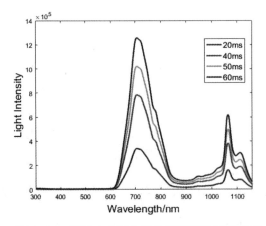

图 2-21   某样本在四个积分时间下的透射光谱

（3）建立覆盖模型

如图 2-22 所示是本书利用四个积分时间的光谱数据建立的覆盖模型的方式，4 个积分时间的光谱数据对应 a 组至 d 组，将 222 个样本按照血红蛋白浓度值由低到高进行排序，每组中按照 4 个浓度的间隔来抽取样本放入预测集中，该组其余样本全部进入校正集。例如在 a 组中，将 2 号、6 号、10 号……222 号样本，总计 56 个样本在 20ms 积分时间形式下采集的光谱数据放入预测集中，剩下的 168 个样本放入校正集中。最终抽取出的预测集包含 221 组光谱数据，校正集包含 667 组光谱数据。所有样本的血红蛋白浓度范围，以及最终抽取出的预测集和校正集样本的血红蛋白浓度范围如表 2-3 所示。该方法保证了校正集的积分时间范围覆盖了预测集的积分时间范围，同时，也保证了校正集的浓度范围包含了预测集的浓度范围，避免了预测集与校正集发生重叠。

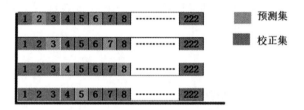

图 2-22　校正集与预测集的划分

表 2-3　样本的血红蛋白浓度分布范围

各项	样本个数	Hb 浓度范围(g/L)
全部样本	888	62～196
校正集	667	62～196
预测集	221	68～193

（4）结果与讨论

设计两组对比实验。A 组实验使用原始的 4 个积分时间的光谱数据以覆盖的方式建模。在 B 组实验中，先对原始的光谱数据使用本章所提出的方法进行非线性修正，即把 4 个不同积分时间形式下采集得到的光谱数据归一化到同一积分时间（10ms）之后再以覆盖的方式建模。

本次实验采集了全血样本 228 个，剔除有问题的 6 个样本，共有 222 个样本参与建模。采用 PLS 建模方法分别建立 A、B 两组光谱数据与血红蛋白浓度值之间的线性模型。A、B 两组实验的建模结果如表 2-4 所示，图 2-23 是 A 组模型校正集和预测集的预测情况，图 2-24 是 B 组模型校正集和预测集的预测情况。对比图 2-23（a）和图 2-24（a），以及图 2-23（b）和图 2-24（b），可以看出，校正之后的 B 组光谱数据，无论是校正集还是预测集中的数据都更加集中于 1:1 的直线，说明使用校正之后的数据所建立的模型的准确性和鲁棒性有所提升。

从表 2-4 中可以看出，使用未经过修正的 A 组光谱数据进行覆盖建模已经得到了不错的效果，R_C 达到了 0.893。而先对光谱数据进行非线性修正，用修正后的 B 组光谱数据所建立模型的结果仍然显著优于 A 组的建模结果，R_C 达到了 0.943，比未修正的 A 组的 R_C 提升了 5.52%。校正集均方根误差 RMSEC 减小到了 8.102，比 A 组的 RMSEC 减小了 25.72%。Rp 也从 0.879 提高到了 0.941，预测集均方根误差 RMSEP 从 11.281 减小到了 8.012，降低了 28.98%。综上所述，对光谱仪使用不同积分时间采集到的光谱数据进行非线性修正，用修正后的光谱进行建模分析，可以有效地提升模型的预测精度和鲁棒性，对于光谱分析具有重要意义。

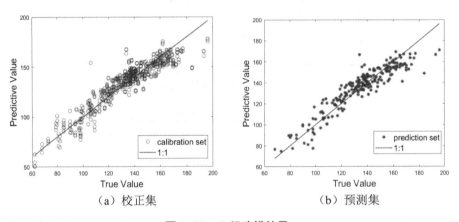

（a）校正集　　　　　　　　　　（b）预测集

图 2-23　A 组建模结果

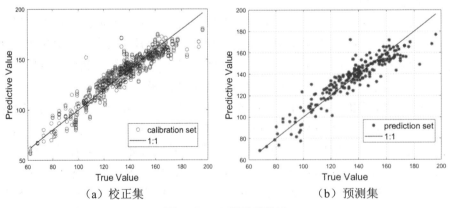

（a）校正集　　　　　　　　　　（b）预测集

图 2-24　B 组建模结果

表 2-4 A 组与 B 组建模结果对比

组别	R_C	RMSEC(g/L)	Rp	RMSEP(g/L)
A 组	0.893	10.908	0.879	11.281
B 组	0.943	8.102	0.941	8.012

2.4.3 基于 "M 之间影响" 的血小板定量分析

血液是一种复杂溶液，其中含有许多具有重要临床意义的成分，但是其光谱定量分析的结果大多数都不理想，达不到临床的精度要求。导致这种现象的原因可能是由于这些成分的吸收谱的幅值低，或是存在与其他成分发生吸收谱线重叠的现象，极易受到溶液中其他非被测成分的干扰，血小板正是一个典型的例子。虽然血小板在血液中的含量并不低，但血小板是通过数量单位来计数，并且因为单个血小板的体积非常小，其平均直径只有 2 至 4μm，相比于其他血细胞，血小板的吸光度系数必然很小。

"M+N" 理论从误差原理的角度出发，为解决这一问题提供了策略。"M+N" 理论明确了溶液中的其他成分对于被测成分的影响不可小视，而不是只关注被测成分。测量得到的光谱，是被测物质中存在的所有的组分共同的贡献总和。血液中非目标成分对于血小板的测量的影响属于 M 因素，对于一个可测量的目标组分，其测量精度是由剩余的所有非目标组分和 N 个干扰因素所共同决定的。刘红艳等人提出了使用光谱差异系数用于分析目标分析成分与干扰成分的光谱之间存在的多重共线性程度，证明了被测成分的吸收谱若与干扰成分的吸收谱存在多重共线性的现象，则会使模型的精度更低，区分分析物与干扰物的能力更差。由此可见，M 因素对于被测成分的测量精度具有很大的影响，在建模时是一个不可忽视的因素。

从建模的角度，提高目标物分析精度的关键在于建立一个性能稳健且良好的模型，而建立一个性能良好的模型的前提与基础是合理的选择训练集。目前已经有很多经典的校正集的选取方法，但大多数的方法都只关注被测目标成分的浓度分布，在建模时仅仅以被测成分为依据来划分训练集，如等浓度间隔抽取法和随机法等。此外，还有经典的 KS 算法、YR 算法、SPXY 算法等，这些方法从数据驱动的角度出发，虽然对于提高模型的精度具有一定的作用，但也都只关注于单一的被测成分，没有考虑到溶液中其他组分对于被测成分的影响，这会导致模型的性能较差且精度不高。张梦秋提出的 SSM-

MCSD 算法，虽然考虑了非被测组分的影响，但该方法是通过计算多个组分的空间欧式距离来选取校正集，不仅计算量大而且没有从测量原理的角度考虑，没有基于模型本身来解决问题。林凌等人同时考虑了目标成分血红蛋白和非目标成分总蛋白，并应用于动态光谱中血红蛋白的无创检测，结果证明了所提出的校正集选择方法的性能。该方法考虑了非被测成分带来的影响，但还是属于等间隔选取方法，本章在此基础上，根据解析几何的数学原理，在选取训练集时只抽取两种成分浓度值大小两端的部分样本作为训练集，在训练集的样本数量较小的情况下，仍然能够提升模型的预测精度。

本节基于"M+N"理论，以提高血小板的测量精度为目的，在划分训练集时，考虑了非被测成分的浓度分布对于被测成分的建模分析精度的影响，使用基于血小板与血红蛋白两种成分的浓度分布选取训练集，同时，基于模型的线性特点，从解析几何的角度出发，只间隔地选取浓度值两端的部分样本作为训练集，并在建模时结合二次拟合方法，应用于血小板的建模预测。

（1）理论及分析

①血小板的吸收谱分析

血小板是血液中的有形成分，作为被测成分，其浓度含量是由数量单位来衡量。血小板的正常浓度范围是 $125×10^9/L \sim 350×10^9/L$，其在血液中的含量仅次于红细胞的含量。但是从光谱分析的角度来看，对血小板进行建模预测的结果并不理想，这表明即使血小板在血液中的浓度很高，但血小板对其光谱的影响及贡献并不显著。分析其中可能的原因有三种：

第一，血小板自身的吸收谱线很低。首先，根据朗伯-比尔定律可以分析出，对于分析对象中的所有成分而言，吸收层厚度 L 都相同，那么在浓度 c 很大的情况下，吸光度 A 还是很小，说明可能该物质的摩尔吸光系数 ε 本身就很低，导致其吸收谱线幅值很低。若其吸收谱线的幅值与光谱仪的本底噪声的幅值相近或更低，则更加难以区分出该成分的吸收特征谱，使得血小板对溶液的光谱的贡献程度很小，导致模型精度不高。

第二，血小板的吸收谱线在不同波长的上变化微弱。即使是血小板的吸收谱幅值很高，如果其光谱在每个波长上的幅值都十分接近，也将导致无法区分出血小板这一成分的光谱特征及其对最终形成光谱的影响。这是因为，其平坦的吸收谱只是相当于在最终的光谱上整体叠加或削弱了一些幅值，并不能识别出该成分的特征谱，从而导致其对溶液的光谱的贡献程度微弱。

第三，血小板的吸收谱线与血液中其他成分的吸收谱线重叠。在不存在前两种情况的条件下，如果血小板的吸收谱线与血液中其他成分的吸收谱线重叠或很相似，尤其是与那些含量很高的成分的谱线相似时，将会降低模型区分该成分与其他成分的能力，导致所建立的模型缺乏精度，从而使得血小板对于溶液的光谱的影响程度很小。由此可见，在进行光谱建模分析时，溶液中其他成分对于被测成分的影响不容小视，这与"M+N"理论的观点不谋而合，体现出了 M 因素的影响。

综合分析以上几点原因可以看出，前两个可能导致血小板对溶液光谱的影响及贡献低的原因是无法改变的，这是由血小板本身的物质特性和光谱特征造成的，我们不能改变物质本身的性质。所以，本书基于"M+N"理论，从第三个原因（M 因素的角度）出发，综合考虑被测成分与非被测成分的浓度对于建模分析的影响，针对血小板这一成分在光谱建模分析时精度不高的问题，使用基于双成分浓度划分训练集的方法对血小板进行建模预测。

②PLS 线性模型

部分最小二乘回归（PLSR）是一种用于建模和预测的多元统计分析方法，PLS 针对两个数据矩阵 X 与 Y，在降维的同时，构造 X 与 Y 的模型关系。本书使用的建模方法是线性 PLS。建模的目的是建立一个性能良好的模型并可以实现对一组数据的准确的预测。由于使用的是线性 PLS 的建模方法，因此预测值与实际值之间的回归相关系数越接近于 1，表示线性相关度越高，模型的性能越好。

在建模时，用于训练模型的校正集的样本分布，决定了所建立的模型的性能的好坏。校正集中的样本应该最能体现出整个模型的线性关系，即要选取那些具有代表性的样本作为训练集，才能建立一个高精度的模型。从解析几何的角度来说明问题，在确定一条直线的位置时，两个点可以确定一条直线。实际的测量必然存在着各种各样的误差，最终会导致测量值与真值之间的偏移，因此这两个点的位置并不是准确的。所以只有当两个测量点之间的距离越远，才能越精准地确定直线的位置所在。所以，模型中浓度值两端的点对于模型的线性的影响程度更大，同时，由于样本的浓度值大部分集中于中间的正常标准范围内，存在着不同的光谱数据对应着一个浓度值的现象，这会在训练模型时干扰到模型的线性，导致最终建立的模型的预测能力下降。考虑到这一点，在选择训练集时只选取非被测成分血红蛋白和被测成分血小板浓度值大小两端的样本放入训练集，而其他那些浓度值位于中间的样本则全部放入预测集中。这种方法减少了中间浓度值杂乱分布的样本对于模型的非线性影响，提升了所建立模型的精度。

（2）实验

①实验装置与样本

本节的实验装置和实验数据来源与上一节相同，在此就不再赘述。所有样本的血小板浓度范围为 19×10^9/L～379×10^9/L，血红蛋白浓度范围为 62～196 g/L。实验采集了 228 个全血样本，剔除采集问题导致的 6 个异常样本，保留 222 个样本进行建模分析。在建立模型之前，对大小为 222×3780 的光谱数据矩阵进行针对积分时间的非线性校正处理：先对数据进行归一化处理，再根据修正方程对归一化后的数据进行修正，归一化到同一积分时间（10ms），最后进行联合建模。

②不同的训练集划分方法

对于全部 222 个样本，分别使用四种不同的训练集划分方法，得到对应的四个训练集的模型。然后，对每个模型的建模结果进行对比与分析。采用的四种训练集划分方法如下。

先将全部 222 个样本全部放入训练集，进行全建模。

模型 1：将 222 个样本按照血小板浓度值从小到大进行排序，对样本按照 4:1 的比例等间隔抽取校正集和预测集，并保证最大浓度值与最小浓度值所对应的样本进入校正集。一共选取校正集 177 个，预测集 45 个。

模型 2：将 222 个样本分别按照血红蛋白与血小板的浓度值从小到大排序，按照 4:1 的比例抽取校正集和预测集。一共选取校正集 169 个，预测集 53 个。

模型 3：将 222 个样本分别按照血红蛋白与血小板的浓度值从小到大排序，从两种成分的浓度值的大小两端选取校正集，方法是每隔两个样本选取两个样本作为校正集，一共选取校正集 155 个，预测集 67 个。

模型 4：应用本节提出的训练集的划分方法，划分方法如图 2-25 所示。将 222 个样本分别按照血红蛋白浓度值和血小板浓度值从低到高地进行排序，从浓度值的大小两端选取校正集，方法是每隔两个样本选取两个样本作为校正集，一共选取校正集 155 个，预测集 67 个。最终选取出的校正集和预测集如图 2-26 所示。

按照上述的 4 种方式选取训练集之后，分别对修正后的四个积分时间的光谱数据应用 PLS 方法建立光谱数据与待测成分血小板之间的线性模型。然后，使用所建立的四个模型对全体样本进行预测，以评估每个模型的性能，并将二次非线性拟合方法应用于建模的预测结果，通过增加光谱的非线性信息，从而进一步提高模型的预测性能与稳健性。

图 2-25 训练集的划分方法

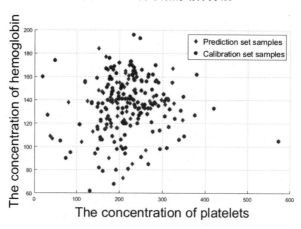

图 2-26 校正集与训练集的样本

（3）实验结果与讨论

应用上一小节中的 4 种不同的划分训练集的方法，对 222 个样本的光谱数据建模的结果如表 2-5 和表 2-6 所示。从表 2-5 以看出，在划分校正集和预测集的情况下，按照常规方法划分校正集和预测集的模型 1 的建模效果最差，Rp 甚至为负值且趋于 0，这说明使用这种方法抽取校正集所建立的模型，对于血小板浓度值的预测效果极差，没有体现出模型的意义，更没有鲁棒性与准确性可言。

表 2-5 不同模型的建模结果

模型	Rc	RMSEC(10^9/L)	Rp	RMSEP(10^9/L)
模型 1	0.563	56.742	−0.047	77.414
模型 2	0.580	56.704	0.211	67.627
模型 3	0.702	51.270	0.316	76.412
模型 4	0.710	50.636	0.348	79.892

表 2-6　不同模型对全部样本的预测结果

模型	R	RMSE（10^9/L）
全体样本	0.504	59.403
模型 1	0.523	58.606
模型 2	0.549	57.463
模型 3	0.606	54.700
模型 4	0.630	53.450

　　模型 4 的建模效果最好，Rc 达到了 0.710，Rp 达到了 0.348，是所有模型中性能表现最好的。相比于模型 1，Rc 提高了 26.21%，Rp 更是达到了 0.3以上。这是由于该方法不只是关注被测成分的浓度分布，而是同时考虑了血液中含量较大的非被测成分血红蛋白的浓度和被测成分血小板的浓度，从 M因素的角度，降低了血红蛋白的浓度分布对血小板浓度预测的影响。相比于模型 2，Rc 提高了 22.53%，Rp 提高了 64.88%，由于建立的是线性模型，浓度值两端的样本对于模型的影响程度更大，这也是本章所提出的划分方法的原理与依据，可以降低浓度值集中部分的样本对于建立模型时的消极影响。相比于模型 3，Rc 提高了 1.25%，Rp 提高了 10.32%，这是因为考虑到了非线性影响因素的存在，对模型的预测值进行二次拟合修正后，可以校正一定的预测偏移，使得模型的预测能力进一步提高。

　　从表 2-6 可以看出，将使用四种不同方法抽取训练集所建立的模型，用于对全体样本的预测，结果表明，使用本章的划分方法选取校正集所建立的模型（模型 4）的建模结果最好，Rc 达到了 0.63，相比于全建模的建模结果有了大幅度的提升，Rc 提高了 24.98%，RMSEC 降低了 10.02%。这说明使用本章提出的划分方法所建立的模型具有更好的预测精度和鲁棒性。

　　如图 2-27、图 2-28 所示，为了更加直观地体现出各个模型之间的性能的差异性，用柱状图的方式对四个评价指标进行了统计描述。其中，图 2-27中深灰柱状表示预测集的参数指标，浅灰柱状表示的是校正集的参数指标。图 2-28 中左侧柱状表示所有模型对全体样本进行预测的相关系数，右侧柱状表示所有模型对全体样本进行预测的均方误差。

　　从图 2-28 可以看出，模型 4 的相关系数最高，且均方根误差最小，证明了本章提出的划分方法对于提升模型的预测精度和鲁棒性具有一定的作用，可以达到基本的预测水平，为提高光谱分析的精度提供了一种新的用于建模的划分训练集的方法，也首次对血小板的浓度进行了建模预测，达到了不错的效果。

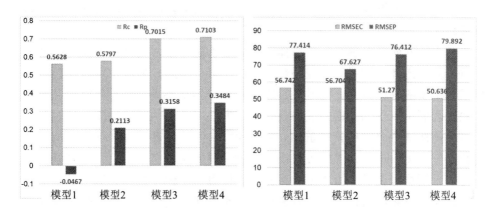

图 2-27 不同模型建模结果比较图

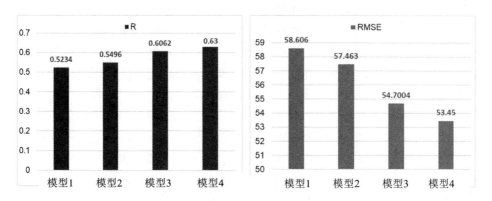

图 2-28 不同模型对全体样本的预测结果比较图

2.4.4 双模式光谱的采集与分析方法

依据"M+N"理论中多维、多模式、多位置的策略，本章搭建了双模式光谱数据的采集装置，同时采集了血清的双模式光谱，并利用这些光谱联合建模，即将这些光谱信息进行融合，通过对采集的光谱数据与血清中总胆红素含量进行了建模分析和方法的验证。

（1）双模式透射荧光光谱

在光谱法定量分析复杂溶液成分时，由于各种成分的吸收谱线相互重叠、目标成分自身对光谱的贡献小或与非目标成分之间的谱线差异系数小等原因，使得在分析含量相对较少的成分时，难以得到高精度的结果。依据"M+N"理论中的多模式光谱采集策略，利用荧光光谱、可见光谱、近红外光谱等成分间多光谱的非相关性，增加建模过程中的约束方程，来提高模型的预测精度。

本小节的研究对象是人体离体血清中的总胆红素，当其在体内有过多积累时，会对人体的神经等造成不可逆转的伤害，因此，血液中总胆红素的含量具有重要的临床意义。同时，总胆红素在受到紫外光激励时可以产生荧光现象，因此可以作为我们验证多模式光谱方法有效性的研究对象。目前，在人体离体血清中总胆红素含量的分析方面，于悦等人基于"M+N"理论，采用紫外—可见—近红外多波段光谱联合建模模型进行血浆中总胆红素分析，于等人采用增加波长个数来增加目标成分信息量，但在数据分析中易出现过拟合现象，且精度有待提高；张梦秋等人利用两个光源，采集紫外—可见—近红外光谱和荧光光谱分析血清中总胆红素含量，实验中使用波长数多，实验过程复杂，而且精度不高；田慧等人采用可见—近红外光谱同时分析血清中直接和间接胆红素两个指标进而分析总胆红素的含量，虽然实验结果好，但使用的仪器设备价格昂贵，实验的要求高，需要控制测量时溶液的温度和空气湿度，实验过程烦琐，而且其测量样本的实际浓度真值范围比较小，所有样本浓度真值的分布有些集中，实验还有待改善。

综上所述，基于"M+N"理论，本小节提出了一种利用单波长紫外光源（365nm±5nm 的光源)巧妙地实现血清的透射光谱和激发荧光光谱同时检测的方法，得到波段为400～1150nm的光谱中既含有血清中成分产生的荧光光谱也包含光经血清吸收后的透射光谱，即混合的双模式透射荧光光谱，简单地实现了不同模式光谱的融合，并在建模分析中提高总胆红素的预测精度和鲁棒性。

（2）测量原理说明

本书中，紫外光源与采集光纤同轴对着采集血清光谱，采集光纤和光源的位置如图 2-29 所示。

在原来的单紫外 LED 光源光谱中，不仅有单紫外 LED 光源，但也有一些弱光强度值伴随着其他光带。当光源照射血清时，血清中的物质产生荧光。由于血清中物质产生的荧光向各个方向发射，在穿过血清的光路中，当激发荧光的发射方向满足光纤接收锥孔径角的范围时，荧光可以进入光纤。因此，光纤收集的光包括血清中某些物质成分产生荧光中满足光纤的接收锥范围的荧光，以及一些经过血清的紫外 LED 光源中心波长以外的伴随光。同时，血清自吸收荧光现象使得实验采集到的血清组分的吸收荧光的光谱。最后得到了透射和荧光的双模光谱。

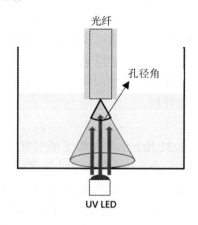

图 2-29　光源与采集光纤对着采集时的示意图

（3）实验设计

①实验数据来源

2021 年的 1 月和 2 月，笔者从天津市某医院获得了 161 份血清样品，并在天津大学通过实验测量获得了 161 份血清样品的光谱。这些实验的进行符合各个部门的相关法律，整个实验不违背任何法律和道德规范。

这些样品的总胆红素浓度分布为 3.4～42.4μmol/L（正常参考范围为 3.0～22.0μmol/L）。样品中实际总胆红素浓度值的分布如图 2-30 所示。

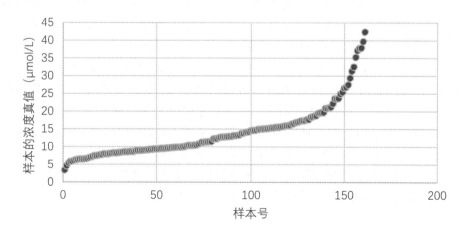

图 2-30　所有样本浓度真值分布图

血清的制作实验和成分含量的检测过程如下：

第一，采集志愿者的静脉血，将其装有凝血剂的负压管内，送到医院血液检验科。

第二，搁置 10 分钟，经过高速离心后，试管上层为血清，然后用生化分析仪分析血清中成分含量，得到总胆红素的真实含量值。

第三，用滴管将血清收集到比色皿中，将比色皿置于实验台上采集血清的光谱，得到血清的光谱数据。

②实验装置

实验平台装置如图 2-31 所示，共采集了所有样本的透射光谱、荧光光谱和两者的双模式光谱，该实验系统中的装置有光源、步进电机调节台、电脑、电源电路、光纤和光谱仪。光源 a 是丹麦 NTK Photonics 品牌的超连续激光光源，光谱包含的波段为 500～2400nm。光源 b 和光源 c 都是单一紫外波段（365nm±5nm）的 LED 灯珠，它运行的功率为 3W，需要 300mA 恒流驱动。比色皿的体积为 10×10×10mm，光程长为 3mm，它的底部具有很好的透光性能。光谱仪是爱万提斯品牌的两台光谱仪（波长范围分别为 300～1150nm 和 1050～1770nm，两者对应的光谱中波长的个数为 945 个和 256 个）。然后，利用计算机中的爱万提斯软件操作光谱仪采集光谱数据，并通过数据线将光谱数据传到电脑端。我们会使用黑布将整个装置连接平台盖住，来减少实验房间中环境光的影响。每次实验时，我们都会提前 30 分钟打开光源，使得在实验过程中光源具有稳定性。每次测量时，在紫外荧光光谱光源 b 和透射荧光光谱光源 c 同时遮挡下采集透射光谱，在紫外荧光光谱光源 b 和超连续激光光源 a 同时遮挡下采集透射荧光光谱，在超连续激光光源 a 和透射荧光光谱光源 c 遮挡下采集荧光光谱，依次测量所有血清样本。

在超连续激光光源 a 照射血清实验时，我们设置的采集的积分时间是 8ms，样品测量时间为 0.8s。在光源 b 照射血清实验时，我们设置的采集的积分时间为 40ms，连续采集 100 次，样品测量时间为 4s。在光源 c 照射血清实验时，设置的采集的积分时间为 6ms，连续采集 100 次，样品测量时间为 0.6s。因此，在本章中，一个样品的实验测量时间为 5.4s。

未放血清时，采集激发荧光光谱所用的光源 b 的光谱如图 2-32 所示，采集透射荧光光谱所用的光源 c 的光谱如图 2-33 所示。

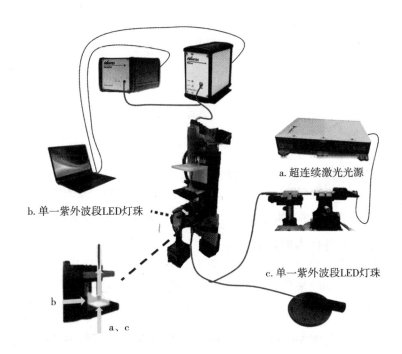

图 2-31 实验装置连接图

在图 2-32 和图 2-33 中，300～420nm 波段是饱和的。这是因为当两个紫外 LED 光源在正常工作电流下工作时，在 300～420nm 处发出的光最强。同时，我们使用的光谱仪收集的最大光子数为 64756。当某一波长的光子数大于或等于 64756 时，光谱仪将其设置为 64756，因此，两个紫外 LED 光源的原始光源光谱在 300～420nm 的波段内饱和。光谱中的饱和带在基于光谱的化学定量分析中无效，但当紫外 LED 光源的工作电流减小且 300～420nm 波段的发光光子数在 64756 范围内时，由于工作电流不在正常工作电流范围内，紫外 LED 光源工作不稳定，同时光源光线通过血清后，采集光谱中所有波段的光强值都会降低，光谱的信噪比也会降低。因此，本书在正常工作电流下工作时仍采用两个紫外发光二极管照射血清，并采集通过血清后的光谱。然而，当使用光谱定量分析血清中的总胆红素含量时，光谱中包含饱和的 300～420nm 波段被丢弃，并且仅使用 420～1150nm 波段定量分析血清中的总胆红素。因此，原始光谱中的饱和现象不影响光谱法定量分析血清总胆红素。

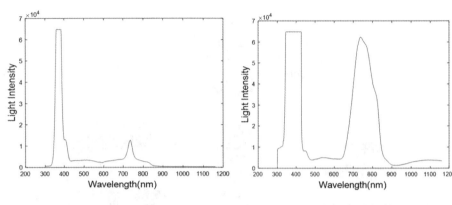

图 2-32 光源 b 的原始光谱图　　　图 2-33 光源 c 的原始光谱图

（4）采集所有样本的光谱

所有样品的透射光谱如图 2-34 所示，图 2-34（a）和图 2-34（b）分别显示了由两台光谱仪采集的所有样品的可见—近红外透射光谱和近红外透射光谱。使用透射光谱建模时，使用两台光谱仪采集的两个光谱的联合光谱。

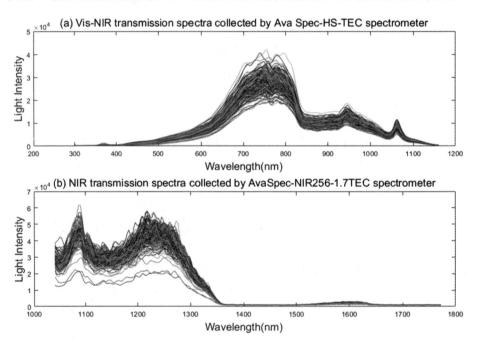

图 2-34 所有样本的透射光谱

采集到所有样本的荧光光谱和双模式光谱的两个光谱分别如图 2-35 和

图 2-36 所示。在图 2-35 和图 2-36 中有一部分波段采用蓝色线括起来，蓝色线段内包含的波段为荧光光谱。分别与图 2-32 和图 2-33 中的紫外光源光谱相比，当中心波长（365±5nm）饱和时，450～600nm 波段的光谱值低而且比较平稳，而图 2-35 和图 2-36 中的光谱在 450～600nm 波段有一个比较突出的峰值，该峰值是血清内某些成分在该波段内产生的荧光所导致的。在图 2-36 中，血清在 600～1150nm 波段有吸收，该波段为透射光谱。在光源自身 300～420nm 波段内是饱和的，因此，我们在利用荧光光谱数据和透射荧光光谱数据分别建模时舍弃 300～420nm 波段，采用 420～1150nm 建立模型和数据分析。

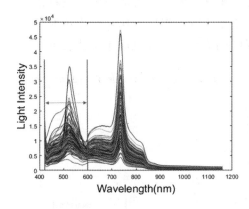

图 2-35　所有样本的荧光光谱图　　　图 2-36　所有样本的双模式光谱

（5）数据处理

采集 161 个样本的三个光谱，利用 MATLAB 进行光谱预处理和构建模型。利用光谱仪软件采集得到 raw8 格式的光谱数据，用 MATLAB 读取和整合所有样本的光谱数据；从样本中选取校正集和预测集；利用主成分分析（PCA）方法选择最佳主成分数；采用偏最小二乘回归（PLS）构建校正集模型，然后利用该模型预测预测集的总胆红素浓度，三种光谱依次分别按照步骤处理。

在选择校正集和预测集时，根据总胆红素的含量，先对样本进行由小到大的排序，然后每五个中选取一个作预测集，剩下的四个作建模集，具体选取方法如图 2-37 所示。根据选定的 129 个样本作为建模集建立模型，然后用得到的模型对 32 个样本进行预测。

图 2-37　校正集与训练集的样本选择

（6）结果与讨论

最终基于选定的校正集建立总胆红素浓度模型，用得到的模型预测预测集的浓度值，三个模型的结果如图 2-38、图 2-39 和图 2-40 所示，可以看出，透射荧光光谱模型的结果中校正集和预测集分布更接近真值。本书用校正集的相关系数（Rc）、校正集的均方根误差（RMSEC）、预测集的相关系数（Rp）和预测集的均方根误差（RMSEP）来评价实验结果的质量。三种模型的最终的建模结果如表 2-7 所示。从表 2-7 中的结果中看出，采用透射荧光光谱建模效果比其他两种分别单独建模时的效果好，而且成本也比较低。

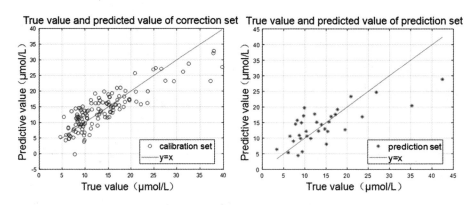

图 2-38　透射光谱模型结果

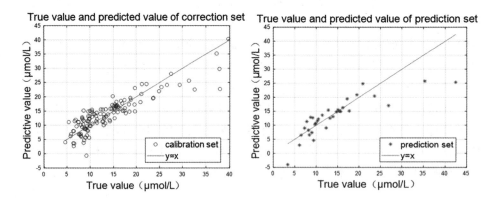

图 2-39　荧光光谱模型结果

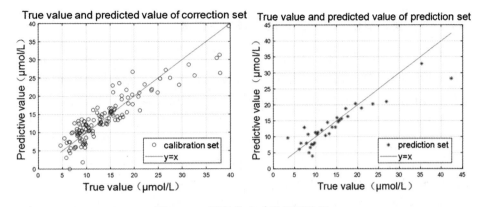

图 2-40　透射荧光光谱模型结果

　　目前常用的光谱分析方法对血清成分的分析结果难以满足需求，由于血清中含有多种成分，测量得到的透射光谱中各种成分的吸收光谱相互重叠，目标成分和非目标成分之间的谱线差异系数小，当加长采集光谱波段，额外采集多个波长下的光谱来增加光谱中目标成分的信息量时，容易产生过拟合现象；当利用荧光光谱分析血清中成分时，血清会有自吸收的现象，采集到的荧光强度较弱，而且缺少了部分血清内成分光谱信息。

表 2-7　模型性能评价指标的结果

模型	Rc	RMSEC (μmol/L)	Rp	RMSEP (μmol/L)
透射光谱	0.86	3.66	0.75	5.41
荧光光谱	0.88	3.30	0.85	4.56
双模式光谱	0.91	3.00	0.92	3.53

　　本节以血清中总胆红素作为本实验的研究对象，采集到血清的双模式透射荧光光谱，透射荧光光谱是由血清内成分产生的荧光和经过血清的透射光混合的光谱，我们利用透射和荧光两个光谱之间的非相关性及其各自的优点，建立透射荧光光谱模型，进而提高血清中总胆红素含量分析精度。本节中通过实验进行验证本书提出的方法，测量了 161 个不同样本血清的三种光谱，利用三个光谱数据分别建立对应的模型，通过对三个模型的比较，其中使用本节提出的方法建立的透射荧光双模式光谱的模型效果好。总胆红素的 Rp 为 0.92，RMSEP 降低到 3.53(μmol/L)，与前两个模型相比，透射荧光光谱建模的 RMSEP 分别提高了 34.8% 和 22.6%，明显优于前两个对应的单模式光谱建立的模型。

2.4.5 双位置、双模式联合光谱的定量分析方法

在上一节中的研究中，采用"M+N"理论中的多模式光谱策略，利用单一波长的紫外 LED 光源巧妙地得到了双模式光谱，但是光谱中荧光光谱的贡献小，荧光光谱的信噪比低，在提高建模分析方面还有一定的限制。

本节结合"M+N"理论中多位置和多模式采集光谱的策略，提出采用双位置紫外光源照明血清样本，分别采集光源和采集光纤垂直位置和同轴对着位置两个光谱，然后将两个光谱联合建立模型分析血清中的总胆红素含量，联合光谱相较于0 节中的双模式光谱，不仅同时提高了荧光光谱和透射光谱的信噪比，还增加了包含成分光谱信息量的有效波段和数据分析的约束方程，更加进一步提高复杂溶液成分测量的准确性。

（1）测量原理说明

①两个不同位置采集光谱数据的分析

本节的研究对象是血清，血清中的某些物质在受到紫外线的激发时会产生荧光。荧光的产生是向各个方向的，从荧光的产生到采集得到它的过程中会有反射、散射、自身吸收等的现象。

当应用紫外光源和光纤在同轴对着的位置采集血清光谱时，采集光纤和光源的放置位置如图 2-41 所示。

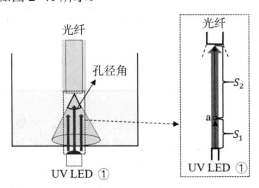

图 2-41　光纤和光源同轴对着位置采集光谱示意图

光源光通过血清时，血清成分产生荧光，而光束中不同位置产生的荧光和被光纤接收到的荧光光强值受多种因素的影响，以图 2-41 中光纤最终接收到 a 点产生荧光的光强值为例，光纤接收 a 点处产生的荧光受到以下因素的影响：a 点处光源光经光程 S1 后的光强值（a 点受激励的光强值）；浓度（可以产生荧光的成分的浓度）；产生荧光的系数；角度（荧光的发射方向满

足光纤接收锥的范围);距离 S2 (a 点处和采集光纤间的距离);血清中的各种成分及其浓度、吸收系数、散射系数等。

在以上分析过程中,当光源、血清样本和采集关系的位置固定不变时,最后采集到的光强值是光束中所有点产生的荧光受多方面因素影响后的荧光光强值的总和,且与浓度是一个单调的非线性关系。

当紫外光源和光纤垂直位置采集光谱时,采集光纤和光源的放置位置如图 2-42 所示。

光在经过血清的通路中激励血清内物质产生荧光,光源光通过血清时,血清成分产生荧光,而光束中不同位置产生的荧光和被光纤接收到的荧光光强值受多种因素的影响,以图 2-42 中光纤最终接收到 b 点产生荧光的光强值为例,光纤接收 b 点处产生的荧光受到以下因素的影响:a 点处光源光经光程 S1 后的光强值 (b 点受激励的光强值);浓度 (可以产生荧光的成分的浓度);产生荧光的系数;角度 (荧光的发射方向满足光纤接收锥的范围);距离 S2 (a 点处和采集光纤间的距离);血清中的各种成分及其浓度、吸收系数、散射系数等。

在以上分析过程中,当光源、血清样本和采集关系的位置固定不变时,最后采集到的光强值是区域 A 中所有点产生的荧光受多方面因素影响后的荧光光强值的总和,且与浓度也是一个单调的非线性关系。

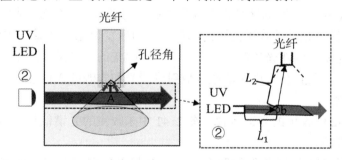

图 2-42 光纤和光源垂直位置采集光谱示意图

以上根据光源和采集光纤放置的相对位置不同时,采集的荧光光强值与血清成分的浓度是一个单调的非线性关系,但是,这两个单调非线性关系的也是有所不同的,还是分别以图 2-41 中的 a 点和图 2-42 中的 b 点为例,图 2-41 中 a 点的产生的荧光光强值越大,在经过 S2 的光程时被吸收的也多,同时经过 S2 的光程中也会有成分受光源光的激励产生荧光影响 a 点荧光的传输;而图 2-42 中的 b 点处产生的荧光光强越强,在经过 S2 光程的衰减时受到 A 区域其他位置荧光的影响，因为图 2-42 中 S2 的光程中的成分不会接收到短波段的光源光，图 2-42 中只有 A 区域的成分受到短波的光源光的激励而产生的荧光经过对应点的 S2 光程后被光纤采集到。所以，综上所述，图 2-41 和图 2-42 的采集光谱的方式由于激励光的强度不同、方向角不同、光程中成分间不同光的影响不同等，使得两种方式采集的荧光光强值与成分浓度间的关系是不同的，这在数学上是两种模式的测量方式获得两种分析成分浓度的关系式。

②双位置和双模式联合光谱的分析

当紫外光源面对并与光纤同轴以采集血清光谱时，采集光纤和光源的位置如图 2-41 所示。光纤采集的光包括血清中某些物质成分产生的荧光，以及紫外线 LED 光源的中心波长之外的一些伴随光穿过血清。最后，获得了透射和荧光的双模光谱。在收集图 2-41 所示光谱的过程中，光谱的信噪比将降低，原因如下：首先，血清中物质产生的荧光向各个方向发射。当激发荧光的发射方向满足光纤接收锥的范围时，荧光可以进入光纤。此时，其他荧光方向的一些荧光和血清中成分散射的荧光不会进入采集光纤，因此荧光强度值较低。其次，血清中组分的散射特性将导致组分吸收荧光与光源的伴随光吸收光谱和组分含量之间的非线性。

当紫外线光源和收集光纤置于垂直位置时，收集光纤和光源的位置如图 2-42 所示。标记为 A 的区域是光源穿过血清的区域的一部分。光纤可以收集区域 A 中满足光纤接收锥范围的部件产生的激发荧光、区域 A 中部件的散射荧光及光源的伴随光的散射信息。由光纤收集的光是由血清中的物质成分产生的荧光，并且包含由血清成分散射到荧光和光源的光信息。最后，获得了荧光光谱。

图 2-42 中收集的光谱包含了图 2-41 中未收集的光谱信息，这是由于成分的物理性质。

当将从两个位置获得的两个光谱组合起来建立模型来分析溶液组分的含量时，该方法不仅增加了光谱中不同物理特性下溶液组分含量的信息，而且增加了建模分析中的约束方程。它可以提高光谱化学定量分析的预测精度。

（2）实验装置与样本

本小节的实验装置和实验数据来源与 2.4.3 相同，在此就不再赘述。

（3）数据处理

实验共采集 161 个样本的荧光光谱和双模式透射荧光光谱数据，利用 MATLAB 进行光谱预处理和构建模型。用 MATLAB 读取所有样本的光谱数据,然后将每个数据取对数处理。然后从所有样本中选取建模集和预测集。继而利用偏最小二乘回归方法(PLS)对选取的 107 个样本建模集建立模型,然后用得到的模型分别预测 54 个样本预测集和所有样本的总胆红素浓度。

实验采集得到两个光谱,根据这两个光谱构造了三种不同的模型。

模型一:利用采集光纤与紫外光源垂直位置时采集得到的荧光光谱建立模型。

模型二:利用采集光纤与紫外光源在同轴面对面的位置放置时采集得到的双模式透射荧光光谱建立模型。

模型三:利用前两种方式的两个光谱的联合光谱建立模型。

按照三种方式建立模型得到如图 2-43、图 2-44 和图 2-45 所示的结果。本书以 Rc 和 RMSEC、Rp 和 RMSEP、Rp-all 和 RMSEP-all 作为校正模型预测精度的评价指标。

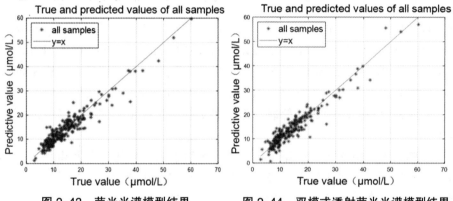

图 2-43　荧光光谱模型结果　　　　图 2-44　双模式透射荧光光谱模型结果

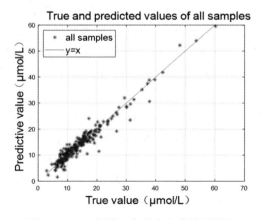

图 2-45　双位置两者联合光谱模型结果

（4）实验结果与讨论

三个模型的结果如图 2-43、图 2-44 和图 2-45 所示，可以看出，双位置联合光谱建立模型（模型三）的结果中对所有样本的预测值分布更接近真值。三种方式建立模型的最终模型性能评价指标如表 2-8 所示。从表 2-8 中的结果中看出，采用双位置联合光谱建模的效果比其他两种分别单独建模时的效果好。

表 2-8　模型评价指标结果对比

模型	Rc	RMSEC (μmol/L)	Rp	RMSEP (μmol/L)	Rp-all	RMSEP-all (μmol/L)
模型一	0.97663	1.82630	0.88775	3.63011	0.950626	2.56677
模型二	0.96967	2.07704	0.91498	3.15587	0.953601	2.48595
模型三	0.99162	1.09782	0.92003	3.04280	0.971223	1.96645

从三种模型的性能指标中可以看出，将荧光光谱模型（模型一）和双位置联合光谱模型（模型二）比较，荧光光谱模型（模型一）的 Rc 最大、RMSEC 最小，但其 Rp 最小、RMSEP 最大，所以，在利用荧光光谱建立的模型进行所有样本总胆红素浓度预测时，Rp-all 小、RMSEP-all 大。说明在侧面采集的荧光光谱含有血清内成分信息，但采集到的信息还是不完善，模型的准确度不高。

双模式透射荧光光谱模型（模型二）在对所有样本进行预测得到的结果中，与双位置联合光谱模型（模型三）比较，双模式透射荧光光谱模型（模型二）得到的 Rp-all 小一些，RMSEP-all 大一些。而双模式透射荧光光谱模型（模型二）与荧光光谱模型（模型一）在对所有样本进行预测得到的结果比较时，双模式透射荧光光谱模型（模型二）得到的 Rp-all 大一些，RMSEP-all 小一些。结果说明，双模式透射荧光光谱包含有透射信息和荧光信息，但在采集过程中，由于自身吸收和散射等现象，使得荧光信息弱，信噪比低，结果还有待提高。

在用双位置联合光谱建立模型，用该模型三进行所有样本的总胆红素含量预测时，得到的 Rp-all 为 0.971223，RMSEP-all 为 1.96645，相较于前两者分别降低了 23.39%和 20.90%。研究结果表明，双位置分别采集血清的荧光光谱和双模式透射荧光光谱，然后两者联合光谱建立模型分析复杂溶液中的成分含量的方法提高了溶液成分含量分析准确度。

2.4.6 拓展波段的动态光谱数据采集与分析

（1）研究背景

基于动态光谱法的血液成分无创测量精度从根本上受到动态光谱信噪比的限制。为进一步提高血液成分无创测量精度及增加新的可测量物质，本书在"M+N"理论的指导下，从三个方面寻找提高动态光谱信噪比的方法：

①在信号采集环节拓宽采集系统的有效波长范围。

动态光谱的信噪比主要受到四个因素的影响，即谱线差异系数、被测部位各组织的吸光和散射特性、传感器的灵敏度曲线及光源光谱能量的分布情况。这四个因素对动态光谱信噪比的作用机理错综复杂，难以对其进行定量分析。依据任一因素去选择参与建模的动态光谱波长都会因为忽视了其他因素的作用而收效甚微，甚至无法提高精度。相比之下，依据临床数据进行研究会更实际、可靠。同时，即便课题组已将动态光谱法所用的光谱分析波长范围从近红外波段扩增到可见—近红外波段，仍有很多血液成分未能较准确地定量分析。因此，一个有效波长范围更宽的采集系统很有可能为动态光谱法带来新突破。

②增加参与建模的光谱所含信息量。

基于动态光谱的无创血液成分分析可主要分为数据采集、数据处理、光谱提取、建模分析四个部分。虽然理论上可以从 PPG 信号中提取出血液中体积有所变化的部分的吸光信息，但动态光谱理论不能使动态光谱中所包含的信息量超过在数据采集环节所获得的 PPG 信号的总信息量。此外，在数据处理、光谱提取、建模分析三个环节进行的研究所提出的方法，虽然也可以有效提高基于动态光谱的无创血液成分测量的准确性，但它们从根本上受到原始 PPG 信号中总信息量的限制。为了进一步提高基于动态光谱的无创血液成分测定的精度，需要增加参与建模的光谱所含信息量。

③选择对某一被测成分而言信噪比更高的动态光谱。

对于已完成采集并提取出来动态光谱，其中包含的各波长信号不一定都能够起到正面的作用，随着波长数的增加，大量低信噪比的数据也随之增加，使用适当的方法从动态光谱中剔除信噪比较低的波长，有助于提高模型预测精度、降低过拟合程度。因此，在进行波长优选时，应尽可能使用已知被测成分和主要干扰成分的信息，使波长优选更有针对性。

（2）宽波段动态光谱数据采集系统

在以往的动态光谱法相关研究中，基于光谱仪的采集系统多为单光源或单光谱仪系统。但受到光源和光谱仪的设备条件限制，我们难以用单光源或单光谱仪达到扩大信号有效波长范围的目的。就光谱仪而言，课题组所用的光谱仪的探测范围有限，且在同波段的量子效益表现不同。为达到采集高质量宽波段动态光谱数据的目的：

①为各采集波段选择了量子效益表现最好的光谱仪。

②一般的宽波段光源的光谱能量分布是不均匀的，且不同种类的光源的光谱能量分布不同。为尽可能提高每一个波长上的 PPG 信号的峰峰值，需要为每一个测量波段选择最合适的光源。

经过细心比对，为选出的 LED 光源和卤素灯光源分别搭配了两台光谱仪，来采集四个波段的光谱信号。光源和光谱仪的组合关系及相关参数如表2-9 所示。

表 2-9　光源和光谱仪的组合关系及相关参数

光源	光谱仪		使用带宽	积分时间
	型号	波长范围		
LED	QEPRO1	200～595 nm	313～590 nm	50 ms
	QEPRO2	575～941 nm	590～700 nm	20 ms
卤素灯	HS1024x58TEC	300～1160 nm	700～1050 nm	18 ms
	NIR256-1.7TEC	1050～1700 nm	1050～1388 nm	40 ms

采集平台的装置连接情况如图 2-46 所示。功率为 1W 的 LED 灯从一根手指指甲上方照射，由光纤将透射光导入 OceanOptics 生产的 QEPRO1 和 QEPRO2 中，这两台光谱仪的探测波长范围分别为 200～595nm 和 575～941nm，积分时间分别设置为 50ms 和 20ms；功率为 50W 的卤素灯由于发热太强，难以贴近手指，其光束通过单芯导光光纤照射到另一根手指指甲上方，再由光纤将透射光导入 AVANTES 生产的 AvaSpec-HS1024x58TEC-USB2（探测波长范围是 300～1160nm）和 AvaSpec-NIR256-1.7TEC（探测波长范围是 1050～1700nm）中，积分时间分别设置为 18ms 和 40ms。每次采集完毕，暂存于光谱仪的数据都会通过 USB 传输至 PC 端进行存储。

（3）实验数据来源

2019 年的三月到四月，在某医院体检中心，通过向前来体检的人们介绍我们的实验，总共募集到 726 名志愿者。这些实验的进行符合各个部门的相关法律，整个实验不违背任何法律和道德规范。

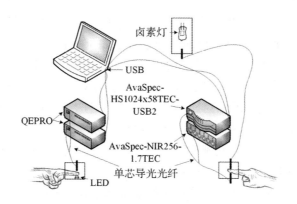

图 2-46 多光源多光谱仪透射光谱采集系统装置连接图

本次实验使用本章中所介绍的多光源多光谱仪透射光谱采集系统采集光谱 PPG 信号。在获得志愿者的同意后，我们引导志愿者入座并将两只手的食指分别放入 LED 灯和卤素灯的指夹中。为减少抖动干扰，我们要求志愿者不再移动、说话，并保持平稳呼吸、放松。待实时光谱的跳动较为规律后开始采集数据，每组数据由四台光谱仪同时采集 40 秒钟。由医院提供的生化分析结果作为建模分析中的真值。

血红蛋白在人体血液中的含量仅次于水，排在第二位，在吸光特性具备区分度的同时也具有测量价值，因此基于动态光谱的无创血液成分分析多以血红蛋白作为测量物质，本实验也选择血红蛋白的浓度作为建模分析的预测指标。从募集到的 726 位志愿者身上，共采集到 670 组具有完整 PPG 信号且具有血红蛋白生化分析值的数据。

（4）数据预处理及建模方法

选用基于稳定波长数的样本优选方法剔除光谱质量较差和五个真值离群的样本（血红蛋白浓度离群样本如表 2-10 所示），最终保留 312 个样本。这 312 个样本的血红蛋白浓度范围为 108～180g/L，覆盖了所用生化分析仪的参考值，即 110～170g/L。

表 2-10 血红蛋白浓度离群样本

样本号（1 到 726）	血红蛋白浓度（g/L）
108	105
216	184
290	102
323	100
405	51

　　采用优化差值提取法分别从所采得的各波段的 PPG 信号中提取动态光谱数据。使用优化差值法时需要注意模板波长的选择，应尽可能多地挑选出 PPG 信号信噪比够高的波长作为模板，以确保算法确定差值计算点的准确度。本实验在确定模板波长时未采用系统的选择方法，仅凭借主观评价进行选择，且没有进行足以说明问题的对比实验，因而不对选择过程进行详细介绍。

　　使用偏最小二乘法（PLS）先分别建立划分出的三个波段的动态光谱数据与血红蛋白浓度的单独预测模型，再建立血红蛋白的三波段联合预测模型。挑选建模集和预测集时，使建模集的样本浓度范围覆盖预测集的，可以提高模型稳定性。因此我们让 312 个样本按血红蛋白浓度排序，每 7 个样本为一组，抽选每组排在第四位的样本作为预测集。依照此法共选出 44 个样本作为预测集，剩余的 268 个样本作为建模集。

　　依据数据质量对波段的粗略主观优选中保留下来 4 段使用波段，即 313～590 nm、590～700 nm、700～1050 nm、1050～1388 nm。想要探究参与建模的波段范围对建模效果的影响，需要先确定一个较为合理的测量波段作为基础。基于动态光谱的无创血红蛋白浓度测量大多选用 590～1050nm 波段，或在这个范围内的波长。因此，我们将实验采集到的可见波段（590～700nm）和可见—近红外波段（700～1050nm）的动态光谱数据连接到一起，称作波段 1（590～1050nm），近紫外—可见波段和近红外波段分别称作波段 2（313～590nm）和波段 3（1050～1388nm）。建模主要分为两部分：第一部分，使用这三个波段的动态光谱数据分别建模作为对照组；第二部分，将这三个波段的动态光谱合并进行联合建模作为实验组。

　　评定模型质量时若只看建模集和预测集的相关系数，即 Rc 和 Rp，则难以很好地对比样本量不同的实验结果。因此我们还加入了建模集和预测集的均方根误差，即 RMSEC 和 RMSEP。评价模型质量时要综合分析这四个指标的表现。若仅仅关注预测集的指标，便会具有偶然性；若仅仅关注建模集的指标，便会忽视过拟合的存在。相关系数和均方根误差的计算如式（2-23）和（2-24）所示，其中 $\widehat{y_g}$ 代表第 g 次的预测值

$$R^2 = 1 - \frac{\sum_{g=1}^{n}\left(y_g - \widehat{y_g}\right)^2}{\sum_{g=1}^{n}\left(y_g - \overline{y}\right)^2} \qquad (2\text{-}23)$$

$$\mathrm{RMSE} = \sqrt{\frac{1}{I}\sum_{g=1}^{I}\left(\widehat{y_g} - y_g\right)^2} \qquad (2\text{-}24)$$

（5）实验结果与讨论

三个波段单独建模和联合建模的结果如图 2-47 和表 2-11 所示。波段 1 是基于动态光谱的无创血红蛋白浓度测量中常用的波长范围。与使用波段 1 的模型相比，使用波段 1+2+3 的模型的 RMSEP 和 Rp 似乎变化不大，但实际上预测精度确实提高了。由于波段 1 的 Rc 高于 Rp，所以其预测能力并不像波段 1+2+3 的那样可靠。除此之外，波段 1+2+3 的 RMSEC 和 Rc 都有明显改善，RMSEC 从 10.154g/L 下降到 5.509g/L，Rc 从 0.655 上升到 0.912。这表明拓宽建模波段有助于提高模型质量。

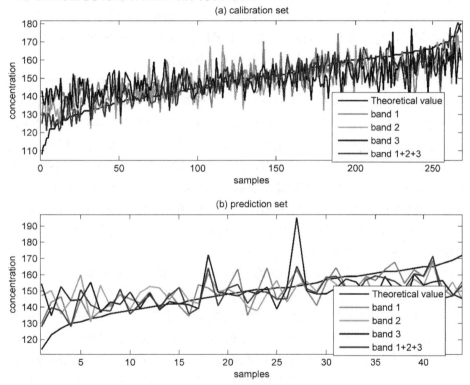

图 2-47　三个波段单独建模和联合建模的结果对比

表 2-11　三个波段单独建模和联合建模的结果对比

	波段	波长数	Rc	RMSEC	Rp	RMSEP
波段 1	（590～1050 nm）	691	0.655	10.154	0.686	9.691
波段 2	（313～590 nm）	738	0.783	8.371	0.257	13.314
波段 3	（1050～1388 nm）	109	0.607	10.680	0.254	14.382
波段 1+2+3（313～1388 nm）		**1538**	**0.912**	**5.509**	**0.684**	**9.612**

值得注意的是，当以 Rc、RMSEC、Rp、RMSEP 作为评价依据时，本实验联合建模的评价指标优于以往使用 PLS 建模的基于动态光谱的无创血红蛋白分析。这主要是由于在采集数据时在拓宽 PPG 信号的波长范围方面所作的努力确实增加了动态光谱中所包含的信息量。

此外，波段 2 和波段 3 单独建模的 Rc 分别为 0.783 和 0.607，但它们的 Rp<0.3。这组评价指标说明，当使用波段 2 和波段 3 单独建模时，无法得到具有预测能力的模型。造成这一结果的主要原因可能是 PPG 在这两个波段的信号质量较差，同时波段 2 和波段 3 的波长范围太窄，使其光谱不足以提供足够的信息。这个结果表明，波段 1+2+3 的建模效果比波段 1 好的原因不是因为加入了信号质量更好的波段，而是由于增加的波段中确实包含新的信息，这些信息有助于将被测物质从非被测物质中区分出来。

以往的光谱血液成分分析主要采用近红外光谱，因为近红外中的光在宏观层面上对血液和组织有较强的透射能力。然而，在选择用于分析的波长时，我们需要考虑的因素不仅是我们可以获得的波长的信噪比，还包括被测量成分在这些波长的光谱差系数。在用实验数据建模之前，很难通过理论分析找到合适的波长，原因有二：一方面，波长的信噪比受到组织的吸收特性、光谱仪的量子效益和光源的光谱能量分布的共同影响；另一方面，谱线差异系数这一概念同时受到被测成分和被测物中其他吸光成分的吸光特性及其他所选波长的影响，而目前缺乏准确的基础数据。因此，本研究使用临床数据进行建模和分析，探究波长范围的影响。

本实验与以往基于动态光谱的无创人体血液成分分析的区别主要在于使用了多光源和多光谱仪搭建的 PPG 信号采集装置，扩大了动态光谱的有效波长范围。在这个实验中，我们注意到还有两点需要改进。首先，在使用光谱仪采集宽波段时，很可能会遇到难以选择适合每个波长的积分时间的情况。也就是说，在所有波长的光强值不饱和的情况下，存在光强值过低的波长。在这种情况下，最好将波段合理地划分为多个波段，使用多台光谱仪进行采集。但是，大多数情况下，很难有数目足够的光谱仪可以使用。在测量短时间内变化不大的指标时，也可以将波段合理地分为多个波段后，寻求志愿者合作进行多次测量。

然而，拓宽波段在具有增加信息量的可能性的同时也具有增加冗余信息和噪声干扰的可能。为了更有效地提高测量精度，合适的波长优选方法是非常必要的。最后，本研究的结果也表明了，拓宽波长优选的范围将很有可能通过选出更合适的波长组合来提高便携式无创血液成分测量系统的精度。

2.4.7 光谱分析中光源电压对预测精度影响的研究

　　"M+N"理论从误差理论的角度将光谱测量中的干扰因素（N 因素）分为随机误差和系统误差，并给出了相应的处理方法，在后续的数据处理和建模分析将两者的干扰影响加以滤除，达到提高预测精度的目的。光谱模型质量和预测精度受到诸多因素的影响，光源作为光谱检测仪器的重要组成部分，其稳定与否对于光谱测量的整个过程具有至关重要的影响，如测量时间的延长、环境温度的改变、光源电压的变化等都可能造成光源光谱的变化，由此引起的测量误差将会在整个测量过程中传递。因而，抑制光源光谱变化带来的干扰，对于提高光谱分析预测精度具有重要的意义。

　　本节通过实测变电压光源光谱数据与多组分线性吸收谱仿真模型相结合的方法，仿真模拟出光源电压变化导致的光源光谱变化从而引起多组分吸收谱的变化，并采用偏最小二乘回归建模的方法对光源电压变化对于被测组分浓度预测精度的影响进行了初步研究，验证了"M+N"理论中 N 因素对于光谱分析预测精度的影响。

　　光谱测量中受到 N 因素的影响很多，例如外界环境光干扰、环境温度变化、仪器暗电流及人工操作影响等。到目前为止，对于此类干扰因素影响的处理并没有统一的理论处理方法，"M+N"理论中对于此种 N 因素则有明确的处理方法。首先，将各种 N 因素加以归类，即按照其与测量光谱或者被测组分是否存在确定性的相关关系将其分为两类：系统误差类（有确定性的相关关系）和随机误差类（无确定性的相关关系）。然后，分类处理。对于随机误差类，因为其无规律可言，例如仪器暗电流等，因而提高测量精度则需要尽可能地减小此 N 因素带来的影响、尽可能地将其固定不变或扩大样本量通过叠加平均的方法减小随机误差的影响。对于系统误差类，由于其存在确定性的相关关系，也就可以通过建模的方法在校正训练的过程中滤除其带来的影响，其关键依然是扩大样本量尽可能多地包含此 N 因素的变化范围，使得校正集样本的 N 因素变化范围覆盖预测集样本的 N 因素变化范围，以此在建模过程中减小 N 的影响。

　　本研究通过实测溴钨灯变电压光源光谱数据与多组分线性吸收谱仿真模型相结合，从系统误差与随机误差的角度，验证"M+N"理论中 N 因素对于光谱定量分析中预测精度的影响及提高模型精度方法的有效性。

（1）实验部分

①仪器装置

实验装置由溴钨灯、可编程稳压电源、近红外波段光谱仪、光纤及手提电脑组成。其中，所用的溴钨灯为天津东港科技公司生产的 GY-30 光纤耦合溴钨灯；光纤为定制的线型排列的一字型光纤。供电电源采用北京汉晟普源科技有限公司生产的由 PLC 控制的可编程稳压电源 HSPY-30-05，其输出电压范围为 0～30 V，输出电压与电流均可在额定范围内连续可调。光谱仪采用美国海洋光学公司（Ocean Optics）生产的近红外波段光谱仪 NIRQUEST，其内置宾松（Hamamtsu）G9204-512 铟砷化镓（InGaAs）线性探测器，波长范围为 900～1700 nm，波长点数为 512，信噪比大于 15000:1（积分时间 100 ms），积分时间范围为 1 ms～10 s。NIRQUEST 光谱仪通过 USB 接口线与 PC 机通讯，采集软件为 Ocean Optics 公司提供的 SpectraSuite 软件。

②变电压光源光谱采集

实验中溴钨灯由可编程稳压电源 HSPY-30-05 供电，不同电压下的光谱通过光纤由光谱仪 NIRQUEST 采集并储存，光谱仪的积分时间设定为 1ms，平均次数为 10 次。实验装置连接示意图如图 2-48 所示，实验过程中保持溴钨灯位置不变，光纤探头与溴钨灯灯丝处于同一高度，并保持其距离溴钨灯 10cm 固定不变。在 9～12.8V 的范围内以间隔为 0.2V 调节可编程稳压电源 HSPY-30-05 的电压输出，如表 2-12 所示，共设定 20 个不同的电压值。在变换电压值对溴钨灯光谱进行采集时，对于每一个电压值均给予 30s 的稳定时间，而后才进行光谱采集，以确保采集到的光谱为当前电压下的溴钨灯光谱。

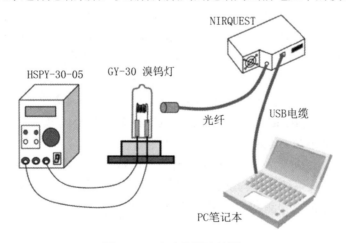

图 2-48 实验装置连接图

表 2-12   电压值（V）

序号	电压	序号	电压
1	9	11	11
2	9.2	12	11.2
3	9.4	13	11.4
4	9.6	14	11.6
5	9.8	15	11.8
6	10	16	12
7	10.2	17	12.2
8	10.4	18	12.4
9	10.6	19	12.6
10	10.8	20	12.8

③变电压光源光谱归一化处理

对光谱仪 NIRQUEST 采集到的 20 组近红外光谱数据进行叠加平均并对处理后的数据按照式（2-23）进行归一化，其中 I_n 为归一化后的光强，I 为原始光强，I_{min} 为各波长下光强最小值，I_{max} 为各波长下光强最大值。最终得到的不同电压下的 20 例归一化光谱数据如图 2-49 所示，其中横坐标波长，纵坐标为归一化的光强数据。可以看出，在电压不同的情况下，溴钨灯的光谱分布稍有不同。

$$I_n = \frac{I - I_{min}}{I_{max} - I_{min}} \qquad (2\text{-}25)$$

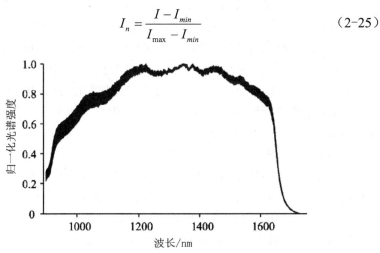

图 2-49   溴钨灯的归一化光谱

（2）N 因素之一——光源电压变化对光谱定量分析的影响

①理想三组分模型的构建

为了验证"M+N"理论 N 因素对光谱分析中提高建模和预测精度的可行性，构造三组分混合溶液的近红外波段吸收谱。假设混合溶液三种组分仅存在吸收，各组分的波长数设定为 512，图 2-50 中显示的是三种组分的摩尔消光系数曲线：其中点线代表背景组分（组分一），各波段摩尔消光系数均较小，且变化平缓；短虚线代表被测目标组分（组分二），摩尔消光系数较小，且其摩尔消光系数曲线在被测波段存在一个较为平缓的吸收峰，其他波段摩尔消光系数较小；实线代表非测量目标组分（组分三），在被测量波段内与被测目标组分存在一个较为重叠的吸收峰，其他波段摩尔消光系数较小。

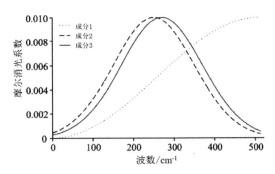

图 2-50　仿真的三种成分的摩尔消光系数

设定各样本的波长数为 512，光谱测量光程均为 1cm，在各组分浓度变化范围确定之后，根据朗伯-比尔定律得到各组分的吸收谱，并将各组分的吸收谱叠加后即可得到混合模型的理想吸收谱。由于实际测量中难免会有多种不确定因素的干扰，因而在各样本的吸收谱上叠加信噪比（SNR）为 30 和 40 的高斯白噪声。背景组分（组分一）的浓度设定为在 0～0.05 mol/L 的范围内均匀分布，被测目标组分（组分二）与干扰组分（组分三）的浓度均设定在 0～0.06 mol/L 的范围内均匀分布。

②N 因素——变电压光源光谱的引入

实验共建立模拟样本 500 例，考虑到光源电压变化对光谱测量的影响，因而对构建好的 500 例样本的吸收谱引入光源电压的影响。为了探究光源电压的变化范围对光谱分析精度的影响，分别引入四种情况的变电压光源光谱，如图 2-51 所示，横坐标表示光源电源的分布，纵坐标表示 a、b、c、d 四种不同的引入情况，其中 P 值为光源电压变化的个数。

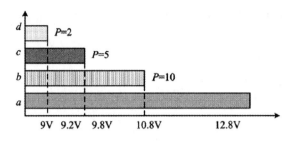

图 2-51　光源电压变化示意图

现以情况 a，即 P＝20 为例介绍具体的变电压光源光谱引入过程，其操作如式（2-26）所示。

$$
\begin{cases}
S_{1\cdots20}^{\lambda} = A_{1\cdots20}^{\lambda} I_n^{\lambda} \\
S_{21\cdots40}^{\lambda} = A_{21\cdots40}^{\lambda} I_n^{\lambda} \\
\cdots \\
S_{481\cdots500}^{\lambda} = A_{481\cdots500}^{\lambda} I_n^{\lambda}
\end{cases}
\tag{2-26}
$$

其中，S 为叠加变电压光源光谱后的样本吸收谱；A 为叠加有 SNR＝30 或 SNR＝40 的高斯白噪声的理想吸收谱；I_n 为处理过的归一化溴钨灯光谱，即变电压光源光谱；上标λ表示波长λ，I_n 在 900～1700 nm 范围内 512 个波长依次与 A 的波长号为 1～512 的 512 个波长相对应；S 与 A 的下标数字表示相应的样本号。等式右边为三组分溶液的原始吸收谱以每 20 例为一组，依次乘以 I_n^{λ}，即 20 例样本的原始吸收谱依次引入了光源电压为 9V，9.2V，…，12.8V 等 20 个不同电压值的光谱影响；等式左边为 500 例样本引入变电压光源光谱后吸收光谱。

如图 2-52 显示的为 P＝20 时，1 号样本原始吸收谱与引入变电压光源光谱后的吸收谱的对比图。对于 P＝2、P＝5 和 P＝10 的情况，与情况 a 类似，只是样本以每 P 例为一组，P 例样本引入的变电压光源光谱具体情况可以参考表 2-12 及图 2-51。

③光源电压变化对预测精度的影响

对已经构造好的 500 例样本按照 4:1 的比例将模拟样本随机分为校正集样本与预测集样本，其中校正集样本 400 例，预测集样本 100 例。采用偏最小二乘回归方法建立对被测目标组分（组分二）浓度的预测模型并进行分析，以交叉验证均方根误差（RMSECV）为评定标准选取最佳主因子为 3。实验结果以校正集决定系数（R_C^2）、校正集均方根误差（RMSEC）、预测集决定系数（R_p^2）、预测集均方根误差（RMSEP）作为预测质量的评定参数。叠加噪声时的多次实验结果存在差异，因此对每组参数进行仿真时，以 200 次运算的平均值作为运算结果。

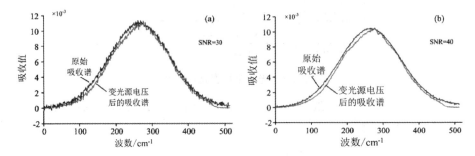

图 2-52　光源电压变化前后吸收光谱

实验结果如表 2-13 和表 2-14 所示，两表显示了不同范围的变电压光源光谱对于建模预测精度影响的结果：随着 P 值的增大，R_p^2 的值在逐渐减小，RMSEP 的值在逐渐增大；而信噪比较高时 P 值变化对预测精度的影响较小。可见，光源电压的波动影响着光谱分析中组分浓度的预测精度，因而可以选择变电压光源光谱作为光谱分析中影响组分浓度预测精度的 N 因素进行分析，依据"M+N"理论只需确定其为系统误差还是随机误差，就可据此选择不同方式以提高预测精度。

表 2-13　校正集和预测集结果（SNR=30）

P 值	主因子数	校正集		预测集	
		R_C^2	RMSEC	R_P^2	RMSEP
2	3	0.9880	0.0030	0.9612	0.0051
5	3	0.9651	0.0052	0.8747	0.0092
10	3	0.9417	0.0067	0.8307	0.0107
20	3	0.8904	0.0092	0.6982	0.0143

表 2-14　校正集和预测集结果（SNR=40）

P 值	主因子数	校正集		预测集	
		R_C^2	RMSEC	R_P^2	RMSEP
2	3	0.9959	0.0017	0.9926	0.0025
5	3	0.9794	0.0040	0.9620	0.0056
10	3	0.9733	0.0045	0.9693	0.0051
20	3	0.9540	0.0060	0.9515	0.0064

④建模分析与结果

为了进一步探究校正集与预测集样本光源电压波动范围对于预测精度的影响，在其他基本条件（各组分的摩尔消光系数、浓度分布及样本数目、信噪比等）不变的情况下，改变校正集与预测集样本的光源电压变化范围，以此来更加深入地探究 N 因素对光谱定量分析预测精度的影响。本实验中，依然将 500 例样本分为校正集 400 例和预测集 100，只是两者的光源电压波动范围不同，如图 2-53 所示。

总体而言，校正集与预测集样本的光源电压波动范围主要分为三种情况。其中，情况 I 为校正集样本光源电压波动范围大于预测集样本，情况 II 为校正集样本与预测集样本的光源电压波动范围相同，情况 III 为校正集样本光源电压波动范围小于预测集样本。为了更好地说明 N 因素对预测精度的影响，本实验分为 A 和 B 两组情况，具体的样本分布如表 2-15 所示。其中，P_c 与 P_p 分别为校正集与预测集的 P 值，即光源电压变化个数；C_{code} 与 P_{code} 为校正集和训练集的电压变化类型（参考图 2-52）；A 与 B 代表两组实验。

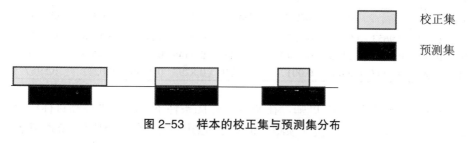

图 2-53　样本的校正集与预测集分布

表 2-15　样本的校正集与预测集分布

No.	I		II		III	
	C_{code}/P_{code}	P_c/P_p	C_{code}/P_{code}	P_c/P_p	C_{code}/P_{code}	P_c/P_p
A	a/b	20/10	b/b	10/10	d/b	2/10
B	a/a	20/20	b/a	10/20	c/a	5/20

由表 2-15 可知，A 组的 I、II 和 III 三种情况为训练集样本光源电压均在 9～10.8V 的范围内变化，校正集样本的光源电压变化范围依次减小，具体为 9～12.8V、9～10.8V 和 9～9.4V，分别大于、等于和小于预测集的光源电压变化范围；B 组的 I、II 和 III 三种情况保持训练集样本光源电压在 9～12.8V 的范围内变化，校正集样本的光源电压变化范围依然依次减小，为 9～12.8V、9～10.8V 和 9～9.8V。首先对 A 组进行建模分析，采用偏最小二乘回归方法

分别建立对被测目标组分（组分二）浓度及光源电压值的预测模型并进行预测分析，以交叉验证均方根误差（RMSECᵥ）为评定标准选取最佳主因子为4，对每组参数进行仿真时以 200 次运算的平均值作为运算结果。实验结果以校正集决定系数（R^2_C）、校正集均方根误差（RMSEC）、预测集决定系数（R^2_p）、预测集均方根误差（RMSEP）作为预测质量的评定参数。在信噪比分别为 30 和 40 条件下的实验结果如表 2-16 与表 2-17 所示。

表 2-16　A 组校正集和预测集结果（SNR=30）

类型	P_c/P_p	校正集				预测集			
		R^2_{C-C}	R^2_{C-V}	$RMSEC_C$	$RMSEC_V$	R^2_{C-C}	R^2_{C-V}	$RMSEC_C$	$RMSEC_V$
I	20/10	0.8918	0.8471	0.0095	0.4515	0.7926	0.4315	0.0138	0.5890
II	10/10	0.9457	0.7362	0.0067	0.2954	0.8778	0.4259	0.0130	0.5216
III	2/10	0.9899	0.7070	0.0029	0.0542	0.8420	0.0114	0.0227	0.9834

表 2-17　A 组校正集和预测集结果（SNR=40）

类型	P_c/P_p	校正集				预测集			
		R^2_{C-C}	R^2_{C-V}	$RMSEC_C$	$RMSEC_V$	R^2_{C-C}	R^2_{C-V}	$RMSEC_C$	$RMSEC_V$
I	20/10	0.9653	0.9484	0.0055	0.2624	0.9541	0.8443	0.0058	0.2547
II	10/10	0.9817	0.9108	0.0040	0.1718	0.9548	0.8594	0.0066	0.5236
III	2/10	0.9967	0.6880	0.0017	0.0559	0.8293	0.4856	0.0212	0.8967

从表 2-16 与表 2-17 可知，在两种信噪比条件下，均能对被测目标组分（组分二）的浓度值进行较好预测，但对于光源电压，在信噪比为 30 时其预测集决定系数均在 0.5 以下，不能建立吸收谱与光源电压间的确定关系；在信噪比为 40 时，可以较好地预测出光源电压值。因而，可以认为前者中，光源电压的影响可以归类于 N 因素中的随机误差；后者中，则可将其归类于 N 因素中的系统误差。在信噪比为 30，即 N 因素光源电压的影响为随机误差时，I、II和III三种情况下浓度值的预测并无规律可言；在信噪比为 40，即 N 因素光源电压的影响为系统误差时，I、II和III三种情况下浓度值的预测集决定系数 R^2_{p-c} 及光源电压值的预测集决定系数 R^2_{p-v} 均依次递减，且 RMSEP_c 与 RMSEP_v 均依次递增。存在此规律的原因在于校正集样本的光源电压分布范围不同，校正集样本覆盖预测集样本的光源电压变化范围则可在建模过程中减小其带来的影响，不能覆盖则会引入误差，因而预测效果存在差异。为进一步验证 N 因素对于光谱定量分析的影响，采用与 A 组实验相同的建模方法对 B 组进行建模预测，在信噪比分别为 30 和 40 条件下的实验结果如表 2-

18 和表 2-19 所示。

表 2-18 B 组校正集和预测集结果（SNR=30）

类型	P_c / P_p	校正集				预测集			
		$R_{C\text{-}C}^2$	$R_{C\text{-}V}^2$	$RMSEC_C$	$RMSEC_V$	$R_{C\text{-}C}^2$	$R_{C\text{-}V}^2$	$RMSEC_C$	$RMSEC_V$
I	20/10	0.8999	0.8681	0.0090	0.4193	0.7981	0.7048	0.0134	0.6348
II	10/10	0.9460	0.7591	0.0066	0.2823	0.7492	0.6595	0.0162	1.1519
III	2/10	0.9655	0.6441	0.0053	0.1689	0.6863	0.4659	0.0321	1.6178

表 2-19 B 组校正集和预测集结果（SNR=40）

类型	P_c / P_p	校正集				预测集			
		$R_{C\text{-}C}^2$	$R_{C\text{-}V}^2$	$RMSEC_C$	$RMSEC_V$	$R_{C\text{-}C}^2$	$R_{C\text{-}V}^2$	$RMSEC_C$	$RMSEC_V$
I	20/10	0.9625	0.9479	0.0056	0.2637	0.9202	0.8992	0.0078	0.3741
II	10/10	0.9794	0.9047	0.0041	0.1775	0.8217	0.8785	0.0123	1.0206
III	2/10	0.9815	0.7493	0.0039	0.1418	0.6652	0.7502	0.0262	1.3574

由表 2-18 与表 2-19 可知，两种信噪比情况下对光源电压值均有较好的预测，在 B 组中光源电压的影响对目标组分浓度预测而言为系统误差。随着校正样本光源电压变化范围的减小，两种信噪比下浓度值和电压值的预测集决定系数 $R_{p\text{-}c}^2$ 和 $R_{p\text{-}v}^2$ 在逐渐减小、预测集均方根误差 $RMSEP_c$ 与 $RMSEP_v$ 在逐渐增大。此结果进一步证实了，样本光源电压分布范围不同对于建模结果的影响；同时也说明了 N 因素为系统误差时，可以通过扩大校正集样本 N 因素的分布范围来提高光谱定量分析的预测精度。结合 A 组与 B 组实验可以得出，在光源电压对于被测组分浓度测量为随机误差时，为了提高对被测目标组分的预测精度，应尽可能地减小光源电压变化带来的影响；在光源电压对于被测组分浓度测量为系统误差时，为了提高对被测目标组分的预测精度，校正集样本的电压变化范围应尽可能地覆盖预测集样本的光源电压变化范围。实验结果验证了 "M+N" 理论中 N 因素对于光谱定量分析的影响，对于可归类于系统误差的 N 因素，可通过在建模中尽可能扩大校正集样本分布范围的方法提高预测精度。

2.4.8 非目标组分用于提高校正模型预测能力的方法

测量是人类认识自然界客观事物并对这些事物的若干现象进行量化，从而深入认识其本质的必不可少的手段。在一切直接或间接的测量中难免会受到各种不确定因素的影响，使得我们不能准确地得到被测目标的真实值。然而，随着现代科技的快速发展，人们对测量精度的要求越来越高，因而全面探究整个测量系统提高测量精度成为必然。目前对于如何提高测量精度而言，大都过多地关注测量仪器本身，忽略了被测对象自身对于测量精度的影响；而且没有全面系统的理论方法作为依据和支撑。光谱测量多组分复杂体系的关键在于预测模型的质量与可重复性，因而测量环境、样本分布、人工操作等外界条件对于光谱测量具有较大的影响。已有研究表明，光谱模型质量和预测精度与多种因素密切相关，例如在模型建立之初，校正集样品数量的选择及被测组分的浓度分布都会影响最终的模型质量与预测效果。然而，目前并没有系统成体系的方法对诸多干扰因素进行有目的有规律的消除或抑制，并且多数研究主要关注于测量仪器或单一的被测成分信息，未能从整体的角度把握测量仪器及被测对象本身对于被测目标量的影响。"M+N"理论通过将被测对象本身与其他干扰因素等归纳于整个测量系统中，综合考虑各种因素对被测目标变量的影响，并给予相应的方法用于提高多组分复杂体系测量精度。对于样本分布范围这一重要的影响因素而言，样本中目标组分的浓度分布必然不能忽视，此外非目标组分对于校正模型预测精度影响依然不能忽视。基于此，本节从误差理论的角度出发，并以"M+N"理论为指导，选择样本中非目标组分的浓度分布作为 M 因素，通过仿真实验的方式探究了该 M 因素即非目标组分浓度分布对于校正模型预测精度的影响。实验结果表明，非目标组分的浓度分布确实会影响校正模型的预测精度，并给出了通过非目标组分浓度分布来提高校正模型预测精度的方法，同时也验证了"M+N"理论中 M 因素用于提高光谱分析中多组分复杂体系测量精度的可行性。

（1）理想三组分模型的构建

首先构造了两种三组分混合溶液（溶液 A 和溶液 B）的近红外波段吸收谱，并设定被测溶液中的三种组分仅存在吸收，样本的波长数为 512，光谱测量光程为 1cm。各组分的理想吸收谱由朗伯-比尔定律在各组分浓度范围确定之后依照式（2-27）得到，然后依据吸光度的加合性将各组分的理想吸收谱叠加后得到混合溶液模型的理想吸收谱。

$$A = \lg \frac{I_o}{I_t} = \lg \frac{1}{T} = Klc \tag{2-27}$$

其中，A 为吸光度，无单位；I_o 为入射光的强度；I_t 为透射光的强度；T 为透射比或透过率；l 为吸收介质的厚度或光程，单位一般为 cm；c 为吸光物质的浓度，单位可以是 g/mL，也可以是 mol/mL；K 为吸光系数或摩尔吸光系数，也称作消光系数或摩尔消光系数，其单位与浓度 c 采用的单位有关。当浓度 c 的单位是 g/mL 时，K 称为吸光系数或消光系数，习惯用 a 表示，以 L/(g·cm) 为单位；当浓度 c 的单位是 mol/mL 时，K 称为摩尔吸光系数或摩尔消光系数，习惯用 ε 表示，以 mL/(mol·cm) 为单位。

混合溶液 A 各组分的摩尔消光系数曲线如图 2-54 所示。其中，虚线代表的是背景组分（组分一），变化平缓；粗实线代表的是目标组分（组分二），在被测波段存在一个较为尖锐的吸收峰，其他波段摩尔消光系数较小；细实线代表的为非目标组分（组分三），在被测量波段内与目标组分存在一个较为重叠的吸收峰，其他波段摩尔消光系数较小。混合溶液 B 各组分的摩尔消光系数曲线如图 2-55 所示。其中虚线代表为背景组分（组分一），与混合溶液 A 相同；粗实线代表目标组分（组分二），摩尔消光系数较小，在被测波段存在一个较为平缓的吸收峰；细实线代表非目标组分（组分三），同样是在被测波段存在一个较为平缓的吸收峰，且与目标组分较为重叠。

由图 2-54 和图 2-55 可知，两种混合溶液中目标组分与非目标组分的摩尔消光系数曲线存在明显的不同，混合溶液 A 中目标组分与非目标组分的摩尔消光系统均存在较为尖锐的吸收峰，而混合溶液 B 中却均不存在较为尖锐的吸收峰。由于实际测量中难免会有来自光谱测量仪器等其他因素的干扰，不同程度的噪声干扰会在不同程度上影响测量的精度，因而在各样本的吸收谱上叠加不同信噪比的高斯白噪声。对混合溶液 A 样本的吸收谱分别叠加信噪比(SNR)为 10 倍和 15 倍高斯白噪声，对混合溶液 B 样本的吸收谱分别叠加了信噪比(SNR)为 20 倍和 25 倍高斯白噪声。

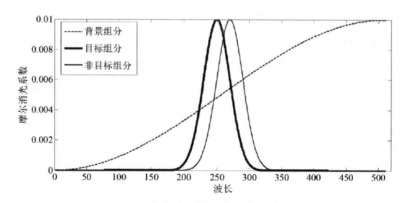

图 2-54　混合溶液 A 的理想摩尔消光系数曲线

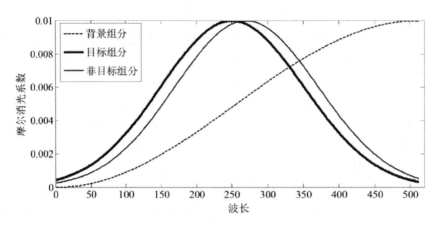

图 2-55　混合溶液 B 的理想摩尔消光系数曲线

（2）各组分浓度分布的设计

本实验中，两混合溶液的光谱测量光程、组分波长数及三种组分的浓度分布情况均相同。背景组分（组分一）的浓度设定为在 0~0.05mol/L 的范围内均匀分布，目标组分（组分二）浓度在 0.5~0.6mol/L 的范围内均匀分布，对非目标组分（组分三）设定三种不同的浓度分布，如图 2-56 所示。图中显示的是目标组分（组分二）与非目标组分（组分三）的校正集与预测集的浓度分布范围，黑色水平线上方为校正集浓度分布，黑色水平线下方为预测集浓度分布，浓度值的大小沿着横线从左至右依次增加。图 2-56（1）表示的是非目标组分（组分三）校正集浓度分布范围较窄，预测集浓度分布范围较宽，校正集浓度分布不能覆盖预测集的浓度分布范围；图 2-56（2）表示的情况与图 2-56（1）相反，即非目标组分（组分三）校正集浓度分布范围大于预测集浓度分布范围；图 2-56（3）表示的是非目标组分（组分三）校正集浓度分布与预测集浓度分布范围相同。此外，图 2-56（1）（2）（3）中，目标组分（组分二）的浓度分布无变化，均保持校正集与预测集浓度相同的分布。

在仿真实验中对非目标组分浓度（组分三）的浓度按照图 2-56 中三种不同的分布方式进行实验，具体的浓度分布范围如表 2-20 所示。

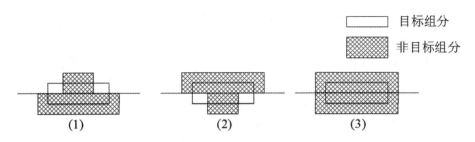

图 2-56 校正集与预测集样本的浓度分布范围

表 2-20 非目标组分（组分三）的浓度分布

浓度分布类型	校正集分布(mol/L)	预测集分布(mol/L)
1	0.45～0.55	0.35～0.65
2	0.35～0.65	0.45～0.55
3	0.35～0.65	0.35～0.65

（3）偏最小二乘回归建模与预测

本次实验两混合溶液均建立模拟样本 500 例，按照 4:1 的比例将模拟样本随机分为校正集样本与预测集样本，其中校正集样本 400 例，预测集样本 100 例。实验采用偏最小二乘回归（PLSR）方法建立模型并进行预测分析，并以校正集决定系数（Rc2）、校正集均方根误差（RMSEC）、预测集决定系数（Rp2）、预测集均方根误差（RMSEP）作为预测质量的评定参数。为了减少仿真实验过程中由于噪声叠加差异、样本波长数目等引入的误差影响，本次实验通过 200 次的重复运算，求取平均值的方式得到最终结果。整个仿真实验均是在 MatlabTM（7.6.0 版本）上借助于 PLS Toolbox^{TX}（3.5 版本）编程运行实现的。

（4）结果与讨论

采用偏最小二乘回归（PLSR）方法建立对混合溶液 A 目标组分（组分二）的校正模型，在分别对吸收谱叠加信噪比（SNR）为 10 倍和 15 倍高斯白噪声的情况下，进行建模预测分析，预测结果如表 2-21 和表 2-22 所示。表中分别列出了模型建立的主因子数和四个常用评定参数：校正集决定系数（R_C^2）、校正集均方根误差（RMSEC）、预测集决定系数（R_P^2）、预测集均方根误差（RMSEP）。

由表 2-21 和表 2-22 可以看出，第二种与第三种浓度分布情况的预测集决定系数（R_P^2）大于第一种情况的预测集决定系数（R_P^2），而且第二种与第三种浓度分布情况的预测集均方根误差（RMSEP）小于第一种情况的预测集均方根误差（RMSEP）。即相比于情况一而言，情况二和情况三的光谱模型质量与预测精度均具有更好的效果。结合图 2-56 可知，其原因主要在于情况一中，校正集样本的非目标组分的浓度分布范围没有覆盖预测集样本的非目标组分的浓度分布范围。相反，在情况二和情况三中，校正集中非目标组分的浓度分布都覆盖了预测集中非目标组分的浓度分布范围。

表 2-21　溶液 A 建模预测结果（SNR=10）

浓度分布类型	主因子数	校正集		预测集	
		R_C^2	RMSEC	R_P^2	RMSEP
1	3	0.8796	0.0098	0.2613	0.0279
2	3	0.8626	0.0105	0.4233	0.0213
3	3	0.8681	0.0103	0.4036	0.0217

表 2-22　溶液 A 建模预测结果（SNR=15）

浓度分布类型	主因子数	校正集		预测集	
		R_C^2	RMSEC	R_P^2	RMSEP
1	3	0.9102	0.0085	0.6537	0.0168
2	3	0.9131	0.0084	0.7675	0.0134
3	3	0.9211	0.0080	0.7586	0.0137

由实验结果可以看出，在仅存在线性吸收的情况下，非目标组分的浓度分布范围在一定程度上影响着目标组分的模型质量和预测精度，而且随着噪声的增大，非目标组分浓度分布范围对目标组分预测精度的影响也越来越大。因而，若要提高偏最小二乘回归进行光谱分析定量分析的预测精度，不仅要保证校正集样本中目标组分的浓度分布范围应当覆盖预测集，而且也应保证校正集样本中非目标组分的浓度分布范围覆盖预测集，特别是在信噪比较低的情况下，更应当保证校正集非目标组分的浓度分范围覆盖预测集。

运用偏最小二乘回归对混合溶液 B 的不同浓度分布样本的吸收谱与相应的目标组分浓度进行建模和预测，实验结果如表 2-23 和表 2-24 所示。从表中列出的评定参数可以看出，在非目标组分与目标组分呈平滑吸收谱的情况下，依旧与混合溶液 A 的实验结果保持相同的变化规律。在校正集非目标组分的浓度分布覆盖预测集非目标组分的浓度分布时具有较好的预测效果，而且随着噪声增大，非目标组分对目标组分的影响也越来越大。

由实验结果可以看出，在目标组分与非目标组分摩尔消光系数曲线存在较为尖锐的吸收峰或较为平缓的吸收峰的情况下，均得出非目标组分浓度分布范围对目标组分的预测精度存在影响，可见非目标组分浓度分布对于目标组分预测精度的影响并不是一个例。实验结果表明，在多组分复杂体系分析中，要提高对目标组分的预测精度，需要考虑非目标组分浓度范围的影响。校正集样本的非目标组分的浓度范围应当覆盖预测集中该组分的浓度范围，且在信噪比较低的情况下，更应该注意非目标组分浓度分布范围的影响。实验结果不仅说明了非目标组分的浓度分布是一个不容忽视的问题，而且验证了"M+N"理论中 M 因素"建模分析法"对于测量精度提高的可行性，为"M+N"理论在多组分复杂体系及其他精密测量系统中规范测量方法和提高测量精度奠定了坚实的研究基础。

表 2-23　表 2-4 溶液 B 建模预测结果（SNR=20）

浓度分布类型	主因子数	校正集		预测集	
		R_C^2	RMSEC	R_P^2	RMSEP
1	3	0.9458	0.0069	0.6469	0.0185
2	3	0.9244	0.0082	0.8235	0.0122
3	3	0.9198	0.0085	0.8408	0.0116

表 2-24　溶液 B 建模预测结果（SNR=25）

浓度分布类型	主因子数	校正集		预测集	
		R_C^2	RMSEC	R_P^2	RMSEP
1	3	0.9653	0.0054	0.8944	0.0100
2	3	0.9616	0.0056	0.9523	0.0067
3	3	0.9616	0.0056	0.9503	0.0069

2.4.9　利用 N_i（温度）提高对 M_i 的分析精度

近红外光谱是由分子振动能级跃迁产生的，是一种分子振动光谱。温度等外界环境的变化会影响分子间的作用力及其振动模式，因而近红外光谱对温度的变化较为敏感。此外，样本的组成和性质也有可能随着温度的变化而发生改变，导致被测得的近红外光谱变化，从而会影响所构建的多元校正模型的稳健性和预测能力。

　　针对这一问题，现有的大多数研究者认为温度是一种干扰因素，采取的方法是消除温度的影响或对温度进行校正。Wang 等提出了一种分段直接校正（Precewise Direct Standardization, PDS）的方法来对温度带来的影响进行校正。Wülfert 等在 PDS 方法的基础上进行改进，提出了一种连续分段直接校正（Continuous Precewise Direct Standardization, CPDS）的方法。通过测量在五种不同温度（30℃, 40℃, 50℃, 60℃, 70℃）下三组分混合物（乙醇，水与异丙醇）的近红外光谱，利用 CPDS 方法将温度产生的影响加以消除，并取得较好的实验结果。Chen 等将温度校正的方法进一步推进，提出了一种载荷空间标准化（Loading Space Standardization, LSS）的方法。该方法可以将原有某一温度（T0）下测得的近红外光谱数据标准化到另一个温度（Ts）下，然后用在 Ts 温度下建立的偏最小二乘回归模型对校正后的近红外光谱数据进行定量分析，从而可以达到温度校正的目的。研究中，将该方法与 CPDS 方法进行了比较，结果表明 LSS 方法具有一定的优势。

　　然而，上述研究的出发点在于消除温度带来的影响，或者将温度引起的光谱变化进行校正。其实，既然温度能够引起光谱或样本组成和性质的变化，那么温度就能够反映光谱及样本的组成与性质。根据"M+N"理论，温度与光谱之间有确定的相关关系，因而可以将温度作为一种包含潜在有用信息的有效因素加以合理利用。然而，依据这一策略，将温度作为一种有效因素应用到近红外光谱定量分析的相关研究较少。Peinado 等提出了一种平行因子分子（Parallel Factor, PARAFAC）方法，将温度变化引起的光谱变化作为有效数据，构建出三维数据，并应用该数据对样本的温度进行建模预测。实验结果表明取得了较好的预测效果，验证了温度可以作为有效因素应用于近红外光谱定量分析中的方法。Shao 等提出了建立近红外光谱与温度定量关系的方法（Quantitative Spectra-Temperature Relationship, QSTR），采用偏最小二乘回归方法建立温度与近红外光谱之间的关系，并通过这一关系的差异（截距的不同）对样本组分进行定量分析。此后，又通过多级同时成分分析（Multilevel Simultaneous Composition Analysis, MSCA）的方法分两个层次建立温度和近红外光谱，以及浓度与近红外光谱的关系，取得了较好的实验结果。

　　在上述研究中，温度与近红外光谱之间的相关关系是通过多元校正的方式确定的，例如偏最小二乘回归和多级同时进行成分分析，并没有真正确定地给出温度引起的光谱变化。在 LSS 方法中，已经得到了温度引起的光谱变化，并将温度引起的光谱变化进行了校正，然后通过 PLS 方法对校正后的近红外光谱数据进行定量分析。事实上，温度引起的光谱变化可以作为有效信息用于近红外光谱的定量分析中。因此，在本节中，我们通过 LSS 方法得到了温度引起的光谱变化，并在此基础上定义了一个温度引起的光谱变化因子（Temperature-induced Spectral Variation Coefficient, TSVC）。已有研究表明，温度对于光谱的贡献可以通过简单的非线性关系表示，基于此在本节中选择温度的平方项与 TSVC 建立定量关系。实验结果验证了温度的平方项与 TSVC 之间定量关系的存在，并且该定量关系的差异（斜率的不同）可以用于对样本组分的定量分析。由于食用油对于温度的变化较为敏感，因此在本节的实验中选择三种食用油（大豆油、花生油和玉米油）的混合物作为样本进行上述方法的验证分析。

（1）光谱数据采集与预处理

①材料与样本的准备

在本次实验中，所采用的样本是三种食用油的混合物，分别是大豆油、花生油和玉米油。各样本中三种食用油的体积配比设计如图 2-57 所示，其中黑色小球上的数字代表样本编号，小球距离三种食用油的远近代表该样本中某种食用油含量的多少，距离越近代表其含量越多。由表 2-25 可以看出，本次实验共有 19 个样本，依据样本中大豆油的含量将 19 个样本分成了 5 组，并依据该组样本中大豆油的体积将五组样本依次编为第 0，1，2，3，4 组。第 0 组大豆油的体积 $V_{soy}=0$，第 1 组大豆油的体积 $V_{soy}=1$，以此类推。

各混合物样本中三种食用油具体的体积含量可以参考表 2-25，其中 V_{soy} 代表大豆油的体积含量，V_{peanut} 代表花生油的体积含量，V_{corn} 代表玉米油的体积含量。从图 2-57 和表 2-25 中的数据可以看出，在每一组样本中大豆油的体积含量（V_{soy}）是相同的，每一组样本中花生油的体积含量（V_{peanut}）是随着样本号的增加而减少的，而每一组样本中玉米油的体积含量（V_{corn}）却是随着样本号的增加而增加的，并且三种食用油的体积含量总和保持不变。例如，在第 2 组样本中，所有样本的大豆油含量（V_{soy}）均为 2，而花生油—玉米油体积比（$V_{peanut}:V_{corn}$）随着样本号的增加依次是 4:0、3:1、2:2、1:3 和 0:4。可见，花生油的体积含量随着样本号的增加而减少，玉米油的体积含量随着样本号的增加而增加。

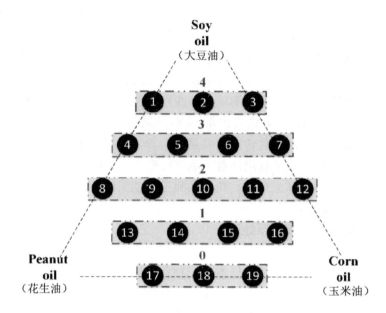

图 2-57　样本中三种食用油体积含量设计与样本分组

表 2-25　样本中三种食用油体积含量分布

样本组	样本编号	V_{soy}	V_{peanut}	V_{corn}
4	1	4	2	0
	2	4	1	1
	3	4	0	2
3	4	3	3	0
	5	3	2	1
	6	3	1	2
	7	3	0	3
2	8	2	4	0
	9	2	3	1
	10	2	2	2
	11	2	1	3
	12	2	0	4
1	13	1	4	1
	14	1	3	2
	15	1	2	3
	16	1	1	4
0	17	0	4	2
	18	0	3	3
	19	0	2	4

②温度控制与光谱测量

本次实验的光谱采集系统由五个部分组成，分别是光源、光谱仪、光纤、温控样品皿和计算机，各部分之间的连接示意图如图 2-58 所示。其中，光源采用的是爱万提斯的 AvaLight-HAL-S 卤钨灯光源（Avantes, Apeldoorn, The Netherlands），光谱仪采用的是爱万提斯的 AvaSpec-NIR256-1.7 光谱仪（Avantes, Apeldoorn, The Netherlands），温控样品皿采用的是 QNW qpod 2e 温控样品皿（Quantum Northwest, Inc., Liberty Lake, USA）。

实验过程中样品的温度由 QNW qpod 2e 温控样品皿控制，其光程长为 10 mm，温度控制的精度可以保证在 ±0.01℃。安装在电脑上的温度控制软件（Q-Blue-Wireless Temperature Control program）可以快速精确地完成对样品温度的控制。在本次实验中，样品温度由-2℃开始以 2 ℃为间隔均匀地变化到 10℃，共 7 个温度。为了确保样品温度的准确性，每个样本的光谱都是在温度稳定 45 min 后进行采集的。由图 2-58 中可以看出，AvaLight-HAL-S 卤钨灯光源发出的光通过光纤入射到温控样品皿，并由 AvaSpec-NIR256-1.7 光谱仪采集透射出的光谱，光谱分布范围为 1041 nm～1772 nm，光谱间隔约为 3 nm，共 256 个光谱数据点。在光谱测量时，每个样本测量 10 次后平均得到的光谱作为该样本的光谱数据，并用于后续的分析处理中。

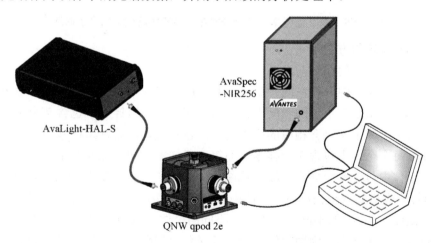

图 2-58 温度控制光谱采集系统示意图

图 2-59 给出了第 2 组样本（具体样本情况参看表 2-25）中 5 个样本在 7 种不同温度下的所测得的光谱曲线。第 2 组的 5 个样本中，各样本的大豆油体积含量为 2，花生油—玉米油体积比依次是 4:0、3:1、2:2、1:3 和 0:4。

从图 2-59 中可以清楚看出不同温度对于光谱数据的影响，同时也可以看出样本之间花生油和玉米油体积含量比的变化导致的光谱数据的差异。可见，在这组光谱数据中，既包含了温度变化引起的光谱扰动也包含了样本中自身组分含量变化而导致的光谱变化。因而，本实验的光谱数据可以用于温度对光谱影响的研究。

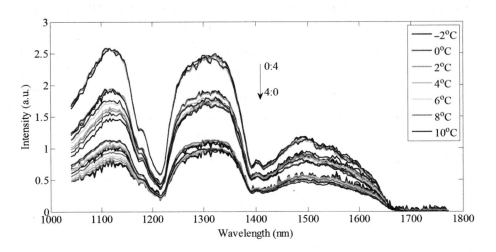

图 2-59　第 2 组样本中 5 个样本在 7 种不同温度下的光谱曲线

（2）理论与方法

①光谱数据的排列与组织

在本次实验中，把在同一温度下测量的每组样本看作一个个体，由于每组样本均测量了 7 个不同温度下的光谱，因而每一组样本中包含 7 个不同个体，每个个体中又包含相应的样本光谱。也就是说，第 0 组样本中包含 7 个个体，每个个体中包含 3 个样本，而第 1 组样本中同样包含 7 个个体，然而每个个体中包含 4 个样本。为了更清晰地说明样本分组情况，图 2-60 给出第 2 组样本光谱的分组情况图。从图中可以看出，第 2 组样本（Group #2）依据测量温度（Tmp）的不同可分为 7 个不同的个体（Individual），由于第 2 组样本中包含 5 个样本，因而该组每个个体又可分作相应 5 个样本（Sample）的光谱。

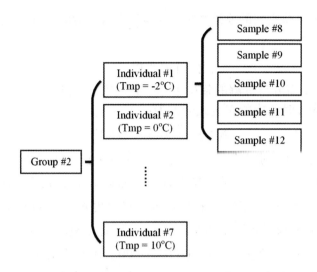

图 2-60　第 2 组样本光谱分组情况

接下来，在本节的后续表述中，由 X 代表一组光谱数据，由 $X(t_k)$ 代表该组光谱数据中在温度为 t_k 时测量得到的一个个体光谱数据，其中 $k = 1, \cdots, K$，K 是个体的数目。由于本次实验中不同温度的个数为 7 个，因而 $K=7$。$X(t_k)$ 则是一个 $N_k \times P$ 的矩阵，其中 N_k 是光谱的个数，P 是光谱数据的波长数。例如，对于第 2 组样本在温度为 $-2℃$ 时的光谱个体为 $X(t_0)$，由于第 2 组样本由 5 个样本组成，因而 $N_k=5$，那么 $X(t_0)$ 是一个 5×256 的矩阵。

②温度导致光谱变化的计算

已有研究表明，化学体系中每一个组分的光谱贡献与温度的关系可用下式中的简单非线性函数来描述，即：

$$S_{i,j}(t_k) = a_{i,j} + b_{i,j}t_k + c_{i,j}t_k^2 + e_{i,j}(t_k) \tag{2-28}$$

式中，$S_{i,j}(t_k)$ 代表混合样本中第 i 个化学组分在温度为 t_k 下的纯光谱矢量的第 j 个元素，$a_{i,j}$，$b_{i,j}$ 和 $c_{i,j}$ 是模型参数，$e_{i,j}$ 是残差。基于上述模型，Chen 等提出了载荷空间标准化（Loading Space Standardization, LSS）算法，可以将原有某一温度（T_0）下测得的近红外光谱数据标准化到另一个温度（T_s）下，然后利用在 T_s 温度下建立的 PLS 校正模型对标准化后的近红外光谱数据进行定量分析，从而可以达到温度校正的目的。在本节中，与我们实验内容相关的 LSS 算法的计算过程我们会详细表述，但如若想了解其他具体细节，可以参考相关文献。

为了得到载荷空间的原始数据，$\overline{X} = \sum_{k=1}^{K} X(t_k)/K$，对 $\overline{X}$ 进行奇异值分解如下：

$$\overline{X} = \overline{T}P^T + E \qquad (2-29)$$

式中，P 是奇异值分解的载荷矩阵，$\overline{T}$ 是相应的得分矩阵，E 是残差项。那么在温度为 t_k 时相应的表达式应该为：

$$\overline{X}(t_k) = \overline{T}P(t_k)^T + E(t_k) \qquad (2-30)$$

忽略了误差项，那么载荷矩阵 $P(t_k)^T \approx \overline{T}^+ X(t_k)$，这里上标"+"代表矩阵求逆。假设在温度 t_{test} 下测量的光谱矩阵为 $X(t_{test})$，那么载荷矩阵的得分可以计算为：$T = X(t_{test})(P(t_{test})^T)^+$。得分矩阵 T 可以用来将在温度 t_{test} 下测量的光谱矩阵为 $X(t_{test})$ 校正到假设其在温度 t_{ref} 下测量的 $X(t_{ref}|t_{test})$：

$$X(t_{ref}|t_{test}) = T(P(t_{ref}) - P(t_{test}))^T + X(t_{test}) \qquad (2-31)$$

这里，可以将 $X(t_{test})$ 与 $X(t_{ref}|t_{test})$ 间的由于温度变化引起的光谱变化记作 Δ，即：

$$\Delta = T(P(t_{ref}) - P(t_{test}))^T \qquad (2-32)$$

也就是说，Δ 是由温度引起的光谱变化。已有研究中，经常将温度引起的光谱变化 Δ 作为干扰因素，将其滤除或加以校正。然而在本节中，温度引起的光谱变化 Δ 将用于建立光谱变化与温度之间的关系，并且从中提取出潜在的有效信息用于样本组分的定量分析。

在本节中，温度引起的光谱变化在各个波长上的总和被认为是温度引起的光谱变化因子（Temperature-induced Spectral Variation Coefficient），由"TSVC"表示。由于光谱贡献与温度的关系可以由式（2-28）所示的简单非线性函数来描述表示。式（2-28）也可以理解为温度的平方项更易与其导致的光谱变化建立关系，也就是温度的平方项涵盖更多的与光谱变化相关的温度信息。因而，在本节中，选择采用温度的平方项与温度引起的光谱变化因子（TSVC）建立关系。由于在本节实验中最低温度为-2℃，因而采用归一化的温度平方项与 TSVC 建立定量关系。

（3）结果与讨论

①TSVC 与归一化温度平方项之间的定量关系

为了探究 TSVC 与归一化温度平方项之间的定量关系，通过 LSS 算法计算得到了第 2 组样本中各样本中由于温度引起的光谱变化 Δ，并求和得到相应的温度引起的光谱变化因子（TSVC）。图 2-61 显示了第 2 组样本中温度引

起的光谱变化因子 (TSVC) 与归一化温度平方项之间的定量关系。该组的五个样本中，大豆油的体积均为 2 (V_{soy} =2)，花生油—玉米油体积比 (V_{peanut}：V_{corn}) 随着样本编号的增加依次是 4:0、3:1、2:2、1:3 和 0:4，不同样本之间的区别在于花生油—玉米油体积比 (V_{peanut}：V_{corn}) 的不同。图中，五条直线分别是在其相应线性范围内得到的 TSVC 与归一化温度平方项的最佳拟合直线。可以看出，随着样本编号的增加，TSVC 与归一化温度平方项之间的线性度在逐渐减弱。其中，样本 8 和样本 9 在整个温度测量范围内均保持与 TSVC 呈现较好的线性关系，而样本 10、11 和 12 的线性范围越来越小。这一现象的原因可能在于样本中花生油的含量在逐渐减小而玉米油的含量在逐渐增大。也就是说，样本中组分含量的变化导致了 TSVC 与归一化温度平方项之间关系的变化。本节也就是通过利用这一层因果关系，通过 TSVC 与归一化温度平方项之间关系的差异来对样本中组分的含量进行定量研究。

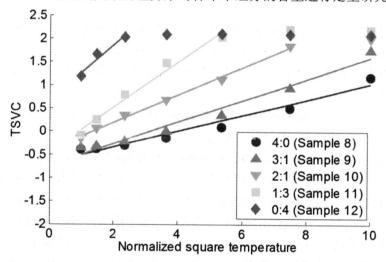

图 2-61　第 2 组样本 TSVC 与归一化温度平方项之间的关系

　　TSVC 与归一化温度平方项之间的具体关系可以参考表 2-26，该表中给出了通过最小二乘拟合得到的最佳拟合直线的表达式及相应的决定系数 (R^2)。从表中数据可以看出，R^2 值均高于 0.94 并且最高值高达 0.9960，可见求出的最佳拟合直线与原有数据之间具有较好相关性。从表 2-26 中可以更清楚地看出，最佳拟合直线的斜率随着花生油含量的减少和玉米油含量的增加呈递增的趋势，其原因可能在于花生油对温度更加敏感，因而在各组分中对于温度对光谱的影响占据了主导因素。这一原因同时可能也是导致 TSVC

与归一化温度平方项在温度较低的范围内具有较好线性关系的原因。上述结果表明，温度对于光谱的影响随着样本组分的变化呈现不同的结果，TSVC 与归一化温度平方项之间确实存在一定的定量关系。

表 2-26　第 2 组样本中 TSVC 与归一化温度平方项之间的定量关系

样本组 (V_{soy})	样本编号 $(V_{peanut} : V_{corn})$	TSVC 与归一化温度平方项之间的定量关系	R^2
2 $(V_{soy} =2)$	8 $(V_{peanut} : V_{corn} = 4:0)$	$y=0.1702x-0.6830$	0.9625
	9 $(V_{peanut} : V_{corn} = 3:1)$	$y=0.2317x-0.7330$	0.9733
	10 $(V_{peanut} : V_{corn} = 2:2)$	$y=0.3307x-0.4096$	0.9960
	11 $(V_{peanut} : V_{corn} = 1:3)$	$y=0.4836x-0.4526$	0.9807
	12 $(V_{peanut} : V_{corn} = 0:4)$	$y=0.5959x+0.6643$	0.9422

注：x 代表归一化的温度平方项，y 代表温度导致光谱变化因子 (TSVC)。

为了进一步探究温度对光谱的影响与样本组分之间的关系，其他四组样本（第 0、1、3 和 4 组）分别采用了与第 2 组相同的数据采集方法和计算方法，得出相应的温度引起的光谱变化因子（TSVC），并与归一化温度平方项建立关系，结果如表 2-27 所示。

从表 2-27 中可以看出，这四组样本数据再次验证了 TSVC 与归一化温度平方项之间的关系，并且其效果与第 2 组样本效果基本一致。例如，相关系数在第 0 组样本中依次是 0.9636、0.9955 和 0.9867，表明 TSVC 与归一化温度平方项之间具有较好的线性关系。此外，该组样本中样本 1、2 和 3 的斜率依次是 0.2089、0.2696 和 0.3248，同样与第 2 组样本中斜率的变化趋势保持一致，即随着花生油含量的减少和玉米油含量的增加，斜率逐渐增加。从这里开始将 TSVC 与归一化温度平方项的最佳拟合直线的斜率简称为"TSVC 温度拟合斜率"，用 "Slope" 表示。总之，上述实验结果不仅验证了 TSVC 与归一化温度平方项之间的稳定关系，同时表明了温度引起的光谱变化即 TSVC 温度拟合斜率会随着样本含量的变化而变化。

表 2-27　其他四组样本中 TSVC 与归一化温度平方项之间的关系

样本组 (V_{soy})	样本编号 $(V_{peanut} : V_{corn})$	TSVC 与归一化温度平方项之间的定量关系	R^2
0 $(V_{soy} =0)$	1 $(V_{peanut} : V_{corn} =4:2)$	$y=0.2089x-0.7360$	0.9636
	2 $(V_{peanut} : V_{corn} =3:3)$	$y=0.2696x-0.6594$	0.9955
	3 $(V_{peanut} : V_{corn} =2:4)$	$y=0.3248x-0.2568$	0.9867

样本组 (V_{soy})	样本编号 ($V_{peanut} : V_{corn}$)	TSVC 与归一化温度平方项之间的定量关系	R^2
1 ($V_{soy}=1$)	4 ($V_{peanut}: V_{corn} =4:1$)	$y=0.1435x-0.6024$	0.9704
	5 ($V_{peanut}: V_{corn} =3:2$)	$y=0.2735x-0.6681$	0.9952
	6 ($V_{peanut}: V_{corn} =2:3$)	$y=0.3248x+0.2568$	0.9961
	7 ($V_{peanut}: V_{corn} =1:4$)	$y=0.4700x-0.2527$	0.9632
3 ($V_{soy}=3$)	13 ($V_{peanut}: V_{corn} =3:0$)	$y=0.2293x-0.7235$	0.9704
	14 ($V_{peanut}: V_{corn} =2:1$)	$y=0.3236x-0.5523$	0.9967
	15 ($V_{peanut}: V_{corn} =1:2$)	$y=0.4175x-0.2511$	0.9511
	16 ($V_{peanut}: V_{corn} =0:3$)	$y=0.5959x+0.4518$	0.9385
4 ($V_{soy}=4$)	17 ($V_{peanut}: V_{corn} =2:0$)	$y=0.2632x-0.5103$	0.9918
	18 ($V_{peanut}: V_{corn} =1:1$)	$y=0.3885x+0.2828$	0.9654
	19 ($V_{peanut}: V_{corn} =0:2$)	$y=0.4432x+0.7301$	0.9365

注：x 代表归一化的温度平方项，y 代表温度导致光谱变化因子 (TSVC)。

②校正曲线的建立

从上一小节的结果可以看出，TSVC 与归一化温度平方项之间确实存在定量关系，并且 TSVC 温度拟合斜率 (Slope) 随着组分含量的不同而发生变化。例如，随着样本中花生油含量的增加，Slope 逐渐降低，说明温度变化对花生油含量较高的样本影响较大，原因可能在于温度变化对花生油的影响较大。实验结果表明，温度对光谱的影响随着样本组成的不同而发生变化。理论上而言，样本中被测组分的含量变化应该在测得的光谱上有所表现，即使在原始光谱数据上没有明显的变化，也应该在 TSVC 与归一化温度平方项的关系中体现相应的变化。因此，在本节中将进一步研究 TSVC 与归一化温度平方项的关系，探究 Slope 与样本组分含量之间的关系，挖掘两者之间的关系，继而对被测组分进行定量分析。

在本次实验中，我们依然首先对第 2 组样本中的 5 个样本进行分析，图 2-62 给出了 Slope 与花生油—玉米油体积比 ($V_{peanut} : V_{corn}$) 之间的关系。从图中可以明显地看出，Slope 与花生油—玉米油体积比之间存在明显的线性关系，并且 Slope 随着花生油—玉米油体积比的增大而线性降低。通过最小二乘拟合得到决定系数 (R^2) 为 0.9798 的一条直线，如图 2-62 所示，因而该直线可以作为花生油—玉米油体积比的校正曲线。通过这条直线可以在 Slope 的基础上拟合得到花生油—玉米油体积比的值。实验结果表明 TSVC 不但可以与归一化温度平方项建立线性关系，而且该关系中的 Slope 可以与花生油—玉米油体积比建立校正曲线，用于样本组分的定量分析。

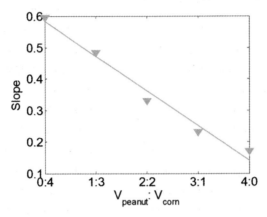

图 2-62　TSVC 温度拟合斜率（Slope）与花生油-玉米油体积比的关系

为了进一步验证 Slope 与花生油—玉米油体积比（$V_{peanut} : V_{corn}$）之间的关系，实验中将其他四组样本组以与第 2 组同样的方式进行了分析，Slope 与花生油体积、玉米油体积的关系如图 2-63 所示，具体的校正曲线表达式显示在表 2-28 中。在图 2-63 中，X 坐标轴显示的是花生油的体积（V_{peanut}），Y 坐标轴显示的是玉米油的体积（V_{corn}），Z 坐标轴显示的 TSVC 温度拟合斜率(Slope)。图中的直线就是图 2-62 中所展示的直线，即第 2 组样本的校正曲线。从图 2-63 中，我们同样可以看到，Slope 随着花生油体积的增加和玉米油体积的减小呈线性减小的趋势。表 2-28 中列出的决定系数（R^2）的大小可以看出，得到的校正曲线可以用于样本中组分的定量分析。

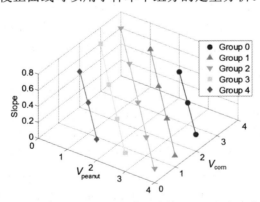

图 2-63　TSVC 温度拟合斜率（Slope）与花生油体积(V_{peanut})和玉米油体积(V_{corn})的关系

表 2-28 TSVC 温度拟合斜率（Slope）与花生油体积比的关系与决定系数 (R^2)

样本组 (V_{soy})	校正曲线	R^2
0 ($V_{soy}=0$)	$y=-0.0579x+0.4416$	0.9992
1 ($V_{soy}=1$)	$y=-0.1047x+0.5689$	0.9863
2 ($V_{soy}=2$)	$y=-0.1103x+0.5831$	0.9798
3 ($V_{soy}=3$)	$y=-0.1194x+0.5706$	0.9710
4 ($V_{soy}=4$)	$y=-0.0900x+0.4549$	0.9513

注：x 代表花生油的体积 (V_{peanut})，y 代表 TSVC 温度拟合斜率 (Slope)。

以上研究内容是依据样本中大豆油的含量将 19 个样本分成了 5 组，如图 2-57 所示，并依据该组样本中大豆油的体积将五组样本命名为第 0、1、2、3、4 组。接下来，我们研究如果依据样本中玉米油的含量将 19 个样本分成了 5 组，是否能够得到同样的实验结果。如图 2-64 所示，依据样本中玉米油的含量将 19 个样本分成了 5 组，并依据该组样本中玉米油的体积将五组样本命名为第 0、1、2、3、4 组。第 0 组玉米油的体积 $V_{corn}=0$，第 1 组玉米油的体积 $V_{corn}=1$，以此类推。采用与上述研究相同的分析方法，依据样本中玉米油的含量分组的样本得到的 Slope 与花生油体积 (V_{peanut})、大豆油体积 (V_{soy}) 的关系如图 2-65 表示，具体的校正曲线表达式显示在表 2-29 中。

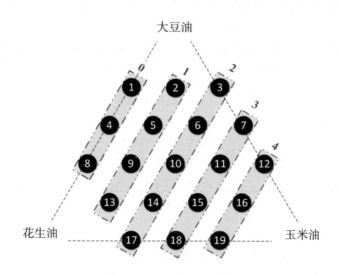

图 2-64 样本中三种食用油体积含量设计与样本分组

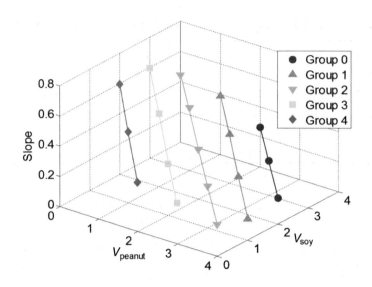

图 2-65　TSVC 温度拟合斜率（Slope）与花生油体积(V_{peanut})和大豆油体积(V_{soy})的关系

　　在图 2-65 中，X 坐标轴显示的是花生油的体积 (V_{peanut})，Y 坐标轴显示的是大豆油的体积 (V_{soy})，Z 坐标轴显示的 TSVC 温度拟合斜率 (Slope)。可以看出，Slope 随着花生油体积的增加和大豆油体积的减小呈线性减小的趋势。从表 2-29 中给出了的决定系数 (R^2) 的大小可以看出，得到的校正曲线同样可以用于样本中组分的定量分析。

表 2-29　TSVC 温度拟合斜率（Slope）与玉米油体积的关系与决定系数 (R^2)

样本组(V_{corn})	校正曲线	R^2
0 ($V_{corn}=0$)	$y=-0.0465x+0.3605$	0.9761
1 ($V_{corn}=1$)	$y=-0.0827x+0.4785$	0.9947
2 ($V_{corn}=2$)	$y=-0.0613x+0.4573$	0.9820
3 ($V_{corn}=3$)	$y=-0.1121x+0.5907$	0.9855
4 ($V_{corn}=4$)	$y=-0.1356x+0.5991$	0.9983

　　注：x 代表花生油的体积 (V_{peanut})，y 代表 TSVC 温度拟合斜率 (Slope)。

　　③校正曲线的验证与组分的定量分析

　　为了验证校正曲线用于预测组分含量的可行性，在图 2-57 中所提到的 19 样本之外，重新配比了四个样本用于校正曲线的验证，这四个样本中三种食用油的体积含量如表 2-30 所示。从表中数据可以看出，这四个样本与第 2

组样本类似，大豆油的体积含量均为 2，花生油—玉米油的体积比则各不相同。采用与前文相同的方式测得这四个样本的光谱数据，利用 LSS 算法计算得出温度引起的光谱变化 Δ，求和得到相应的温度引起的光谱变化因子 (TSVC)，并与归一化温度平方项建立线性关系，得到相应的 Slope。随后，通过利用第 2 组样本得到校正曲线，将四个样本的 Slope 代入该校正曲线求出各样本中花生油的体积含量。

表 2-30　验证集样本中的三种食用油的体积含量

验证集样本	V_{soy}	V_{peanut}	V_{corn}
1	2	3.5	0.5
2	2	2.5	1.5
3	2	1.5	2.5
4	2	0.5	3.5

预测结果如表 2-31 所示，相对误差分别是 6.52%、7.46%、7.63% 和 9.46%。结果表明，得到的校正曲线可以用于样本组分含量的定量分析。因而，该方法为近红外光谱分析技术借助于温度影响探究样本的组成提供了一种新的方法。

表 2-31　验证样本的预测结果

验证集样本	预测值 V_{peanut}	相对误差 (%)
1	3.2718	6.52
2	2.3135	7.46
3	1.3855	7.63
4	0.4527	9.46

（4）小结

本节采用 LSS 算法推导出温度引起的光谱变化，并在此基础上定义了一个温度引起光谱变化因子 (TSVC)。由于已有研究表明光谱贡献与温度平方项之间存在简单非线性关系，因而选择归一化温度平方项与 TSVC 建立关系，并通过样本之间关系中的不同也就是 Slope 的不同与样本的组分含量建立校正曲线，从而可以对其组分进行定量分析。为了验证该方法的可行性，实验测得了三种食用油混合物在不同温度下的近红外光谱，通过上述方法建立了 TSVC 与归一化温度平方项之间的线性关系，并通过该线性关系中 TSVC 温度拟合斜率（Slope）的不同建立与花生油体积之间的校正曲线，从而通过校正曲线对样本的花生油体积含量进行定量分析。实验结果得到较高的决定系数和较为满意的相对误差，因而验证了 TSVC 与归一化温度平方项之间关系的存在，以及校正曲线用于组分定量分析的可行性。因此，该方法为探究温度对于近红外光谱定量分析提供了一个新方法。

参考文献

[1]　Li Gang, Wang Dan, Zhao Jing, et al. Improve the precision of platelet spectrum quantitative analysis based on "M+N" theory. Spectrochimica Acta Part A: Molecular and Biomolecular Spectroscopy, 2022,264:120291.

[2]　D Wang et al. Application of multi-wavelength dual-position absorption spectrum to improve the accuracy of leukocyte spectral quantitative analysis based on "M+N" theory. Spectrochimica Acta Part A: Molecular and Biomolecular Spectroscopy, 2022, 276: 121199.

[3]　K Wang, G Li, S Wu, and L Lin. Analysis of serum total bilirubin content based on dual-position joint spectrum of "M plus N" theory and the logarithmic method. Analytical and Bioanalytical Chemistry, 2022, 414: 2397-2408.

[4]　K Wang, G Li, S Wu, and L Lin. Methods to improve the accuracy of spectrophotometer determination of serum creatinine. Infrared Physics & Technology, 2022, 121.

[5]　J Ni, G Li, W Tang, Q Xiao, and L Lin. Noninvasive human red blood cell counting based on dynamic spectrum. Infrared Physics & Technology, 2021, 113.

[6]　Li Gang, Wang Dan, Zhou Mei, et al. A nonlinear correction method for the error caused by the change of the integration time of the fiber spectrometer. Infrared Physics & Technology, 2021,117:103820.

[7]　Wang Kang, Wu Shaohua, Zhao Jing, et al. Dual-mode spectrum of transmission and fluorescence using single ultraviolet LED light source and their application in analyzing total bilirubin in serum. Spectrochimica Acta Part A: Molecular and Biomolecular Spectroscopy, 2021,264:120305.

[8]　J Ni, G Li, W Tang, Q Xiao, and L Lin. Broadening the bands for improving the accuracy of noninvasive blood component analysis. Infrared Physics & Technology, 2020, 111.

[9]　Meng Qiu Zhang, Gang Li, Wenjuan Yan, Shao Hui Wang, Ling Lin.

Reducing the spectral nonlinearity error caused by varying integration time. Infrared Physics & Technology, 2018, 94: 48-54.

[10] Yue Yu, Wenjuan Yan, Guoquan He, Gang Li, Ling Lin. "M+N" Theory and UV-Vis-NIR Transmission Spectroscopy Used in Quantitative Analysis of Total Bilirubin, Infrared Physics and Technology. Infrared Physics and Technology, 2018, 94: 65-68.

[11] Mengqiu Zhang, Gang Li, Shao Hui Wang, Zhigang Fu, Yang Guan, Ling Lin. The influence of different integration time on stoichiometric analysis in near infrared grating spectrometers. Infrared Physics & Technology, 2017, 86: 130-134.

[12] Zhe Li, Mei Zhou, Yongshun Luo, Gang Li, Ling Lin. Quantitative determination based on the differences between spectra-temperature relationships. Talanta, 2016, 155: 47-52.

[13] Zhe Li, Wesley B Baker, Ashwin B Parthasarathy, Tiffany S Ko, Detian Wang, Steven Schenkel, Turgut Durduran, Gang Li, Arjun G Yodh. Calibration of diffuse correlation spectroscopy blood flow index with venous-occlusion diffuse optical spectroscopy in skeletal muscle. Journal of Biomedical Optics, 2015, 20(12): 125005.

[14] Zhe Li, Gang Li, Wen-Juan Yan, Ling Lin. Classification of diabetes and measurement of blood glucose concentration noninvasively using near infrared spectroscopy. Infrared Physics & Technology, 2014 (67): 574-582.

[15] 李刚, 李哲, 李晓霞. 基于"M+N"理论的光谱分析中光源电压对预测精度影响的研究. 光谱学与光谱分析, 2013, 33(6): 1456-1461.

[16] 李刚, 李哲, 王蒙军. 血清胆红素的近红外光谱无创检测. 分析化学, 2013, 41 (2): 263-267.

[17] 李刚, 李哲, 王晓飞. 测量模式的演进与"M+N"论的提出. 北京信息科技大学学报, 2013, 28(2):9-13.

[18] 李刚, 李哲, 李晓霞, 林凌, 张宝菊, 王为. 基于(M+N)理论的光谱分析中光源电压对预测精度影响的研究. 光谱学与光谱分析, 2013, 33 (6): 1456-1461.

[19] 林凌, 李哲, 李晓霞. 基于舌诊 NIR 反射光谱血清总蛋白含量的无创测量. 光谱学与光谱分析, 2012, 32(8): 2110-2116.

第3章 测量中的调制解调技术及其复用方式

调制解调技术在通信和广播中的地位是不言而喻的，在测量中也起到重要作用，主要体现在：

微弱低频信号的检测。通过调制把微弱低频信号加载到高频载波上，避免直流偏移对信号放大的限制和干扰。

阻抗测量。如生物阻抗和阻抗型的传感器，必然需要交流（载波）来激励，转变成交流信号的处理与检测。

多路信号的同步测量。用频分方式得到更高的精度和效率。

抑制噪声和干扰。不管是模拟的选频（带通）滤波器+解调电路，还是数字解调算法，对白噪声（随机噪声）和其他频率的干扰（包括邻道干扰）均有极强的抑制作用。

3.1 引言

3.1.1 测量领域经典的"斩波调制"技术

测量中的调制解调技术是相对广播、通信领域的调制解调技术而言，后者的历史更长，出现过技术种类更多，既有电信号的调制解调技术，又有光信号的调制解调技术；有几米、几千公里甚至千万公里的传输距离。但测量中的调制解调技术则聚焦于几十毫米的距离之内，极个别应用也有很长距离，测量中的调制解调技术的核心问题是精度，即加载在载波上的被测信号的测量精度。

在早期测量中应用的调制解调技术被称为"斩波调制技术"。斩波调制技术的出现应对了放大器（包括传感器和检测电路）的直流和低频噪声，斩波调制技术是检测极低幅值、极低信噪比（信号对极低频率的信噪比）的信号有效检测方法。在光学检测中，更形象表明斩波的概念，也是一种高性能而又简便的微弱"光"信号检测方法。

在传统的测量领域，用术语"斩波调制"来表示调制解调技术。顾名思义，斩波调制采用机械的叶片来间隔阻挡光线的通过，或用机械的开关来切断或导通微弱电信号，在后续的信号放大和处理中可以很容易地消除放大器本身的失调电压和各种外界的干扰，对光信号的"斩波"则可以消除环境光、光敏器件的暗电流的误差。在测量极微弱的信号时，如热电偶的灵敏度最大只有 40μV/℃，而大多数运算放大器等的失调电压保持在毫伏量级，且温漂也在几十μV/℃，还可能有其他干扰，因此信号的信噪比很低，如图 3-1 所示，这种情况下很难实现高倍的直接放大，又不能分离信号和噪声，结果是不能实现测量。

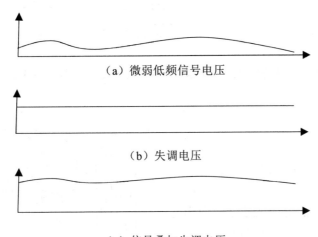

（a）微弱低频信号电压

（b）失调电压

（c）信号叠加失调电压

图 3-1　微弱低频信号叠加较大的失调电压

早期的斩波调制对于微弱信号的检测发挥了极其重要的作用。但由于机械斩波器的速度慢，频率（周期）的精度和稳定性差，在提高测量精度上存在一定限制。

现代已经采用电子开关来替代机械开关，使斩波调制技术的性能提高多个数量级。用电子开关替代机械开关的斩波调制技术的测量系统的框图与工作波形示意图分别如图 3-2 和图 3-3 所示。

斩波调制（调制解调）技术的要点：把微弱低频信号加载到高频的载波信号（基带）上，经过高通滤除直流失调信号，再进行高倍（交流）放大，即使放大器本身有失调电压，再次通过高通滤波后也会得到极大的抑制。

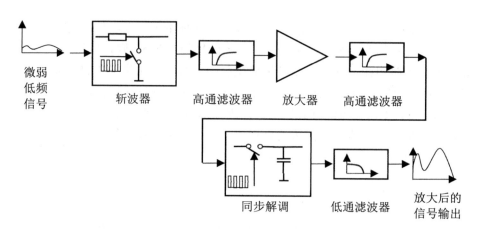

图 3-2　斩波调制（调制解调）技术用于微弱低频信号的检测

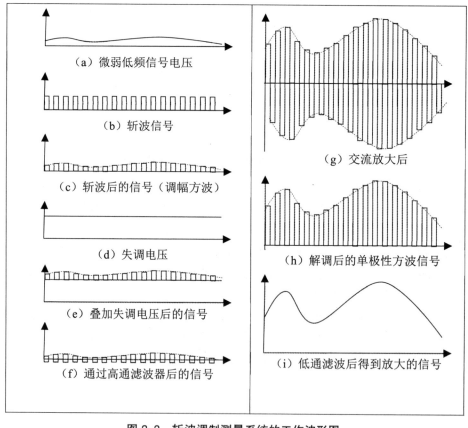

图 3-3　斩波调制测量系统的工作波形图

　　在吸收光谱的测量中，氙灯作为宽带光源具有良好的频谱特性，但氙灯不能通过控制它的亮灭来实现斩波，只能用光学斩波器来控制照明光的有无（图 3-4）。因此，这一类测量系统采用斩波器可以实现高精度的光谱测量。

　　如果需要进一步提高测量精度和速度等性能，可以采用电控的液晶斩波器替换机械的光学斩波器，其斩波速度可以达到几十兆赫兹。

　　对于发光器件本身是 LED、LD 等的可以快速打开或切断，并且可以快速控制亮暗变化的器件，完全不需要机械或液晶斩波器。

　　目前除光谱等极个别的测量领域外，LED、LD 等器件是实现光学测量的最重要、最普遍器件，且有各种各样的调制解调方式，主要分为时分方式、频分方式和编码方式。

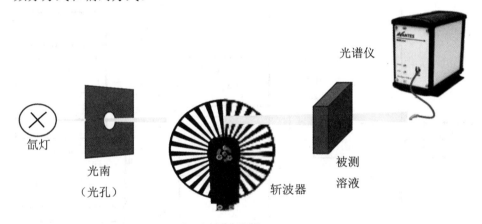

光谱仪

氙灯

光南
（光孔）

斩波器

被测
溶液

图 3-4　光学斩波器及其在吸收光谱测量中的应用

　　虽然在通信领域把传输的信号分为模拟信号传输和数字信号传输，但在测量领域基本上是模拟信号的方式。对信号的调制有幅度调制（最主要的应用方式）、频率调制（用得较少，但很有特点）和相位调制（应用极少，用于某些特殊的场合往往具有突出的特色）。本章主要讨论幅度频分方式的调制和解调。

3.1.2　现代测量中的调制解调技术

　　斩波调制作为一种极好的技术不会在现代科技中缺席，一方面，现代科学、现代工业和现代医学永远需要更准、更快的测量，被测量和被测条件越来越苛刻；另一方面，随着电光源、开关器件和传感器技术，以及微电子技术和微控制器翻天覆地地发展，又赋予采用调制解调技术的测量系统具有更强大的性能与更高的精度，调制解调技术的形式也更为多样（图 3-5）。

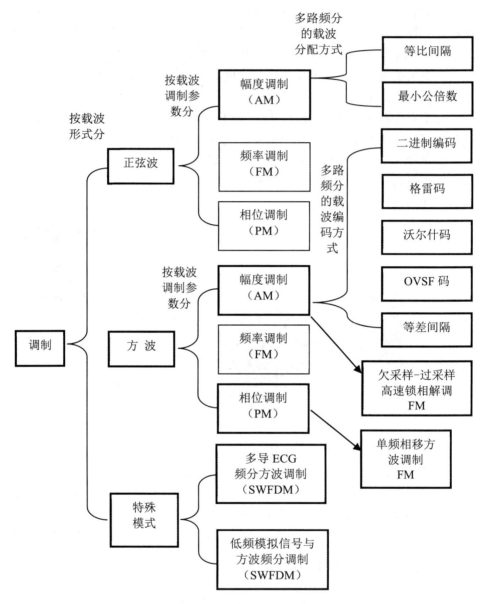

图 3-5　调制解调技术的实现模式

而生物医学信号的与众不同、尤为突出的挑战就在于：信号极其微弱，各种伴生干扰种类繁多而强大。因而，它是各种最新信号检测与处理技术和器件的最佳"试验场"。君不见：高深的信号处理教材或专著无不把生物医学信号处理作为实例来表现某种信号处理方法的有效性。调制解调技术作为最经典的检测微弱信号的手段，当然不会缺席。

前述的载波调制是一种最基本的单通道方波调制，除此之外，还有正弦波调制、多通道信号调制、复合调制等五花八门、眼花缭乱的调制方式（图3-5），以及对应的解调方法。

3.2　正弦波的幅度调制与解调

在广播、通信领域，正弦波的幅度调制（Amplitude Modulation，AM）与解调（demodulation）具有悠久的历史和完善的理论框架，但在测量领域，特别是计算机技术高速发展的今天，正弦波的幅度调制与解调技术也获得新的生命。虽然在通信领域有完善的信噪比、噪声等的分析、测量理论和方法，但不能完全等同和移植到测量领域。如通信领域更关注的是"误码率"，在测量领域基本不会考虑。而解调后的信号幅值精度，却是最重要的指标。

3.2.1　正弦波调制与解调的基本理论

正弦波幅度调制过程中，正弦载波信号的幅值随调制信号的强弱发生变化，而其频率不变。幅度调制分为标准调幅（AM）、双边带抑制载波调幅（DSB—SC—AM，简写为 DSB）、单边带抑制载波调幅（SSB—SC—AM，简写为 SSB）和残留边带调幅（VSB—SC—AM，简写为 VSB）。本节只讨论标准调幅（AM）。

（1）标准调幅（AM）

调幅过程中的示意图如图 3-6 所示。为简单起见，先假设调制信号为余弦波，其幅值为 v_Ω，即

$$v_\Omega = V_\Omega \cos \Omega t = V_\Omega \cos 2\pi F t \tag{3-1}$$

式中，V_Ω、F 和 Ω 分别为调制信号的振幅、频率和角频率。

若令载波的初相位 $\theta_0 = 0$，则调幅波可以表示成

$$
\begin{aligned}
v = V_{cm}(t)\sin \omega_c t &= (V_{cm} + \Delta V_C \cos \Omega t)\sin \omega_c t \\
&= V_{cm}(1 + \frac{\Delta V_C}{V_{cm}}\cos \Omega t)\sin \omega_c t \\
&= V_{cm}(1 + m_A \cos \Omega t)\sin \omega_c t
\end{aligned}
\tag{3-2}
$$

式（3-2）中，ΔV_C 为幅值变化的最大值，它与调制信号的振幅 v_Ω 成正

比，调幅波 v 的振幅在最大值 $V_{\max}=V_{cm}+\Delta V_c$ 和最小值 $V_{\min}=V_{cm}-\Delta V_c$ 之间摆动。式（3-2）中 m_A 为

$$m_A=\frac{\Delta V_c}{V_{cm}} \tag{3-3}$$

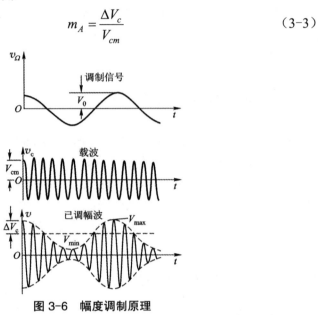

图 3-6　幅度调制原理

其中，m_A 用来表示调幅波的深度，称为调幅系数（或称调幅度），m_A 越大，表示调幅的深度越深。$m_A=1$ 时，则是 100% 的调幅；若 $m_A>1$，则意味着 $\Delta V_c>V_{cm}$，会出现过量调幅，如图 3-7 所示，调幅波的包络线已不同于调制信号，在振幅波解调时，便不能恢复原始调制信号，将会引起很大的信号失真。所以振幅调制时，一般应使 $m_A\leqslant1$。

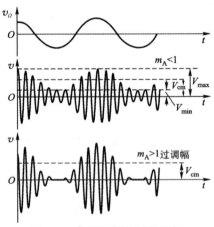

图 3-7　正常调幅和过量调幅

　　将调幅信号利用简单的三角变换展开，可以发现采用单一频率的正弦波调制正弦载波时，调幅波的频谱是由载波（$\omega = \omega_c$）、上边频（$\omega = \omega_c + \Omega$）和下边频（$\omega = \omega_c - \Omega$）组成，如图 3-8 所示。若调制信号是含多种频率的复合信号，则调幅波的频谱图中将有上、下边带分立于载波左右，图中 $\Omega_{\max}$ 表示调制信号中的最高频率分量。所以，传输调幅波的系统的带宽应为调制信号最高频率的两倍，即 $B = 2F_{\max}$。

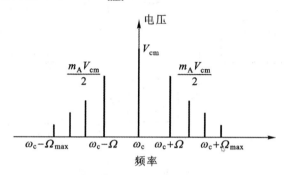

图 3-8　调幅波的频谱

　　由调幅波的表达式和频谱图（图 3-9）可以看出，载波分量不携带信息，上边带和下边带携带的信息相同，因此，可以用载波抑制的方法节约功率或用单边带传输的方法压缩频带宽度。但在测量领域，精度才是最关键的，而频带、发送功率通常是很次要的问题，因此，不会使用增加复杂性和成本并可能降低精度的"载波抑制"和"单边带传输"的方法。

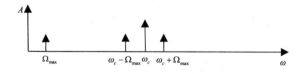

图 3-9　调制信号的频谱

（2）调幅信号的解调

　　调幅信号的解调方法分为两大类（图 3-10）：模拟解调和数字解调。所谓数字解调方法是在对模拟调幅信号量化成数字信号，再对数字调幅信号进行解调。通常情况下，模拟解调基本上用于学习解调原理而不是实际应用，现代仪器和测量系统无一例外需要计算机，一方面输入到计算机必须是数字信号，另一方面计算机中进行数字信号处理具有精度高、稳定性和可靠性高等一系列模拟信号处理不可比拟的优势。数字解调方法成为基本的应用形式，特别是"高速锁相解调算法"的出现，基本上摆脱了对微控制器的算力和速度的依赖。

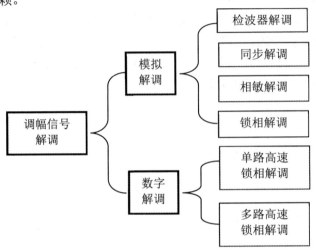

图 3-10　调幅信号的解调方法

本部分主要介绍模拟调幅信号解调方法，从调幅信号解调运算是一种"运算"，数字调幅信号的解调也是基于同样的"运算"，两者在基本原理和参数设置、效果评价上几乎完全相同的，只有很少的区别。

一般而言，方波的调幅信号解调方法完全可以用模拟的解调方法。但由于方波载波适用于一些较为特殊的条件：精度要求不高而成本敏感、接收器件具有积分特性、载波频率较低，等等。

鉴于数字解调方法，特别是多通道调幅信号的解调方法（算法）丰富多彩，只能在后文中根据多通道信号的载波编码方法的不同对应地说明其解调方法（算法）。

① 检波器解调

与调制过程相反，在接收端，需有从已调波中恢复出调制信号的过程，这一过程称为解调。调幅波的解调装置通常称为幅度检波器，简称检波器。解调必须与调制方式相对应。若已调波是一般调幅信号，则检波器可采用检波的方式，图 3-11 所示为一个二极管包络检波器的原理电路及检波过程的示意图。当检波器输入端加入已调幅信号 v_i 后，只要 v_i 高于负载（电容器 C）两端的电压（检波器的输出电压）v_o，则检波二极管导通，v_i 通过二极管的正向电阻 r_i 快速向电容 C 充电（充电时间常数为 r_iC），使电容两端电压 v_o 在很短的时间内就接近已调幅信号的峰值，当已调幅信号 v_i 的瞬时电压低于电容

器两端的电压 v_o 后，二极管便截止，电容器 C 通过负载电阻 R_L 放电，由于放电的时间常数 $R_L C$ 远大于 $r_i C$，且远大于载波周期，所以放电很慢。当电容上的电压 v_o 下降不多，且已调波的下一周的电压 v_i 又超过 v_o 时，二极管又导通，v_i 再一次向电容 C 充电，并使 v_o 迅速接近已调波的峰值。这样不断反复循环，就可得到图 3-11（b）中所示的输出电压波形，其波形与已调波的包络相似，从而恢复出原始调制信号。检波器电路的放电时间常数 $R_L C$ 必须合理选择，增大 $R_L C$ 有利于提高检波器的电压传输系数（检波效率），但时间常数 $R_L C$ 过大，将会出现惰性失真。这是由于在这种情况下，电容 C 的放电速度很慢，当输入电压 v_i 下降时，输出电压 v_o 跟不上输入信号的振幅变化，使二极管始终处于截止状态，输出电压只由放电时间常数 $R_L C$ 决定，而与输入信号无关，如图 3-11（b）中虚线所示，只有当输入信号重新超过输出电压时，二极管才重新导电。这种失真是由电容 C 的惰性引起的，故称惰性失真。可以证明，要不产生惰性失真，只有满足下列条件：

$$R_L C \Omega_{\max} \frac{m_A}{\sqrt{1-m_A{}^2}} < 1 \tag{3-4}$$

式中，$\Omega_{\max}$ 是最高调制信号角频率。

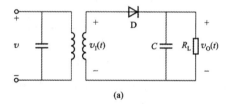

(a)

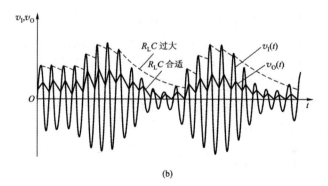

(b)

图 3-11　二极管包络检波

②同步解调

包络检波器只能用作普通调幅波的解调器，而载波抑制的双边带调幅信号和单边带调制信号的解调必须采用所谓同步检波器。图 3-12 是同步检波器的原理方框图。同步检波器中必须有一个与输入载波同频同向的同步信号（或称相干信号）$v_1 = V_{1m} \cos \omega_c t$，已调信号 v_I（假定为载波抑制的双边带信号）和相干信号 v_1 相乘后的输出为 $v_o{}'$，即

$$v_o{}' = v_I v_1 = (V_{im} \cos \Omega t \cos \omega_c t) V_{1m} \cos \omega_c t$$

$$= \frac{1}{2} V_{im} V_{1m} \cos \Omega t + \frac{1}{4} V_{im} V_{1m} \cos(2\omega_c + \Omega)t + \frac{1}{4} V_{im} V_{1m} \cos(2\omega_c - \Omega)t \quad (3\text{-}5)$$

式（3-5）表明 $v_o{}'$ 中包含 Ω、$(2\omega_c + \Omega)$ 和 $(2\omega_c - \Omega)$ 三个频率成分（图 3-13），因此只要采用低通滤波器滤去高频分量 $(2\omega_c \pm \Omega)$，就可解调出原始调制信号 $\frac{1}{2} V_{im} V_{1m} \cos \Omega t$。同步检波器中的相乘过程，可采用二极管电路或模拟乘法器来实现，集成模拟乘法器现在已屡见不鲜。

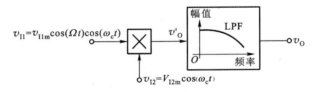

图 3-12　同步检波

其实，不管何种解调方式，不管哪一种解调方式（模拟电路或数字算法），都是由"乘法（器）+低通滤波器"构成。

图 3-13 还隐藏着重要的事实：分离调制信号与载波信号依靠低通滤波器，而低通滤波器的衰减速率是每阶每十倍频衰减 20dB（衰减到十分之一），一般说来载波的幅值比调制信号大得多（保证不过调），而要保证把载波信号抑制到千分之一以下，需要设置载波频率比调制信号高 1000 倍以上。

由此可以得到一个设计系统时的重要原则：载波频率 ω_c 要远远大于调制信号频率 Ω_{max}，而且越高越好。

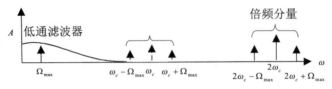

图 3-13　已调信号解调后的频谱

③正交锁相解调

检波器解调和同步解调均不能恢复和分离相位信息，这将在以下几种情况中出现问题：

第一，激励信号与解调电路不在同一个系统中，同步信号 $v_1 = V_{1m}\cos\omega_c t$ 无法确保与输入载波同频同相；

第二，即使激励信号与解调电路在同一个系统内，在工作频率比较高的情况下，解调电路前的接收电路可能导致载波信号的相移及其不确定性。

第三，被测信号的相位会携带重要的信息，如测量生物阻抗及其成像时。

一般而言，我们可以把载波信号表达为具有相位信息的表达式：

$$v_o' = V_{om}\cos\Omega t\cos(\omega_c t + \theta) \tag{3-6}$$

为讨论简便起见，令

$$v_{om} = V_{om}\cos\Omega t \tag{3-7}$$

则

$$v_o' = v_{om}\cos(\omega_c t + \theta) \tag{3-8}$$

可以改写为

$$v_o' = v_{om}\cos(\omega_c t + \theta) = v_{om}\cos\omega_c t\cos\theta - v_{om}\sin\omega_c t\sin\theta$$
$$= v_{oc}\cos\omega_c t - v_{os}\sin\omega_c t \tag{3-9}$$

其中

$$v_{oc} = v_{om}\cos\theta$$
$$v_{os} = v_{om}\sin\theta \tag{3-10}$$

和

$$\begin{cases} v_{om} = \sqrt{v_{oc}^2 + v_{os}^2} \\ tg^{-1} = \dfrac{v_{os}}{v_{oc}} \end{cases} \tag{3-11}$$

用 2 个幅值相同且恒定（假定为 "1"）的正交信号 $\sin\omega_c t$ 和 $\cos\omega_c t$ 分别乘以已调制信号并进行积分：

$$\int (v_{oc}\cos\omega_c t\cos\theta - v_{os}\sin\omega_c t\sin\theta)\cos\omega_c t dt$$
$$= \int v_{oc}\cos\omega_c t\cos\theta\cos\omega_c t dt \tag{3-12}$$
$$= v_{oc}\cos\theta$$

和

$$\int \left(v_{oc} \cos \omega_c t \cos \theta - v_{os} \sin \omega_c t \sin \theta \right) \sin \omega_c t dt$$

$$= \int -v_{os} \sin \omega_c t \sin \theta \sin \omega_c t dt \qquad （3-13）$$

$$= v_{os} \sin \theta$$

由式（3-12）和式（3-13）的结果可以根据式（3-11）计算调制信号的幅值和相位。实现正交解调电路的方框图如图 3-14 所示。正交解调电路不是两个同步解调电路简单的叠加，其核心是两个正交同步信号，即 $\sin \omega_c t$ 和 $\cos \omega_c t$。初学者容易忽略以下几点：

如果同步信号 $\sin \omega_c t$ 和 $\cos \omega_c t$ 中的一个与激励信号 $\cos \omega_c t$ 严格同频同相或恒定相位差，则可以准确地测量幅值和相位，这在很多测量中是必需的和至关重要的。

如果同步信号不能保证与激励信号 $\cos \omega_c t$ 严格同相或恒定相位差（但必须同频），正交解调方法只能测量出幅值。其潜在的优点是相位及其变动会带来误差。

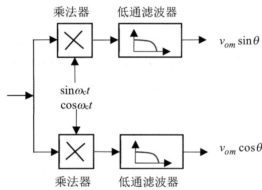

图 3-14　正交解调电路的方框图

正交解调电路不是两个同步解调电路的简单叠加，其核心是两个正交同步信号，即 $\sin \omega_c t$ 和 $\cos \omega_c t$。初学者容易忽略以下几点：

如果同步信号 $\sin \omega_c t$ 和 $\cos \omega_c t$ 中的一个与激励信号 $\cos \omega_c t$ 严格同频同相或恒定相位差，则可以准确地测量幅值和相位，这在很多测量中是必需的和至关重要的。

如果同步信号不能保证与激励信号 $\cos \omega_c t$ 严格同相或恒定相位差（但必须同频），正交解调方法只能测量出幅值。其潜在的优点是相位及其变动会带来误差。

3.2.2　测量中调制的实现方式

在测量领域应用调制技术的方式五花八门，各有各的巧妙，对于众多方式和形态，很难用一种方法恰当地分类，这里略举几个典型的调制实例，可以粗略但清晰地展现调制技术在测量中的应用价值。

在生物医学信号的测量中，采用调制技术的突出优势是具有极强的抑制载波频率以外的噪声和干扰，因而具有极高的信噪比。

（1）阻抗型传感器

阻抗型传感器是一类历史最悠久、价格低廉和应用广泛的传感器种类，包括电阻、电容和电感三类及其组合。在采用调制技术时，必定隐含着交流激励，因而可以不加区别地讨论。

①单支阻抗传感器

常见的阻抗型传感器按其性质可以分为电阻、电容和电感三类。电阻型传感器有位移或旋转电位器，以及热电阻或热敏电阻、光敏电阻、磁敏电阻、压敏电阻、应变电阻，等等。这些传感器虽然可以采用简单的直流激励方式测量，但采用调制解调技术可以得到更高的抗干扰性能和更高的精度。

电容传感器和电感传感器虽然也可以采用时域测量方法，但其精度很差，除极个别场合外，均需采用调制解调技术来测量。

采用调制解调技术的阻抗型传感器测量系统具有几乎一样的框图（图 3-15）。激励方式可以有电流（恒流源）和电压（恒压源）两种。

如图 3-16 所示为典型恒流激励的阻抗型传感器测量系统的框图，恒流激励的优点包括：精度高，传感器中的电流恒定，不受传感器本身阻抗变化和引线的电阻、连接电阻等的影响；传感器输出为电压值，方便后续电路处理。但恒流激励的缺点也是明显的，如电路较复杂。

如图 3-17 所示为典型恒压激励的阻抗型传感器测量系统的框图，恒压激励的特点包括：高精度恒压源较容易获得；传感器输出为电流值，需要后接电流/电压转换电路。

图 3-16 巧妙地利用反相放大器形式的"电压/电流转换电路"，把激励电压信号转换成电流激励传感器，同时把传感器的输出电压转换成运算放大器闭环放大器的输出，使传感器不小的输出阻抗变成运算放大器极低的输出电阻。

注意：调制解调技术的精度同样取决于激励信号的幅值精度和频率的稳定性。

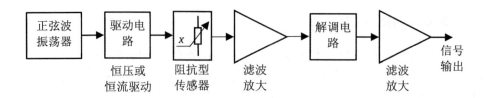

图 3-15　采用调制解调技术的阻抗型传感器测量系统的框图

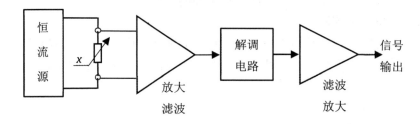

图 3-16　典型恒流激励的阻抗型传感器测量系统的框图

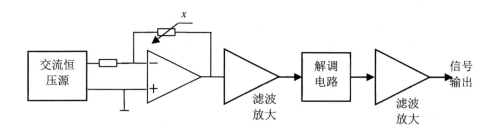

图 3-17　典型恒压激励的阻抗型传感器测量系统的框图

②传感器桥路

阻抗型传感器更常用的形式是桥路，即著名的惠斯登桥路。桥路实质上是"微差"法测量的体现，可以大幅度提高传感器测量的灵敏度。有三种形式：全桥单臂、全桥双臂和全桥。

● 阻抗型传感器的全桥单臂接口电路（图 3-18）

为了克服半桥单臂测量电路灵敏度和信噪比都很低的缺点，实际应用

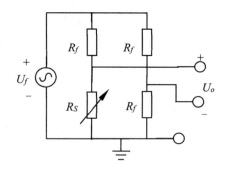

**图 3-18　阻抗型传感器的全桥单臂
接口电路**

中常常采用全桥单臂接口电路。电路中往往选取 3 支相同的电阻 R_f（或阻抗）：

$$R_f = R_{S0} \tag{3-14}$$

式中，R_{S0} 为被测量处于 0 点或平衡位置时的阻值（或阻抗值，为简便起见，以下均以阻值来讨论）。所以

$$R_S = R_{S0}(1 +) \tag{3-15}$$

图 3-18 中电路的输出：

$$U_o = \left(\frac{R_S}{R_f + R_S} - \frac{1}{2} \right) U_f \tag{3-16}$$

或

$$U_o = \left(\frac{1}{R_f + R_S} - \frac{R_S}{\left(R_f + R_S \right)^2} \right) U_f R_S \tag{3-17}$$

显然，存在较严重的非线性。但如果选取 $R_f \gg R_S$，式（3-17）可以改写为：

$$U_o = \frac{U_f}{R_f} R_S \tag{3-18}$$

这样可以提高测量的线性，但降低了灵敏度。

如果采用恒流源 $2I_f$ 替代恒压源 U_f 驱动电桥，依然取 $R_f = R_{S0}$，假定传感器臂与参考臂中的电流相同均为 I_f：

$$U_o = \left(R_S - R_f \right) I_f = R_S I_f \tag{3-19}$$

说明采用恒流源激励测量电桥既可获得较好的线性，又能得到较高的灵敏度。代价是需要采用恒流源。

● 阻抗型传感器的全桥双臂接口电路（图 3-19）

有的阻抗型传感器可以实现差动形式，如电容、电感和电阻传感器，可以采用阻抗型传感器的全桥双臂接口电路，其电路输出：

$$U_o = \left(\frac{R_{S2}}{R_{S1} + R_{S2}} - \frac{1}{2} \right) U_f \tag{3-20}$$

式中，$R_{S1} = R_{S0} + R_S$，$R_{S2} = R_{S0} - R_S$。式（3-20）可以改写成

$$U_o = \frac{U_f}{2R_{S0}}R_S \qquad (3\text{-}21)$$

得到较高的线性。

如果采用恒流源 $2I_f$ 替代恒压源 U_f 驱动电桥，依然取 $R_f = R_{S0}$，假定传感器臂与参考臂中的电流相同均为 I_f，则

$$U_o = 2I_f R_S \qquad (3\text{-}22)$$

说明采用恒流源激励测量电桥既

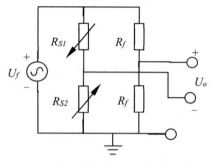

图 3-19　阻抗型传感器的全桥双臂接口电路

可获得较好的线性，又能得到较高的灵敏度。代价是恒流源电路较为复杂。

● 阻抗型传感器的全桥接口电路（图 3-20）

压阻传感器是一种压力传感器，其中的压敏元件可以做成完全差动形式。不难得出其电路输出

$$U_o = \frac{U_f}{R_S}R_S \qquad (3\text{-}23)$$

表明该电路既有良好的线性，又有较高的灵敏度。

如果采用恒流源 $2I_f$ 替代恒压源 U_f 驱动电桥，依然取 $R_f = R_{S0}$，每个传感器臂中的电流相同均为 I_f：

$$U_o = 4I_f R_S \qquad (3\text{-}24)$$

表明该电路既有良好的线性，又有很高的灵敏度。

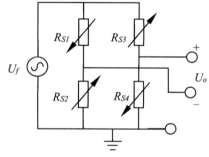

图 3-20　阻抗型传感器的全桥接口电路

③四线制电阻传感器测量电路

由于多数的电阻型传感器的电阻值较小，如热电阻本身的阻值较小，随温度变化而引起的电阻变化值更小。例如，铂电阻在零度时的阻值 $R_0=100\Omega$，铜电阻在零度时 $R_0=100\Omega$。因此，在传感器与测量仪器之间的引线过长会引起较大的测量误差。在实际应用时，通常采用所谓的二线制、三线制或四线制的方式，如图 3-21 所示。

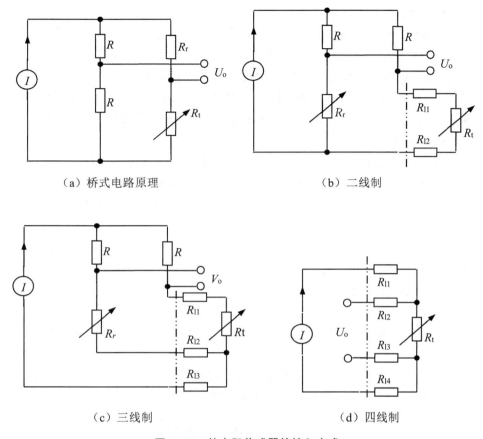

（a）桥式电路原理　　　　　　　　　　（b）二线制

（c）三线制　　　　　　　　　　　　（d）四线制

图 3-21　热电阻传感器的接入方式

在图 3-21(a)所示的电路中,电桥输出电压 $U_0 = \dfrac{I}{2} \times \dfrac{2R}{2R + R_t + R_r}(R_t - R_r)$。

当 $R \gg R_t$、R_r 时, $U_0 = \dfrac{I}{2}(R_t - R_r)$。其中, R_t 为铂电阻, R_r 为可调电阻, R 为固定电阻, I 为恒流源输出电流值。

● 二线制

二线制的电路如图 3-21 （b）所示。这是热电阻最简单的接入电路,也是最容易产生较大误差的电路。图中的两个 R 是固定电阻。R_r 是为保持电桥平衡的电位器。二线制的接入电路由于没有考虑引线电阻和接触电阻,有可能产生较大的误差。如果采用这种电路进行精密温度测量,整个电路必须在使用温度范围内校准。

● 三线制

三线制的电路如图 3-21（c）所示。这是热电阻最实用的接入电路，可得到较高的测量精度。图中的两个 R 是固定电阻。R_r 是为保持电桥平衡的电位器。三线制的接入电路由于考虑了引线电阻和接触电阻带来的影响。R_{11}、R_{12} 和 R_{13} 分别是传感器和驱动电源的引线电阻，一般说来，R_{11} 和 R_{12} 基本上相等，而 R_{13} 不引入误差。所以这种接线方式可取得较高的精度。

● 四线制

四线制的电路如图 3-21（d）所示。这是热电阻测量精度最高的接入电路。图中 R_{11}、R_{12}、R_{13} 和 R_{14} 都是引线电阻和接触电阻。R_{11} 和 R_{12} 在恒流源回路，不会引入误差。R_{13} 和 R_{14} 则在高输入阻抗的仪器放大器的回路中，带来误差很小。

上述三种电阻传感器的输出，都需要接高输入阻抗、高共模抑制比的仪器放大器。

（2）光电传感器

在现代医学仪器中，光电传感器是最常用的传感器之一，如血氧饱和度（oxygen saturation，SaO_2）测量仪、床边诊断（point-of-care testing，POCT）等。

图 3-22 所示为浊度计中的光电信号测量电路，采用同步或锁相方式可以大幅度提高检测灵敏度和抑制环境光干扰的能力。

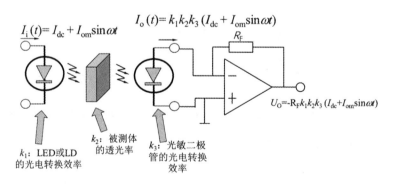

图 3-22 光电传感器的调制解调技术检测电路

在这类应用中，溶液的消光系数对载波信号进行交流调制：载波是交流，调制信号是直流。与"斩波调制"的应用一样，在透过的光信号特别微弱时，这是消除光电器件暗电流和放大器失调电压的极为有效的手段，从而大幅度提高检测的灵敏度。

值得指出的是：在进行 LED 或 LD 的调制时，激励电流需要加上偏置电流（直流分量 I_{dc}），使 LED 或 LD 工作在线性区，同时也要限制交流分量（$I_{ac}=I_{om}\sin\omega t$）的幅值大小，以保证信号的线性。

（3）生物阻抗的测量

生物阻抗技术提取的是与组织和器官的功能变化相联系的电特性信息，对血液、气体、体液和不同组织成分及其变化等具有独特的鉴别力，对那些影响组织与器官电阻抗特性的因素非常敏感。以此为基础，进行心、脑、肺循环系统的功能评价，血液动力学与流变学在体动态研究，肿瘤的早期发现与诊断，以及人体组成成分分析等功能性评价与研究。主要有以下应用场景。

● 电阻抗式呼吸监测：人体呼吸时胸腔的张弛会引起胸部组织电阻抗的变化，因此利用本系统可进行人体阻抗呼吸波的测量，以此来监测呼吸频率和呼吸波形等。

● 阻抗血流图：血管容积随时间变化会引起电阻抗变化，可通过本系统得到血管容积随时间变化的电阻抗变化图，即阻抗血流图，反映组织器官内血液循环导致的生理、病理信息。

● 生物电阻抗法人体成分检测、胃动力学检测、心肺复苏评估等：人体的成分与阻抗指数存在稳定的相关性，胃阻抗特性及其变化特性能反映胃的收缩、蠕动及排空过程，经胸阻抗在心肺复苏中应用广泛。

● 可穿戴式设备及远程生理参数监测系统：生物电阻抗测量技术具有多功能性、简单性和低成本性等优点，适合随身携带，可实现可穿戴式设备，进行远程生理参数监测。

采用调制解调技术和四线制阻抗呼吸波的检测系统框图如图 3-23 所示。

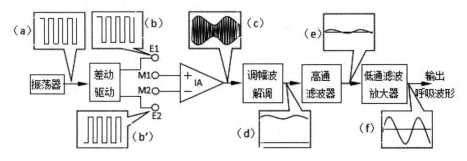

图 3-23　典型恒流激励的阻抗型传感器测量系统的框图

基于图 3-23 的几个重要环节，采用方波激励信号替代正弦波，主要考虑几点：

- 阻抗呼吸波形的绝对精度要求不高，信息在频率（时间）上。
- A. 阻抗呼吸波形的要求在于幅值"分辨率"，要求能检测最轻浅的呼吸。
- B. 占空比 50% 的方波极易产生，由控制器直接产生。
- C. 同一微控制器产生的方波既为激励信号又为同步信号，确保同频和恒定相位差，有利于解调和简化电路。
- D. 虽然方波含有丰富的谐波分量，但后续处理电路或多或少具有"低通"作用，因而谐波分量不会产生多大的影响。
- 采用差动激励，可以大幅度提高抗干扰能力。
- 既可以采用电压激励，也可以采用电流激励。
- A. 电压激励电路简单，没有饱和的问题。
- B. 电流激励在理论上可以克服负载少许变化的影响，但前面已经说明这种应用场合对精度有着不一样的要求，更重要的是：人体个体差异大，皮肤与电极的接触阻抗可能变化几个数量级，很难确定一个合适的激励电流值，因为其既不进入非线性，又有足够的信号幅值。

（4）电感式呼吸监测

磁涡流传感方法可以实现对人体呼吸的非接触、非侵入性监测，在日常呼吸监测中具有广阔的应用前景。使用单一高频载波信号的振幅调制（AM）系统是磁涡流呼吸监测的实现方案，它可以避免生物组织的频率依赖性。为了降低高频信号的产生和采样对系统的高性能要求，下面介绍一个巧妙的低成本的设计方案：采用了一种结合欠采样和过采样的快速数字锁定算法。该算法可实现对高频呼吸调制信号的直接数字采样和快速解调，降低了对模数转换器（A/DC）和微控制器（MCU）的性能要求；并且可以充分利用 A/DC 的固有性能，提高系统的信噪比（SNR）。

此外，设计了一个与负载特性相结合的电流源，以降低波形生成的成本。这种电流源可以在具有选频特性的磁传感器上产生具有稳定振幅和频率的正弦信号。

① 磁涡流感应法在呼吸监测中的原理

图 3-24 展示了磁涡流感应法用于检测人体呼吸的基本原理。在线圈中施加交

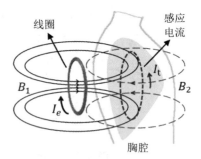

图 3-24　磁涡流感应测量呼吸原理

流电流 I_e 可以激发初级交变磁场 B_1。人体胸组织可视作不均匀、各向异性的电介质，因而，交变磁场会在胸腔组织中产生感应电动势，形成沿胸组织阻抗 Z_t 分布的、与 I_e 的方向相反的涡流 I_t（电磁感应定律及楞次定律）。涡流 I_t 将产生次级交变磁场 B_2，将反向电压 U_i 引入线圈中。

$$U_i = -\frac{\mu}{4\pi} \int_{S_u} \int_{S_i} \int_{I_v} \frac{1}{Z_t} \frac{d^2 \frac{I_e * \mu}{4\pi} \int_{L_c} dl_c \times \frac{\overline{r}}{|r|^3}}{dt^2} dl_t \times \frac{\overline{r_t}}{|t_t|^3} dS_t dS_c \qquad (3-25)$$

其中，μ 为磁常数（magnetic constant）；S_c 为线圈的面积；S_t 为涡流面积；L_t 为涡流路径；L_c 为线圈的边界曲线；dl_c 为 L_c 曲线切线方向上的微小线元素；$\overline{r}$ 为 dl_c 与待测组织点之间的位移向量；t 为时间；dl_t 是 L_t 曲线切线方向上的微小线元素；$\overline{r_t}$ 为 dl_t 与线圈上某一点之间的位移向量。

呼吸活动是影响 Z_t 的最重要因素，主要有两个原因：首先，呼吸运动伴随着胸腔和肺部体积的周期性变化，以及空气的进入和排出，导致胸腔传导性的周期性变化。其次，呼吸过程中肺泡形态和胸腔外部边界的变化改变了涡流的途径。根据式（3-25），Z_t 受到 I_e 的调制，产生呼吸调制信号（U_i）。因此，通过检测线圈上的电压，然后通过解调提取电压信号的包络变化，可以间接地获得呼吸信息。

②fDLI 算法

● 传统的数字锁相解调算法

传统的数字锁相解调算法（以下简称传统算法）如图 3-25 所示。单片机首先生成同步采样的正弦和余弦参考序列 $S[n]$ 和 $C[n]$，将其与 A/DC 获取的离散调制信号 $X[n]$ 相乘进行互相关运算，然后通过低通滤波器得到同相（I）和正交（Q）成分，最后计算出被测信号的幅度（A）和相位（φ）信息。

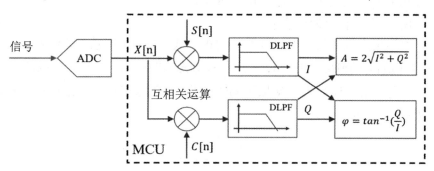

图 3-25　传统的数字锁相解调算法

● 欠采样技术与数字锁相解调算法结合

通过巧妙设计 A/DC 的采样频率将欠采样技术与数字锁相解调算法相结合，实现了同时降低 A/DC 和 MCU 的性能需求，具体如下：A/DC 的采样频率 f_s 应满足式（3-26），设定为式（3-27）。

$$f_s > 2\Delta f \qquad (3\text{-}26)$$

$$f_s = \frac{4f_c}{4N+1}, N = 1,2,3,4\cdots \qquad (3\text{-}27)$$

其中，信号的中心频率（载波频率）为 f_c，带宽为 Δf。

下面，将从欠采样技术和数字锁相解调算法的角度分别阐述该采样频率的意义。

A. 欠采样技术角度

对第一奈奎斯特区(DC-f_s/2)之外的信号进行采样的过程称为"欠采样"。在已知载波频率 f_c 及其信号带宽 Δf 时，欠采样频率 f_{us} 必须满足式（3-28）、式（3-29）的要求。

$$f_{us} \geqslant 2\Delta f \qquad (3\text{-}28)$$

$$f_{us} = \frac{4f_c}{2Z-1}, Z = 1,2,3,4\cdots \qquad (3\text{-}29)$$

式（3-28）中要求 f_s 必须等于或大于信号带宽 Δf 的两倍，即需要符合奈奎斯特准则；式（3-29）要求确保 f_c 位于某个奈奎斯特区的中心，Z 与信号所处的奈奎斯特区相对应。

式（3-28）和式（3-29）分别是式（3-26）和式（3-27）的子集，即该采样频率 f_s 满足欠采样技术应用的条件。

B. 数字锁相解调算法角度

在该采样频率条件下，如式（3-30）、式（3-31）所示，同步采样的参考序列 $S[n]$ 和 $C[n]$ 是仅由 0,1,-1 三种数值构成的序列。在相同的载波频率 f_c 下，不同的采样频率 f_s（N 取不同值）所对应的参考序列 $S[n]$ 和 $C[n]$ 的取值结果如图 3-26 所示。

$$f_s = \frac{4f_c}{4N+1}, N = 1,2,3,4\cdots \qquad (3\text{-}30)$$

$$\begin{cases} S[n] = \sin\left(\dfrac{2\pi f_c n}{f_s}\right) = \{0,1,0,-1,0,1,\cdots\}, n = 0,1,2\cdots \\[3mm] C[n] = cos\left(\dfrac{2\pi f_c n}{f_s}\right) = \{1,0,-1,0,1,\cdots\}, n = 0,1,2\cdots \end{cases} \quad (3\text{-}31)$$

—— $sin(2\pi f_c)$　　—— $cos(2\pi f_c)$　● $S[n] = \sin(\frac{4N+1}{2}\pi n), n = 0,1,2,\cdots$　▲ $C[n] = cos(\frac{4N+1}{2}\pi n), n = 0,1,2,\cdots$

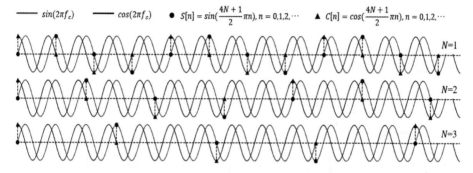

图 3-26　$N = 1,2,3$ **时参考序列的取值结果**

参考序列 $S[n]$ 和 $C[n]$ 与 A/DC 采集的信号 $X[n]$ 之间的互相关运算可由式（3-32）表示。

$$\begin{cases} \begin{aligned} X[n]*S[n] &= \{X[0]\times 0, X[1]\times 1, X[2]\times 0, X[3]\times(-1), X[4]\times 0, X[5]\times 1, \cdots\} \\ &= \{0, X[1], 0, -X[3], 0, X[5], \cdots\} \end{aligned} \\[3mm] \begin{aligned} X[n]*C[n] &= \{X[0]\times 1, X[1]\times 0, X[2]\times(-1), X[3]\times 0, X[4]\times 1, X[5]\times 0, \cdots\} \\ &= \{X[0], 0, -X[2], 0, X[4], 0, \cdots\} \end{aligned} \end{cases}$$

$$(3\text{-}32)$$

由式（3-32）可知，互相关运算中的所有乘法运算全部消除，且无需 MCU 生成和存储参考序列 $S[n]$ 和 $C[n]$ 即可实现互相关运算。这极大地降低了运算成本和内存需求，降低了 MCU 性能需求。

● 过采样技术与数字锁相解调算法结合

将图 3-25 中所述低通滤波器（DLPF）的形式设计为 M 点平均滤波器，以抑制 A/DC 采集中最常见的周期性随机性干扰以及带外噪声，带来过采样的"处理增益"——提高信噪比，从而实现了过采样技术与数字锁相解调算法的结合。

以两倍以上信号带宽的速率对信号进行采样的过程称为"过采样"，因而式（3-30）中采样频率 f_s 满足过采样的应用需求。过采样技术的核心是"平均"，相当于数字平均低通滤波器。平均算法的具体实现为：将 M 个样本求和然后除以 M。M 的取值主要由信号带宽与采样率 f_s 决定，平均滤波器的截止频率 f_{cut_off}（即信号可通过的带宽）应大于等于信号带宽 Δf。平均滤波器的系数 M、采样率 f_s 及 f_{cut_off} 关系可用式（3-33）表示，该公式可由平均滤波器的传递函数求得，此处省略详细推导过程。

$$M = \frac{0.443 f_s}{f_{cut\_off}}, f_{cut\_off} \geqslant \Delta f \qquad (3\text{-}33)$$

经过 M 点平均滤波器输出的同相（I）及正交（Q）分量如式（3-34）所示。其中，x 表示经滤波处理后输出的 I 或 Q 信号的第 x 点。

$$\begin{cases} I_x = \frac{1}{M} \sum_{n=Mx-M}^{Mx-1} X[n] * S[n] \\ \quad = \frac{1}{M} \left(X[Mx-M+1] - X[Mx-M+3] + \cdots + X[Mx-3] - X[Mx-1] \right) \\ Q_x = \frac{1}{M} \sum_{n=Mx-M}^{Mx-1} X[n] * C[n] \\ \quad = \frac{1}{M} \left(X[Mx-M] - X[Mx-M+2] + \cdots + X[Mx-4] - X[Mx-2] \right) \end{cases}$$

$$(3\text{-}34)$$

由式（3-33）和式（3-34）可以得出，由于互相关运算结果的特殊性（半数结果值为 0），使得平均滤波器的加法运算量减少一半，进一步降低了对 MCU 的性能需求。

- 整数计算

相较于浮点数（Floating Point Number）计算（calculation），整数计算在运算步骤上省去了对阶（shifting point）、规格化（normalization）、舍入（rounding）步骤，进而降低了运算的时间成本。在相同位数长度的情况下，整数能够记录数据的有效精度（Significand）大于浮点数。此外，整数计算无位数限制，具有最高的运算精度。为了降低系统的运算成本，以及保证测量精度不丢失，本算法中所有的运算均采用有符号整数（定点数，*fixed-point Number*）补码运算（Signed integer complement operation）。具体措施为：一是优化算法流程，平均滤波器中的除法运算被重新定位至幅值 A 和相位 φ 的运算中，避免系数 M 无法被整除时而产生的精度丢失以及误差传递，而且减少了除法运算的次数，进一步降低了运算成本。同时要求 M 满足式（3-35）的条件，该条件保证 M 为信号的整数个周期的采样点数。最终式（3-34）被优化为式（3-36），算法优化后的幅值 A 和相位 φ 的计算可表示为式（3-37）。二是利用坐标旋转数字计算法（CORDIC 算法）将数字锁相算法中的开方运算、除法运算及三角函数运算等浮点数运算转换为整数运算。

$$M = 4m, m = 1, 2, 3, 4\cdots \tag{3-35}$$

$$\begin{cases} I_x = \displaystyle\sum_{n=\frac{M}{4}(x-1)}^{\frac{Mx}{4}-1} \left(X[4n+1] - X[4n+3] \right) \\ \\ Q_x = \displaystyle\sum_{n=\frac{M}{4}(x-1)}^{\frac{Mx}{4}-1} \left(X[4n] - X[4n+2] \right) \end{cases} \tag{3-36}$$

$$\begin{cases} A_x = \dfrac{2}{M}\sqrt{I_x^{\,2} + Q_x^{\,2}} \\ \\ \varphi_x = arctan\left(\dfrac{Q_x}{I_x}\right) \end{cases} \tag{3-37}$$

其中，x 表示 A 或 φ 的第 x 点。

- fDLI 算法评估

综上，欠采样与过采样联合的快速数字锁相解调算法可以由图 3-27 表示。为验证快速算法的优越性，从以下两个方面进行该算法的性能评估。

A. 运算量

在相同采样频率、相同点数（M）的平均滤波器及相同采集点数（k*M）的条件下，快速算法与传统的数字锁相算法的运算量如表 3-1 所示。两者对比之下，快速算法减少了 $2*k*M$ 次乘法运算量，减少了 k 次除法运算量，减少了 $k*M$ 次加减法运算量，且快速算法无生成和存储参考序列 $S[n]$ 和 $C[n]$ 的需求。

为了验证 fDLI 算法在减少操作次数方面的显著优势，使用英特尔 Cyclone V 核心板（主控 FPGA 为 5CEFA5F23I7N；时钟频率为 50MHz），分别用传统算法和 fDLI 算法处理了 400 万个样本（16 位）。其中，M 被设置为 4000，整数和浮点类型被存储为 64 位。实验结果显示，传统算法需要 67,932.19ms，占用 102KBytes 的内存；而 fDLI 算法仅需约 13,188.98ms，占用 64kBytes 的内存。相比之下，fDLI 算法的处理效率提高了约 515.07%，同时节省了约 37.25% 的内存空间。

表 3-1   fDLI 算法与传统的数字锁相算法的运算量对比

运算形式	传统锁相		快速锁相		Δ 运算量
	互相关和低通滤波	幅值相位计算	互相关和低通滤波	幅值相位计算	
乘法（次）	$2*k*M$	$3*k$	0	$3*k$	$2*k*M$
加/法（次）	$2*k*(M-1)$	k	$2*k*\left(\dfrac{M}{2}-1\right)$	k	$k*M$
除法（次）	$2*k$	k	0	$2*k$	k
开方（次）	0	k	k	k	0
三角函数运算（次）	0	k	k	k	0

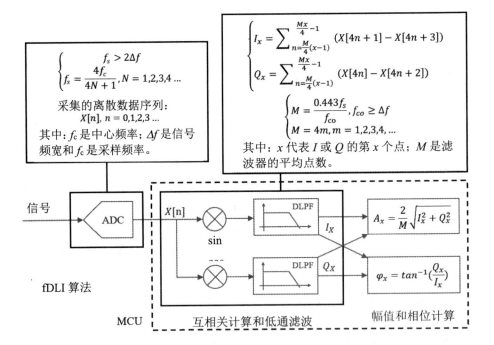

$$\begin{cases} f_s > 2\Delta f \\ f_s = \dfrac{4f_c}{4N+1}, N=1,2,3,4\ldots \end{cases}$$

采集的离散数据序列：
$$X[n], n=0,1,2,3\ldots$$
其中：f_c 是中心频率；Δf 是信号频宽和 f_c 是采样频率。

$$\begin{cases} I_x = \displaystyle\sum_{n=\frac{M}{4}(x-1)}^{\frac{Mx}{4}-1}(X[4n+1]-X[4n+3]) \\ Q_x = \displaystyle\sum_{n=\frac{M}{4}(x-1)}^{\frac{Mx}{4}-1}(X[4n]-X[4n+2]) \end{cases}$$

$$\begin{cases} M = \dfrac{0.443f_s}{f_{co}}, f_{co} \geq \Delta f \\ M = 4m, m=1,2,3,4,\ldots \end{cases}$$

其中：x 代表 I 或 Q 的第 x 个点；M 是滤波器的平均点数。

信号 → ADC → $X[n]$ → sin ⊗ → DLPF → I_X → $A_x = \dfrac{2}{M}\sqrt{I_x^2 + Q_x^2}$

cos ⊗ → DLPF → Q_X → $\varphi_x = tan^{-1}\left(\dfrac{Q_x}{I_x}\right)$

fDLI 算法

MCU   互相关计算和低通滤波   幅值和相位计算

图 3-27   结合欠采样和过采样的 fDLI 算法

B. 信噪比

对于 A/DC 采集中最常见的周期性干扰和随机噪声，采用 fDLI 算法获得的 SNR 改善可以用式（3-38）表示。

$$\Delta SNR=10\log 10M \tag{3-38}$$

为了测试 fDLI 算法提高信噪比的能力，使用不同参数的 fDLI 算法来处理噪声调制信号，然后评估处理后 A 的信噪比。如图 3-28 所示，调制信号的调制深度被设定为 10%，调制信号被设定为带有 40%随机噪声的 1Hz 正弦波信号，载波信号被设定为 900kHz 正弦波信号。fDLI 算法的参数是在以下条件下设置的：fs 与 M 的比率，即平均滤波器的输出速率为 100Hz。使用不同参数的 fDLI 算法得到的 A 的信噪比见表 3-2。

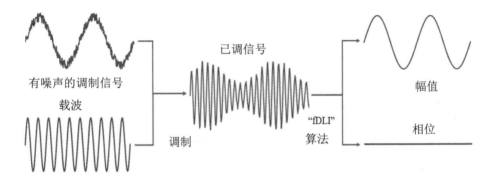

图 3-28　fDLI 算法流程图

表 3-2　使用不同参数的 fDLI 算法得到的 A 的信噪比

各项	f_s [kHz]	M	SNR [dB]	ΔSNR (理论值) [dB]	ΔSNR [dB]
调制信号 A （有噪声）	0.1	—	25.28	—	—
处理后的 A	720 ($N=1$)	7200	63.44	38.57	37.86
	400 ($N=2$)	4000	61.95	36.02	36.67
	144 ($N=6$)	1440	55.34	31.58	30.06
	80 ($N=11$)	800	53.34	29.03	28.06

从表 3-2 可以看出，fDLI 算法可以抑制随机噪声，提高信噪比，这种改善与式（3-38）中描述的评估标准是一致的。当测量同一信号时，信噪比随着 f_s 的增加而提高。

③基于快速算法的呼吸监测系统

基于快速算法的磁涡流呼吸监测 AM 系统如图 3-29 所示。该系统主要由磁传感器、交流电流源、幅值检测器、数字解调器（快速算法），以及过滤、提取 RR 和显示等模块组成。

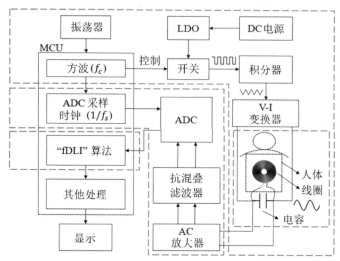

图 3-29　基于快速算法的磁涡流呼吸监测 AM 系统

● 磁传感器

磁传感器（也被称为 LC 谐振电路）由一个线圈和一个并联的固定电容器组成。除了磁感应之外，磁传感器还具有频率选择能力。表 3-3 中给出了磁传感器的主要参数。

表 3-3　磁传感器的主要参数

各项	参数	值
线圈	形状	圆形
	外径	81mm
	内径	70mm
	圈数	5 匝
	层数	2 层
	电感	约 20uH
电容	容值	120pF
	型号	1% COG / NP0
	并联谐振频率 f_0 （邻近没有任何导体）	About 3.06 MHz

● 交流电流源

交流电流源的具体电路如图 3-30 所示。振荡器为 MCU 提供基本的时钟信号。MCU 产生一个频率为 f_c、占空比为 50% 的 PWM 方波信号作为控制信号。该 PWM 信号控制开关设备对参考直流电压信号进行调制，以产生一个高度精确和稳定的模拟方波信号。为了减少纹波干扰，获得高精度和稳定的参考电压信号，选择了低纹波的锂电池作为直流电源，并在直流电源和开关设备之间增加了一个低噪声的低压差稳压器（LDO）。

用一个积分器将模拟方波信号转换成三角波电压信号。这一步减少了载波信号的谐波成分，降低了对后级器件在回转率和增益带宽积方面的性能要求。三角波电压信号在用于激励磁传感器之前，由电压-电流（$V\text{-}I$）转换器转换为三角波电流信号。将 f_c 设置为接近 LC 谐振电路的谐振频率 f_0，以利用磁传感器的频率选择性，从而在磁传感器上形成正弦波电流激励。

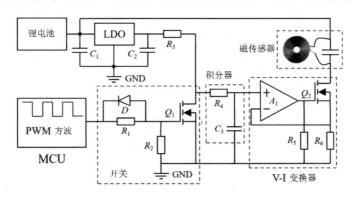

图 3-30　AC 激励恒流源

● 幅值检测器

调制信号在模数转换之前，使用一个交流放大器和抗混叠滤波器进行处理。交流放大器和抗混叠滤波器都是对称设计的，具有差分输入和输出，以提高共模抑制比（CMRR）和抗干扰能力。AD7693（Analog Devices 公司）是一个逐次逼近型 A/DC，具有 9 MHz 输入模拟信号带宽、16 位分辨率、无漏码、500 kSPS 吞吐量（采样率），以及差分拓扑结构，可实现最大的噪声抑制。A/DC 的采样时钟（$\dfrac{1}{f_s}$）由 MCU 提供。

● 数字解调器（fDLI 算法）

在这个系统中，f_c 的确定应遵循三个原则：第一，f_c 应小于或等于 f_0，以确保磁传感器的输出与胸腔阻抗的变化呈单调关系；第二，f_c 应接近 f_0，以提高磁传感器的灵敏度并利用其选频特性；第三，在 f_c 处测量胸腔阻抗不应受到趋肤效应的影响。因此，f_c 被设定为 2.94MHz。此外，根据式（3-27）和 AD7693 的性能规格，f_s 被设置为约 405.52kSPS［式（3-27）中 N=7］。根据式（3-33）和式（3-35），M 被设置为 4000（截止频率 f_{co} 约为 45 Hz）。对于平均值为 0 的噪声，用 fDLI 算法得到的 ΔSNR 约为 36.02 dB，数字解调器的输出速率约为 101 Hz。

④结果和讨论

● 呼吸道监测的比较实验

为了验证 AM 系统用于呼吸监测的可行性，在 AM 系统和医疗监测器（ePM 10M，Myriad）之间进行了对比实验。图 3-31 为两者的实验连接图。线圈被固定在椅子的背面，当身体处于坐姿时，线圈面向右肺。这种姿势可以将心跳和胸腔变化引起的机械耦合降到最低，因此，磁传感器感应到的信号主要是由胸腔阻抗变化引起的。所有受试者都被要求穿着普通衬衫坐在椅子上，线圈和他们的背部之间有 0.5～1 厘米的空间。医疗监护仪的呼吸监测电极以 RA-LL 导线的形式置于人体皮肤上，用来监测经胸阻抗变化信号作为标准的呼吸参考信号。为了确保 AM 系统具有与医疗监护仪相同的信号输出带宽（0.2～2.5 Hz），在图 3-29 的"其他处理"模块中添加了一个 0.2～2.5 Hz 的带通滤波器。此外，当附近没有人体和其他导体时，上述安排中的 AM 系统的背景噪音为 99.36uV。需要注意的是，医疗监护仪的激励频率是 62.8 kHz（±10%），而 AM 系统的激励频率是 2.94 MHz。由于两者都采用了具有选频功能的调制解调技术，因此可以认为两者在同时测量时不存在相互干扰。

用 AM 系统和医疗监护仪同时测量一个受试者的不同呼吸状态，结果如图 3-32 所示。结果显示，由 AM 系统测量的呼吸信号与参考信号之间的差异很小，两者在时频图上具有良好的一致性。此外，8 名受试者进行了正常的呼吸状态测量。由 AM 系统测量的呼吸信号的信噪比，以及 RR 的比较结果见表 3-4。结果显示，AM 系统的信噪比高于 92dB，测量 RR 和参考 RR 之间的相对误差范围为 1.15%～3.12%，所有受试者的测量 RR 的准确度都在 98.9%以上。

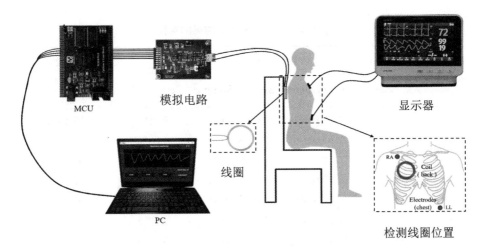

图 3-31　系统各个部件的连接

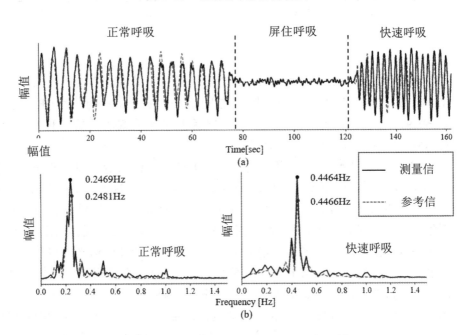

图 3-32　AM 系统和医疗监护仪同时测量一个受试者的不同呼吸状态的对比

注：（a）正常呼吸（0～74 s）、屏气（74～122 s）和快速呼吸（122～162 s）下的呼吸波的时域图，Y
轴为任意单位；（b）通过傅里叶变换得到的呼吸波的频谱图，Y 轴为任意单位。

表 3-4　RR 间期测量结果的对比

Subject	SNR [dB] AM system	RR [bpm] AM system	RR [bpm] Medical monitor	Relative error [%]	Accuracy [%] (Relative error ≤ 2%)
1	92.24	16.82±0.97	17.17±0.74	2.05%	99.94%
2	94.02	18.53±0.98	18.20±0.71	1.84%	100%
3	102.95	16.30±0.57	16.74±0.66	2.66%	99.32%
4	106.63	21.29±0.66	21.05±0.72	1.15%	100%
5	97.92	15.28±0.66	15.66±0.81	2.47%	99.52%
6	101.21	15.30±0.80	15.05±0.79	1.69%	100%
7	96.59	19.12±0.84	18.54±0.71	3.12%	98.95%
8	94.25	17.70±0.53	18.04±0.62	1.90%	100%

注：RR 用"平均值±标准差"表示，RR 的准确性被定义为测量 RR 在参考 RR 的 2%以内被认为是正确的。

● 讨论

从实验结果可知，基于 fDLI 算法的调幅系统具有出色的信噪比（信噪比>92dB）性能和检测不同呼吸状态的能力，并能准确测量 RR（准确率>98.9%）。而且值得注意的是，该 AM 系统的实现成本很低。下面我们将对 AM 系统进行详细的分析和讨论。

AM 系统使用了 fDLI 算法（第 3 节）的欠采样功能，通过使采样频率（405.52ksps）低于载波信号频率（3.06MHz）来降低 A/DC 的性能要求。过采样功能被用来使采样频率接近最大吞吐量（500ksps），充分利用 A/DC 的固有性能来提高 SNR。当与使用高性能 A/DC 对高频信号进行采样的系统相比，AM 系统降低了成本。当与在信号链中增加额外的硬件电路（如整流器或混频器）以降低待采样信号的频率的系统相比，AM 系统避免了引入额外的噪声（如器件热噪声、温度漂移等），并节省了电路板空间。而且，AM 系统使用了 fDLI 算法的"快速"和整数计算特性，减少了 MCU 的内存使用和操作成本，并保持了操作精度。换句话说，低成本、高 SNR 的调幅系统的开发证明了 fDLI 算法的优越性和应用价值。此外，交流电流源结合负载特性避免了高性能 D/AC 的使用，进一步降低了 AM 系统的成本。

（5）图像传感器

多光谱图像在环境保护、农业、生物医学等领域具有宽广的应用前景，主动式 LED 多光谱成像（LEDMSI）是一种快速有效的光谱图像采集技术，高强度 LED 的许多不同颜色和峰值波长可横跨整个视觉范围甚至红外区域，其可用性使更易普及的多光谱成像系统的构建成为可能，采用手机相机作为数据采集的核心器件，使 LEDMSI 在成本和应用的便捷性上具有无可比肩的优势。

（6）黑白（单色）相机 LEDMSI

①系统构成

基于单色相机的 LEDMSI 中，频分调制三个不同中心波长 λ_1、λ_2 和 λ_3 的 LED 作为照明光源获取图像序列，利用傅里叶变换对每帧图像相应像素点构成的时间序列解调，分别得到三个单波段图像 $I_S^{\lambda_1}$、$I_S^{\lambda_2}$ 和 $I_S^{\lambda_3}$。

系统由下列组成（图 3-33）：三个大功率 LED 光源（LED1、LED2 及 LED3，中心波长分别为 430nm、590nm、860nm）；被照物；CMOS 黑白工业摄像头（JHSM500Bf）；电源，可以提供 0～30V 电压范围和 0～10A 电流范围；多功能信号发生器（MFSG）；恒流源电路；电脑，用作图像采集与图像处理。

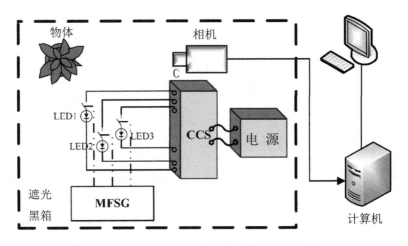

图 3-33　系统配置

摄像头的采集速率为 30 帧每秒（fps），图像分辨率 400×450。实验中三个 LED 按三角形状等间距排列，LED 由信号发生器产生的正弦信号和恒流源驱动电路驱动。依据三个 LED 的额定电流，本实验选择 LED 的工作电流在 0～600mA 变化。恒流源电路是电压转电流电路，选用 PT4115 恒流驱动，程控直流稳压电源为其供电。依据 PT4115 驱动参数和 LED 工作电压，选择输入电压为 0～10v 的驱动 LED，正弦波频率分别为 0.5Hz、1Hz、2Hz，幅值均为 0.38V，偏置电压为 1V。在本章中，LED 直接照亮由 CMOS 摄像头采集图像的物体。整个实验在封闭环境中进行，覆盖黑布。

②图像采集

同时开启 LED1、LED2、LED3 作为光源，通用频率为 0.5Hz、1Hz 和 2Hz 的正弦波载波信号分别驱动 LED，摄像头同步采集 1200 帧图像，表示为 X_i (i=1,2,···,1200)，如图 3-34（a）所示。

    (a)   (b)   (c)   (d)

图 3-34　相机所采集的原始图像

注：(a)三波段原始图像；(b)中心波长为 860nm 的单波段原始图像；(c)中心波长为 590nm 的单波段原始图像；(d)中心波长 430nm 的单波段原始图像。

分别单独开启 LED1、LED2、LED3 作为光源，以同样的方式分别调制三个 LED，所获得图像序列表示为 Pde_i、Yde_i、Ide_i（i=1,2,···,1200），分别如图 3-34 (b-d)所示。

③图像解调处理

● 帧数的确定

A. 分别将 X_i、Pde_i、Yde_i、Ide_i（i=1,2,···,1200）图像读入 MATLAB 程序。

B. 将每一帧图像灰度值相加 $x_i = sum(sum(X_i))$，Pde_i、Yde_i、Ide_i 同理，对 x_i（i=1,2,···,1200）进行 1200 点灰度值绘制，图 3-35 为 x_i 曲线绘制。

C. 根据图 3-35 所示曲线确定整周期所包含的最大图像帧数，椭圆所标记点的横坐标为用于傅里叶变换的图像的起止帧数（通过整周期傅里叶变换避免频谱泄露）。

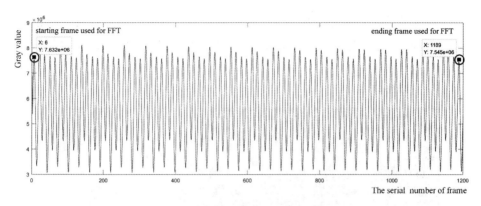

图 3-35　每帧图像总灰度值的曲线

注：其中横向坐标表示图像帧的序列号，纵向坐标表示每帧图像的总灰度值。

● 快速傅里叶变换（FFT）

A. 对 x_i（i=6,7,…,1188）进行 FFT，如图 3-36 所示，从而确定三个幅度最高的频率分量所对应的横坐标值 x_{pu}、x_{ye}、x_{in}。

B. 根据上述所确定的横坐标值 x_{pu}、x_{ye}、x_{in} 提取由每帧对应像素组成的时间序列，进一步实现解调。通过对整个图像的遍历，实现对三波长图像及单波长图像的所有像素的解调，利用上述方法分别得到两种情况下所有中心波长的单波段图像。

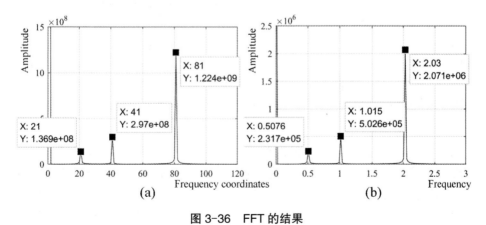

图 3-36　FFT 的结果

注：(a) 横坐标为频率坐标即图像帧的序列号，纵坐标为各频率点对应的幅值特征；(b) 横坐标表示不同波长光所对应的频率，纵坐标表示图像信号的幅度大小。

C. 为了适应人眼并改善图像在 8 位灰阶显示器上的显示效果，利用 256 级灰度拉伸公式：$I_S^{\lambda_1} = 255X/\left(\max(\max(I_S^{\lambda_1}))\right)$，$I_S^{\lambda_2}$、$I_S^{\lambda_3}$、$I_A^{\lambda_1}$、$I_A^{\lambda_2}$、$I_A^{\lambda_3}$ 同理，对所有图像进行灰度拉伸，拉伸后的图像如图 3-37 所示。

D. 对图像质量进行评估，评估结果如表 3-5 所示。

图 3-37　中心波长为 430nm、590nm、860nm 的单波段图像

注：(a-c)光源由三个波长为 430nm、590nm 和 860nm 的 LED 组成，其中(a) P 为中心波长为 430nm 的光源所对应的单波段图像，(b) Y 为中心波长为 590nm 的光源所对应的单波段图像，(c) I 为中心波长为 860nm 的光源所对应的单波段图像；(d-f)光源为单波长 LED，三个波长分别为 430nm、590nm 和 860nm，其中(d) $P_{\sin}$ 为中心波长为 430nm 的光源所对应的单波段图像，(e) $Y_{\sin}$ 为中心波长为 590nm 的光源所对应的单波段图像，(f) $I_{\sin}$ 为中心波长为 860nm 的光源所对应的单波段图像。

④结果与讨论

无论是以三波长 LED 还是以单波长 LED 作为照明光源，均是通过解调得到的单波段图像。所以说两种情况实质上都进行了多采样数据点在某一频率下的等权叠加平均，均对随机噪声进行了较大程度的抑制，因此都得到了较好的图像质量。主观评价中受人眼分辨率的限制，所以通常选用客观评价方法对图像质量进行评估。

表 3-5　三波长图像解调和单波长图像解调所获得的单波段图像质量对比

指标	单波段图像					
	λ=430nm		λ=590nm		λ=860nm	
	三波长	单波长	三波长	单波长	三波长	单波长
GL	12644	11003	14826	14117	18968	18636
SD	37.7107	32.6910	40.5302	38.1353	53.4715	52.3383
HSNR	40.5724	38.4460	39.6633	36.4733	34.1814	34.1572
EFM	6.0299	5.7683	6.5183	6.4421	7.0839	7.0697
SF	8.3902	6.9267	6.5350	5.9393	5.8538	5.7375
EOG	1.2364e07	8.4261e06	7.5028e06	6.1978e06	6.0199e06	5.7833e06
GMG	0.0142	0.0117	0.0111	0.0101	0.0099	0.0097
Brenner	1.7033e07	1.2245e07	1.4450e07	1.2649e07	1.1165e07	1.0897e07

　　这里采用无参考图像质量评估方法，例如依据灰阶数（GL）、标准差（SD）、熵函数（EFM）、空间频率（SF）及基于梯度的方法对图像质量作出评估。GL 反映了图像的灰度分辨率，而灰度分辨率决定了图像的信息量；SD 用于评估像素灰度值相对于均值的离散程度，如式（3-39）所示；EFM 反映的是图像的平均信息量，如式（3-40）所示；SF 是对一幅图像空间的总体活跃程度大小的反映，如式（3-41）所示；基于梯度的方法，如梯度能量函数（EOG）、平均灰度梯度（GMG）、Brenner 梯度（Brenner），体现的是灰度之间的变化大小。另外，这些图像质量评价指标的值越大，表明图像质量越好。

$$SD = \sqrt{\frac{1}{m \times n} \sum_{i=1}^{m} \sum_{j=1}^{n} (f(i,j) - \mu)^2}, \; where \; \mu = \frac{1}{m \times n} \sum_{i=1}^{m} \sum_{j=1}^{n} f(i,j) \quad (3\text{-}39)$$

$$EFM = -\sum_{x=0}^{g} P(x) \log_2 P(x) \quad (3\text{-}40)$$

$$SF = \sqrt{\frac{1}{m \times n} \sum_{i=1}^{m} \sum_{j=2}^{n} (f_{i,j} - f_{i,j-1})^2 + \frac{1}{m \times n} \sum_{i=2}^{m} \sum_{j=1}^{n} (f_{i,j} - f_{i-1,j})^2} \quad (3\text{-}41)$$

　　其中，m、n 分别代表图像的总行数与总列数，$f(i,j)$ 为图像在第 i 行第 j 列的灰度值。$P(x)$ 是某个像素值 x 在图像中出现的概率，g 是灰度值范围。

　　在这部分，我们详细描述了实验结果。图 3-37(a-c) 显示了由三波段图像解调所得的三个单波段图像，中心波长依次为 430nm、590nm、860nm。图 3-

37(d-f)显示了由三个单波长图像分别解调所得的三个单波段图像，中心波长分别为430nm、590nm、860nm。一方面由于传统显示器只能显示8位灰阶，会损失部分图像信息；另一方面由于人眼分辨率的限制，使得两种情况得到的单波段图像无明显差别。因此，需要借助客观评价指标对图像进行对比评价，表3-5记录了在不同客观评价指标下两种解调结果的直接比较。通过解调实现的不同频率下的叠加平均会大幅度提高信噪比，所以三波段图像解调与单波段图像解调时所采用的图像帧数完全一致，那么二者的差别则是由于多波长"协同效应"带来的。通过这些指标的评价结果证明了多波长"协同效应"的存在，以及其在提高单波段图像质量上的有效性。

（7）彩色相机 LEDMSI

①原理

频分调制把总带宽分成一系列不重叠的频带，每个频带用来携带一个单独的信号，从而实现多波长图像的采集。RGB 相机一次曝光可获得三波段图像，使用 RGB 相机可将采集速度提高三倍。在 n 次照射下，用 n 种不同的 LED 组合可以获得一个场景 $K = 3 \times n$ 波段的图像。当频分调制结合 RGB 相机，多光谱图像的采集过程扩展到二维空间，如图 3-38(a)：RGB 颜色通道的相机本身（R、G、B）；频分调制的多波长图像（$f_1 f_2 \cdots f_i \cdots f_n$），$n$ 个多路复用照明对应 n 个载频。基于上述原理，在一次照射下即可获得 $3 \times n$ 波段的图像。

下面以两个载频（$f_1 f_2$）为例说明，每个载频对应一个由三个波长组成的复用照明，如图 3-38(b)所示。

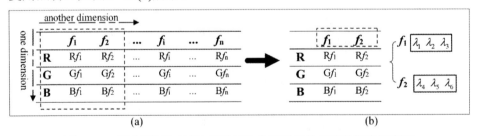

图 3-38　频分调制与 RGB 相机相结合所采集的多光谱图像示意图

注：(a)理论上可以获得的多光谱图像示意图；(b)本章实验获得的多光谱图像示意图。

②实验验证

● 实验装置及照明模式

LED 多光谱成像系统的基本概念如图 3-39 所示。光源部分主要包括：

LED 面板（包括以 420nm、460nm、520nm、570nm、620nm、690nm，即 λ_1、λ_2、λ_3、λ_4、λ_5、λ_6 为中心波长的 6 种 LED）和多功能信号发生器（型号：AFG-2105）。控制部分包括 PT4115 LED 驱动电路（PowTech，封装：SOC89-5）和程控直流稳压电源（型号：hspy-600）。PT4115 是一种用于驱动 LED 的开关降压型恒流源，它的电压输入范围在 0～30V，输出电流是可调的，最大可至 1.2A。图像采集部分主要包括普通工业相机（型号：JHSM500f；相机帧率：30 帧/秒）。处理部分主要包括 HP 计算机（计算机型号：HP Pavilion Gaming Desktop 690-05xx）和 MATLAB 软件（版本：R2018a），用于对采集到的图像进行处理。用于保证黑暗环境的遮光布和彩色被照物体属于其他部分。

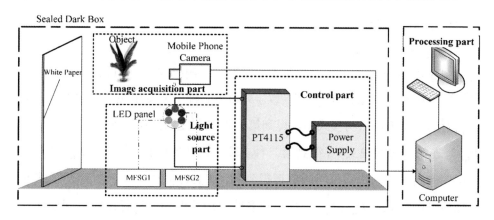

图 3-39　LED 多光谱成像系统

　　本章涉及两种多路复用照明，如图 3-40(a)所示。LED 面板包括 6 个波长，即 λ_1、λ_2、λ_3、λ_4、λ_5、λ_6。第一种多路复用照明由波长为 λ_1、λ_2 和 λ_3 的 LED 组成，第二种多路复用照明由波长为 λ_4、λ_5 和 λ_6 的 LED 组成。在两种复用照明的基础上，形成三种照明模式分别作为光源，如图 3-40(b)所示。在第一种照明模式下，两个复用照明光由不同的载频驱动，第一种复用照明（λ_1、λ_2 和 λ_3）对应一个载频，第二种复用照明（λ_4、λ_5 和 λ_6）对应另一个载频。在第二种照明模式下，只有第一种多路复用照明被点亮。在第三种照明模式下，只有第二种多路复用照明被点亮。第一种照明方式基于频分照明。第二种照明方式和第三种照明方式的组合采用时分照明。

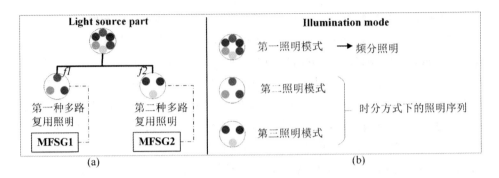

图 3-40　照明模式示意图

注：(a)光源部分；(b)三种照明模式。

● 实验总体框架

图 3-41 展示了实验的总体框架。在第一照明模式下，通过解调得到第一种多路复用照明图像 I_S^1（$I_{SR}^1, I_{SG}^1, I_{SB}^1$）和第二种多路复用照明图像 I_S^2（$I_{SR}^2, I_{SG}^2, I_{SB}^2$）。在第二照明模式下，得到第一种多路复用照明图像 I_A^1（$I_{AR}^1, I_{AG}^1, I_{AB}^1$）。在第三照明模式下，得到第二种多路复用照明图像 I_A^2（$I_{AR}^2, I_{AG}^2, I_{AB}^2$）。利用图像质量评估将频分照明解调得到的（$I_{SR}^1, I_{SG}^1, I_{SB}^1$）与第二照明模式帧累加得到的（$I_{AR}^1, I_{AG}^1, I_{AB}^1$）第一种多路复用照明图像进行比较。同样，利用图像质量评估比较频分照明解调得到的（$I_{SR}^2, I_{SG}^2, I_{SB}^2$）与第三照明模式帧累加得到的（$I_{AR}^2, I_{AG}^2, I_{AB}^2$）第二种多路复用照明图像进行比较。实验过程大致可以分为三个部分：图像采集、图像处理（包括 RGB 三通道分离、快速傅里叶变换和帧积累）和图像质量评估。

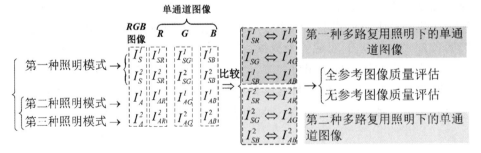

图 3-41　实验过程的总体框架

③图像采集与处理

● 图像采集

A. 频分照明：在第一照明模式下，分别生成频率为 1Hz 和 2.5Hz 的正弦波信号，分别对两种多路复用光源进行调制，相机同时获取 1000 帧图像序列。

B. 时分照明：在第二照明模式下，以第一种多路复用照明为光源，得到 1000 帧图像序列。同样，在第三照明模式下，将第二种多路复用照明作为光源，得到 1000 帧图像序列。

● 图像处理

本节对第一照明模式、第二照明模式和第三照明模式下获得的三组图像数据进行处理。对三组图像数据均执行 RGB 三通道分离操作，分别得到三组图像数据的 R、G、B 单通道图像。进一步，对在第一照明模式下获得的单通道图像进行快速傅里叶变换，分别对在第二和第三照明模式下获得的单通道图像进行帧累积，下文详细描述了图像处理的流程。

A. 对三组图像数据进行 RGB 三通道分离，然后分别得到第一照明模式、第二照明光照模式和第三照明模式下的单通道灰度图像。

B. 对于第一照明模式下得到的 R/G/B 单通道灰度图像，将每帧中所有像素的灰度值分别相加，依式（3-42）进行此操作，进而得到每个通道下的一维灰度值序列。

$$S_k = \sum_{i=1}^{m}\sum_{j=1}^{n} I_k \, (k = 1, 2, \cdots, N) \qquad (3\text{-}42)$$

式中，k 代表第 k 帧图像，I_k 代表第 k 帧图像的灰度值，m 代表图像总行数，n 代表图像总列数，N 表示图像帧总数。

C. 对一维灰度值序列（S_k）进行 FFT，如式（3-43）所示。然后将频率坐标位置图绘制在图 3-42(a)中，X_1 和 Y_1 分别表示水平坐标和垂直坐标。根据式（3-44），频谱图绘制图 3-42(b)，X_2 和 Y_2 分别表示水平坐标和垂直坐标。载频 1Hz 对应第一种多路复用照明，载频 2.5Hz 对应第二种多路复用照明，提取两种多路复用照明的频率分量对应的坐标值（89 221）。

$$Y_1 = abs\big(\mathrm{FFT}(S_k)\big), X_1 = 1, \cdots, N \qquad (3\text{-}43)$$

$$Y_2 = \frac{Y_1}{N/2}, X_2 = \frac{(X_1 - 1) * F_s}{N} \ \ \left(Y_2 = \frac{Y_1}{N}, \text{when} \ \ X_1 = 1\right) \qquad (3\text{-}44)$$

式中，FFT 表示快速傅里叶算法，abs 为信号 $\text{FFT}(S_k)$ 的幅值。N 为图像帧数，F_s 为相机帧率。

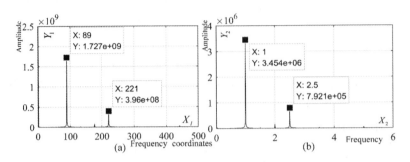

图 3-42　频率谱图；(a)频率坐标位置图；(b)频率谱图

D. 根据图 3-42（a）中确定的频率坐标值，解调在第一照明模式下获得的所有单通道图像的像素，分别得到第一种多路复用照明图像（$I_{SR}^1, I_{SG}^1, I_{SB}^1$）和第二种多路复用照明图像（$I_{SR}^2, I_{SG}^2, I_{SB}^2$），如图 3-43(a-f)所示。

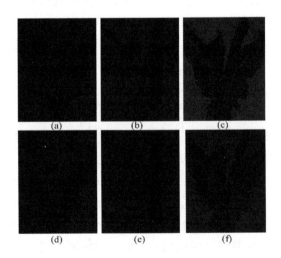

图 3-43　第一照明模式下解调所得图像

注：(a-c)为第一种多路复用照明所对应的 R、G、B 单通道图像，在第一照明模式下解调(1Hz)得到；(d-f) 为第二种多路复用照明所对应的 R、G、B 单通道图像，在第一照明模式下解调(2.5Hz)得到。

E. 对第二照明模式下的单通道灰度图像进行帧累加操作，累加的灰度图像（I_{AG}^1，I_{AG}^1，I_{AB}^1）如图 3-44(a-c)所示。同样对第三种照明模式下的单通道灰度图像进行帧累加操作，累加后的灰度图像（I_{AR}^2，I_{AG}^2，I_{AB}^2）如图 3-44(d-f)所示。

图 3-44　第二照明模式和第三照明模式下的帧累加图像

注：(a-c)为第二照明模式下 R、G、B 单通道图像；(d-f)为第三照明模式下 R、G、B 单通道图像。

● 图像质量评估（IQA）

A. 采用 256 级灰度拉伸法提高图像对比度：

$$I_{SR}^{1'} = 255X / \left(max\left(max\left(I_{SR}^1 \right) \right) \right)$$ （I_{SG}^1，I_{SB}^1，I_{SR}^2，I_{SG}^2，I_{SB}^2；I_{AR}^1，I_{AG}^1，I_{AB}^1，I_{AR}^2，I_{AG}^2，I_{AB}^2 以相同的方式)，这样可以在 8 位显示器有更好的显示效果。分别在第一照明模式和第二照明模式下得到的第一种多路复用照明图像的对比结果如图 3-45 所示。分别在第一照明模式和第三照明模式下得到的第二种多路复用照明图像的比较结果如图 3-46 所示。

图 3-45 第一种多路复用照明图像

注：(a-c)分别为在第一光照模式下所获得的第一种多路复用照明的单通道图像 R、G、B 通道；(d-f)分别为在第二照明模式下获得的第一种多路复用照明的单通道图像 R、G、B 通道。

图 3-46 第二种多路复用照明图像

注：(a-c)分别为在第一光照模式下所获得的第二种多路复用照明的单通道图像 R、G、B 通道；(d-f)分别为在第三照明模式下获得的第二种多路复用照明的单通道图像 R、G、B 通道。

B. 采用全参考图像质量评估方法（FR-IQA）和无参考图像质量评估（NR-IQA）方法对图像质量进行评价，表 3-6 和表 3-7 记录了计算结果。

表 3-6　第一照明模式与第二照明模式下获得的第一种多路复用照明单通道图像的比较

评价指标		R 通道		G 通道		B 通道	
		第一种	第二种	第一种	第二种	第一种	第二种
FR-IQA	SSIM	0.9707		0.9702		0.9554	
	corr2	0.9978		0.9982		0.9929	
NR-IQA	GL	17074	14857	19903	19876	20038	18669
	SD	42.0147	36.6419	**60.9828**	**54.0253**	62.7605	56.3529
	EFM	7.1876	6.9632	7.5363	7.3839	7.1591	7.1416
	SF	3.2780	2.8162	4.1336	3.9026	5.1760	3.9924
	EOG	3.9983E6	2.9510E6	6.3576E6	5.6668E6	9.9680E6	5.9310E6
	Bre	**4.7580E6**	**3.4503E6**	7.4483E6	6.9142E6	**1.3220E7**	**7.6593E6**

表 3-7　第一照明模式与第二照明模式下获得的第二种多路复用照明单通道图像的比较

评价指标		R 通道		G 通道		B 通道	
		第一种	第二种	第一种	第二种	第一种	第二种
FR-IQA	SSIM	0.9794		0.9588		0.9526	
	corr2	0.9985		0.9981		0.9900	
NR-IQA	GL	16276	15446	20662	18794	21091	19272
	SD	38.3681	37.2138	**58.8147**	**53.6631**	62.9231	58.8579
	EFM	6.9888	6.9091	7.3402	7.2054	7.3440	6.9203
	SF	3.0852	2.7845	4.1776	4.1641	4.6051	4.2573
	EOG	3.5420E6	2.8851E6	6.4935E6	6.4513E6	7.8915E6	6.7446E6
	Bre	**4.1689E6**	**3.2966E6**	7.9258E6	7.9104E6	**10.058E6**	**8.3782E6**

④结果与讨论

将频分调制的多通道传输和 RGB 相机自身的分光技术相结合，实现了一种高效的 LED 多光谱图像采集方法。此外，我们还分别采用 FR-IQA 和 NR-IQA 对频分照明和时分照明得到的图像质量进行评价。在使用 FR-IQA 评价图像质量的过程中，两种被比较的图像互为参考图像。本章选取结构相似度指数（SSIM）和二维相关系数（Corr2）作为 FR-IQA 指标。SSIM 用计算比较了两幅图像之间相似度，考虑了亮度、对比度和结构这三个角度。Corr2 返回两个图像阵列之间的相关系数，如式（3-45）所示。FR-IQA 所对应的数值越高，图像相似性越高。

$$corr2 = \frac{\sum_m \sum_n (A_{mn} - \overline{A})(B_{mn} - \overline{B})}{\sqrt{(\sum_m \sum_n (A_{mn} - \overline{A})^2)((B_{mn} - \overline{B})^2)}} \qquad (3\text{-}45)$$

其中，m 为图像的行数，n 为图像的列数，A 和 B 为用于计算相关系数的两个图像数组，$\overline{A} = mean2(A)$，$\overline{B} = mean2(B)$。

NR-IQA 只需要对图像本身的信息进行评估，不需要参考图像，如灰度级（GSL）、标准差（SD）、熵函数法（EFM）、空间频率（SF）、图像梯度能量（EOG）和 Brenner 梯度（Bre）。GSL 表示灰度分辨率，灰度分辨率与图像信息量有关。SD 测量图像灰度值相对于均值的离散度，如式（3-46）所示。EFM 从信息论的角度度量图像所包含的信息量，它反映了图像所承载的平均信息量，如式（3-47）所示。SF 反映了图像像素点灰度在空间上的变化，如式（3-48）所示。EOG 和 Brenner 是基于图像梯度的锐度评价函数，如式（3-49）和式（3-50）所示。

$$SD = \sqrt{\frac{1}{m \times n} \sum_{i=1}^{m} \sum_{j=1}^{n} (f(i,j) - \mu)^2}, \ where \ \mu = \frac{1}{m \times n} \sum_{i=1}^{m} \sum_{j=1}^{n} f(i,j) \qquad (3\text{-}46)$$

$$EFM = -\sum_{x=0}^{g} P(x) \log_2 P(x) \qquad (3\text{-}47)$$

$$SF = \sqrt{\frac{1}{m \times n} \sum_{i=1}^{m} \sum_{j=2}^{n} (f_{i,j} - f_{i,j-1})^2 + \frac{1}{m \times n} \sum_{i=2}^{m} \sum_{j=1}^{n} (f_{i,j} - f_{i-1,j})^2} \qquad (3\text{-}48)$$

$$EOG = \sum_i \sum_j \left\{ [f(i+1,j) - f(i,j)]^2 + [f(i,j+1) - f(i,j)]^2 \right\} \qquad (3\text{-}49)$$

$$Brenner = \sum_i \sum_j \left\{ [f(i+2,j) - f(i,j)]^2 \right\} \qquad (3\text{-}50)$$

其中，m 为图像总行数，n 为图像总列数，$f(i,j)$ 为图像第 i 行和第 j 列的灰度值。$P(x)$ 为某个像素值 x 出现在图像中的概率，g 为灰度值的变化范围。

图 3-45(a-c)为对第一照明模式下的图像进行解调得到的第一种多路复用照明的 R/G/B 单通道图像。图 3-45(d-f)分别显示了在第二照明模式下获得的第一种多路复用照明的 R/G/B 单通道图像。图 3-46(a-c)分别显示了在第一照明模式下解调得到的第二种多路复用照明的 R/G/B 单通道图像。图 3-46(d-f)分别显示了为在第三种照明模式下获得的第二种多路复用照明的 R/G/B 单通道图像。表 3-6 给出了利用客观评价标准对在第一照明模式下与第二照明模式下所获得的第一种多路复用照明单通道图像的对比。

给出了利用客观评价标准对在第一照明模式和第三照明模式下获得的第二种多路复用照明单通道图像的对比。

第一种照明模式基于频分，第二种和第三种照明模式的组合基于时分。通过频分或时分可以得到各种复用照明的图像，FR-IQA 正是对这一点的验证。SSIM 在评估图像相似度时考虑了图像的亮度。Corr2 在评估图像相似度时考虑图像矩阵之间的相关系数，与图像本身的整体亮度无关，选择该指标进行评价时，相似度较高，三个单通道图像的评价值均超过 0.99。在获得两种多路复用照明图像的目的下，基于频分照明的方法只需一次数据采集，而基于时分照明的方法需两次数据采集，因此基于频分照明的 RGB-LEDMSI 可以缩短图像采集时间。

另外，根据"协同效应"，用不同频率对不同的多路复用照明光源调制，可以进一步提高 A/DC 的量化水平，从而提高图像质量，NR-IQA 指标验证了这一点。对于 R-channel 和 B-channel 图像，无论在第一照明模式还是在第二照明模式，Brenner 指标得分的增加百分比最高。用 Brenner 指标评价第一种多路复用照明的 R 通道图像质量，其提高 27.48%，B 通道提高 42.07%。用 Brenner 指标评价第二种复用照明的 R 通道图像质量，其提高 20.92%，B 通道提高 16.70%。对于 G 通道图像，SD 指标有明显提高，第一种多路复用照明图像的 SD 指数提高了 8.79%，第二种多路复用照明图像的 SD 指数提高了 11.41%。通过使用不同的客观评价指标而不是单一的评价指标，从不同的角度对图像质量进行评价，从而更准确地保证了方法的有效性。

同理，同等驱动强度下将上述三个 LED 单独作为照明光源获取图像序列，分别得到三组图像，同样利用傅里叶变换进行解调分别得到三个单波段图像 $I_A^{\lambda_1}$、$I_A^{\lambda_2}$ 和 $I_A^{\lambda_3}$。通过对比得出，三波长图像解调得到的各波段图像质量均有所提高，证明了多波长"协同效应"的存在。在基于彩色相机的 LED 多光谱成像实验中，以六波长双频调制为例验证了该方法的有效性。实验中，以经过两个频率分别调制的两个多路复用照明作为光源，通过 R、G、B 三通道分离得到灰度图像。利用快速傅里叶变换解调各灰度图像对应像素的时间序列，分别得到各复用照明下的图像。在结果与讨论部分，将所提出的方法得到的多光谱图像与不结合频分调制得到的多光谱图像进行了比较。结果表明，频分调制与 RGB 相机相结合的方法是一种高效获取高质量多光谱图像的方法，为 LED 多光谱成像技术提供了参考。

3.2.3 正弦波载波的多路信号调制与载波频率

在多路信号的调制解调技术中，载波中心频率的分配有两种方式：等差分配和等比分配。

在通信领域，为了充分地利用频谱资源，通常采用"等差"分布载波中心频率的方式，如中波到短波的无线电广播的路之间相差 10kHz，换言之，每个广播电台的频率带宽为 10kHz，对于普通的语音（3.4kHz）和低质量的音乐足以满足要求，但对于多通道的测量系统，就得很仔细地分析：

①信号的带宽。多通道 AM 系统中的对每一通道的解调，首先是"带通"滤波，其品质因数 Q：

$$Q = f_0/B \tag{3-51}$$

式中，f_0 为载波中心频率，B 为带宽。

因此，在整体设计时，需要保证：通道（中心频率）间距必须$>B$；希望得到较高的 Q 值时必须加大 f_0。

②在锁相解调中，低通（积分）滤波器的带宽（截止频率）等于式（3-51）中的 B，而低通（积分）滤波器的衰减带的衰减速率是 20dB/十倍频-阶。这是设计多通道载波中心频率的一个关键：对测量系统，比如说要求"邻道"干扰小于 60dB，可以知道邻道中心频率的距离需要多大和低通滤波器的阶数需要多高。

基于上述讨论的基础，下面更深入地分析等差分配和等比分配中心频率在测量系统中的利弊。

③等差分配中心频率。等差分配中心频率方式的优点在于频谱利用率很高，但在测量应用中，邻道干扰成为最重要的干扰，而在模拟的解调中，高阶、衰减陡峭的模拟滤波器设计和制作无疑存在巨大的挑战，这样的滤波器在成本、工艺和复杂程度将会达到令人咋舌的程度。因此，等差分配中心频率只有在通道数很少或要求不高的多路信号测量系统中应用。

④等比分配中心频率。与等差分配中心频率方式的优点正相反，等比分配中心频率的缺点是占用频谱很宽，但在多通道测量系统中，仅占用系统内

部的频谱，测量系统的基本要求是尽可能高的精度（抑制邻道干扰也是首要任务之一）。再者，滤波器的衰减特性是按频率的比例衰减，在锁相解调方式中各个通道的低通滤波器可以选取同样的参数，容易做到各个通道一致的性能。

综上所述，在多通道测量系统中，优选等比分配中心频率方式。

3.2.4 高速数字锁相解调算法（频域）

现在中、高速 A/DC 已经变成常规的器件，而现代测量系统和仪器无一例外配置微处理器，数字锁相解调算法就成为标配，应用数字锁相解调算法可以获得远远高于模拟解调方法的性能和精度。

针对数字锁相解调算法的计算复杂且计算量大，需要浮点数运算等问题，李刚教授提出了一种快速的数字锁相算法，降低了运算量和存储量，极大地提高了数字锁相算法的速度，克服了算法实现对微处理器的性能依赖性。本小节在此基础上提出了一种基于数字锁相相关计算结构的高速算法并结合过采样技术进行优化。理论及实验分析表明该优化算法基本去除了过采样和锁相算法中的乘法运算，显著地减少了加减运算，既提高了运算的速度又提高了信号检测的精度，使得信号检测系统的综合性能大幅度提高。

（1）数字锁相算法

①数字锁相算法理论基础

数字锁相放大器（DLIA）的工作原理与模拟锁相放大器（ALIA）类似，都是利用信号与噪声互不相关这一特点，采用互相关检测原理来实现信号的检测。而数字锁相放大通过模数转换器采样，在微处理器中实现乘法器和低通滤波器，达到鉴幅和鉴相的目的。

假设信号离散时间序列为 $X[n]$，如式（3-52）所示，其中 DC 为直流分量，A 为信号幅值，j 为信号初相位，采样频率 $f_s = Nf$（$N \geqslant 3$ 且为整数）。

$$X[n] = DC + A\cos\left(\frac{2\pi fn}{f_s} + \varphi\right), n = 0,1,2\cdots \qquad (3-52)$$

由微处理器产生同步采样正弦、余弦参考序列 $C[n]$、$S[n]$，如式（3-53）和式（3-54）。

$$C[n] = \cos\left(\frac{2\pi fn}{f_s}\right), n = 0,1,2\cdots \qquad (3-53)$$

$$S[n] = \sin\left(\frac{2\pi fn}{f_s}\right), n = 0,1,2\cdots \qquad (3-54)$$

信号分别与正交参考序列相乘实现相敏检波的功能，相关信号中的直流分量仅与原始信号的幅值和初相位有关，因此通过数字低通滤波器取出直流分量。最常采用的低通滤波器为 M 点平均滤波器，M 通常为整周期采样点数，即对应着低通滤波器的时间常数。正交相关运算和低通滤波的过程如式（3-55）、式（3-56）所示。

$$I[n] = \frac{1}{M}\sum_{n=1}^{M} X(n) \cdot C(n) \approx \frac{A}{2}\cos\varphi \qquad (3\text{-}55)$$

$$Q[n] = \frac{1}{M}\sum_{n=1}^{M} X(n) \cdot S(n) \approx \frac{A}{2}\sin\varphi \qquad (3\text{-}56)$$

信号的幅值和相位通过式（3-57）和式（3-58）计算。

$$A = 2\sqrt{(I[n])^2 + (Q[n])^2} \qquad (3\text{-}57)$$

$$\varphi = \arctan\left(\frac{Q[n]}{I[n]}\right) \qquad (3\text{-}58)$$

②快速数字锁相算法

根据上述经典的数字锁相算法计算结构，作出如下推导：当采样频率 $f_s = 4f$ 时，即 $N=4$，一个周期正弦、余弦参考信号序列分别为 $S = \{0, 1, 0, -1\}$，$C = \{1, 0, -1, 0\}$。设积分时间常数为一个周期，即 $M = 4$，对应的低通滤波后的互相关信号为 $S = \{0,1,0,-1\}$，$C = \{1,0,-1,0\}$。

设积分时间常数为一个周期，即 $M = 4$，对应的低通滤波后的互相关信号为

$$I = \frac{1}{4}\big[X[0]\cdot 1 + X[1]\cdot 0 + X[2]\cdot(-1) + X[3]\cdot 0\big] = \frac{1}{4}\big[X[0] - X[2]\big] \quad (3\text{-}59)$$

$$Q = \frac{1}{4}\big[X[0]\cdot 0 + X[1]\cdot 1 + X[2]\cdot 0 + X[3]\cdot(-1)\big] = \frac{1}{4}\big[X[1] - X[3]\big] \quad (3\text{-}60)$$

则计算出的幅值和相位分别为

$$A = 2\sqrt{(I[n])^2 + (Q[n])^2} \qquad (3\text{-}61)$$

$$\varphi = \arctan\left(\frac{Q[n]}{I[n]}\right) \qquad (3\text{-}62)$$

从式（3-59）、式（3-60）可以看出，采样频率为信号频率 4 倍时，正交互相关计算中的乘法运算全部消除，只由采样信号的减法运算就能够实现互相关运算，计算量大大降低。对于相同采样频率($f_s = 4f$, $N=4$)的经典数字锁相

算法，若 $M=4q$，正交互相关运算中乘法运算次数为 $8q$，加法运算次数为 $8q$-2；而快速算法中乘法运算次数为 0，加减法次数为 $4q$-2。同采样率下两种方法相比，快速算法一个周期减少了 8 次乘法运算和 4 次加法，而 q 个周期则相应地减少 $8q$ 次乘法运算和 $4q$ 次加法运算。对于一般采样率下（$f_s=N\cdot f$，$N\geqslant3$）经典数字锁相算法中，若 $M=Nq$，正交互相关运算中的乘法运算次数为 $2Nq$，加法次数为 $2Nq$-2，快速算法与之相比，减少了 $2Nq$ 次乘法运算及 $(2N-4)q$（$N\geqslant3$）次加法运算，因此快速算法随着 N、q 值的增大，其优势越能够充分地体现出来。

（2）快速数字锁相算法性能优化

然而，对于单一频率的信号，若要提高基于 4 倍采样率的数字锁相算法的精度，方法上受到一定的局限。若在相同的采样间隔 t_s(相位为 $\pi/2$)内，由采集 1 点变为 K 点，再以这 K 个采样值的均值 $X'[n]$ 代替原来的单一的采样值 $X[n]$(n 表示第 n 个采样间隔)，当 K 足够大时，$X'[n]$ 为该采样间隔内信号序列的数学期望的无偏估计。因此，若要用一个常数来代替一个采样间隔内采样值，求和平均的方法更合理。另外，在采集过程中引入的量化噪声、外界干扰及系统产生的热噪声等大多为白噪声，其均值的近似为 0，所以求和平均的方法具有极强的去噪效果，可以使信噪比得到显著提高，进而折合为 A/DC 有效位数的增加。此种方法采用的就是过采样技术，以实际所需要采样频率 f_s 的 K 倍(K 为过采样率)，即 Kf_s 进行采样，再通过平均下抽样使等效转换速率仍还原为 f_s 的一种方法，过采样实质是用速度换取系统精度的提高。对 K 个采样值进行平均，对于线性函数而言均值为中间点的函数值，不会带来原理性误差。而正弦、余弦函数属于非线性函数，下抽样后得到的幅度均值并不是原始信号在同一相位的理论采样值。为了找到他们之间的关系，通过改变 K 值及信号的原始相位和幅值，得到下抽样后的均值与同相位实际值的比例关系，如表 3-8 所示（表中数据保留 5 位有效数字），表中列出 10 种 K 值下的比例关系。对于相同的 K，不论原始信号相位和幅值如何改变，用简单平均下抽样得到的正弦信号幅值与在同一相位位置的原始信号实际值的比例系数关系是相同的，表 3-8 中没有将不同相位及幅值的比例关系再重复列出。

在实际数字锁相算法应用过程中可以根据 K 的不同，将比例关系直接引入最终幅值的修正，即计算出准确的幅值。由于下抽样后能够将等效采样频率还原为 f_s，而且相位本身也是通过比例关系计算获得，如式（3-62）所示，所以相位不需修正。文中将此比例系数关系简称为修正因子 c。修正因子的引入保证了采用下抽样后的均值来计算幅值不会带来任何理论上的误差，符合过采样技术运用到数字锁相中所需的条件，发挥了过采样与数字锁相放大两者的精度优势，还保持了算法的高速性。若采样率 $f_s=4Kf$（$N=4K$）、采集 q 个周期，对于经典的数字锁相算法正交相关运算中的乘法次数为 $8Kq$，加法次数为 $8Kq-2$；而快速算法的乘法次数为 0，加减法次数为 $4Kq-2$。与已有优化算法相比，其性能仍有较大的提高，该快速算法减少了 $8K$ 次的乘法运算，以及 $4K$ 次的加法运算。因此，基于数字锁相计算结构的高速算法能够大幅度减少计算量，提高了运算效率，且结合过采样对其性能优化提高了算法精度并保持算法的高速性。

表 3-8 下抽样后均值与同相位实际值的比例关系

K	幅值比例系数	K	幅值比例系数
1	1.0000	6	0.90289
2	0.92388	7	0.90221
3	0.91068	8	0.90176
4	0.90613	9	0.90146
5	0.90403	10	0.90124

（3）修正因子的理论分析

修正因子 c 根据 K 值的变化而变化，理论上 c 是以 K 为变量的函数。根据下抽样技术的原理，以 $K=2$ 为例进行分析，即采样频率为信号频率的 8 倍进行采样。每两个点下抽为一点，相邻两点的相位差为 $\pi/4$。设任意两点采样值为 $\sin\alpha$、$\sin(\alpha+\pi/4)$（α 为任意值），则下抽样后的相位为 $\alpha+\pi/8$。下抽样后的均值与同相位实际值的比例关系式及化简式为

$$\frac{(1/2)\left[\sin\alpha+\sin(\alpha+\pi/4)\right]}{\sin(\alpha+\pi/8)}=\cos(\pi/8)\approx0.92388 \qquad （3-63）$$

式（3-63）可以化简为常量，计算出结果与仿真实验的结果吻合。从式（3-66）可以看出 $K=2$ 时下抽样后的值与同相位实际信号值成比例关系，与信号幅值和相位没有关系。理论分析的结果验证了仿真实验的结果。

当 $K=3$ 时，每 3 个点下抽为一点，相邻点之间的相位差为 $\pi/6$。设任意 3 点采样值为 $\sin\alpha$、$\sin(\alpha+\pi/6)$、$\sin(\alpha+\pi/3)$（α 为任意值），则下抽样后的相位为 $\alpha+\pi/6$。则下抽样后的均值与同相位实际值的比例关系式及化简式为

$$\frac{\frac{1}{3}\big[\sin\alpha+\sin(\alpha+\pi/6)+\sin(\alpha+\pi/3)\big]}{\sin(\alpha+\pi/6)}=\frac{1}{3}\Big[2\cos\frac{\pi}{6}+1\Big]\approx0.91068 \quad（3\text{-}64）$$

当 $K=4$ 时，如式（3-65）所示。

$$\frac{\frac{1}{4}\Big[\sin\alpha+\sin\Big(\alpha+\dfrac{\pi}{8}\Big)+\sin\Big(\alpha+\dfrac{\pi}{4}\Big)+\sin\Big(\alpha+\dfrac{3\pi}{8}\Big)\Big]}{\sin\Big(\alpha+\dfrac{3\pi}{16}\Big)}=$$

$$\frac{1}{2}\Big(\cos\frac{3\pi}{16}+\cos\frac{\pi}{16}\Big)\approx0.90613 \quad（3\text{-}65）$$

依次类推，归纳得出修正因子 c 与 K 的关系式，如式（3-66）所示。

$$c=\frac{\dfrac{1}{K}\displaystyle\sum_{n=0}^{K-1}\sin\Big(\alpha+\dfrac{2\pi}{4K}n\Big)}{\sin\Big(\alpha+\dfrac{2\pi(K-1)}{8K}\Big)}，\text{其中}\alpha\text{为任意值} \quad（3\text{-}66）$$

当 K 为任意正整数时都可以推导计算出一个常数值，且此值与仿真实验计算值完全吻合，从而验证了修正因子 c 理论上的正确性。在实际应用中根据修正因子 c 与 K 的关系，式（3-66）计算出修正因子 c 并对幅值进行修正。

（4）仿真实验

①算法有效性验证实验

为了验证这种高精度高速数字锁相算法的有效性，利用 MATLAB 仿真采样和快速算法，通过改变幅值与过采样率，比较真实值与计算出的幅值和相位。

验证计算幅值的有效性：仿真产生一系列频率为 1kHz，初始相位为 0，直流分量为 1，不同幅值的正弦信号。通过参考电压为 2.5V、8 位的 A/DC 以不同的采样频率采样，采用该方法计算的幅值如表 3-9 所示（保留小数点后 6 位）。

验证下抽样后相位的有效性：产生一个频率为 1kHz、幅值为 1、直流分量为 1、相位为 0 的正弦信号。通过参考电压为 2.5V、8 位的 A/DC 设置不同采样频率进行采样，采用该方法计算的相位如表 3-10 所示（保留小数点后 5 位）。

表 3-9   不同幅值不同过采样率测试结果

实际幅值(V)	计算幅值(V)		
	$K=4$	$K=8$	$K=16$
1.000000	1.003585	1.000993	0.999224
0.500000	0.502449	0.501769	0.499767
0.010000	0.100342	0.099862	0.097968
0.050000	0.048026	0.048815	0.049397
0.010000	0.009072	0.010192	0.009889

从表 3-9、表 3-10 可以看出，采用这种优化的算法测得的幅值和相位只存在由于 A/DC 量化而造成的误差，随着过采样率 K 的提高，所计算的幅值精确度越来越高。因此将过采样运用到这种快速锁相算法中提高了算法的精度，优化了算法的性能。

表 3-10   不同下抽样后相位测试结果

过采样率 K	实际下抽后的相位(rad)	计算出的相位(rad)
2	0.39270	0.39266
3	0.52360	0.52364
4	0.58905	0.58903
5	0.62832	0.62832
6	0.65450	0.65453

②算法性能验证实验

为了验证低信噪比下该算法的有效性，利用 MATLAB 产生不同信噪比的信号，分别采用经典的数字锁相算法与文中提出的算法提取待测信号幅值，并通过比较来验证算法的性能。

假设待测正弦信号淹没在强高斯白噪声中，信号的表达式为 $x[n]=s[n]+u[n]$，其中，$s[n]$ 为待测正弦信号，$u[n]$ 为均值为 0 的高斯白噪声。信噪比定义为

$$SNR = 10\lg\frac{power\_s}{power\_n} \qquad (3-67)$$

MATLAB 产生频率为 1kHz、幅值为 1、相位任意的正弦信号。采样率设置为 64kHz，采样点数为 64000。根据信号的功率，分别产生信噪比为 10dB、0dB、−10dB、−20dB、−30dB、−40dB 的噪声叠加到信号上，通过两种方法分别提取信号的幅值，如表 3-11 所示（测量幅值保留小数点后 4 位）。

从表 3-11 中可以看出，随着信噪比的降低，两种方法所测得的幅值误差越来越大。由于噪声随机产生，实验结果表明两种方法对信号的耐受程度相当，在仿真实验中所设置的采样频率及采样点数下该算法能够检测-30dB 信噪比下的信号。提高采样率及积分时间后，该算法能够检测到信噪比更低的信号。

表 3-11　不同信噪比下经典数字锁相算法与快速算法提取信号幅值的比较

SNR (dB)	经典的数字锁相算法		快速数字锁相算法	
	测量幅值	相对误差(%)	测量幅值	相对误差(%)
10	1.0008	0.08	1.0003	0.03
0	1.0024	0.24	1.0008	0.08
-10	1.0078	0.78	1.0028	0.28
-20	1.0265	2.65	1.0108	1.08
-30	1.0990	9.90	1.0525	5.25
-40	1.4285	42.85	1.3135	31.35

（5）小结

过采样和数字锁相技术都是微弱信号检测的有效手段，但结合过采样和数字锁相算法带来大量复杂的运算，对微处理器的性能提出很高的要求。本小节介绍一种高精度高速的数字锁相算法，与传统数字锁相相比，去除了几乎所有的乘法运算和大量的加法运算。并通过修正因子对计算获得的幅值修正，改善由于下抽样而带来的误差。实验结果表明，这种全新的数字锁相算法没有任何理论误差，实际信号仿真也只有很小的误差，能够检测到较低信噪比的信号。在保证不带来原理误差的同时，该算法还极大地提高了运算速度，使得基于数字锁相算法的微弱信号检测可以在普通微处理器上实现。更重要的是该方法还可以推广到多频率信号的检测中。

在基于调制解调技术的测量系统中，主要影响测量精度的因素有两个：邻道干扰和随机噪声。

除非有特定的高幅值窄带的干扰，邻道载波的干扰在幅值上远超其他的干扰，因此是主要的干扰因素，而随机噪声，主要是电路热噪声，具有白噪声的性质——在全频带内均匀分布，也就只有在带通滤波器的通带以里的部分有输出，因而幅值较小。

3.3 方波幅度调制信号的数字解调（时域）

有些传感器是积分方式采样，如相机（视频）和光谱仪等，采用方波作为载波可以得到更高的灵敏度。对应方波的调制方式的调幅信号，其解调有两种：频域的傅里叶变换方式和时域的代数运算方式。

采用方波的幅度调制主要用于光电测量系统中，其突出的优点是：

（1）激励信号容易产生。

（2）可以消除光电传感器中最常见的暗电流。

（3）可以有效抑制测量环境中经常存在的环境光干扰，或者采用遮蔽环境光的方式的代价太大而更显其优势。

因多路频分方波的调制解调的内容很丰富，为清晰起见，把多路频分方波的调制解调的内容放在下一节介绍，本节只介绍两路方波调制解调的内容。本章前面已经涉及方波幅度调制（斩波调制），因此，本节主要介绍方波幅度调制信号的数字解调（时域），并以血氧饱和度的测量为例。

图 3-47 所示方波激励 LED 的血氧饱和度测量电路。其技术方案是：采用不同频率的方波驱动两种或两种以上的 LED，LED 发出的光经过被测手指后由光敏器件接收转换成电信号，电信号经过后续电路放大成一定幅值的电压信号，电压信号经过 A/DC 转换成数字信号送入 MCU（微处理器），再由 MCU 完成处理（图 3-48）。

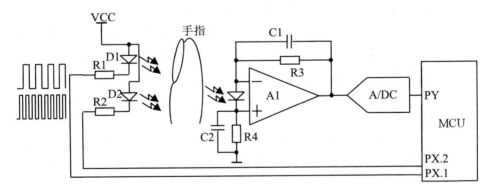

图 3-47　方波激励 LED 的血氧饱和度测量电路

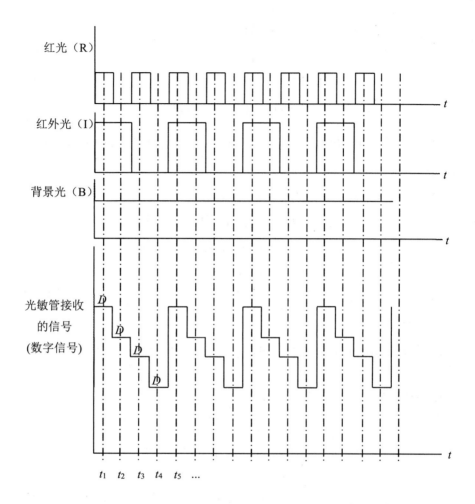

图 3-48　方波激励 LED 的血氧饱和度测量电路的工作波形

A. 以两个波长 LED 为例，假定在红光 LED 的驱动方波频率为 f_R，红外 LED 的驱动方波频率为 f_I，且 $f_R = 2f_I$。

B. 假定 A/DC 的采样频率为 f_S，且 $f_S = 2f_R$，并保证在的高、低电平中间采样。

C. 数字信号序列 D_i 可以表示为：

$$D_i = D_i^R + D_i^I + D_i^B \tag{3-68}$$

式中，D_i^R 为红光信号，D_i^I 为红外光信号，D_i^B 为背景光和光敏器件的暗电流、放大器的失调电压的总和信号（简称背景信号）。

假定采样频率远高于 PPG（脉搏波）的频率，即有

$$D_1^R = D_3^R = D_A^R \qquad D_2^R = D_4^R = 0$$
$$D_1^I = D_2^I = D_A^I \qquad D_3^I = D_4^I = 0 \qquad (3\text{-}69)$$
$$D_1^B = D_2^B = D_3^B = D_4^B = D_A^B$$

式中，D_A^R、D_A^I 和 D_A^B 分别为红光 PPG 信号、红外光 PPG 信号和背景信号的幅值。

以顺序每 4 个数字信号为一组进行运算：

$$D_{4n+1} - D_{4n+2} + D_{4n+3} - D_{4n+4} = 2D_{An}^R$$
$$D_{4n+1} + D_{4n+2} - D_{4n+3} - D_{4n+4} = 2D_{An}^I \qquad (3\text{-}70)$$
$$n = 0, 1, 2\cdots$$

即分别得到红光 PPG 信号 D_{An}^R 和红外光 PPG 信号 D_{An}^I，而且完全消除了背景信号 D_i^B 的影响。

D. 分别计算 PPG 信号 D_{An}^R 和 D_{An}^I 的谷、峰值 $I_{\min\lambda1}$ 和 $I_{\max\lambda1}$、$I_{\min\lambda2}$ 和 $I_{\max\lambda2}$。

E. 利用式（3-71）计算 Q 值：

$$Q = \frac{\Delta A_{\lambda1}}{\Delta A_{\lambda2}} = \frac{\lg\dfrac{I\lambda1_{max}}{I_{\min\lambda1}}}{\lg\dfrac{I\lambda2_{max}}{I_{\min\lambda2}}} = \frac{\lg I_{\max\lambda1} - \lg I_{\min\lambda1}}{\lg I_{\max\lambda2} - \lg I_{\min\lambda2}} \qquad (3\text{-}71)$$

其中，$I_{\max\lambda1}$、$I_{\min\lambda1}$、$I_{\max\lambda2}$ 和 $I_{\min\lambda2}$ 分别波长 $\lambda1$ 和 $\lambda2$ 的 PPG 信号的峰值和谷值。

F. 利用式（3-72）可计算血氧饱和度值值：

$$SaO_2 = \frac{c_1}{c} = \frac{a_2 Q - b_2}{(a_2 - a_1)Q - (b_1 - b_2)} \qquad (3\text{-}72)$$

其中，c_1 和 c 分别为 HbO_2 和总 Hb 的浓度。b_1、b_2 为 λ_1 和 Hb 对 λ_2 波长光的吸光系数，a_1、a_2 为 HbO_2 和 Hb 在波长 λ_1 处的吸光系数。

Q 值与血氧饱和度的关系也可以通过大样本统计得到，这样就不再需要准确得到中的各个吸光度系数的值。

3.4　多路方波频分调制的数字编码载波与数字解调（时域）

3.4.1　引言

无疑，对于积分采样的传感器，主要是 CCD 或 CMOS 图像器件，在测量系统中采用方波作为载波信号无疑是最佳选择，但方波作为载波的缺点也是显而易见的：对激励电路和接收电路的速度与频带要求高很多。

单通道的方波频分调制解调技术与"斩波调制（解调）"技术一样，主要用于消除环境光、暗电流，或放大器的失调电压。但多路方波频分调制技术有了不一样的情况：优势在于满足多通道信号同时采集的要求；更多、更高的要求是要抑制邻道干扰和振铃（吉布斯现象）干扰。

振铃（吉布斯现象）是具有快速跳变的信号常常出现的现象，由于振铃的幅值与信号跳变的速度成正比，但又具有一定的不确定性，因此，出现振铃现象必将影响测量的精度，甚至导致测量系统完全不可用。

总而言之，对多路方波频分调制测量系统有如下关键：

（1）避免和降低振铃现象；

（2）占用频带的大小；

（3）解调算法要高速且简单，也就是最好只用"加、减"计算。

与正弦波类似，载波频率要远远高于调制信号频率。因方波调制可以用"时域"分析更清晰、简单，换成时域描述的语言：每一路载波的相邻波峰或波谷的信号幅值可以忽略不计（如小于 A/DC 的最小量化电平），这样，在解调时不会带来明显的误差。

测量系统使用方波复用的方式均为 AM 调制，即仅在幅值上均分各路调制信号信息。这意味着随着调制信号数量的增多，在复用时均分给各路调制信号的幅值范围将会减少，这导致各路信号的信噪比降低。

3.4.2　码分多址 CDMA 多路复用

码分多址通过对不同调制信号进行正交编码从而实现信号的多路复用。CDMA 可实现所有时刻所有调制信号利用所有频带进行信号传输，这极大地提高了信号传输速率。图 3-49 展示了 3 路 CDMA 流程图。

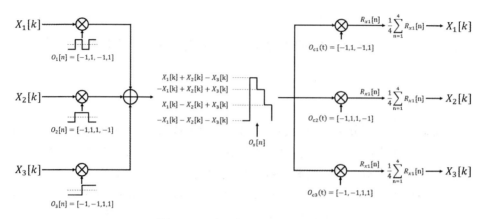

图 3-49 路双极 CDMA 流程图

我们将单位数据传输时间划分为 n 个时间槽，每个时间槽对应一个二进制编码值，称之为码片。对于数字信号，单位数据传输时间为传输 1bit 所用时间，对于模拟信号，单位数据传输时间可定义为模拟信号值近似相等的时间段。

首先将调制信号 $X_1(t)$、$X_2(t)$、$X_3(t)$ 按照单位数据传输时间划分为离散信号 $X_1[k]$、$X_2[k]$、$X_3[k]$，再将每个离散信号值 $X[k]$ 与三路正交的码片相乘求和得到 $O_s[n]$。

$$O_s[n] = X_1[k]*O_1[n] + X_2[k]*O_2[n] + X_3[k]*O_3[n]$$
$$= -X_1[k] - X_2[k] - X_3[k], X_1[k] + X_2[k] - X_3[k], -X_1[k] \quad (3\text{-}73)$$
$$+ X_2[k] + X_3[k], X_1[k] - X_2[k] + X_3[k]$$

在解调端，我们将 $O_s[n]$ 分别与调制的码片相乘并求平均，便可得到 $X_1[k]$、$X_2[k]$、$X_3[k]$ 的值。

此外还可以采用单极 CDMA 方式，其流程如图 3-50 所示。

CDMA 具有以下特点：

①CDMA 以方波的形式实现了调制解调，这意味着所有调制信号均占用系统全部的带宽进行信号传输（方波的频谱是全频的）；且 CDMA 在时域上也是连续的，这意味着该方法在时频域上实现了信号的复用，这极大地提高了信号的传输速率。

②CDMA 要求调制系统时钟和解调系统时钟保持完全一致，即调制码片和解调码片在时间轴上要保证完全对齐，否则会出现解调错误。

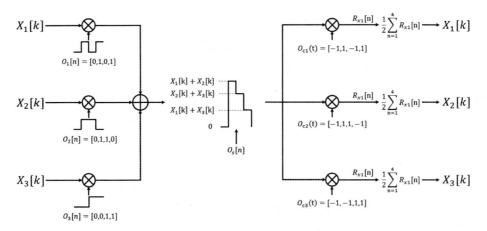

图 3-50　3 路单极 CDMA 流程图

③CDMA 属于 AM 调制，即仅在系统提供的幅值量上进行复用，并没有对相位量进行复用（由于各路信号占用全部信号带宽所以无法实现频率复用）。随着调制信号数目的增加分配给各调制信号的幅值范围将会缩小，这降低了各路调制信号的信噪比。

（1）基于方波调制的快速数字锁相解调

基于方波调制的快速数字锁相解调是采用 CDMA 方法对模拟信号进行调制解调的过程。首先将模拟调制信号 $X_1(t)$、$X_2(t)$、$X_3(t)$ 按照单位数据传输时间 T 划分为离散信号 $X_1[k]$、$X_2[k]$、$X_3[k]$，并认为 T 时间内各个模拟调制信号的值近似相等，即

$$X(t) \sim X(t+T) \approx X[k] \qquad (3\text{-}74)$$

系统的采样频率 f_s 和码片长度有关，设码片长度为 L。那么系统采样率为 $f_s = N*L*\dfrac{1}{T}(N \geqslant 1)$。其余调制解调流程与前文①中所述一致。

（2）正交编码系

正交编码系的选取对 CDMA 至关重要，最显而易见的是码片长度直接影响系统最低采样率。常见的编码系包括有权 BCD 码（如 8421 码）、无权 BCD 码（如格雷码）、最小公倍数编码、walsh 码、OVSF 码。其中 OVSF 码和 walsh 码具有相同的编码系，但是编码系排列顺序不同。

①二进制码

二进制码是最常见的有权码，其编码具有正交性。表 3-12 列出了 3 组正

交编码结果。

表 3-12 二进制码

$O_1[n]$	1	1	1	1	0	0	0	0
$O_2[n]$	1	1	0	0	1	1	0	0
$O_3[n]$	1	0	1	0	1	0	1	0

对于 z 路调制信号，以该编码形式进行正交编码，最小码片长度 $L = 2^Z$，即随着调制信号数量的增加，码片长度呈指数增长，系统最低采样率 f_s 也呈指数增长，这在多路信号调制中极大地增大了系统负担，使得该编码方式不适用于多路调制信号复用系统。

②格雷码

格雷码属于一种无权 BCD 码，其编码不仅满足正交性，在相邻编码转换时只有一位产生变化，这避免了电路在调制过程中产生很大的尖峰电流脉冲，防止由振铃现象影响了解码结果。格雷码形式有多种，表 3-13 列出了典型格雷码的 3 组正交编码。

表 3-13 典型格雷码的 3 组正交编码

$O_1[n]$	1	1	1	1	0	0	0	0
$O_2[n]$	0	0	1	1	1	1	0	0
$O_3[n]$	0	1	1	0	0	1	1	0

可知采用格雷码进行 CDMA 系统电平变化最大值为 $\mathrm{MAX}(X_1[k]$, $X_2[k]$, $X_3[k])$，而 8421 码电平变化最大值为 $X_1[k] + X_2[k] + X_3[k]$。

然而对于 z 路调制信号，格雷码最小码片长度 L 与 8421 码一致，均为

$$L = 2^Z \tag{3-75}$$

这使得格雷码也不适用于多路调制信号复用系统。

③walsh 码和 OVSF 码

由于该两种编码形式产生的编码系完全相同仅排序不同，此处同时介绍该编码形式的优势。walsh 码最大限度地利用了码片长度用于生成正交码，表 3-14 列出了 walsh 码的 3 组正交编码。

表 3-14　walsh 码的 3 组正交编码

$O_1[n]$	0	1	1
$O_2[n]$	1	1	0
$O_3[n]$	1	0	1

采用 walsh 码进行 CDMA 系统电平变化最大值为 $\mathrm{MAX}(\mathrm{abs}\left(X_1[k]-X_2[k]\right),\mathrm{abs}\left(X_2[k]-X_3[k]\right),\mathrm{abs}\left(X_1[k]-X_3[k]\right))$，较 8421 编码有明显改善，较格雷码需要根据各调制信号幅值变化量判断电平变化值。

对于 z 路调制信号，采用单极调制的 walsh 码码片长度 L 仅为（$\lceil\ \rceil$ 为向上取整）

$$L = 2^{\lceil \log_2(z+1) \rceil} - 1 \qquad (3-76)$$

其编码长度甚至小于调制信号个数，在多路调制信号复用系统中极大地降低了系统对采样率的需求，较其余正交编码方式更适用于调制信号较多的复用系统。

④非正交编码调制解调

非正交编码也可用于信号的多路复用技术。Fan Meiling 提出了一种相移方波调制编码（简称"相移编码"），采用非正交编码实现了调制信号的多路复用。以 8 通道为例介绍该复用技术的流程。其中编码系如图 3-51 所示。

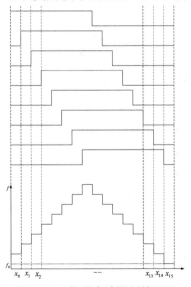

图 3-51　相移方波调制编码系

算得多路复用信号 S 为

$$\begin{cases} x_0 = f_1 + f_B \\ x_1 = f_1 + f_2 + f_B \\ x_2 = f_1 + f_2 + f_3 + f_B \\ x_3 = f_1 + f_2 + f_3 + f_4 + f_B \\ x_4 = f_1 + f_2 + f_3 + f_4 + f_5 + f_B \\ x_5 = f_1 + f_2 + f_3 + f_4 + f_5 + f_6 + f_B \\ x_6 = f_1 + f_2 + f_3 + f_4 + f_5 + f_6 + f_7 + f_B \\ x_7 = f_1 + f_2 + f_3 + f_4 + f_5 + f_6 + f_7 + f_8 + f_B \end{cases} \qquad (3-77)$$

$$\begin{cases} x_8 = f_2 + f_3 + f_4 + f_5 + f_6 + f_7 + f_8 + f_B \\ x_9 = f_3 + f_4 + f_5 + f_6 + f_7 + f_8 + f_B \\ x_{10} = f_4 + f_5 + f_6 + f_7 + f_8 + f_B \\ x_{11} = f_5 + f_6 + f_7 + f_8 + f_B \\ x_{12} = f_6 + f_7 + f_8 + f_B \\ x_{13} = f_7 + f_8 + f_B \\ x_{14} = f_8 + f_B \\ x_{15} = f_B \end{cases}$$

$$s = \sum_{i=0}^{15} x_i \qquad (3-78)$$

并按照以下解调公式可算得各路调制信号为：

$$\begin{cases} 8f_1 = s - 8x_{15} - 8x_8 \\ 8f_2 = s - 8x_0 - 8x_9 \\ 8f_3 = s - 8x_1 - 8x_{10} \\ 8f_4 = s - 8x_2 - 8x_{11} \\ 8f_5 = s - 8x_3 - 8x_{12} \\ 8f_6 = s - 8x_4 - 8x_{13} \\ 8f_7 = s - 8x_5 - 8x_{14} \\ 8f_8 = s - 8x_6 - 8x_{15} \end{cases} \qquad (3-79)$$

该复用方式同样在相邻编码转换时只有一位产生变化，具有和采用格雷码复用方式相同优势，且该复用方式的码片长度 L=2•z，更适用于调制信号较多的复用系统，但该方式在码片长度较长时抑制随机噪声的能力不如正交编码方式。我们设调制信号个数为 z，各个信道随机噪声功率相同，则

正交编码方式对随机噪声增益的变化量为

$$\Delta \text{SNR} = 10 log_{10} \frac{L}{4 \cdot Z} \qquad (3\text{-}80)$$

相移方波编码方式随机噪声增益的变化量约为

$$\Delta \text{SNR} \approx 10 log_{10} \frac{1}{Z} \qquad (3\text{-}81)$$

同样可以看出，随着调制信号个数的增加，各信道信噪比将会降低。

3.4.3 小结与讨论

在方波幅度调制解调系统中，不变之处依然是"追求高精度"，也就体现为抑制各种干扰和噪声：

①有的抑制噪声的优势是该技术所特有的：如抑制"直流与低频"噪声，某些特定频率或频带的噪声，如工频 50Hz 干扰。

②有的噪声是该技术所"引进"的，如方波边沿快速跳变所引起的振铃现象。

③还有一些潜在的干扰和噪声，如不能保证同相位采样，甚至相位差在波动、漂移。又如信号路数的增加导致接收电路的动态范围大幅度下降（需要避免信号幅值超出动态范围）。

在设计方波幅度调制解调系统时，其优势需要充分发挥；需要设计时去抑制；需要考虑充分、深入，必须确保系统的精度满足要求。

（1）码制的性能对比

本章讨论的编码方式有二进制码、格雷码、walsh 码和 OVSF 码、相移编码等 4 种，它们的主要性能对比如表 3-15 所示。

表 3-15 方波调幅编码方式（z 为信号通道数）

编码方式	振铃幅值	频带宽	动态范围	码片长度	白噪声增益
二进制码	最大时，$\propto z$	2^z	$< 1/z$	2^z	2^{-z}
格雷码	$1/z$	2^z	$< 1/z$	2^z	2^{-z}
walsh 码和 OVSF 码	$1/z$	2^z	$< 1/z$	2^z	2^{-z}
相移编码	$1/z$	$z+1$	$< 1/z$	2^z	1

对表 3-15 中的参数说明如下：

①振铃幅值

一般而言，电路的参数是基本不变的，当信号的压摆率基本不变时，振铃的幅值与电压或电流的幅值成正比（线性电路），因此二进制编码最多时有 z 路方波同时出现上升沿或下降沿，而其他编码只有 1 路出现上升沿或下降沿，所以二进制编码可能出现 z 倍于其他编码方式。

②频带宽

方波肯定有高频谐波，方波频率越高，其谐波频率（能够影响电路性能和带来噪声的分量）也就越高。除相移编码为 $z+1$ 外，其他都是按 2^z 的增加。因此，相移编码占用频带最小。

③动态范围

所有的编码方式均有各路信号同时叠加出现的情况，因此，信道（放大器、A/DC 输入）的动态范围要同时容纳各通道"已调制信号"的最大幅值的叠加，也包括各路的载波信号在内，不能使信道进入非线性。

④码片长度

码片长度是所有的编码只出现一次的时间段。显然，相位编码具有最短的码片，而其他 3 种具有相同的最长码片。

⑤白噪声增益

这里指解调后信号的噪声比已调制信号降低的理论值（比例）。显然，每路已调制信号在信号相位编码中只出现 2 次，而其他 3 种编码均出现 2^z 次，看似相位编码的噪声增益不如其他编码方式，但考虑相位编码提高已调制信号的频率或提高采样到同样的水平，这 4 种编码方式的噪声增益差异不大。

（2）系统的顶层设计与创新

在方波幅度调制信号的测量系统中，首先要考虑的跳变沿及其振铃的干扰，抑制这种干扰的主要有下述的一些方法。

①外触发同步、避开跳变沿采样

将相机、光谱仪等的积分时间设置为载波周期的一半以内，并使用外触发确保采样与已调制信号同步，如图 3-52 所示。

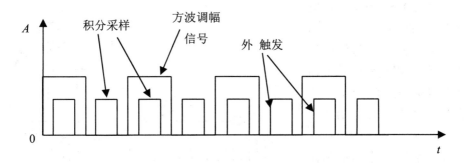

图 3-52　避开跳变沿采样

②合适设计电路的阻尼

在电路中加适当阻尼和减少压摆率，可以有效地消减信号的振铃现象。

如图 3-53 所示，图（a）是最理想的输出，但很遗憾的是，"理想"的电路几乎做不到。图（b）为欠阻尼的情况，波形必定出现振铃现象，是必须避免的状况。图（c）虽然不那么理想的情况，但阻尼过大也会影响测量精度。因此，有适当的过阻尼既能保证精度又能增加可靠性，受前、后沿的影响还可以在设置 A/DC 采样时（或积分起始和终止时间）来完善。

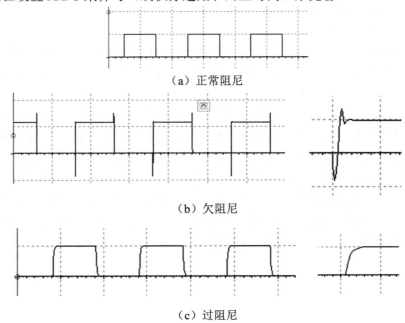

（a）正常阻尼

（b）欠阻尼

（c）过阻尼

图 3-53　输出三种阻尼情况的方波

如图 3-54 所示，在恒流驱动 LD 的电路中，增加一只电容就可以起到这种作用，但要得到好的效果却很不容易：电容过大，电路呈现过阻尼，前、后沿的压摆率太小，一样影响精度；电容过小则可能起不到作用，甚至增强振铃。但这又难以"理论计算"或计算不到最佳电容值，最多得到一个参考值，再进行调整。这是一个很重要的"事实"：模拟的电路一般只能得到

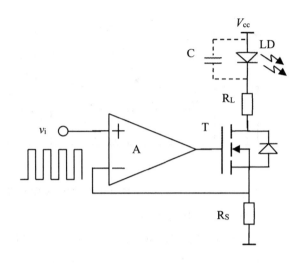

图 3-54　电路中加适当阻尼和减少压摆率

10%左右的精度，再高的精度就需要在理论指导下进行"调试"。

虽然对接收电路要保证其高压摆率：从器件到电路形式（设计），但不能矫枉过正，使系统处于震荡状态或其边沿。

③双电平调制

在电路本底噪声一定时，信号幅值越高，信噪比就越高，因此，把方波的载波信号从"10（有无）"改成"高低"，可以显著改善对随机噪声的信噪比（图 3-55）。

A.　0 电平只是没有信号，但本底噪声依然存在，且很难保证其符合"白噪声"的特性，也就不一定能够与有信号时段的噪声有"抵消"的特性。

B.　双电平意味两个电平期间都携带信息。可以这样理解：这种调制方法是用一个方波和一个直流电平同时被调制，相当于所有周期均携带了信息。

C.　不管是激励电路还是接收电路，都避免了从"无"到"有"或从"有"到"无"的跳变，减少了对电路和电源的冲击。甚至可以适当设置"电平（电流）"使得"信号"处于线性良好的"小信号"范围。

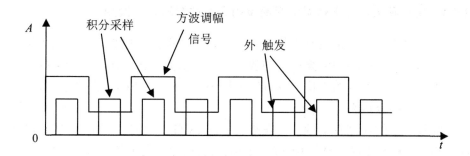

图 3-55　方波双电平调制

④时分+频分模式

对于正交编码，其最高频率与通道数成指数增加。系统难以承受这种宽带的方波信号放大和处理，以 8 个通道信号为例，其最高频率为 $f_{max}=2^z f_{min}=256f_{min}$。这个数据很恐怖，须知，假设 $f_{min}>>\Omega_{max}$，比如 $f_{min}=100\,Hz$，这种情况下 f_{max} 要高达 2～3 MHz 以上。

如果采用分时模式：4 个通道一组，此时 f_{max} 只要 160 kHz。这就大大降低了电路设计和制作的难度，同时各路的信息只损失 3dB，这完全可以从电路大幅度降低速度和带宽找回来。

⑤多种方法的组合

前面所介绍的各个方法，相互之间并无根本的冲突，可以酌情组合起来使用，以达到最佳效果。

3.5　调制解调系统应用实例

调制解调技术在多种、多通道信号采集方面具有强大的优势和潜力：

①利用阻抗信号自身对交流激励信号本质的要求。

②利用不同的载波频率实现多通道信号的同步采集。

③利用锁相解调的高品质（Q 值）的优势实现抑制随机噪声和其他频率干扰的优势，得到高信噪比的信号检测。

④利用锁相解调算法中的"过采样"大幅度提高数据精度。

⑤利用锁相解调算法实现对"相位"的高精度检测。

本节介绍若干具体的应用实例，展示调制解调技术的上述优势。

3.5.1 用于呼吸与心电信号的极简单而又高性能的同步检测

呼吸与心电信号是最重要的临床诊断和监护指标，也是最常用的指标。

心电信号的检测需要高性能的放大器并抑制如极化电压、工频干扰等远远大于心电信号本身的干扰，同时需要把 1mV 左右的 ECG 信号放大数千倍以得到足够的分辨率。

呼吸信号的检测有多种，但在需要检测 ECG 信号时，与 ECG 的检测共用电极、检测呼吸时人体胸腔（肺）的阻抗变化无疑是最佳选择：应用可靠、简单、方便。然而，这种呼吸信号的检测同样不容易：信号微弱，与电极接触阻抗、胸腔的基础阻抗相比，只占后者的数千分之一到数万分之一。

借助于"过采样"技术和高速锁相算法，采用了如图 3-56 所示的技术方案。

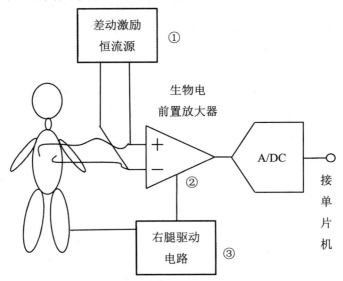

图 3-56　同步检测呼吸与心电信号的技术原理框图

（1）电路原理

①并联差动放大器及其特点

图 3-57 所示并联差动放大器，即常规的仪器放大器（三运放电路）的第一级，该电路的有两个重要特点：理论上共模抑制比为无穷大，且与 R5、R6 和 R7 的阻值及它们的匹配程度无关；对实际元器件构成的电路，该放大器共模抑制比与其差模增益成正比。

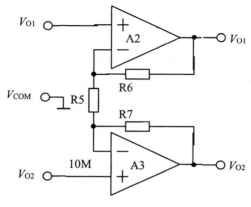

图 3-57　并联差动放大器

②提高并联差动放大器的共模抑制比的途径及其限制

在生物电测量中，极化电压是难以避免的一种直流和超低频的干扰，其来源是测量电极与电解质溶液（如导电膏、人体分泌的汗液等）形成的半电池。极化电压是限制提高放大器的差模增益的主要因素（其他差模干扰也会限制放大器增益的提高），其原因在于放大器的输入、输出范围有限（一方面受放大器的电源电压限制，另一方面运放本身的输入、输出范围总是有一定的限制，这两个方面的限制在低压电源供电时尤为重要）。为了充分发挥图 3-57 所示并联差动放大器的第二个特点，但又要避免极化电压（如有关心电图机的国家标准规定：心电图机必须能够抑制 300mV 的极化电压）带来的限制，可以在图 3-57 所示并联差动放大器的基础上加上高通滤波网络，如图 3-58 所示。

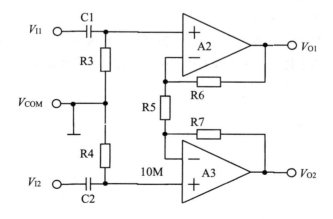

图 3-58　加上高通滤波网络的并联差动放大器

图 3-58 所示具有高通滤波器的并联差动放大器可以通过大幅度提高差模增益来提高电路的共模抑制比，但这是所加的两差动输入端的高通滤波器中的 C1、R3 和 C2、R4 完全匹配、对称的情况下得到的结论。实际上：

● 把高通滤波器与并联差动放大器看成两级电路，相应的共模抑制比分别为 CMR_{HP} 和 CMR_{PA}，则电路总的共模抑制比 CMR_{TOTAL} 为：

$$CMR_{TOTAL} = \frac{CMR_{HP} \cdot CMR_{PA}}{CMR_{HP} + CMR_{PA}} \qquad (3\text{-}82)$$

式（3-82）表明，两级电路总的共模抑制比必然要小于其中任何一级电路的共模抑制比。

● 用最普通的器件所构成的并联差动放大器的共模抑制比 CMR_{PA} 可以轻而易举地达到 80dB（也就是 10000）以上，为了使电路总的共模抑制比不低于 80dB 或不低于 80dB 太多，也即要求 $CMR_{HP}>80dB$，不难证明，高通滤波器中两对阻容元件的匹配误差必须小于万分之一（1/10000）。这是常规的阻容元件所达不到的要求。

通过上述的讨论可知，从理论上采用前置高通滤波器的方式可以避免极化电压的限制，提高并联差动放大器的差动增益，进而提高电路的共模抑制比，但其前提是两输入端的高通滤波器对应的阻容元件必须高度匹配，且其匹配精度远远超过常规阻容元件所达到的精度。否则，电路的共模抑制比将远远低于不加前置高通滤波器时并联差动放大器所能得到的最低共模抑制比（即电路中两个运放构成跟随器时的共模抑制比，通常能够做到 80dB 左右）。

③共模干扰的主要来源

共模干扰的来源主要是空间电场，特别是日常用电的 220V、50Hz 的电源线引入的电场干扰，又称工频干扰。电源线通过与人体之间的分布电容加载在人体上，如图 3-59 所示。

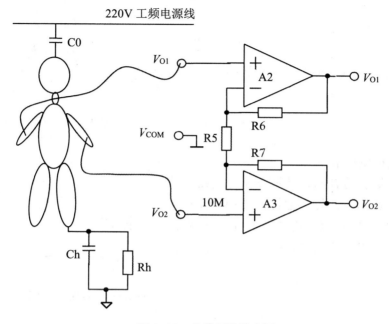

图 3-59　共模干扰的来源

显然，当放大器的输入阻抗足够大时，人体上的共模干扰为

$$V_{IC} = \cfrac{\cfrac{\cfrac{1}{J\omega C_h} R_h}{\cfrac{1}{J\omega C_h} + R_h}}{\cfrac{1}{J\omega C_0} + \cfrac{\cfrac{1}{J\omega C_h} R_h}{\cfrac{1}{J\omega C_h} + R_h}} V_P \qquad （3-83）$$

式中，V_p 为工频电源线上的电压（220V）。C_0 约为 2pF，C_h 约为 200pF，R_h 为 1～1000 MΩ。

同时可以把人体从电源线上得到的干扰看作为一个电压源(如图 3-60 所

示)，其幅值为（3-83）式所表达的 V_{IC}，内阻为 $Z_S = \dfrac{\dfrac{\dfrac{1}{J\omega C_h} R_h}{\dfrac{1}{J\omega C_h} + R_h}}{\dfrac{1}{J\omega C_0} + \dfrac{\dfrac{1}{J\omega C_h} R_h}{\dfrac{1}{J\omega C_h} + R_h}}$。

④共模驱动电路

为了避免前置高通滤波器降低电路总的共模抑制比和对前置高通滤波器中的元件精度过高的要求，可以采用共模驱动电路。在图3-61所示的共模驱动电路中：

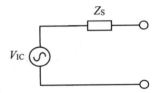

图 3-60　共模干扰的等效电路

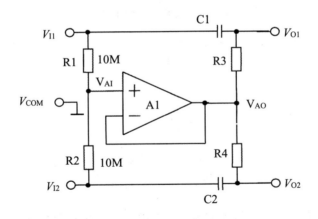

图 3-61　共模驱动电路

如果 $V_{I1} = V_{I1} = V_{IC}$，其中，V_{IC} 是输入的共模信号电压。不难得到：$V_{AO} = V_{AI} = V_{IC}$，因而 $V_{O1} = V_{IC}$，$V_{O2} = V_{IC}$，也即 $V_{O1} = V_{O2} = V_{IC}$。

其中并无对 C1、R3 和 C2、R4 做任何限制或假定，因而 C1、R3 和 C2、R4 的失配并不产生"共模变差模"的现象，即不需要匹配的高通滤波器也有无穷大的共模抑制比。

共模驱动电路的工作原理是采用两个相等阻值的电阻从两个输入端取

得共模信号（两个输入端的差模信号在运放 A1 的输入端叠加的结果为 0），因而运放 A1 构成的跟随器的输出也为共模信号，用共模信号去驱动高通滤波器原来接地的一端，使得高通滤波器的输出也为共模信号（但对差模信号却依然起到高通滤波作用）。因而，有了共模驱动电路，就可以在并联差动放大器的前端加接高通滤波器而不影响电路总的共模抑制比，进而为提高并联差动放大器的差模增益提供了条件，最终大幅度提高了电路的共模抑制比。

　　实际上，共模驱动还可以用以驱动导联线的屏蔽层、差动的低通滤波器等差动电路的接地端，达到消除由于元器件的不对称性对电路共模抑制比的影响，或者说避免电路的不对称性所导致的共模干扰变成差模干扰的现象发生。

　　共模驱动电路的输出还可以用在右腿驱动电路和浮动电源中，用以提高电路的抗干扰性能。详细情况在后文中说明。

　　⑤右腿驱动电路

　　共模驱动电路 → 前置高通滤波器 → 抑制极化电压的影响 → 提高并联差动放大器的差模增益 → 提高电路的共模抑制比 → 抑制共模干扰，主要是 50Hz（工频）的干扰，这是一个行之有效的生物电放大器的设计方法，但由于还存在其他干扰使得差动增益提高的幅度有限，因而电路的共模抑制比的增加也很有限。

　　共模驱动电路，是将并联差动放大器及其附属电路的"地"驱动到共模电平上，反过来，也可以把"共模信号"反向（相）放大后去抵消共模信号，这就是所谓的"右腿驱动电路"，如图 3-62（a）中的虚线框所示电路。

　　右腿驱动电路实质就是一个反相放大器。假设其电压增益为 $-K_4$，而作用在人体上的共模信号可以用一个电压源和内阻来表示，在图 3-62（b）所示的等效电路中分别为 V_P 和 Z_S，而共模驱动放大器的增益为 1。

　　接上右腿驱动电路之后

$$V_{IC}^{'} = \frac{RR \cdot V_{IC} + Z_S \cdot V_{O4}}{RR + Z_S} \tag{3-84}$$

而

$$V_{O4} = -K_4 V_{IC}^{'} \tag{3-85}$$

将式（3-85）代入式（3-84）中，得

$$V_{IC}^{'} = \frac{RR \cdot V_{IC}}{RR + Z_S + Z_S \cdot K_4} \tag{3-86}$$

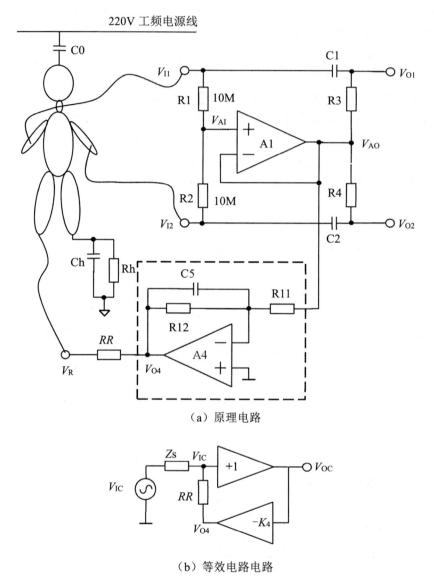

（a）原理电路

（b）等效电路电路

图 3-62 右腿驱动电路

由于 $K_4 \gg 1$，RR 可以取为几千欧姆到几十千欧姆（在电池供电的情况下可以确保安全，实际上 RR 可以取为 0Ω，此时 RR 表示的为电极与皮肤的接触电阻），或几百千欧姆（在交流供电的情况下可以确保安全），因此，$\left| K_4 \cdot Z_S \right| \gg RR$，则式（3-86）可以近似为

$$V_{IC}^{'} = \frac{RR \cdot V_{IC}}{Z_S \cdot K_4} \qquad (3-87)$$

或

$$\frac{V_{IC}^{'}}{V_{IC}} = \frac{RR}{K_4 \cdot Z_S} \qquad (3-88)$$

Z_S 的模值约在 $10^7\Omega$，K_4 在 $10^2 \sim 10^3$，因此，上式的计算结果为 $10^{-5} \sim 10^{-6}$。虽然实际上的效果会大打折扣，但依然十分显著，一般能够等效提高 $20 \sim 40dB$（$10 \sim 100$）的共模抑制比。

⑥过采样技术与成型信号

过采样指的是采样率远远大于信号频率，采样率与奈奎斯特频率的比值称为过采样倍数或过采样率。

过采样的目的是以模数转换器（A/DC）的速度换取精度，也即用 A/DC 尽可能实现的速度 $f_{s,new}$ 对信号进行采样，然后通过下采样使采样速度降到 $f_{s,old}$，这样所得到的精度可以表示为

$$SNR_{Q-gain} = 10\log_{10}(f_{s,new}/f_{s,old}) \qquad (3-89)$$

令 $M = f_{s,new}/f_{s,old} = 4^K$，当 $K = 1$ 时，$SNR_{Q-gain} = 6.02$（dB）。对比 N 位 A/DC 的信噪比为：

$$SNRQ = 6.02N + 1.77 \text{（dB）} \qquad (3-90)$$

说明每过 4 倍的采样率，可以得到 1 位的分辨率（精度）。

采用过采样技术，也可以降低对抗混叠滤波器的要求。

提高 A/DC 的精度有如下的好处：

——实现无放大器的检测与数据采集，或者降低放大器的放大倍数；

——降低成本、简化工艺；

——提高动态范围，检测以往难以检测的信号；

——提高可靠性和抗干扰性能。

成型信号是用于提高过采样性能的一项技术，特别是对于很"干净"的直流或超低频信号，简单地应用过采样技术可能失效。其原因是：在没有一定幅值情况下的直流或超低频信号，如图 3-63（a）所示，对一个量化电平之间的信号过采样任何倍数都无济于事。

在图 3-63（a）中的直流信号幅值大约相当于 0.6LSB，不采用成型信号时，采样多少次的数字均为 0，其下抽样（求平均）的值依然为 0。

如果像图 3-63（b）所示的那样，叠加一个幅值为 1 个量化电平（相当于 1LSB）的三角波信号，如果在 t1 到 t2 期间（成型信号的周期）内均匀间

隔采样 10 次，然后再下抽样成为 1 次采样。很容易可以得到：4 次采样值为 0，6 次采样值为 1。下抽样的结果是 0.6。

当然，上述的叠加成型信号的原理仅仅是一个示意性的说明，而不是严格的证明。另外，成型信号的幅值也不需要严格限制在 1 LSB，而是在叠加被转换的模拟信号后不超过 A/DC 的输入范围即可。

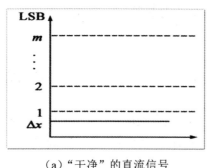

（a）"干净"的直流信号　　　　（b）叠加三角波的成型信号

图 3-63　叠加成型信号的过采样原理

成型信号的产生既可以用数模转换器（D/AC）来产生，也可以采用图 3-64 所示的方法来产生。

当 $\tau = RC \gg T_s$（T_s 为方波的周期）时，简单的 RC 电路也可以输出近乎完美的三角波，三角波符合作为成型信号的条件。而方波的产生可以用单片机的 I/O 引脚完成，这样产生成型信号的方法十分简单、易行。

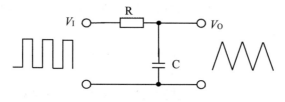

图 3-64　成型信号产生电路

⑦结合过采样技术与成型信号的多种生理信号的同步检测

如图 3-65 所示，应用欧姆定律测量一个电阻时可以有两种方法：

采用恒流源激励和测量电阻两端的电压。这种方法的优点是电压信号的放大与处理比较方便，方法和电路成熟。缺点是不易得到高精度、高稳定性和容易调整的恒流源。

采用恒压源激励和测量电阻中流过的电流。这种方法的优点是恒压源容易获得，且相对容易保证高精度和高稳定性，容易调整恒压源的输出幅值。缺点是电流信号不易处理和放大。

在精度要求不高时，如测量人体呼吸的阻抗变化时（通过其阻抗的变化周期测量呼吸次数），也可以采用图 3-66 所示电路。

$$V_X = \frac{R_E + R_B}{R_S} V_S + V_{ECG} \tag{3-91}$$

因此，从放大器的输入端可以得到三角波的信号 V_S 和心电信号 V_{ECG}。

在一个三角波的周期内，当使得三角波信号的频率远远大于心电信号的频率时，由于三角波信号与心电信号是叠加在一起的，即式（3-91）所表达的意思，则式（3-93）既把三角波信号与心电信号分离出来，又把呼吸信号从三角波信号中解调出来。

由图 3-66 所示电路不难得到：

$$V_X = \frac{R_E + R_B}{R_S} V_S \tag{3-92}$$

当 $R_S \gg R_X$ 时，上式可以改写为：

$$V_X = \frac{R_X}{R_S} V_S \tag{3-93}$$

或

$$R_X = \frac{V_X}{V_S} R_S \tag{3-94}$$

而在测量中，R_S 和 V_S 都是给定值，通过后续电路可测量到的值，可以实现 R_X 的测量。

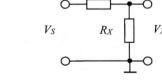

图 3-65　基于欧姆定律的电阻测量原理　　图 3-66　简单的电阻测量原理

如果 V_S 不是采用直流，而是采用正弦波的交流，则应该通过测量正弦波的有效值、峰值或峰峰值来测量 R_X。

更特别的是，如果采用交流的三角波作为 V_S，也可以通过测量三角波的有效值、峰值或峰峰值来测量 R_X。这时，如果采用模数转换器将三角波的 V_X 转变成离散的数字信号，要实现高精度测量其有效值、峰值或峰峰值有一定的困难：测量有效值需要经过一定的复杂计算；测量峰值或峰峰值既需要较高的采样频率以保证较小的"采样相移误差"。采样时间点与被测信号的峰值时间点没有同步所产生的误差，又必须有较费机时的比较最大值的计算程序。

一个简单而又高精度的方法是采用前、后半周期的平均值来计算。如果在每个三角波周期中采样 2m 次，定义：

$$\overline{V}_{PP}(n) = \sum_{j=2mn}^{j=2mn+m-1} V_j - \sum_{j=2mn+m}^{j=2mn+2m-1} V_j \quad n=0,1,2\cdots \quad （3-95）$$

作为表示三角波幅值的一个量（图 3-67）。因而，可以用它来测量电阻。

在测量生物电信号时，如测量心电（ECG）时加入一个三角波信号，这个三角波信号除了用于过采样外，还可以用于测量电极与皮肤的接触电阻（直流部分）和人体阻值的变化（交流部分）。

图 3-68 给出了同步测量 ECG、电极接触电阻（或判断导联脱落）和呼吸次数的原理图。其中，V_S 为三角波信号源；Rs 为三角波信号源内阻；V_{ECG} 为心电信号；R_B 为胸腔电阻，该电阻随呼吸而起伏变化；R_E 为电极与皮肤的接触电阻，还包括人体自身部分电阻。按照线性叠加定律可以得到：

$$V_I = \frac{1}{R_S+R_E+R_B}\left[(R_E+R_B)V_S+R_SV_{ECG}\right] \quad （3-96）$$

设 计 电 路 时 保 证 Rs>>R_E、R_B，则 上 式 可 以 简 化 为 $V_I = \dfrac{1}{R_S}\left[(R_E+R_B)V_S+R_SV_{ECG}\right]$。而

$$\overline{V}_{PP}(n) = \sum_{j=2mn}^{j=2(m+1)n-1} V_j \quad n=0,1,2\cdots \quad （3-97）$$

即每个三角波周期内的信号求和。由于呼吸信号幅值和频率均远小于心电信号，则分离出 V_{ECG}。

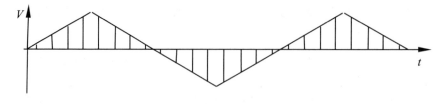

图 3-67　信号分离

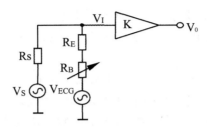

图 3-68　多种参数同步检测的原理图

（2）多种参数同步检测的高性能生物电放大器

根据前文介绍，把这些电路有机地结合起来，就构成一个性能优良的多种参数同步检测的高性能生物电放大器，如图 3-69 所示。

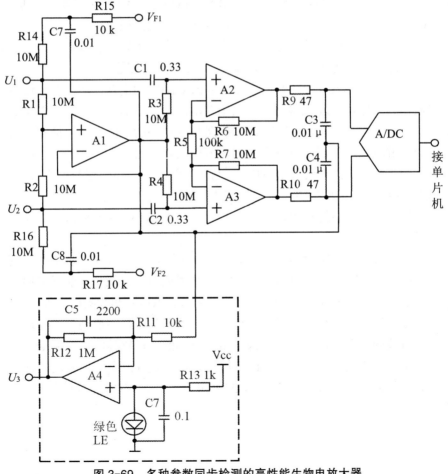

图 3-69　多种参数同步检测的高性能生物电放大器

在应用该电路时需要考虑和注意如下事项：

①A1～4：可以采用四运放 AD8544，或其他高输入阻抗 CMOS、低电压、I/O R-R 运放。

②V_{F1}、V_{F2} 接单片机的 I/O 口，单片机输出互补的方波信号。调整 C7、R15 和 C8、R17 以使得 U_1 和 U_2 得到的差动信号成为三角波，且其幅值经过 A2 与 A3 组成的放大器放大（约 200 倍）后不超过放大器本身动态范围和 A/DC 的输入范围。

③在同步测量呼吸或心输出量时，方波频率为 50kHz 左右为最佳。注意调整 C7、R15 和 C8、R17 以使得 U_1 和 U_2 得到的差动信号成为三角波。

④A/DC 最好采用差动输入；多路同步次之，最次非同步 A/DC 也可以，但其采样速度应该足够高，为方波频率的 4 倍以上。A/DC 的位数越高越好，但（n+lg$_4$SR）（n 为 A/DC 分辨率、SR 为采样速度）越大越好。

⑤虚线框内右腿驱动电路可以省略，但该电路可以显著改善电路性能。采用该电路时可以把 U_3 电极与 U_1 或 U_2 放在靠近的位置。

⑥在微型便携式或无线装置中可以省略右腿驱动电路，但需要把地线通过电极接到人体，为放大器提供输入偏置电流，省下的一个运放可以构成基本差动放大器与 A1、A2 一起构成仪器放大器（三运放电路），以便把差动输出变成单端输出，进而可以采用单端输入模数转换器。

⑦如果单片机能够通过 D/AC、参考电源等方式提供"信号地"，则可以省略 LED 和 R13 构成的"信号地"产生电路。

⑧如果采用双电源供电，也可以省略 LED 和 R13。除非保留它们作为电源指示用。

⑨当方波为 50 kHz 而电路用于心电和呼吸信号检测时（此时下抽样到采样率 200 SPS 比较合适），可以将一个三角波周期内的累加和与前后半周期的差值分别再累加 250 次，分别得到 200SPS 的心电信号和呼吸信号。

⑩三角波周期计算起始点在幅值中间，而不是峰、谷值处（不要理所当然地以方波的上升沿、下降沿作为三角波的起始点计算前、后半周期）。

为了进一步提高对呼吸检测的灵敏度，可以提高三角波信号的幅值，用三极管构成的恒流源替代图 3-69 中的 R14 和 R16，修改后的电路如图 3-70 所示。

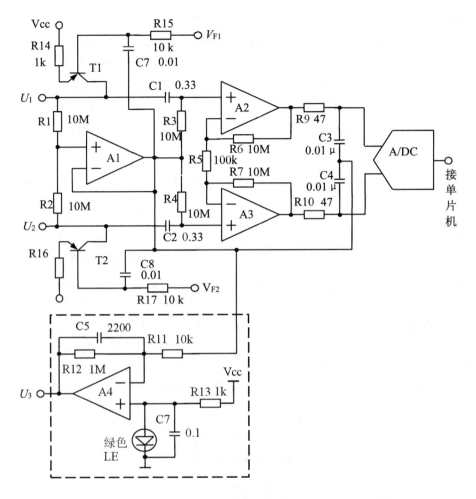

图 3-70　采用恒流源的多种参数同步检测的高性能生物电放大器

3.5.2　基于快速数字锁相优化算法的溶解氧测量

（1）引言

目前，溶解氧测量方法包括了 Winkler 碘滴定法、电化学分析法和光学法三类。其中，Winkler 碘滴定法属于传统的实验室化学分析方法，是目前测量精度最高的测量方法和国际上通用的基准测量方法。但由于 Winkler 碘滴定法操作过程烦琐和对操作环境要求苛刻，只能在实验室环境中进行测量，无法实现连续在线测量。电化学分析法是目前使用较为广泛的测量方法，市场上基于电化学分析法的商用溶解氧测量仪器较为普遍，但存在检测过程消耗氧气的缺点，检测过程中需要进行搅拌，并且需要定期进行维护和校准。光学法是一种基于荧光淬灭原理的溶解氧测量方法，检测过程中不耗氧，具有较强的抗干扰能力，非常适合连续在线原位测量，维护起来相对简单方便。

　　光学法解氧测量是利用荧光物质吸收特定波长光后发射出荧光的特性进行的溶解氧测量。由于环境中的氧分子的量与荧光的强度和荧光的衰减速度线性相关，以此测量环境中氧分子的含量。荧光淬灭原理遵循 Stern–Volmer 方程，如式（3-98）所示：

$$\frac{I_0}{I} = \frac{\tau_0}{\tau} = 1 + K_{SV}\left[O_2\right] \tag{3-98}$$

　　其中，I_0 和 τ_0 为无氧状态下的荧光强度和荧光寿命，I 和 τ 为某个溶解氧浓度下的荧光强度和荧光寿命，K_{SV} 是指荧光淬灭常数，$\left[O_2\right]$ 是溶解氧浓度。由 Stern–Volmer 方程可知，溶解氧的浓度分别与荧光强度和荧光寿命呈线性相关。由于基于荧光强度的溶解氧传感器对光源强度、样品的浊度、环境光及荧光染料本身的光漂白等因素的干扰比较敏感，因此，基于荧光强度构建高稳定性的溶解氧传感器比较困难。荧光寿命是荧光信号的特征参数，与外部杂散光和光电器件的性能无关，基于荧光寿命的溶解氧测量具有更好的抗干扰能力。基于荧光淬灭原理的溶解氧传感器由激励光源、荧光膜、荧光检测和信号处理与传输等部分组成，如图 3-71 所示。当将荧光膜放入水中并受到激励光源的照射时，荧光淬灭反应将在敏感膜的界面处发生。

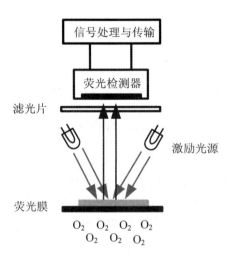

图 3-71　光学法溶解氧测量示意图

光学法溶解氧测量中常用的荧光材料有钌络合物和卟啉络合物，这类荧光敏感材料不消耗氧气，具有很快的响应速度和较高的检测灵敏度，被广泛用作光学溶解氧传感器的荧光指示剂。光学法溶解氧测量原理是测量固定在基质中发光分子发生氧荧光淬灭效应的反应周期，目前被用作基质的材料包括硅橡胶，硅胶，溶胶-凝胶和聚合物。选择具有良好透氧性、机械性、化学稳定性和光学透明性的基质，不同的荧光材料和薄膜基质材料可进行搭配以提高传感器性能。

现有研究聚焦在基于光纤氧传感器的研制和改进，提高了传感器的测量灵敏度和线性测量特性，对溶解氧高精度测量具有非常好的研究和应用价值，但这些研究是在实验室中利用科学测量仪器进行的，并未考虑后续的电路设计与信号处理部分和传感器集成在一起实现测量小型化的问题。

光学法传感器克服了传统电极法溶解氧传感器的缺点，如电极法传感器稳定性和可靠性差，对流体速度的依赖性强及容易受到电极极化的影响，光学溶解氧传感器不消耗氧气、精度高及抗电磁干扰能力强。同时，基于荧光淬灭原理的溶解氧传感器相比于电极式溶解氧传感器更容易满足传感器小型化的需求。但是，目前基于荧光寿命法的测量基于模拟相敏检测电路设计较多，电路设计较复杂并且对电路性能要求高。利用数字化的信号处理，可降低硬件电路设计要求，但是对模拟信号的采样速度和数字信号的处理速度要求较高。

（2）荧光寿命测量原理

根据 Stern-Volmer 方程，氧分子作为唯一的荧光淬灭剂，可通过荧光强度或荧光寿命测量水中的氧浓度。由于测量系统中存在器件的老化、直流漂移和杂散光的干扰等因素，基于荧光强度的溶解氧测量实现高精度和高稳定性具有一定的困难。

荧光寿命的稳定性好，受外界影响较小，选择测量荧光寿命相比于选择测量荧光强度，在提高传感器的准确度、稳定性和抗干扰能力等方面更具有优势。图 3-72 展示了用于溶解氧测量的归一化光强的激发光脉冲曲线及其激发出的荧光强度在不同氧环境下的变化曲线。

当一个光脉冲 $\delta(t)$ 照射荧光材料后，相应发射出的荧光强度将按照指数规律衰减，可用式（3-99）表示：

$$I\left(t\right) = I_0 e^{-t/\tau} \tag{3-99}$$

对式（3-99）两端同时以 e 为底取对数，整理可得式（3-100）：

$$\ln I_0 - \ln I_t = t / \tau \qquad (3\text{-}100)$$

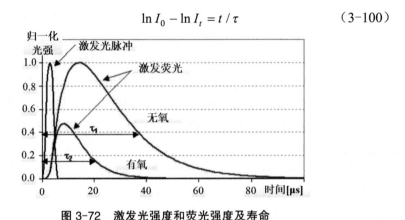

图 3-72　激发光强度和荧光强度及寿命

式中，I_0 与 I_t 分别表示 $t=0$ 和 $t=t$ 时刻的荧光强度，τ 表示荧光寿命。

由信号与系统理论可知，输入为 $\delta(t)$ 脉冲，输出 $h(t)$ 称为系统冲激响应。对于任意形式的输入 $x(t)$ 都可以得到输出 $y(t)$，如式（3-101）所示：

$$y(t) = x(t) * h(t) = \int_0^t x(t') h(t-t') dt' \qquad (3\text{-}101)$$

以式（3-102）所示正弦信号作为激励信号 $x(t)$：

$$x(t) = A\sin(\omega t) = A\sin(2\pi f t) \qquad (3\text{-}102)$$

由此产生的荧光信号即为激发光信号与系统函数的卷积，将系统函数 $h(t) = e^{-t/\tau}$ 和 $x(t)$ 代入式（3-101）可以得到系统输出荧光信号为：

$$y(t) = \frac{A}{\sqrt{1+(2\pi f)^2 \tau^2}} \sin[2\pi f t - \tan^{-1}(2\pi f \tau)] = A'\sin(2\pi f t - \varphi) \quad (3\text{-}103)$$

式中，A' 表示荧光信号强度，φ 表示荧光信号相对于激励信号之间的相位差。由式（3-103）可知，从荧光信号强度和荧光信号相位中，都可以提取荧光寿命信息，通过测量荧光信号强度或荧光信号相位能够得到荧光寿命。根据荧光信号的幅值及激励信号的幅值和频率可计算得到荧光寿命为：

$$\tau = \left| \frac{\sqrt{\dfrac{A^2}{A'^2} - 1}}{2\pi f} \right| \qquad (3\text{-}104)$$

根据荧光信号的相位可以计算得到荧光寿命为：

$$\tau = \frac{\tan \varphi}{2\pi f} \qquad (3\text{-}105)$$

根据式（3-104）计算荧光寿命，需要已知激励信号的幅值和频率，而通过式（3-105）计算荧光寿命，只需要已知激励信号的频率。荧光信号强度的测量过程中，影响荧光强度测量精度的因素较多，容易引入较大测量误差，用以实现高精度溶解氧的测量难度较大。而荧光信号相位φ的测量对荧光强度方面的噪声具有较强的抗干扰能力，通过测量相位差计算荧光寿命相比于强度测量更容易实现高精度的溶解氧测量。

（3）相位差检测方法及误差分析

根据测量获得的荧光信号与激励信号之间相位差，由式（2-10）可以求得荧光寿命。目前，常用的相位差测量方法有时间间隔测量法、傅里叶变换法和基于相关原理的方法。本节将介绍相位差的测量方法及对其存在测量误差进行分析。

①时间间隔测量法

时间间隔测量法是基于比较电路实现相位差检测的传统方法。通过判断两个同频信号的过零点时刻，再将时刻差值与信号周期做比值，再乘以2π可计算出两个同频信号之间的相位差。

如假设两个同频信号之间的过零点时刻差值为Δt，信号的周期为T，则相位差$\Delta\varphi$可表示为：

$$\Delta\varphi = \frac{\Delta t}{T} \cdot 2\pi \qquad (3-106)$$

当将两个同频信号离散化处理后，时间间隔测量法转换为以计数方式计算相位差。设采样频率为f_s，假设两信号的过零点时刻之间相差n个采样点，则相位差$\Delta\varphi$可表示为：

$$\Delta\varphi = \frac{\Delta t}{T} \cdot 2\pi = \frac{n}{f_s} \cdot 2\pi \qquad (3-107)$$

时间间隔测量法计算量小，测量速度较快，是一种简单快速的测量方法，但是抗干扰能力比较差，检测精度并不高。其中影响检测精度的因素如下。

噪声干扰：由于待测信号上会叠加本底噪声及外部的电磁干扰，导致实际检出的过零点在零点附近的抖动，存在边沿抖动误差。尽管使用低通滤波器可以滤除高频噪声，但是也会产生双路信号所用的低通滤波器幅频特性和相频特性不一致所带来的问题，进而引入附加误差。

量化误差：进行模数转换时，原来连续变化的信号变成了非连续的序列，引入量化误差。当采样频率过高及采样信号比较小时，在过零点附近都有可能出现连续采样值为零的情况，将会引入由于量化带来的误差。通常在这种情况下，可以取这一连续"零点"的中心点为真正的零点，进而减小量化误差。

采样频率：采样频率越高，相位检测精度也就越高。但是由于噪声的存在，同时高采样频率在过零点处必然会出现抖动问题。此外，采样频率会限制输入信号的频率，被测信号频率过高时，对采样率会有较高的要求。

谐波干扰：器件中的直流偏差会给过零点法相位检测带来偏差。同样，信号中的偶次谐波也会对过零点检测带来干扰。直流分量和偶次谐波分量会使原始信号的零点偏离原有位置，将会限制相位检测精度。

②傅里叶变换法

傅里叶变换法通过利用信号傅里叶变换后的频域特性测量两个同频信号之间的相位差。首先同步采集两路信号的数据，每一路的数据所截取的起始和结束部分在时间上对齐，得到两路信号数据对应的频谱，从频谱中提取出相位，通常以提取基频相位作为信号的相位，因此两个同频信号之间的相位差等于两个基频对应相位之差。

周期信号傅里叶展开式可表示为：

$$
\begin{aligned}
x(t) &= a_0 + \sum_{n=1}^{\infty}[a_n\cos(n\omega_0 t) + b_n\sin(n\omega_0 t)] \\
&= a_0 + \sum_{n=1}^{\infty}A_n\sin(n\omega_0 t + \varphi_n)
\end{aligned}
\tag{3-108}
$$

式（3-108）中，a_0 为直流量，φ_n 表示 n 个谐波成分的相位，A_n 表示 n 个谐波分量。对周期信号进行采样，然后进行一个信号周期进行傅里叶变换：

$$
\begin{aligned}
X(k) &= \sum_{n=0}^{N-1}x(n)\exp(-j\frac{2\pi k}{N}n) \\
&= \sum_{n=0}^{N-1}x(n)[\cos(\frac{2\pi k}{N}n) - j\sin(\frac{2\pi k}{N}n)] \\
&= \sum_{n=0}^{N-1}x(n)\cos(\frac{2\pi k}{N}n) - j\sum_{n=0}^{N-1}x(n)\sin(\frac{2\pi k}{N}n) \\
&= \mathrm{Re}[X(k)] + \mathrm{Im}[X(k)], \quad k = 0,1,2,\cdots,N-1
\end{aligned}
\tag{3-109}
$$

信号的相位可使用傅里叶变换的实部 $\mathrm{Re}[X(k)]$ 和虚部 $\mathrm{Im}[X(k)]$ 计算得到：

$$
\varphi_k = \arctan\left(\frac{Im[X(k)]}{\mathrm{Re}[X(k)]}\right)
\tag{3-110}
$$

式中，k 由信号频率 f、采样频率 f_s 和采样点数 N 确定，$k = fN/f_s + 1$。

利用傅里叶变换只提取了基波分量计算相位，对谐波干扰具有很好的抑制作用。但是，傅里叶变换所用的数据不是整周期采样时计算出的相位存在误差。另外，信号的频率扰动对基于 FFT 谱分析法测量相位影响较大。

③数字锁相算法

锁相放大技术是基于互相关原理进行信号检测的方法，尤其是在微弱信号检测领域，是一种有效检测手段。锁相放大技术的核心是相敏检测器，相敏检测器是实现信号相乘运算的乘法器。因此可以根据实现乘法运算的方式分为数字相敏检测器和模拟相敏检测器。

在实现数字锁相放大器时，数字信号与同时产生的相应数字参考序列在计算机或微处理器内部以数字信号处理的方式实现乘法运算和低通滤波，达到幅值检测和相位检测的目的。双通道数字锁相算法基本原理如图 3-73 所示，双通道数字锁相算法只要求频率已知，即可解调出对应频率的幅值和相位；单通道数字锁相算法，解调待测信号的相位信息时需要确定待测信号的幅值信息，解调待测信号的幅值信息时需要先确定相位信息。这也就是说单通道的数字锁相需要知道两个参数信息才能解调另一个参数信息，而双通道数字锁相只需要确定频率即可解调频率以外的两个参数。

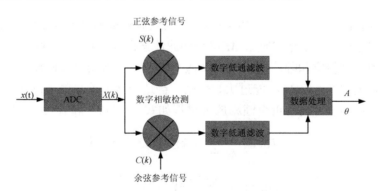

图 3-73　数字锁相原理框图

假设待测信号为 $x(t)$，如式（3-111）所示：

$$x(t) = A\sin(2\pi ft + \varphi) + B(t) \qquad (3\text{-}111)$$

式（3-111）中 $A\sin(2\pi ft + \varphi)$ 是我们要检测的目标信号，$B(t)$ 为信号携带的总噪声。信号采样频率设定为 $f_s = Nf$（$N \geqslant 3$ 且为整数）进行采样，采集到的信号成为离散信号 $x(k)$，如式（3-112）所示：

$$x(k) = A\sin\left(\frac{2\pi k}{N} + \varphi\right) + B(k), k = 0,1,2,\cdots \tag{3-112}$$

相应正弦信号和余弦信号的参考序列为 $s(k)$、$c(k)$，如式（3-113）和式（3-114）：

$$s(k) = \sin\left(\frac{2\pi k}{N}\right), k = 0,1,2,\cdots \tag{3-113}$$

$$c(k) = \cos\left(\frac{2\pi k}{N}\right), k = 0,1,2,\cdots \tag{3-114}$$

公式（3-112）分别与（3-113）和（3-114）相乘，实现了数字相敏检波，得到的输出信号为：

$$x(k) \cdot s(k) = \frac{1}{2}A\cos\varphi - \frac{1}{2}A\cos\left(\frac{4\pi k}{N} + \varphi\right) + B(k)\cdot\sin\left(\frac{2\pi k}{N}\right), \ k = 0,1,2,\cdots$$
$$\tag{3-115}$$

$$x(k) \cdot c(k) = -\frac{1}{2}A\sin\varphi + \frac{1}{2}A\sin\left(\frac{4\pi k}{N} + \varphi\right) + B(k)\cdot\cos\left(\frac{2\pi k}{N}\right), \ k = 0,1,2,\cdots$$
$$\tag{3-116}$$

可以看出公式（3-115）和（3-116）由直流分量和交流分量组成。因此，经过数字相敏检波后信号通过 M 点平均滤波器提取出直流分量，直流量是只包含原始信号相位和幅值的函数。M 通常为对应整周期的采样点，M 越大滤除噪声效果越好，但 M 不能过大，否则将会造成直流分量的衰减过多，引入过多的测量误差。数字正交锁相放大过程如式（3-117）和式（3-118）所示：

$$I(k) = \frac{1}{M}\sum_{k=0}^{M-1} x(k)\cdot s(k) \approx \frac{A}{2}\cos\varphi \tag{3-117}$$

$$Q(k) = \frac{1}{M}\sum_{k=0}^{M-1} x(k)\cdot c(k) \approx \frac{A}{2}\sin\varphi \tag{3-118}$$

幅值和相位计算方法如式（3-119）和式（3-120）所示：

$$A = 2\sqrt{\left[I(k)\right]^2 + \left[Q(k)\right]^2} \tag{3-119}$$

$$\varphi = \arctan\frac{Q(k)}{I(k)} \tag{3-120}$$

信号的相位可由式（3-120）计算得到。但是，计算相位所用的信号和数据存在噪声和误差，下面对误差进行分析。

基于正交数字锁相原理解调相位差的误差来源于采集信号上携带的各种噪声，包括了原始信号携带的噪声 $e_n(t)$ 和 A/DC 转换过程中引入的噪声。在 A/DC 转换过程中存在各种各样的噪声，目前我们对主要的噪声进行分析，其中有热噪声，任何电子元器件都存在的噪声，给 A/DC 供电的电源会带有纹波噪声，A/DC 的参考电平同样也会存在纹波噪声，另外还会有采样时钟的抖动引入的噪声及 A/DC 非线性特性引入的量化噪声等，如图 3-74 所示。

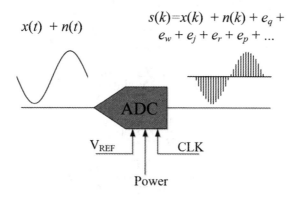

图 3-74　A/DC 转换过程中误差的引入

A/DC 变换器在进行数据转换时输出是非连续的，存在量化误差 $e_q(n)$，该量化噪声具有统计学特性。另外，原始信号在 A/DC 转换之前，由于系统内部的噪声和外部的干扰，也会携带上随机噪声 $e_n(t)$。A/DC 内部也会存在热噪声 $e_w(n)$，其大小与阻值、温度和有效带宽有关，是一种典型的高斯白噪声。A/DC 进行转换时还会存在内部孔径抖动和外部采样时钟的抖动，同样会引入误差，通过二者的方和根可计算得到总的时钟抖动 $e_j(n)$。A/DC 的参考电平纹波噪声 $e_r(n)$ 和电源的纹波噪声 $e_p(n)$ 也会影响 A/DC 采样数据精度。其中，纹波噪声一般是由周期性和随机性的成分组成。

以 $v(t)=V\sin(\omega t-\varphi)$ 为目标信号，经过 A/DC 采样后成为待处理的数字序列：

$$s(n)=v(n)+e_n(n)+e_q(n)+e_w(n)+e_j(n)+e_r(n)+e_p(n) \qquad (3-121)$$

式中，噪声 $e_n(n)$、$e_w(n)$、$e_r(n)$ 和 $e_p(n)$ 都属于随机噪声，并且看作各自独立，由均值为零的高斯噪声 $e_g(n)$ 代替，即 $e_g(n)=e_n(n)+e_w(n)+$

$e_r(n) + e_p(n)$。简化公式（3-121）为：

$$s(n) = v(n) + e_q(n) + e_g(n) + e_j(n) \qquad (3\text{-}122)$$

将（3-122）式代入（3-117）式可得：

$$I = \frac{1}{M} \sum_{n=0}^{M-1} \sin\left(\frac{2\pi n}{N}\right) \cdot s(n) = I' + I_q + I_g + I_j \qquad (3\text{-}123)$$

式中，M 代表总采样点数，N 为单周期内的采样点数，等于采样率，有：

$$I' = \frac{1}{M} \sum_{n=0}^{M-1} \sin\left(\frac{2\pi n}{N}\right) \cdot v(n) \qquad (3\text{-}124)$$

$$I_q = \frac{1}{M} \sum_{n=0}^{M-1} \sin\left(\frac{2\pi n}{N}\right) \cdot e_q(n) \qquad (3\text{-}125)$$

$$I_g = \frac{1}{M} \sum_{n=0}^{M-1} \sin\left(\frac{2\pi n}{N}\right) \cdot e_g(n) \qquad (3\text{-}126)$$

$$I_j = \frac{1}{M} \sum_{n=0}^{M-1} \sin\left(\frac{2\pi n}{N}\right) \cdot e_j(n) \qquad (3\text{-}127)$$

因此，

$$I = I' + I_e \qquad (3\text{-}128)$$

其中，误差项可以表示为 $I_e = I_q + I_g + I_j$，I_q 对应量化误差，I_g 对应高斯白噪声引起的误差，I_j 对应由时钟抖动引起的误差。对量化误差、随机噪声、时钟抖动分析如下。

● 量化噪声

分析时，将通常 A/DC 视为均匀量化器，不考虑其非均匀量化问题。A/DC 量化间隔设为 q，则量化误差 $e_q(n)$ 可以看作等概率分布在（$-q/2$，$q/2$）内，属于一种均匀分布状态，根据统计学分析其均值为 0 和方差为 $q^2/12$。由式（3-125）可得：

$$\sigma_{I_q}^2 = \frac{q^2}{12M} \qquad (3\text{-}129)$$

● 高斯白噪声

高斯随机白噪声 $e_g(t)$ 的均值为 0，方差为 σ_g^2，根据高斯随机噪声的特点和统计学分析方法由式（3-126）可得：

$$\sigma_{I_g}^2 = \frac{\sigma_g^2}{M} \tag{3-130}$$

- 时钟抖动

时钟的抖动是随机的，并且造成采样值的误差大小与信号变化速率有关，产生的误差大小可表示如下：

$$\Delta V_{rms} = \frac{2\pi f V t_j}{\sqrt{2}} \tag{3-131}$$

其中，ΔV_{rms} 为均方根电压误差，t_j 为有效抖动时间，由式（3-127）可知：

$$\sigma_{I_j}^2 = \frac{2(\pi f V t_j)^2}{M} \tag{3-132}$$

量化噪声、高斯随机白噪声、时钟抖动之间相互独立，可以得到：

$$\sigma_{I_e}^2 = \sigma_{I_q}^2 + \sigma_{I_g}^2 + \sigma_{I_j}^2 = \frac{q^2}{12M} + \frac{\sigma_g^2}{M} + \frac{2(\pi f V t_j)^2}{M} \tag{3-133}$$

同理，可计算得：

$$Q = Q' + Q_e \tag{3-134}$$

其中，$Q_e = Q_q + Q_g + Q_j$ 为系统的总误差。总的误差源归结为三类误差：Q_g 表示由高斯白噪声引入的误差，Q_q 为信号量化引入的误差，Q_j 为时钟抖动引入的误差，并且有：

$$Q_q = \frac{1}{M}\sum_{n=0}^{M-1}\cos(\frac{2\pi n}{N}) \cdot e_q(n) \tag{3-135}$$

$$Q_g = \frac{1}{M}\sum_{n=0}^{M-1}\cos(\frac{2\pi n}{N}) \cdot e_g(n) \tag{3-136}$$

$$Q_j = \frac{1}{M}\sum_{n=0}^{M-1}\cos(\frac{2\pi n}{N}) \cdot e_j(n) \tag{3-137}$$

$$\sigma_{Q_e}^2 = \sigma_{Q_q}^2 + \sigma_{Q_g}^2 + \sigma_{Q_j}^2 = \frac{q^2}{12M} + \frac{\sigma_g^2}{M} + \frac{2(\pi f V t_j)^2}{M} \tag{3-138}$$

由式（3-120）可得相位差 φ 的标准偏差为：

$$\sigma_\varphi^2 = \left(\frac{\partial \varphi}{\partial I}\right)^2 \cdot \sigma_{I_e}^2 + \left(\frac{\partial \varphi}{\partial Q}\right)^2 \cdot \sigma_{Q_e}^2 = \frac{Q^2}{(I^2 + Q^2)^2}\sigma_{I_e}^2 + \frac{I^2}{(I^2 + Q^2)^2}\sigma_{Q_e}^2$$

$$= \frac{1}{I^2 + Q^2}\left(\frac{q^2}{12M} + \frac{\sigma_g}{M} + \frac{2(\pi f V t_j)^2}{M}\right) \tag{3-139}$$

$$= \frac{1}{MV^2}\left(\frac{q^2}{12} + \sigma_g^2 + 2(\pi f V t_j)^2\right)$$

于是得：

$$\sigma_\varphi = \frac{1}{\sqrt{M}}\sqrt{\frac{(q/V)^2}{12} + \frac{\sigma_g^2}{V^2} + 2(\pi f t_i)^2} \tag{3-140}$$

输入信号的信噪比 $SNR = \dfrac{V^2}{\sigma_g^2}$；模数转换位数为 m，则有 $\dfrac{q}{V} = \dfrac{2}{2^m - 1}$，代入式（3-140）得相位误差：

$$\sigma_\varphi = \frac{1}{\sqrt{M}}\sqrt{\frac{1}{3(2^m - 1)^2} + \frac{1}{SNR} + 2(\pi f t_j)^2} \tag{3-141}$$

误差分析结果由公式（3-141）表示，可以看出，增加采样点数、A/DC 位数及输入信号的信噪比，都能够降低相位测量误差。此外，输入频率较低时，时钟带来的抖动影响可以忽略不计。在高频情况下，相位测量的结果受时钟源的抖动影响越明显。为了避免降低 A/DC 的性能，可采用频谱纯度较高的时钟源。

④快速数字锁相算法

根据 5.2.3.3 节所述数字锁相算法，当 $N = 4$ 时，即采样频率为 $f_s = 4 \cdot f$，相应的一个周期正、余弦参考信号序列可选择为：

$$S = \{0, 1, 0, -1\}, C = \{1, 0, -1, 0\} \tag{3-142}$$

对一个周期进行锁相处理时，输出结果为：

$$I = \frac{1}{4}[X[0]\cdot 0 + X[1]\cdot 1 + X[2]\cdot 0 + X[3]\cdot(-1)] = \frac{1}{4}(X[1] - X[3]) \tag{3-143}$$

$$Q = \frac{1}{4}[X[0]\cdot 1 + X[1]\cdot 0 + X[2]\cdot(-1) + X[3]\cdot 0] = \frac{1}{4}(X[0] - X[2]) \tag{3-144}$$

计算出的幅值和相位分别为：

$$A = \frac{1}{2}\sqrt{(X[0] - X[2])^2 + (X[1] - X[3])^2} \tag{3-145}$$

$$\varphi = \arctan\left(\frac{X[0]-X[2]}{X[1]-X[3]}\right) \qquad (3\text{-}146)$$

每周期只采集四个点时，在正交解调时式（3-143）和式（3-144）中只有加减运算，计算量大大降低。原来需要同步产生的参考序列简化成了加减运算符号。

（4）系统总体方案设计

①高精度溶解氧测量系统方案

基于荧光淬灭的溶解氧测量原理如图 3-75 所示，本书采用荧光寿命测量原理进行溶解氧浓度的测量，根据公式（3-107）和（3-105）可得到溶解氧的浓度测量方程如公式（3-147）所示：

$$\frac{\tan\varphi_0}{\tan\varphi} = 1 + K_{SV}[O_2] \qquad (3\text{-}147)$$

通过准确测量激励光源信号与荧光信号之间的相位差，然后利用相位差的正切值进行溶解氧浓度的测量。因此，相位差的测量精度决定了溶解氧浓度测量精度。数字锁相算法在相位解调精度和计算量上更具有优势，相位解调精度高并且相比于傅里叶变换法计算量小，因此本书采用数字锁相算法用于相位差的测量。

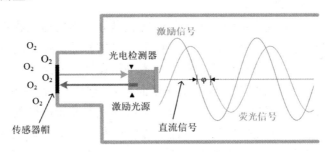

图 3-75　光学法溶解氧测量示意图

溶解氧测量系统的方案设计如图 3-76 所示，通过将微控制器中的 D/AC 配置为 DMA 控制模式，由定时器定时触发产生正弦调制信号，正弦调制信号经过 LED 驱动电路调制 LED 发射光的光强，该 LED 发射出蓝色激励光照射在荧光膜上，荧光膜吸收蓝光产生红色的荧光。在光电二极管前设置滤光片，滤除荧光波段以外的干扰光，然后荧光信号被转换成与其强度成比例的电信号。调理后的电信号进行模数转换得到采样序列，采样数据序列在微处理器中进行相位解调。同时另一路 A/DC 对激励光源信号进行同步采样，然后进行同样的相位解调。最终求出荧光信号与激励光源信号的相位差，用以计算溶解氧的浓度。其中，相位解调利用快速数字锁相优化算法在微控制器中完成，大大简化了硬件电路，同时减少了电路中的直流漂移和老化带来的稳定性问题。

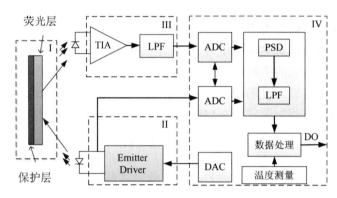

图 3-76　溶解氧测量系统框图

②基于快速数字锁相优化算法的溶解氧测量系统硬件设计

● 光学结构设计与传感膜

A. 光学结构设计

在光学法溶解氧测量中，荧光信号比较微弱，需要尽量滤除荧光以外的干扰光，以提高荧光信号的信噪比。检测荧光信号的信噪比决定了最终测量精度的上限，合理光路设计非常重要。本书所设计的光路如图 3-77 所示，LED 光源所在平面与光电二极管所在平面之间形成一定的夹角，光电二极管检测窗口平面与敏感膜所在平面平行。同时在光源和光电检测窗口前分别放置滤光片。其中，在激励光源前放置中心波长为 470nm 的滤光片，并在光电检测窗口前放置中心波长为 650nm 的滤光片，以提高光信号纯度。

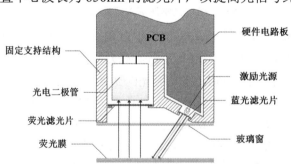

图 3-77　光路及光学部件固定结构剖面示意图

B. 传感膜

目前传感膜的制备技术比较成熟，常用的溶解氧荧光材料由卟啉和钌络合物组成，荧光效率较高并且对氧分子的选择性较好。本书使用的荧光膜以金属钌化合物为指示剂，采用有机高聚合物、硅氧烷类作为基质，如图 3-78 所示，荧光敏感膜外部涂有一层保护膜，该保护层具有透氧性和遮光作用。此外，传感膜的特性确定了激励光源和光电检测器件的参数选型依据。

图 3-78　溶解氧测量系统前端荧光帽

● 高精度测量电路设计

A. 主控部分

设计的仪器中控制和处理芯片采用了意法半导体公司生产的 STM32F429，该芯片内部资源丰富，包括了 1M 的 Flash、256KB 的 SRAM、3 个 12-bit 的 2.4MSPS 的 A/DC、2 个 12-bit 的 D/AC、8 个 UART 串行收发接口、通用的 DMA 控制器、6 个 SPI 接口、系统时钟为 180MHz，使用 Cortex-M4 内核，具有 FPU 浮点计算单元等，具有非常高的控制和信号处理性能，不仅能够满足当前设计开发的要求，还有利于后续进行功能的扩展和开发利用。

B. 电源部分

稳定可靠的电源是电子系统正常工作的前提条件。合理的电源设计和管理能够使系统稳定高效可靠地运行。溶解氧测量系统包含了模拟电路、数字电路和模数混合电路，单一电源并不能够满足测量系统对测量精度要求。电路中需要设计 5V 和 3.3V 电源，并且 A/DC 模数转换器需要模拟 3.3V 电源和数字 3.3V 电源供电及 2.5V 参考电源。因此，根据电路中各个功能模块的电源需求和要求，设计了图 3-79 中的电源模块。外部电源经过 MP2359 降压型开关电源调节器转换得到 5V 电源，再由线性稳压芯片 LM1117 转换得到 3.3V 电源。

第一级选择开关电源芯片能够满足宽电压输入范围和高转换效率要求。

MP2359 输入范围为 6～24V，输出电压通过外部反馈电阻设置为 5V，最大
负载电流达到 1.2A，转换效率可达 90%。选择的线性稳压芯片具有较高的电
源电压抑制比，相比于开关电源，转换效率较低，但可获得更加干净的电源，
降低电源噪声对模拟信号的干扰。将 3.3V 经过图 3-80（a）和图 3-80（b）
所示的 LC1 和 LC2 滤波电路输出模拟电路 3.3V 电源和数字电路 3.3V 电源。

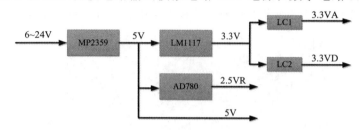

图 3-79　溶解氧测量系统电源转换

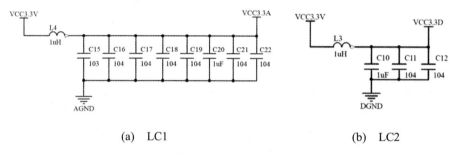

(a)　LC1　　　　　　　　　　　　　　　　(b)　LC2

图 3-80　模拟 3.3V 电源和数字 3.3V 电源

图 3-81 为电源保护电路，其中 D1 为肖特基二极管，用于防止外部电源
反接；D2 为齐纳二极管，具有瞬态电压抑制的作用，防止出现瞬态电压过大
损坏系统电路。图 3-82 为电源地的处理，使用零欧电阻和小电容并联将电源
地、数字地和模拟地进行一点接地。

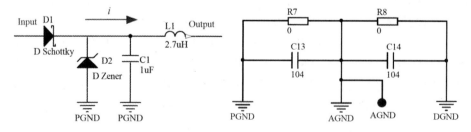

图 3-81　电源输入保护　　　　　　　　图 3-82　电源地的处理

C. 光源及其调制电路

本书采用正弦信号调制激励光源，当光源照射在荧光膜上，荧光膜产生与激励信号同频的荧光信号。荧光信号与激励信号之间的相位差与环境中的氧含量呈单调变化的关系。选择寿命长、响应时间短、尺寸小、单色性好、指向性较高的光源更有利于测量。紫外灯、汞灯和氙灯体积较大，不适合小型化集成设计。激光管具有能量大、激发的荧光强度强的特点，长时间照射会缩减了荧光膜的使用寿命，而且激光管的成本通常也比较高。LED 发光管封装和功率比较小，响应时间短，适合作为激励光源使用。本书选择了深圳明途光电公司生产的 LED 二极管作为本课题的激励光源，型号为 MT-L335QBC，发光波长在 470nm 左右，工作电压在 3V 左右，使用寿命 10 万小时，满足设计要求。

图 3-83 和图 3-84 分别是 MT-L335QBC 蓝光二极管的正向电流与发光强度曲线和正向伏安特性曲线，根据图 3-83 所示，红色标记区域的电流范围与蓝光二极管的发光强度比较接近线性关系，电流范围为 5～20mA。

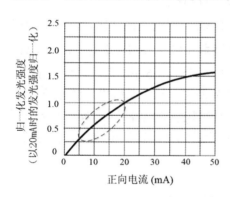 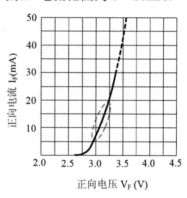

图 3-83　正向电流与发光强度的关系曲线　图 3-84　蓝光 LED 的正向伏安特性曲线

LED 发光管的发光强度与电流近似线性，因此，通过使用电流驱动电路控制流过二极管的电流来控制二极管的发光强度，实现发光强度调制。LED 电流驱动电路如图 3-85 所示，运算放大器 OPA 与 R_2、R_3、Q_1 组成了以 OPA 为核心的深度负反馈电路，R_3 上端电压等于运放正向输入端电压，运放反相输入端的电流极小，可以忽略，由此可计算出流过三极管 Q_1 发射极的电流为 V_1' / R_3。

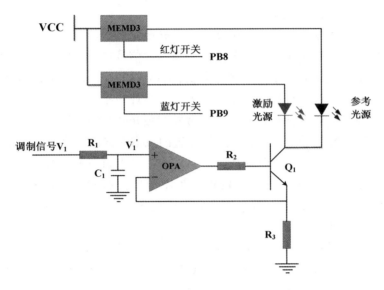

图 3-85　光源调制电路

V_1 为主控产生的正弦调制信号，R_1 和 C_1 组成低通滤波器，滤除 V_1 中存在的谐波和高频噪声，得到信号 V_1'。由低通截止频率 5kHz，选择 $R_1 = 20K\Omega$，计算 C_1 为 1.59nF，对照标准电容值表，C_1 选择为 1.5nF，满足设计要求。蓝色二极管为激励光源，红色二极管为参考光源用以扣除系统引入的相位误差。

VCC 为 5V 电源供电，运放为单电源模拟 3.3V 电源供电。实际电路中选择 LMV771 运放芯片和 KST4401 三极管搭建压流转换电路即可满足设计要求。

D. 光电转换电路的设计

光电转换用到的器件是基于光电效应进行设计制造，在光电转换器件选型时，需要考虑暗电流大小、感光面积、结电容、转换光谱范围、中心波长等参数。感光面积越大，接收的光信号也就越多，转换的电流就会越大，同时暗电流也会越大。由 OSI Optoelectronics 公司生产的型号为 PIN-3CDPI 光电二极管，该光电二极管的感光面积 3.2mm²，响应时间快，并且在 650nm 波长处，达到了 0.45(A/W) 的灵敏度，如图 3-86 所示，适合微弱荧光信号的检测。

图 3-87 所示为光电二极管实物图，其中，光电二极管转换的电流信号经过跨阻放大电路转换为电压信号。光电二极管有两种工作模式：光电二极管工作在反向偏置状态，称为光电导模式，如图 3-88（a）所示；光电二极管工

作在零偏置状态下，称为光电模式，如图 3-88（b）所示。光电导模式适合高速高频的调制装置，光电模式适合应用在测量电路中。

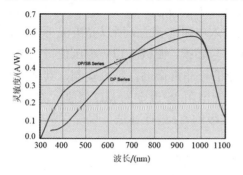

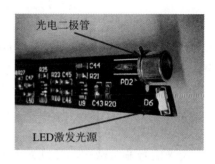

图 3-86 PIN-3CDPI 光谱响应曲线   图 3-87   光电二极管及 LED 实物图

采用光电导检测模式，如图 3-89 所示电路，由光电二极管和 N 沟道结型场效应管（JFET-N）以运放 LMV771 构成的深度负反馈电路为核心的光电转换电路，该电路由模拟 3.3V 电源单电源供电，利用两个 10KΩ 电阻对供电电压实施分压，提供 1.65V 电压给运放的 u+端，以使运放的输入引脚电位处于合适的位置，下方的 10KΩ 电阻旁边并联的一个 0.1μF 电容，降低 u+端的高频噪声，保证电位稳定。运放输出通过反馈回路上的电阻 R$_F$ 和电容 C$_F$ 回到了光电二极管阴极，也是 JFET 门极 G。运放开环增益 A 可以保证 AF 远远大于 1，实现了电路的深度负反馈。基于深度负反馈电路，可知场效应管的 S 极电压约等于运放的正向输入端电压 1.65V，因此流过 S 极的电流可以确定是 1.65mA。根据式（3-148）计算可得 U$_{GS}$=-0.48V。

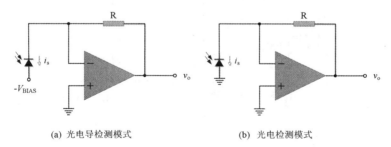

(a) 光电导检测模式   (b) 光电检测模式

图 3-88   光电转换电路

$$I_S = I_{DSS}\left(1 - \frac{U_{GS}}{U_{GS(OFF)}}\right)^2 = 10mA\left(1 - \frac{U_{GS}}{-0.8}\right)^2 = 1.65mA \qquad （3-148）$$

且对于 JFET 来说，当 I_S 固定不变时，U_{GS} 也是固定不变的。在整个工作范围内，场效应管的 G 极为 1.17V，因此由叠加定理可知运放输出端为：

$$V_{OUT} = 1.17V + I_{PD} * R_F \qquad (3\text{-}149)$$

其中，I_{PD} 即为光电流，由于运放输入电阻非常大，所以光电流可以看作全部流过反馈电阻 R_F，实现电流电压信号转换。栅极 1.17V 电压使得光电二极管反偏以加快二极管响应速度。荧光信号非常微弱，经过实测，其强度转换为电流信号时接近于 $1\mu A$，因此将反馈电阻 R_F 设定为 $M\Omega$ 级别，将 R_F 设定为 $1M\Omega$，同时，反馈回路中使用皮法级的 C_F 进行补偿，以确保稳定。

E. 滤波电路的设计

荧光信号非常微弱，经过光电转换放大的同时，会引入部分噪声，为了得到较高信噪比的荧光信号，以及为后续的模数转换器的采样起到抗混叠滤波器的作用，滤波电路的设计是必要的。滤波器分为无源滤波器和有源滤波器，各有优势。无源滤波器的优点是：无源器件一般不受大电压和大电流的影响；在超高频段，无源器件有先天优势；可实现最简单的滤波，成本较低。有源滤波器的优点是：能够引入负反馈及放大功能，实现极为复杂的滤波器，轻松应对小信号处理；容易实现多级滤波的级联，而无源滤波器各级之间的级联极为复杂，相对困难很多；对于超低频率的处理，有源滤波器利用反馈网络，根据密勒等效法可以用很小的电容代替超大电容、电感。

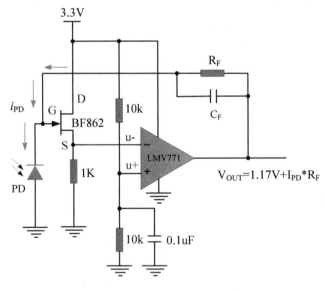

图 3-89　光电转换电路设计

模拟前端设计中的有源低通滤波器设计参考了 MFB（Multiple Feedback）型滤波器结构，如图 3-90 所示，属于反向输入滤波器，能够实现增益和 Q 值独立调节。低通滤波器的品质因数 Q 代表特征频率处归一化增益的模型。当 Q=0.707，属于巴特沃斯型，通带最为平坦，且设计参数唯一，特征频率等于截止频率；当 Q>0.707，属于切比雪夫型，过渡带最为陡峭，但通带内有隆起，其特征频率大于截止频率；当 Q<0.707，属于贝塞尔型，具有最为平坦的群延时区间。

图 3-90 中低通滤波器由运放构成的深度负反馈电路可知，反相输入电流可以忽略不计，有：

$$\frac{u_x - 0}{R_3} = \frac{0 - u_o}{\dfrac{1}{SC_1}} \tag{3-150}$$

即 $u_x = -u_o SR_3C_1$，再根据 KCL 定理，对 u_x 点列出方程：

$$\frac{u_i - u_x}{R_1} = u_x SC_2 + \frac{u_x}{R_3} + \frac{u_x - u_o}{R_2} \tag{3-151}$$

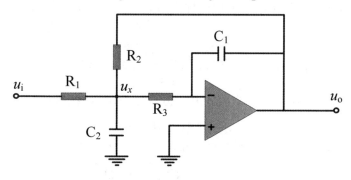

图 3-90 MFB 型低通滤波器

将式（3-150）代入（3-151）可得：

$$\frac{u_i - u_o SR_3C_1}{R_1} = -u_O S^2 R_3 C_1 C_2 - u_0 SC_1 + \frac{-u_o SR_3C_1 - u_o}{R_2} \tag{3-152}$$

经过整理可得传输函数：

$$A(S) = -\frac{R_2}{R_1} \cdot \frac{1}{1 + SC_1\left(R_2 + R_3 + \dfrac{R_3 R_2}{R_1}\right) + S^2 R_2 R_3 C_1 C_2} \tag{3-153}$$

写成频域表达式为：

$$\dot{A}(j\omega) = -\frac{R_2}{R_1} \cdot \frac{1}{1 + (j\omega)C_1\left(R_2 + R_3 + \dfrac{R_3 R_2}{R_1}\right) + (j\omega)^2 R_2 R_3 C_1 C_2}$$

$$= -\frac{R_2}{R_1} \cdot \frac{1}{1 + \left(j\dfrac{\omega}{\omega_0}\right)\dfrac{C_1(R_2 + R_3(1 - A_m))}{\sqrt{R_2 R_3 C_1 C_2}} + \left(j\dfrac{\omega}{\omega_0}\right)^2} \tag{3-154}$$

其中

$$\omega_0 = \frac{1}{\sqrt{R_2 R_3 C_1 C_2}}, \quad f_0 = \frac{1}{2\pi\sqrt{R_2 R_3 C_1 C_2}} \tag{3-155}$$

$$Q = \frac{\sqrt{R_2 R_3 C_1 C_2}}{C_1(R_2 + R_3(1 - A_m))} \tag{3-156}$$

$$A_m = -\frac{R_2}{R_1} \tag{3-157}$$

为了便于计算，假设两个电容为已知，通常先确定好电容值，再计算电阻值，并将计算出的电阻值近似为标准电阻值。电阻 R_3 的计算公式为：

$$R_3 = \frac{-\dfrac{1}{2\pi f_0 C_1 Q} \pm \dfrac{1}{2\pi f_0 C_1 Q}\sqrt{1 + \dfrac{4(A_m - 1)C_1 Q^2}{C_2}}}{2(A_m - 1)} \tag{3-158}$$

式（3-158）存在约束，根号内部必须大于 0，必须有：

$$C_2 \geqslant 4(1 - A_m)Q^2 C_1 \tag{3-159}$$

最后，R_1、R_2、R_3 由式（3-160）～（3-162）确定：

$$R_3 = \frac{1 \mp \sqrt{1 + \dfrac{4(A_m - 1)C_1 Q^2}{C_2}}}{(1 - A_m)4\pi f_0 C_1 Q} \tag{3-160}$$

$$R_2 = \frac{1}{4\pi^2 f_0^2 C_1 C_2 R_3} \tag{3-161}$$

$$R_1 = -\frac{R_2}{A_m} \tag{3-162}$$

光源的激励信号频率设置为 5kHz，激发的荧光信号与激励频率相同，因此设置低通滤波器截止频率为 5kHz，中频增益 A_m 设置为 -2，$Q=0.58$。C_1 选择为 10nF，C_2 选择为 220nF，通过计算，R_3 的计算值为 88.18Ω 和 1.741 kΩ。

以 R_3 为 1.741 kΩ 计算 R_1 和 R_2，得到 R_2 = 2.646 kΩ、R_1 =1.323 kΩ，对照 E 系列标准电阻表，选择 R_1 =1.33 kΩ、R_2 =2.67 kΩ、R_3 =1.74 kΩ。按照计算好的元器件参数先进行仿真验证，再进行实际电路的搭建测试。仿真结果如图 3-91 和图 3-92 所示，显示了低通滤波器频率特性曲线。图 3-91（a）显示了带内增益为 6.025dB，图 3-91（b）可以看出截止频率为 5kHz，从图 3-92（a）可以看出通带内最大相移接近于 180°，图 3-92（b）显示在截止频率处相移约为 64°，仿真与设计预期一致。

　　荧光信号检测模拟前端电路设计如图 3-93 所示，电路中采用单电源供电方式，需要一个静默电压作为运放工作的中心电压。于是利用运放构建的正向电压跟随器将光电转换电路中两个 10k 电阻分压得到的 1.65V 作为各个运放的中心工作电压，如图 3-93 中跟随器框所示。图 3-93 跟随器框中上方的反向电压跟随器起到了前后级电路隔离作用，图中 R3 和 R5 分别取 10k，输出信号再通过低通滤波后由 A/DC 采样处理。

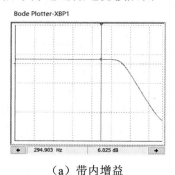

（a）带内增益　　　　　　　　　　　（b）截止频率增益

图 3-91　低通幅频特性曲线

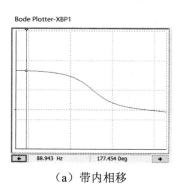
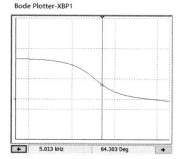

（a）带内相移　　　　　　　　　　　（b）截止频率相移

图 3-92　低通相频特性曲线

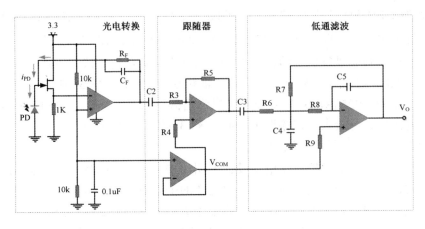

图 3-93　荧光信号检测模拟前端

F. 测温电路设计

溶解氧测量系统中的荧光膜受温度影响较大，需进行温度测量，在后续处理中使用温度值补偿溶解氧测量结果，进一步提高溶解氧测量精度。本书采用灵敏度较高的负温度系数（NTC）热敏电阻作为温度测量传感器，型号为 MF51-3500,温度测量范围 $0\sim35℃$，阻值范围 $5\sim20k\Omega$，时间常数为 1s。并采用半桥式二线制接法测量电路，如图 3-94 所示，其中 R1、R2 和 R4 采用 $10k\Omega$ 高精度精密电阻，由 A/DC 供电电源通过 AD780 转换得到 A/DC 的参考电源，选择较大阻值的标准电阻能够减小激励电流，减少热敏电阻自身发热带来的误差。

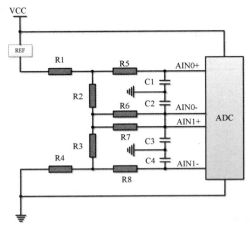

图 3-94　温度测量电路

通过 A/DC 采集 R2 两端的差分电压和热敏电阻 R_T 两端的差分电压，利用标准电阻计算流过热敏电阻的电流，然后根据热敏电阻两端的电压和流过的电流值来计算 R_T 的阻值，最后按照标定的阻值—温度关系得到环境温度值，完成温度测量。热敏电阻 R_T 阻值计算如下式：

$$R_T = \frac{U_{RT} \cdot R2}{U_{R2}} \tag{3-163}$$

（5）基于快速数字锁相优化算法的溶解氧测量系统软件设计

针对溶解氧测量系统电路功能的需求，对相应的功能模块进行程序设计。主要的软件程序包括了主控程序的设计、光源激励信号产生程序设计、相位差检测程序的实现、温度测量程序的设计和数据传输程序的实现。软件设计开发环境为 Keil uVision 5 和 Quartus II 13.1。Keil uVision 5 开发环境提供了强大的开发工具，包括了程序的编辑、编译、连接、调试和在线仿真调试的功能，使用 C 语言进行软件程序开发。Quartus II 13.1 用于 FPGA 开发，支持多种高级硬件描述语言设计输入形式，在本课题使用 Verilog HDL 语言进行开发。

① 溶解氧测量系统程序设计

溶解氧测量系统整体设计开发基本功能框图如图 3-95 所示，将 D/AC 输出配置为 DMA 控制模式，释放主控资源；采用双通道同步模数转换器 AD7386 采集荧光信号和光源激励信号；使用 24 位的 AD7714 进行温度的测量；数据传输部分在发送端使用 STM32 进行编码，接收端使用 FPGA 配合高速 AD 进行采样，采样数据在 PC 端处理。数据编码传输部分将在第 5 章进行详细介绍。

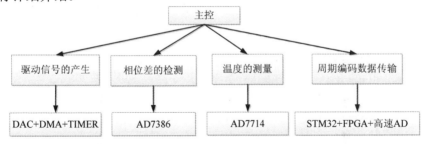

图 3-95　系统整体设计基本功能框图

测量系统在上电之后先进行时钟和外设初始化，在接收到上位机开始测量指令后开始测量，工作流程如图 3-96 所示。开始测量时将开启定时器，由定时器触发 DMA 控制器控制 D/AC 产生光源调制信号，然后使能 AD7386

同步采集荧光信号和光源调制信号，在连续采集十个周期信号后完成一次相位解调。控制 AD7714 采集温度测量信号，完成温度测量。最后将测量数据发送给上位机。

②基于 D/AC+DMA+TIMER 的光源调制信号产生

在 STM32 内部可以将 D/AC 产生波形的方式配置为由 DMA 控制器来控制 D/AC 波形输出的方式，这种方式在产生波形时不占用 MCU 的时间，此时 MCU 可以用来采集信号数据，提高处理效率。

产生光源调制信号时，如图 3-97 所示，为了使 D/AC 输出波形幅值按照正弦波形变化，需要提前生成一个正弦波数据表，将正弦波数据表存储在一块内存中，在进行波形生成时 D/AC 进行读取转换操作。利用 DMA 在 D/AC 和存储块之间建立一个直接传输通道，由 DMA 控制器控制波形的产生，释放 MCU 资源。D/AC 就可以通过 DMA 建立好通道读取静态存储中的数据进行数模转换。为了便于控制和调整 D/AC 输出波形的周期，将 D/AC 设置为定时器触发，当定时器发生溢满时，触发 D/AC 工作，实现正弦波周期可调功能。

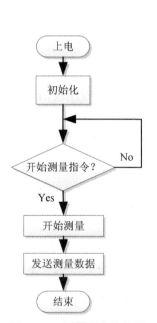

图 3-96　测量程序流程图

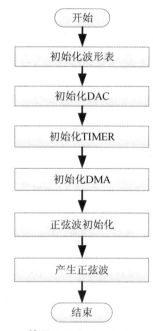

图 3-97　基于 D/AC+DMA+TIMER 波形
产生流程

③基于 AD7386 的荧光信号采集

AD7386 是双通道同步采样 A/DC，使用逐次比较型架构，具有 16 位的分辨率，最高采样速率为 4MSPS。AD7386 具有两种数据读出模式，分别为串行双线模式和串行单线模式，如图 3-98 所示。

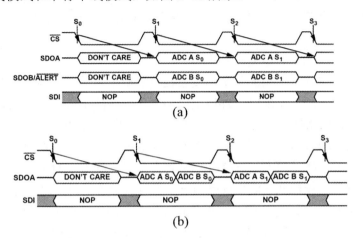

(a)

(b)

图 3-98　A/DC 转换数据串行读出模式

注：（a）串行双线模式；（b）串行单线模式。

设置 AD7386 模数转换器以 600KSPS 的采样频率同步采集荧光信号和激励光源信号，A/DC 转换的数据通过 SPI 数据传输接口由微控制器 STM32 读取采用串行单线模式读取，连续转换 10 个信号周期的数据用于相位的提取。由于信号的频率为 5kHz，所以每周期采集 120 个数据点。将采集荧光数据存储在长度为 12 的数组 A 中，采集的激励信号数据存放在长度为 12 的数组 B 中，数组存储数据格式如图 3-99 所示。

图 3-99　采样数据存储格式

A/DC 转换的原始数据为 16 位二进制数据，每个数据点需要两个字节进行存储。STM32 读取荧光信号的第一个数据点存储在 A_I 中，读取激励信号的第一个数据点存储在 B_I 中，相应的第二个数据点叠加在 A_I 和 B_I 中，直到叠加到第 30 个采集数据点，第 31 个数据点到第 60 个数据点叠加在 A_{II} 和 B_{II} 中，第 61 个数据点到第 90 个数据点叠加在 A_{III} 和 B_{III} 中，第 91 个数据点到第 120 个数据叠加在 A_{IV} 和 B_{IV} 中。为了防止叠加过程发生溢出，分别三个字节存储两个字节的二进制数据，因此每个周期的采样数据使用长度为 12 的数组进行存储。

④基于 AD7714 的温度信号采集

温度测量传感器使用的是负温度系数热敏电阻（NTC），温度的变化不会出现突变，因此测量温度时，热敏电阻的变化引起的电压变化也比较缓慢，对采样 A/DC 的采样频率要求不高。本测量电路所用 A/DC 为 24 位 $\sum-\Delta$ 型模数转换器 AD7714，具有高分辨率低采样速率。在设定转换速率和转换模式时，通过 SPI 接口可对 AD7714 内部寄存器进行配置，对内部寄存器写操作可以配置其工作模式，进行读操作可以查看其配置状态。读写时序如图 3-100 和图 3-101 所示。温度测量时用了 AD7714 其中两个全差分接口。微控制器通过拉低 AD7714 片选引脚电平，选中 AD7714 进行相应配置，使得 AD7714 按照配置的模式进行模数转换。

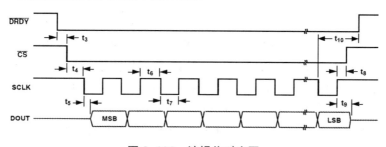

图 3-100　读操作时序图

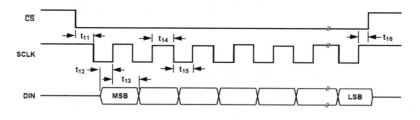

图 3-101　写操作时序图

进行温度测量时，如图 3-102 所示，首先由 STM32 拉低 AD7714 片选信号引脚，选中 AD7714，将其配置为单次转换模式，转换完成标志通过读取

$\overline{DRDY}$ 引脚电平进行判断，数据转换结束后，$\overline{DRDY}$ 引脚电平变为低电平。第一个测量通道对应的标准电阻两端的电压值，第二个测量通道测量的是热敏电阻两端的电压值。每个通道的电压测量十次求平均值作为测量电压，通道 1 测量标准电阻两端电压结束后，AD7714 将切换到通道 2 测量热敏电阻两端的电压值，获得温度测量的原始数据。在温度测量结束后，AD7714 片选引脚将被拉高。

⑤数字锁相优化算法的微控制器实现

在 3.1.3 节介绍了快速数字锁相算法结合过采样技术通过多周期采样可提高相位的测量精度,快速锁相算法消除了传统数字锁相算法中的乘法运算，其优势是计算量大大减少，提高了计算速度，降低了对微控制器的计算和存储要求。进行数据采集处理时，在 STM32 内存中开辟两个长度为 12 个字节的数组 A 和数组 B，并且在 3.4.2 节中已详细介绍了如何将 AD7386 的转换数据存储在数组中。相位解调时，将数组 A 叠加结果 A_{IV}、A_{III}、A_{II}、A_I 和数组 B 叠加结果 B_{IV}、B_{III}、B_{II}、B_I 按照式（3-146）计算相位，最终减得到相位差。利用相位差的正切值标定溶解氧浓度，图 3-103 为组装好的试验样机，探头长度为 22 厘米，柱体直径为 5.4 厘米，实现了小型化的设计。

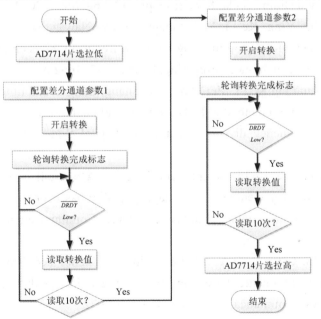

图 3-102　基于 AD7714 温度测量流程

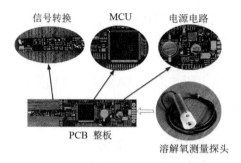

图 3-103　溶解氧测量系统中的测量探头

参考文献

[1]　S Ma, G Li, Y Ye, and L Lin. Method of carrier frequency arrangement for suppressing the adjacent channel interference caused by camera nonlinearity during LED-multispectral imaging. Applied Optics, vol. 61, no. 11: 3240-3246, Apr 10 2022.

[2]　K. Wang et al. Quantitative analysis of urea in serum by synchronous modulation and demodulation fluorescence spectroscopy. Spectrochimica Acta Part a-Molecular and Biomolecular Spectroscopy, vol. 268, Mar 5 2022.

[3]　Yuhui Yang, Ke Li, Muhammad Zeeshan Nawaz, Mei Zhou, Gang Li, Ling Lin. LED multispectral imaging based on frequency-division modulation of square wave and synchronous triggering. Optik, 2022: 169209.

[4]　YuhuiYang,Ke Li, Mei Zhou, Hua Shang, Gang Li and Ling Lin. A high-efficiency acquisition method of LED multispectral images using Gray code based square wave frequency division modulation. Digital Signal Processing, 2022: 103507.

[5]　Yaping Ye, He Li, Gang Li, and Ling Lin. A crosstalk correction method to improve multi-wavelength LEDs imaging quality based on color camera and frame accumulation. Signal Processing: Image Communication, 2022, 102: 116624.

[6]　H Li, G Li, Y Ye, and L Lin. A high-efficiency acquisition method of LED-multispectral images based on frequency-division modulation and RGB camera. Optics Communications, vol. 480, Feb 1 2022.

[7]　S Yin, G Li, Y Luo, S Yang, H Tain, and L Lin. A Single-Channel Amplifier for Simultaneously Monitoring Impedance Respiration Signal and ECG

Signal. Circuits Systems and Signal Processing, vol. 40, no. 2: 559-571, Feb 2021.

[8]　He Li, Gang Li, Yaping Ye and Ling Lin. A high-efficiency acquisition method of LED-multispectral images based on frequency-division modulation and RGB camera. Optics Communications, 2021, 480: 126492.

[9]　Y Wang, G Li, W Yan, G He, and L Lin. Fast demodulation algorithm for multi-wavelength LED frequency-division modulation transmission hyperspectral imaging. Optik, vol. 202, Feb 2020.

[10] 夏彬标, 邓云, 林凌, 李刚, 廖和琴, 吴晟, 崔琳. 基于快速数字锁相的溶解氧检测优化设计[J]. 海洋科学，2020，44(9): 91-99.

[11] H Li, G Li, W An, G He, and L Lin. "Synergy effect" and its application in LED-multispectral imaging for improving image quality. Optics Communications, vol. 438: 6-12, May 1 2019.

[12] Jianping Yu, Gang Li, Shaohui Wang, Ling Lin. Employment of the appropriate range of sawtooth-shaped-function illumination intensity to improve the image quality. Optik - International Journal for Light and Electron Optics, 2018(175): 189-196.

[13] Shaoxiu Song, Fangfang Jiang, Liling Hao, Lisheng Xu, Xiaoqing Yi, Gang Li, Ling Lin. Use of bi-level pulsed frequency-division excitation for improving blood oxygen saturation precision. Measurement, 2018(219): 523-529.

[14] Zhang Shengzhao, Li Gang, Wang Jiexi, Wang Donggen, Han Ying, Cao Hui, Lin Ling, Diao Chunhong. Demodulation of spectral signal modulated by optical chopper with unstable modulation frequency. REVIEW OF SCIENTIFIC INSTRUMENTS, 2017, 88 (10):10.1063/1.5000416.

[15] Li Gang, Yu Yue, Zhang Cui, Lin Ling. An efficient optimization method to improve the measuring accuracy of oxygen saturation by using triangular wave optical signal. REVIEW OF SCIENTIFIC INSTRUMENTS, 2017, V88(9): DOI: 10.1063/1.5000952.

[16] Xiaoqing Yi, Liling Hao, Fangfang Jiang, Lisheng Xu, Shaoxiu Song, Gang Li and Ling Lin. Synchronous acquisition of multi-channel signals by single-channel A/DC based on square wave modulation. REVIEW OF SCIENTIFIC INSTRUMENTS 2017, 88: 085108.

[17] Liu Yang, Qiao Xiaoyan, Li Gang, Lin Ling. An improved device for bioimpedance deviation measurements based on 4 electrode half bridge. REVIEW

OF SCIENTIFIC INSTRUMENTS, V87(10).

[18] Zhang Shengzhao, Li Gang, Lin Ling, Zhao Jing. Optimization of a digital lock-in algorithm with a square-wave reference for frequency-divided multi-channel sensor signal detection. Review of Scientific Instruments, 2016, 87(8).

[19] Yajia Hu, Xue Yang, Mengjun Wang, Gang Li & Ling Lin. Optimum method of image acquisition using sawtooth-shaped-function optical signal to improve grey-scale resolution. JOURNAL OF MODERN OPTICS, 2016, 63 (16): 1539-1543.

[20] Jianman He, Mengjun Wang, Xiaoxia Li, Gang Li, and Ling Lin. Pulse wave detection method based on the bio-impedance of the wrist. Review of Scientific Instruments, 2016, 87: 055001.

[21] 李刚，周梅，何峰，林凌. 基于数字锁相相关计算结构的优化算法. 电子与信息学报，2012，V34（3）：744-748.

关于课程思政的思考：

恩格斯在《反杜林论》中提出："纯数学是以现实世界的空间形式和数量关系，也就是说，以非常现实的材料为对象的，这种材料以极度抽象的形式出现，这只能在表面上掩盖它起源于外部世界。"（《马克思恩格斯选集》第 3 卷，人民出版社，1995 年版，第 377 页）这明确地指出了数学科学所研究的对象。

第4章　过采样与"大平均"

4.1　测量的基本知识

测量，最重要的是"精度"，因而，需要了解"精度"是什么、如何评价精度、如何提高精度等一系列问题。

提高精度的另外一个说法是减少误差，而误差可根据特性分为三类：随机误差、系统误差和粗大误差。本章主要介绍抑制随机误差的主要方法：数据平均。这是一种极为简单而又极为有效的方法，但在本章将介绍各种各样、千姿百态的"平均"方法。在介绍"平均"方法之前，先对相关"精度"的一些概念作一些说明，以更好地理解"平均"方法。

4.1.1　有效数字位与分辨力（率）、准确度

有效数字的个数称为该数的有效位数。有效数字是误差理论的基本概念之一，若某数的近似值 x^* 的误差不大于该数某一位数字的半个单位，该位到最左边的第一位非零数字都是该数的有效数字，其个数为该数的有效位数。例如，取 x_1^*=3.14 作 π 的近似值，它有三位有效数字；取 x_2^*=3.141 作 π 的近似值，x_2^* 仍有三位有效数字（3、1、4）；取 x_3^*=3.142 作 π 的近似值，x_3^* 就有四位有效数字（3、1、4、2），一个准确数经四舍五入得到的近似数的所有数字都是有效数字。

若一个读数（测量值）的误差不大于某位数字的一半，则由左到右，从左边第一个非零数字起，到右边这一位数字为止，每一位数字都称为准确数字，而这个数本身，称为准确到这一位数字的近似值。若这个数近似值准确到它的末位数字，则称它的每一位数字为有效数字。例如对 0.0493，如果已知它准确到最后一位，则它的有效数字为 4、9、3。如果只是最后一位数字不准确，则它的有效数字为 4、9。由四舍五入得来的近似值，从第一个非零数字起的所有数字，都是有效数字，小数点并不影响有效数字的个数。例如，0.04926 或 0.04933 经四舍五入得出的近似值为 0.0493，有效数字为 4、9、

3。一个数有效数字的个数，反映这个数的精确度。

我们知道数字显示仪在最小量程上末位 1 个字对应的（电）量值称为分辨力。如我们常说的某台数字显示仪的最高分辨力为 10μv 等，它反映的是仪表灵敏度的高低。当分辨力用百分比来表示时，即所能显示的最小数字与最大数字之比，则称为分辨率。

常见的数字仪表，如 $3\frac{1}{2}$（俗称三位半）的万用表，最大显示数字是"1999"（其中的"1"称为"半位"），也经常称为 2000（≈1999）字的"分辨力"，即该万用表显示分辨的灵敏度，也是对微小电量的识别能力。通俗地说，假设输入信号为 0~2V，而仪表显示的是经 A/DC 转换后的数字量，也就是说将 0~2V 分成 2000 份(字)，0V 对应 0，2V 对应 2000（实际为 1999）。所以分辨率越高，在测量微小信号变化时得到的结果就越精确。该万用表最大显示值为 1999(标称则为 2000)，故该表的分辨率为 1 / 1999，近似等于 0.05%。

但仪表上的读数值并不是准确的值，而是包含一定的误差。数字显示仪准确度的表述方法有三种：△ = ± α% fs；△ = ± (α% fs + b)；△= ± n。

其中，△为最大允许误差；α 为准确度等级；fs 为仪表量程，即测量范围上、下限之差；b 为仪表分辨率；n 为直接用物理量表述的最大允许误差。

第 1 种表述方法中，仪表准确度等级以 α 表示，意为最大允许误差占仪表量程的百分数。

第 2 种表述方法中，仪表的量化误差与其他因素引起的综合误差相比可略去时（一般取 α% fs≥10 b），可简化为 α 表示。

第 3 种表述方法中，仪表不用准确度等级表示，而直接用物理量表述最大允许误差，即△ = ±n，也就是该表的 ±6 字。

在电子测量系统中，必定有 A/DC（Analog to Digital Converter，模拟/数字转换器，简称模数转换器），A/DC 是决定电子测量系统的最重要的部件（环节），这是由于在电子测量系统时，依据系统整体的精度要求和其他信号检测与处理环节能够达到的精度等性能，选择 A/DC 的精度（分辨率）等指标。

可以把 A/DC 看作"数字仪表"，有关数字仪表的精度方面的术语均可以完全地迁移到 A/DC 上，但有以下的略微区别。

①数制：一般仪表中用十进制，A/DC 中常用二进制。

②动态范围：A/DC 的输入范围通常是多少 V，对应的数字范围是 2^n，但通常简单称为 n。

③分辨率：A/DC 的分辨率称为 LSB（least significant bit，最低有效位），

也可以说 $1/2^n$。

④精度：任何一个电路或系统，其精度必然劣于其分辨率，对 A/DC 也是这样。分辨率是一个 LSB，但其精度（误差）可能是若干个 LSB，对高分辨率 A/DC 可能会是几十个，甚至几百个 LSB。

4.1.2　测量值（数据）精度与误差

理论上，一个电子测量系统或 A/DC 包含各种各样的误差，这些误差按照其特性可以分为三大类：

①随机误差。这是电子测量系统或 A/DC 永远避免不了的最重要的一类误差，基本上由它决定了电子测量系统或 A/DC 的分辨率和精度。在电子测量系统或 A/DC 中随机误差有两个主要来源：电阻热噪声和量化噪声。电阻热噪声的幅值为：

$$\sqrt{\overline{V_n^2}} = \sqrt{4kTBR} \qquad (4-1)$$

式中，k 为玻尔兹曼常数（1.372×10^{-23}J/K）；T 为导体的热力学温度；R 为电阻值；B 为与电阻相连的电路带宽。

随机噪声的一个重要特性是 0 均值，即当含有随机噪声的数据进行平均计算时，平均值中的随机噪声（$\overline{V_n^2}$）随数据个数成反比下降。

这个结论是本章的最重要的理论基础。

②系统误差。这也是电子测量系统难以避免的一类误差。系统误差的本质是受系统中某个因素的影响，并随之发生规律性的变化。设法找到这个因素及系统误差随之变化的规律，就可以抑制、补偿这个系统误差。在现今的数字电子测量系统中有了很有利的条件。抑制、补偿系统误差的方法主要在第 2 章中讨论。

③粗大误差。具有粗大误差的测量值显著不同于其他测量值，通常用 3σ 准则来判断某个测量值是否具有粗大误差。

粗大误差严重威胁电子测量系统精度和可靠性，当其数值显著大于其他测量值时，其来源通常有两个：

● 系统内部的接触不良，固定不牢固，电路处于非线性边沿，系统或某些电路超过额定值（电流、电压、功率、频率）等。

● 存在较强的外界干扰，如电磁场干扰（特别是脉冲电磁场干扰）、机械振动、强光等。

粗大误差与系统误差、随机误差的关系：

● 能够找到较大的粗大误差的来源，并掌握其发生规律性的变化，这个粗大误差就成为"系统误差"。通常采用消除造成粗大误差的"源"而去除之。

● 如果通过一定的措施将某项"粗大误差"的值降到与其他误差相当或更小的值时，可以认为该"粗大误差"为"随机误差"。

4.2 测量数据的"大平均"

4.2.1 直流测量值（数据）的平均

只考虑每个测量值 x_i 中包含"真值" $s_i(=s)$ 和随机误差 n_i。

$$x_i = s_i + n_i \tag{4-2}$$

计算 m 个对同一固定被测量的等精度测量值的平均值 $\bar{x}$：

$$\bar{x} = \frac{1}{m}\sum_{i=1}^{i=m} x_i = \frac{1}{m}\sum_{i=1}^{i=m}(s_i + n_i)$$

$$= \frac{1}{m}\sum_{i=1}^{i=m} s_i + \frac{1}{m}\sum_{i=1}^{i=m} n_i = s + \sqrt{\overline{n^2}/m} \tag{4-3}$$

式中，$\sqrt{\overline{n^2}}$ 为随机误差 n_i 的均方值；$\sqrt{\overline{n^2}/m}$ 表明 m 个测量值的平均值比单个测量值中的随机误差小到 $1/\sqrt{m}$。

换言之，用平均值替代单个测量值可以提高 $\sqrt{m}$ 倍的精度。

用电子学中的术语，真值 S 对噪声（误差）N 的比值为"信噪比" SNR，数据的平均值的信噪比 SNR 为：

$$SNR_m = SNR/\sqrt{m} \tag{4-4}$$

特别提请注意：

①平均的效果不仅提高 $\sqrt{m}$ 倍的精度，也提高了 m 倍的分辨率。

②除去因平均运算带来的冗余数据位时，注意保留因平均运算带来的有效数字位。

③平均运算并不是必须完成"/m"的运算，计不计算"/m"并不改变平均值的精度和分辨率。

④除非未来单位（量纲）统一的需要，不管乘、除任一个非零的值，均不改变平均值的精度。

⑤用计算机软件计算时，单精度浮点数有可能影响测量结果的精度（有效数字位）。

总而言之，只要有可能，尽量避免"/m"的运算。

4.2.2　交流测量值（数据）的平均与过采样

在交流信号中的"平均"处理（运算）通常称为"过采样"。"平均"对交流信号的测量具有与直流信号测量具有同样的提高精度和分辨率的效果。

根据奈奎斯特定理，采样频率 f_s 应为 2 倍以上所要的输入有用信号频率 f_u，即

$$f_s \geqslant 2f_u \tag{4-5}$$

就能够从采样后的数据中无失真地恢复出原来的信号，而过采样是在奈奎斯特频率的基础上将采样频率提高一个过采样系数，即以采样频率为 kf_s（k 为过采样系数）对连续信号进行采样。A/DC 的噪声来源主要是量化噪声，模拟信号的量化带来了量化噪声，理想的最大量化噪声为±0.5 LSB；还可以在频域分析量化噪声，A/DC 转换的位数决定信噪比，也就是说提高信噪比可以提高 A/DC 转换精度。信噪比 SNR（Signal to Noise Ratio）指信号均方值与其他频率分量（不包括直流和谐波）均方根的比值，信噪与失真比 SINAD（Signal to Noise and Distortion）指信号均方根和其他频率分量（包括谐波但不包括直流）均方根的比值，所以 SINAD 比 SNR 要小。

对于理想的 A/DC 和幅度变化缓慢的输入信号，量化噪声不能看作为白噪声，但是为了利用白噪声的理论，在输入信号上叠加一个连续变化的信号，这时利用过采样技术提高信噪比，即过采样后信号和噪声功率不发生改变，但是噪声功率分布频带展宽，通过下抽取滤波后，噪声功率减小，达到提高信噪比的效果，从而提高 A/DC 的分辨率。

∑-Δ 型 A/DC 实际采用的是过采样技术，以高速抽样率来换取高位量化，即以速度来换取精度的方案。与一般 A/DC 不同，∑-Δ 型 A/DC 不是根据抽样数据的每一个样值的大小量化编码，而是根据前一个量值与后一量值的差值，即所谓的增量来进行量化编码。∑-Δ 型 A/DC 由模拟∑-Δ 调制器和数字抽取滤波器组成，∑-Δ 调制器以极高的抽样频率对输入模拟信号进行抽样，并对两个抽样之间的差值进行低位量化，得到用低位数码表示的∑-Δ 码流，然后将这种∑-Δ 码送给数字抽取滤波器进行抽样滤波，从而得到高分辨率的线性脉冲编码调制的数字信号。

然而，∑-Δ 型 A/DC 在原理上，过采样率受到限制，不可无限制提高，

从而使得真正达到高分辨率时的采样速率只有几赫兹到几十赫兹，使之只能用于低频信号的测量。

高速、中分辨率的 A/DC 用过采样产生等效分辨率和 $\sum$-Δ 型 A/DC 的高分辨率在原理上基本是一样的，因此本书在归一化条件下提出的 A/DC 等效分辨率公式既可以作为 A/DC 的一个通用性能参数，又可作为 A/DC 选用的参考依据。

下面要介绍 A/DC 等效分辨率。

与输入信号一起，叠加的噪声信号在有用的测量频带内（小于 $f_s/2$ 的频率成分），即带内噪声产生的能量谱密度为

$$E(f) = e_{rms} (\frac{2}{f_s})^{\frac{1}{2}} \tag{4-6}$$

式中，e_{rms} 为平均噪声功率；$E(f)$ 为能量谱密度（ESD）。两个相邻的 A/DC 码之间的距离决定量化误差的大小，相邻 A/DC 码之间的距离表达式为：

$$\Delta = \frac{V_{ref}}{2^N} \tag{4-7}$$

式中，N 为 A/DC 的位数；V_{ref} 为基准电压。

量化误差 e_q 为：

$$e_q \leqslant \frac{\Delta}{2} \tag{4-8}$$

设噪声近似为均匀分布的白噪声，则方差为平均噪声功率，表达式为：

$$e_{rms}^2 = \int_{-\frac{\Delta}{2}}^{\frac{\Delta}{2}} (\frac{e_q^2}{\Delta}) de = \frac{\Delta^2}{12} \tag{4-9}$$

用过采样比[OSR]表示采样频率与奈奎斯特采样频率之间的关系，其定义为：

$$[OSR] = \frac{f_s}{2f_u} \tag{4-10}$$

如果噪声为白噪声，则低通滤波器输出端的带内噪声功率为：

$$n_0^2 = \int_0^{f_u} E^2(f) df = e_{rms}^2 (\frac{2f_u}{f_s}) = \frac{e_{rms}^2}{[OSR]} \tag{4-11}$$

式中，n_0 为滤波器输出的噪声功率。由式（4-7）、式（4-9）、式（4-11）可推出噪声功率[OSR]和分辨率的函数，表示为：

$$n_0^2 = \frac{1}{12[OSR]} (\frac{V_{ref}}{2^N}) = \frac{V_{ref}^2}{12[OSR]4^N} \tag{4-12}$$

为得到最佳的 SNR，输入信号的动态范围必须与参考电压 V_{ref} 相适应。假设输入信号为一个满幅的正弦波，其有效值为：

$$V_{ref} = \frac{V_{rms}}{\sqrt{2}} \tag{4-13}$$

根据信噪比的定义，得到信噪比表达式：

$$\frac{S}{N} = \frac{V_{rms}}{n_0} = \left| \frac{2^N \sqrt{12[OSR]}}{2\sqrt{2}} \right| = \left| 2^{N-1}\sqrt{6[OSR]} \right| \tag{4-14}$$

$$[R_{SN}] = 20\lg \left| \frac{V_{rms}}{n_0} \right| = 20\lg \left| \frac{2^N \sqrt{12[OSR]}}{2\sqrt{2}} \right| = 6.02N + 10\lg[OSR] + 1.76 \tag{4-15}$$

当[OSR]=1 时，为未进行过采样的信噪比，可见过采样技术增加的信噪比为：

$$[R_{SN}] = 10\lg[OSR] \tag{4-16}$$

即可得采样频率每提高 4 倍，带内噪声将减小约 6dB，有效位数增加 1 位。

香农限带高斯白噪声信道的容量公式为：

$$C = W \log_2 \left(1 + S/N\right) \tag{4-17}$$

其中，W 为带宽。

式（4-17）描述了有限带宽、有随机热噪声、信道最大传输速率与信道带宽信号噪声功率比之间的关系，式（4-17）可变为：

$$\frac{C}{W} = \log_2 \left(1 + S/N\right) \tag{4-18}$$

式（4-18）用来描述系统单位带宽的容量，单位为 b/s。将式（4-14）代入式（4-18）中，得：

$$\frac{C}{W} = \log_2 \left(1 + 2^{N-1}\sqrt{6[OSR]}\right) \approx (N-1) + \log_4[OSR] + \log_4 6 \approx N + \log_4[OSR] + 0.292 \tag{4-19}$$

式（4-20）可定义成等效分辨率[ENOB]，单位 bit，即

$$[ENOB] = N + \log_4[OSR] + 0.292 \tag{4-20}$$

若将信号归一化处理，得

$$[ENOB] = N + \log_4\left(\frac{f_s}{2}\right) + 0.292 = N + \log_4(f_s) - 0.208 \; (f_s \geqslant 2\text{Hz}) \quad （4\text{-}21）$$

其中，f_s 为归一化频率下的采样速率。综上可知，在已知 A/DC 归一化采样频率后便可根据等效分辨率式（4-20），得到 A/DC 所能提供的最大等效分辨率，以指导正确选择和有效利用 A/DC，充分利用其速度换取分辨率，分辨率进一步可以换取信号增益，足够高的分辨率可以代替信号的模拟放大电路，从而简化电子测量系统中的模拟电路设计。

4.2.3　叠加成形信号的过采样

在检测大信号时，过采样技术通过数字平均来减小折合到输入端的噪声，提高 A/DC 的信噪比，从而提高分辨率。但是，在微弱信号检测，过采样技术却不能获得同样的效果。

如图 4-1 所示，假设输入信号为一周期性三角波，当用一个中分辨率的 A/DC 对其进行采样时，A/DC 的量化步长 LSB 大于三角波幅值，其采样值均为 0，原信号信息完全丢失。众所周知，对于一个不含原信号信息的信号是不可能将其恢复的。因此，过采样技术对提高 A/DC 的分辨率无济于事，这就是引言提到的过采样技术失效。

为了解决这种失效情况，工程上最常用的方法就是 A/DC 进行采样之前将信号放大，这样做的代价是增加了烦琐的模拟电路。而采用叠加成形函数的方法，使得输入信号幅值大于 A/DC 的量化步长，解决信号信息丢失的问题。将微弱信号"叠加"到成形信号上，使其变为大信号，经 A/DC 过采样后，再还原出原信号。为便于过采样后"分解"方便，成形函数的选取往往用线性变化的函数，如三角波、锯齿波等。下面便以锯齿波为例，分析结合了锯齿成形函数的过采样技术。

（1）叠加锯齿函数的过采样技术

A/DC 的分辨率为 n 位，输入满幅值为 V_{REF}，一个量化步长对应的模拟电压值为 1LSB，过采样率为 M。被测信号为 $s = (x + \Delta x)\text{LSB}$，其中 x 为正整数，$0 \leqslant \Delta x < 1$。构造成形函数 r 为周期性锯齿波函数，幅值为 $C_0 = (N + \Delta N)\text{LSB}$（$N \geqslant 1$，$0 \leqslant \Delta N < 1$），周期为采样 M 点所需的时间。假设对应锯齿波的每个 LSB 内平均采样 m_0 个点，则一个周期内锯齿波的总的采样点数为 $M = (N + \Delta N) \times m_0$。

由于信号 s 为微弱信号，且采用过采样技术，则可以做以下假设：

① s 在每个锯齿波周期中保持不变，可以看成直流，且整个信号的动态

范围远小于 A/DC 的动态范围。

②为使过采样技术有效，输入 A/DC 的信号幅值必须大于一个量化步长，则锯齿波函数的幅值 $C_0 \geqslant V_{REF}/2^n$；由于进入 A/DC 的信号不能超过输入范围，因此构造的锯齿波幅值还必须满足 $C_0 + s \leqslant V_{REF}$。

（2）叠加锯齿波后的采样值分布

如图 4-2 所示，不同时间段内，不同量化值对应的采样点数是不同的。并且跟 $\Delta N + \Delta x$ 的取值范围有关。则 A/DC 在 t_1-t_4 内的采样值分布为：

xLSB：　　　　　　　　　$(1-\Delta x)m_0$

$(x+1)$LSB：　　　　　m_0

$(x+2)$LSB：　　　　　m_0

$\vdots$　　　　　　　　　　$\vdots$

$(x+N-1)$LSB：　　　m_0

$(x+N)$LSB：　　$\begin{cases} (\Delta x + \Delta N) \times m_0, & (\Delta x + \Delta N) \leqslant 1 \\ m_0, & (\Delta x + \Delta N) > 1 \end{cases}$

$(x+N+1)$LSB：　$\begin{cases} 0, & (\Delta x + \Delta N) \leqslant 1 \\ (1-\Delta x - \Delta N)m_0, & (\Delta x + \Delta N) > 1 \end{cases}$

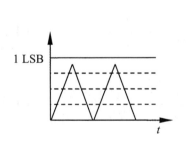

图 4-1　微弱信号的过采样分析

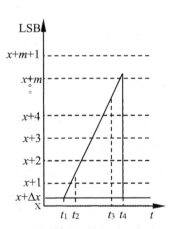

图 4-2　叠加锯齿波的图示

（3）调制与解调

本书讨论的微弱信号检测可以说是一种调制解调的过程。它应用过采样技术将信号 s 调制到锯齿波 r 上，过采样后得到调制后的信号 s_i，经下抽取得到信号 s，然后减去锯齿波的贡献 C，得到解调后的恢复信号 s'。

由前文可以发现，当 $\Delta N+\Delta x$ 的取值范围不同时，采样值分布不同。下面根据以 $\Delta N+\Delta x\leq 1$ 为例分析调制解调过程中的信号，最后给出恢复信号与原有信号的误差大小。而 $\Delta N+\Delta x\geq 1$ 的情况类似，这里就不详细阐述，直接给出误差公式。

$$\overline{s}=\frac{1}{M}\sum_{k=1}^{M}s_i$$

$$=\left[(1-\Delta x)\right]m_0 x+(x+1)m_0+(x+2)m_0+\cdots+(\Delta x-\Delta N)(x+N)m_0/(x+\Delta N)m_0$$

$$=\left\{x+(x+1)+(x+2)+\cdots+x+(N-1)+\Delta x\bullet N+\Delta N\bullet N+\Delta N\bullet x\right\}/(N+\Delta N)$$

$$=x+\frac{(N-1)N/2+\Delta N\bullet N}{N+\Delta N}+\frac{\Delta x\bullet N}{N+\Delta N}\qquad(4-22)$$

$$C=\frac{1}{(N+\Delta N)m_0}\left[1m_0+2m_0+\cdots+(N-1)m_0+\Delta N\bullet m_0\bullet N\right]=\frac{(N-1)N/2+\Delta N\bullet N}{N+\Delta N}$$

$$(4-23)$$

由式（4-22）、式（4-23）得：

$$s'=\overline{s}-C=x+\frac{\Delta x}{N+\Delta N}\qquad(4-24)$$

而判断检测方法更加有效的方法，就是分析恢复信号 s' 与原信号 s 值的误差。

$\Delta N+\Delta x\leq 1$ 时：

$$e_1=\left|s'-s\right|=\Delta x-\frac{\Delta x\bullet N}{N+\Delta N}=\frac{\Delta x\bullet\Delta N}{N+\Delta N}\qquad(4-25)$$

$\Delta N+\Delta x>1$ 时，

$$e_1=\left|s'-s\right|=\left|\frac{(1-\Delta N)\Delta x}{N+\Delta N}+\frac{\Delta N-1}{N+\Delta N}\right|=\frac{(1-\Delta x)(1-\Delta N)}{N+\Delta N}\qquad(4-26)$$

（4）信号动态范围的提高

可测信号的动态范围主要由 A/DC 的分辨率决定，A/DC 分辨率的提高对应微弱信号的动态范围的提高。那么。提高的分辨率主要由哪些参数决定呢?通常判断是否能分辨开两个数值，主要看这两个数的差值是否大于最小分辨率，反过来说，最小分辨率等于两个数值恰好能分辨开时的差值。

如图 4-3 所示，分析 x_1 和 x_2 的采样值分布得到：x_1 在 t_2-t_4 的采样值分

布与 x_2 在 t_3-t_4 的相同，能否区别开 x_1 和 x_2 主要由 x_1 在 t_1-t_2 和 t_4-t_6 的采样值分布与 x_2 在 t_1-t_3 和 t_5-t_6 的采样值分布是否不同来决定。由图 4-3 可以看出，只要 t_2-t_3 内，能采集到数，则 x_1 和 x_2 的采样值分布就会不同，x_1 和 x_2 就能分辨开来。t_2-t_3 内采集一个点，对应纵坐标幅值 AB 至少为($1/m_0$)LSB(m_0 为每个 LSB 的采样点数)，而 $AB=x_2-x_1$，所以 x_2 和 x_1 的差值至少为($1/m_0$)LSB 时才能分辨开。因此，提高的分辨率值为 $1/m_0$。综上所述，提高的分辨率由每个 LSB 内的采样点数

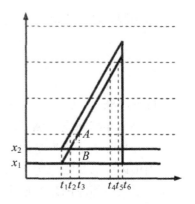

图 4-3　二次采样与混叠失真

m_0 决定，即由总的过采样倍数和叠加的锯齿波幅值决定。增加的位数可以通过直接过采样提高分辨率的方法来估计，为($10\lg m_0$)/6.02 或($10\lg M/C_0$)/6.02。

A/DC 分辨率提高，可测的信号幅值减小，通过计算可知，应用该方法后可测的最小信号为原来的 $1/2^{(10\lg m_0)/6.02}$，即可测信号的动态范围是原来的 $2^{(10\lg m_0)/6.02}$ 倍。

（5）误差分析

由式（4-25）可知，$\Delta N=0$ 时，检测方法的误差为 0。但是使锯齿波幅值等于整数倍的 LSB，在实际情况下几乎做不到，都会存在 ΔN 的误差。根据 ΔN、Δx 和的大小会使最终结果产生如式（4-25）、式（4-26）所表示的误差。那么误差在什么范围内是可以接受的，对结果不会造成致命影响呢？下面对误差表达式进行分析。由式（4-25）、式（4-26）可以看出，当 N 和 ΔN 一定时，无论 $\Delta N+\Delta x$ 的取值范围是多少，误差的最大值 e_M 均出现在 $\Delta x=1-\Delta N$ 的位置，因而式（4-25）、式（4-26）的最大值均为：

$$e_M = \frac{\Delta N(1-\Delta N)}{\Delta N + N} \tag{4-27}$$

当 $N \gg \Delta N$ 时，式（4-27）可写为：

$$e_M = \frac{\Delta N(1-\Delta N)}{N} \tag{4-28}$$

由于 ΔN 也是有误差的，很明显式（4-28）在 $\Delta N=0.5$ 的时候会有最大值，有 $e_{Mmax}=0.25/N$。而用 A/DC 进行采样时，产生的误差大小为一个 LSB。同理，只要该算法产生的最大误差小于提高的分辨率 $1/m_0$ 就是可接受的，便

不会影响测量结果。因此有 0.25/ $N<1/m_0$，则 N 必须满足：

$$N>0.25m_0 \tag{4-29}$$

由 $M=(N+\Delta N)\times m_0$ 及 $N\Delta N$ 可知，N 与 M 的关系为

$$N>M/2 \tag{4-30}$$

（6）小结

本小节详细阐述了 A/DC 采样微弱信号时利用过采样技术提高分辨率的方法，并且分析了该方法的误差，并从误差出发，给出了使用条件。

当锯齿波函数幅值等于 A/DC 量化步长整数倍时，该算法不会带来额外误差，但是锯齿波函数幅值不等于 A/DC 量化步长整数倍的情况在实际应用中更为常见。

由式（4-30）可知，锯齿波函数幅值必须足够大，该算法才有效。然而，锯齿波函数幅值太大，过采样率又会大幅度提高，A/DC 的采样速度消耗会急剧增加，大大减小了该方法的效率，不利于检测。另一方面，大幅值的锯齿波，使得输入到 A/DC 的信号接近 A/DC 的输入范围，减小了微分线性误差，有利于提高检测精度。因此，实际应用时应在这两者之间选取平衡点。实际应用中，用相同分辨率和精度的 D/AC 产生的锯齿波幅值，其 ΔN 值会很小，有利于检测精度的提高。

叠加成形信号不仅能够解决微弱信号的采集问题，同样也可以提高采集信号分辨率和精度（信噪比）。由 4.2.1 小节（式（4-4））和 4.2.2 小节（式（4-16））得到结论在此依然适用，信号分辨率和精度（信噪比）程度为 $\sqrt{m}$ 倍。

4.2.4　基于过采样的高速锁相算法

本书作者提出了一种快速的数字锁相算法，降低了运算量和存储量，极大地提高了数字锁相算法的速度，克服了算法实现对微处理器的性能依赖性。本小节在此基础上提出了一种基于数字锁相相关计算结构的高速算法并结合过采样技术进行优化。理论及实验分析表明该优化算法基本去除了过采样和锁相算法中的乘法运算，显著地减少了加减运算，既提高了运算的速度又提高了信号检测的精度，使得信号检测系统的综合性能大幅度提高。

（1）数字锁相算法

数字锁相放大器（DLIA）的工作原理与模拟锁相放大器（ALIA）类似，都是利用信号与噪声互不相关这一特点，采用互相关检测原理来实现信号的检测。而数字锁相放大通过模数转换器采样，在微处理器中实现乘法器和低

通滤波器，达到鉴幅和鉴相的目的。

假设信号离散时间序列为 $X[n]$，如式（4-31）所示，其中 DC 为直流分量，A 为信号幅值，j 为信号初相位，采样频率 $fs=Nf$（$N \geqslant 3$ 且为整数）。

$$X[n] = DC + A\cos\left(\frac{2\pi fn}{f_s} + \varphi\right), n = 0,1,2\cdots \qquad (4\text{-}31)$$

由微处理器产生同步采样正弦、余弦参考序列 $S[n]$、$C[n]$，如式（4-32）和式（4-33）。

$$C[n] = \cos\left(\frac{2\pi fn}{f_s}\right), n = 0,1,2\cdots \qquad (4\text{-}32)$$

$$S[n] = \sin\left(\frac{2\pi fn}{f_s}\right), n = 0,1,2\cdots \qquad (4\text{-}33)$$

信号分别与正交参考序列相乘实现相敏检波的功能，相关信号中的直流分量仅与原始信号的幅值和初相位有关，因此通过数字低通滤波器取出直流分量。最常采用的低通滤波器为 M 点平均滤波器，M 通常为整周期采样点数，即对应着低通滤波器的时间常数。正交相关运算和低通滤波的过程如式（4-34）、式（4-35）所示。

$$I[n] = \frac{1}{M}\sum_{n=1}^{M} X(n) \cdot C(n) \approx \frac{A}{2}\cos\varphi \qquad (4\text{-}34)$$

$$Q[n] = \frac{1}{M}\sum_{n=1}^{M} X(n) \cdot S(n) \approx \frac{A}{2}\sin\varphi \qquad (4\text{-}35)$$

信号的幅值和相位通过式（4-36）和式（4-37）计算。

$$A = 2\sqrt{\left(I[n]\right)^2 + \left(Q[n]\right)^2} \qquad (4\text{-}36)$$

$$\varphi = \arctan\left(\frac{Q[n]}{I[n]}\right) \qquad (4\text{-}37)$$

（2）快速数字锁相算法

根据上述经典的数字锁相算法计算结构，作出如下推导。当采样频率 $fs=4f$ 时，即 $N=4$，一个周期正弦、余弦参考信号序列分别为 $S=\{0, 1, 0, -1\}$，$C=\{1, 0, -1, 0\}$。设积分时间常数为一个周期，即 $M=4$，对应的低通滤波后的互相关信号为 $S = \{0,1,0,-1\}, C = \{1,0,-1,0\}$。设积分时间常数为一个周期，即 $M = 4$，对应的低通滤波后的互相关信号为

$$I = \frac{1}{4}\left[X[0]\cdot 1 + X[1]\cdot 0 + X[2]\cdot(-1) + X[3]\cdot 0\right] = \frac{1}{4}\left[X[0] - X[2]\right] \qquad (4\text{-}38)$$

$$Q = \frac{1}{4}\Big[X[0]\bullet 0 + X[1]\bullet 1 + X[2]\bullet 0 + X[3]\bullet(-1) \Big] = \frac{1}{4}\Big[X[1] - X[3] \Big] \quad (4\text{-}39)$$

则计算出的幅值和相位分别为

$$A = 2\sqrt{\left(I[n]\right)^2 + \left(Q[n]\right)^2} \quad\quad\quad (4\text{-}40)$$

$$\varphi = \arctan\left(\frac{Q[n]}{I[n]}\right) \quad\quad\quad (4\text{-}41)$$

从式（4-38）、式（4-39）可以看出，采样频率为信号频率 4 倍时，正交互相关计算中的乘法运算全部消除，只由采样信号的减法运算就能够实现互相关运算，计算量大大降低。对于相同采样频率($f_s=4f$, $N=4$)的经典数字锁相算法，若 $M=4q$，正交互相关运算中乘法运算次数为 $8q$，加法运算次数为 $8q$-2；而快速算法中乘法运算次数为 0，加减法次数为 $4q$-2。同采样率下两种方法相比，快速算法一个周期减少了 8 次乘法运算和 4 次加法，而 q 个周期，则相应减少 $8q$ 次乘法运算和 $4q$ 次加法运算。对于一般采样率下（$f_s=N\bullet f$，$N \geqslant 3$）经典数字锁相算法中，若 $M=Nq$，正交互相关运算中的乘法运算次数为 $2Nq$，加法次数为 $2Nq$-2，快速算法与之相比，减少了 $2Nq$ 次乘法运算及 $(2N\text{-}4)q$（$N \geqslant 3$）次加法运算，因此快速算法随着 N、q 值的增大，其优势越能够充分地体现出来。

（3）快速数字锁相算法性能优化

然而，对于单一频率的信号，若要提高基于 4 倍采样率的数字锁相算法的精度，方法上受到一定的局限。若在相同的采样间隔 t_s(相位为π/2) 内，由采集 1 点变为 K 点，再以这 K 个采样值的均值 $X'[n]$ 代替原来的单一的采样值 $X[n]$(n 表示第 n 个采样间隔)。当 K 足够大时，$X'[n]$ 为该采样间隔内信号序列的数学期望的无偏估计。因此，若要用一个常数来代替一个采样间隔内采样值，求和平均的方法更合理。另外，在采集过程中引入的量化噪声、外界干扰及系统产生的热噪声等大多为白噪声，其均值的近似为 0，所以求和平均的方法具有极强的去噪效果，可以使信噪比得到显著提高，进而折合为 A/DC 有效位数的增加。此种方法采用的就是"过采样"技术，以实际所需要采样频率 f_s 的 K 倍（K 为过采样率），即 Kf_s 进行采样，再通过平均下抽样使等效转换速率仍还原为 f_s 的一种方法，过采样实质是用速度换取系统精度的提高。对 K 个采样值进行平均，对于线性函数而言均值为中间点的函数值，不会带来原理性误差。而正弦、余弦函数属于非线性函数，下抽样后得到的幅度均值并不是原始信号在同一相位的理论采样值。为了找到它们之间的关系，通过改变 K 值和信号的原始相位及幅值，得到下抽样后的均值与同相位实际值的比例关系，如表 4-1 所示（表中数据保留 5 位有效数字），表中列出 10 种 K 值下的比例关系。对于相同的 K，不论原始信号相位和幅值如何改变，用简单平均下抽样得到的正弦信号幅值与在同一相位位置的原始信号实际值的比例系数关系是相同的，表 4-1 中没有将不同相位及幅值的比例关系再重复列出。

表 4-1 下抽样后均值与同相位实际值的比例关系

K	幅值比例系数	K	幅值比例系数
1	1.0000	6	0.90289
2	0.92388	7	0.90221
3	0.91068	8	0.90176
4	0.90613	9	0.90146
5	0.90403	10	0.90124

在实际数字锁相算法应用过程中可以根据 K 的不同，将比例关系直接引入最终幅值的修正即可计算出准确的幅值。由于下抽样后能够将等效采样频率还原为 f_s，而且相位本身也是通过比例关系计算获得，如式（4-41）所示，所以相位不需修正。本书将此比例系数关系简称为修正因子 c。修正因子的引入保证了采用下抽样后的均值来计算幅值不带来任何理论上的误差，符合过采样技术运用到数字锁相中所需要的条件，发挥了过采样与数字锁相放大两者的精度优势，还保持了算法的高速性。若采样率 $f_s=4Kf(N=4K)$、采集 q 个周期，对于经典的数字锁相算法正交相关运算中的乘法次数为 $8Kq$，加法次数为 $8Kq-2$；而快速算法的乘法次数为 0，加减法次数为 $4Kq-2$。与已有优化算法相比，其性能仍有较大的提高，该快速算法减少了 $8K$ 次的乘法运算及 $4K$ 次的加法运算。因此，基于数字锁相计算结构的高速算法能够大幅度减少计算量，提高运算效率，且结合过采样对其性能优化提高了算法精度并保持算法的高速性。

（4）修正因子的理论分析

修正因子 c 根据 K 值的变化而变化，理论上 c 是以 K 为变量的函数。根据下抽样技术的原理，以 $K=2$ 为例进行分析，即采样频率为信号频率的 8 倍进行采样。则每两个点下抽为一点，相邻两点的相位差为 $\pi/4$。设任意两点采样值为sinα、sin(α+π/4)(α为任意值)，则下抽样后的相位为α+π/8。下抽样后的均值与同相位实际值的比例关系式及化简式为

$$\frac{(1/2)\left[\sin\alpha + \sin\left(\alpha + \pi/4\right)\right]}{\sin\left(\alpha + \pi/8\right)} = \cos\left(\pi/8\right) \approx 0.92388 \quad （4-42）$$

式（4-42）可以化简为常量，计算出结果与仿真实验的结果吻合。从式（4-42）可以看出 K=2 时下抽样后的值与同相位实际信号值成比例关系，与信号幅值和相位没有关系。理论分析的结果验证了仿真实验的结果。

当 K=3 时，每 3 个点下抽为一点，相邻点之间的相位差为π/6。设任意 3 点采样值为sinα、sin(α+π/6)、sin(α+π/3)(α为任意值)，则下抽样后的相位为 α+π/6。则下抽样后的均值与同相位实际值的比例关系式及化简式为

$$\frac{\frac{1}{3}\left[\sin\alpha + \sin\left(\alpha + \pi/6\right) + \sin\left(\alpha + \pi/3\right)\right]}{\sin\left(\alpha + \pi/6\right)} = \frac{1}{3}\left[2\cos\frac{\pi}{6} + 1\right] \approx 0.91068 \quad （4-43）$$

当 K=4 时，如式（4-44）所示。

$$\frac{\frac{1}{4}\left[\sin\alpha + \sin\left(\alpha + \frac{\pi}{8}\right) + \sin\left(\alpha + \frac{\pi}{4}\right) + \sin\left(\alpha + \frac{3\pi}{8}\right)\right]}{\sin\left(\alpha + \frac{3\pi}{16}\right)}$$

$$= \frac{1}{2}\left(\cos\frac{3\pi}{16} + \cos\frac{\pi}{16}\right) \approx 0.90613 \quad （4-44）$$

依次类推，归纳得出修正因子 c 与 K 的关系式

$$c = \frac{\frac{1}{K}\sum_{n=0}^{K-1}\sin\left(\alpha + \frac{2\pi}{4K}n\right)}{\sin\left(\alpha + \frac{2\pi\left(K-1\right)}{8K}\right)} \quad （4-45）$$

其中，α为任意值。

当 K 为任意正整数时都可以推导计算出一个常数值，且此值与仿真实验计算值完全吻合，从而验证了修正因子 c 理论上的正确性。在实际应用中根据修正因子 c 与 K 的关系计算出修正因子 c 并对幅值进行修正。

（5）仿真实验

①算法有效性验证实验

为了验证这种高精度高速数字锁相算法的有效性，利用 MATLAB 仿真采样

和快速算法，通过改变幅值与过采样率，比较真实值与计算出的幅值和相位。

验证计算幅值的有效性：仿真产生一系列频率为 1kHz，初始相位为 0，直流分量为 1，不同幅值的正弦信号。通过参考电压为 2.5V，8 位的 A/DC 以不同的采样频率采样，采用该方法计算的幅值如表 4-2 所示（保留小数点后 6 位）。

验证下抽样后相位的有效性：产生一个频率为 1kHz、幅值为 1、直流分量为 1、相位为 0 的正弦信号。参考电压为 2.5V，8 位 A/DC 设置不同采样频率进行采样，采用该方法计算的相位如表 4-3 所示（保留小数点后 5 位）。

从表 4-2、表 4-3 可以看出，采用这种优化的算法测得的幅值和相位只存在由于 A/DC 量化而造成的误差，随着过采样率 K 的提高，所计算的幅值精确度越来越高。因此将过采样运用到这种快速锁相算法中提高了算法的精度，优化了算法的性能。

表 4-2　不同幅值不同过采样率测试结果

实际幅值(V)	计算幅值(V)		
	$K=4$	$K=8$	$K=16$
1.000000	1.003585	1.000993	0.999224
0.500000	0.502449	0.501769	0.499767
0.010000	0.100342	0.099862	0.097968
0.050000	0.048026	0.048815	0.049397
0.010000	0.009072	0.010192	0.009889

表 4-3　不同下抽样后相位测试结果

过采样率 K	实际下抽后的相位(rad)	计算出的相位(rad)
2	0.39270	0.39266
3	0.52360	0.52364
4	0.58905	0.58903
5	0.62832	0.62832
6	0.65450	0.65453

②算法性能验证实验

为了验证低信噪比下该算法的有效性，利用 MATLAB 产生不同信噪比的信号，分别采用经典的数字锁相算法与文中提出的算法提取待测信号幅值，并通过比较来验证算法的性能。

假设待测正弦信号淹没在强高斯白噪声中，信号的表达式为 $x[n]=s[n]+$

$u[n]$。其中，$s[n]$为待测正弦信号，$u[n]$为均值为 0 的高斯白噪声。信噪比定义为

$$SNR = 10 \lg \frac{power\_s}{power\_n} \qquad (4\text{-}46)$$

MATLAB 产生频率为 1kHz、幅值为 1、相位任意的正弦信号。采样率设置为 64kHz，采样点数为 64000。根据信号的功率，分别产生信噪比为 10dB、0dB、-10dB、-20dB、-30dB、-40dB 的噪声叠加到信号上，通过两种方法分别提取信号的幅值，如表 4-4 所示（测量幅值保留小数点后 4 位）。

从表 4-4 中可以看出，随着信噪比的降低，两种方法所测得的幅值误差越来越大。由于噪声随机产生，实验结果表明两种方法对信号的耐受程度相当，在仿真实验中所设置的采样频率及采样点数下该算法能够检测-30dB 信噪比下的信号。提高采样率及积分时间后，该算法能够检测到信噪比更低的信号。

表 4-4　不同信噪比下经典数字锁相算法与快速算法提取信号幅值的比较

SNR (dB)	经典的数字锁相算法		快速数字锁相算法	
	测量幅值	相对误差(%)	测量幅值	相对误差(%)
10	1.0008	0.08	1.0003	0.03
0	1.0024	0.24	1.0008	0.08
-10	1.0078	0.78	1.0028	0.28
-20	1.0265	2.65	1.0108	1.08
-30	1.0990	9.90	1.0525	5.25
-40	1.4285	42.85	1.3135	31.35

（6）小结

过采样和数字锁相技术都是微弱信号检测的有效手段，但结合过采样和数字锁相算法带来大量复杂的运算，对微处理器的性能提出很高的要求。本小节提出一种高精度高速的数字锁相算法，与传统数字锁相相比，去除了几乎所有的乘法运算和大量的加法运算，并通过修正因子对计算获得的幅值修正，改善由于下抽样而带来的误差。实验结果表明，这种全新的数字锁相算法没有任何理论误差，实际信号仿真也只有很小的误差，能够检测到较低信噪比的信号。在保证不带来原理误差的同时，该算法还极大地提高了运算速度，使得基于数字锁相算法的微弱信号检测可以在普通微处理器上实现。更重要的是该方法还可以推广到多频率信号的检测中。

数字锁相技术不仅提高相对随机噪声的信噪比，同时也大幅度提高对带外干扰的抑制作用，这是锁相技术"应有"之义。

4.2.5 帧累加与叠加成形信号的微光图像检测

微光指在低照度环境下微弱的光能量低到不能引起人眼或图像传感器响应的光。微光图像技术涉及对微光图像的采集、图像信号的处理、传输、存储和显示等，能通过现代的光电技术来改善甚至突破人眼在微光情况下的限制。从系统角度来说，微光检测系统将低照度环境下不易被人眼看见的光，通过各种微光图像传感器进行光电转换、高性能放大、传输和处理，转换成人眼可识别的高质量清晰图像，从而弥补了人眼在微光环境中灵敏度低、分辨率低和颜色辨识能力差等诸多问题，为人类认识世界提供了强大的技术支撑。

当前根据传感器技术的发展状况，主流的图像传感器如下：带前置增强级的微光图像传感器、固体微光 CCD/CMOS 图像传感器和铟镓砷短波红外微光图像传感器。

①前置增强级微光图像传感器

像增强电荷耦合器（IntensifiedCCD，ICCD）：ICCD 把微光图像增强器通过光纤元件与 CCD 耦合为一体，利用光阴极暗电流非常低及像管图像亮度增强的优点，相当于为 CCD 提供一个低噪声预放大器。

电子轰击电荷耦合器（Electron-bombardment CCD，EBCCD）：EBCCD 在阴极产生光电子，通过高压能量的作用轰击背照明 CCD，用能量换取电荷数量的转换，过程中几乎无噪声产生。

电子轰击有源像素结构传感器（Electron-bombardment Active Pixel Sensor，EMAPS）：在 2005 年士兵技术年会上获得"创新产品奖"，与 EBCCD 相比，它体积小、重量轻且功耗小。

②固体微光 CCD/CMOS 图像传感器

微光 CCD 图像传感器（low light level CCD，LLLCCD）：LLLCCD 是镀制宽带减反膜的 BI-CCD，量子效率高，随着量子效率曲线的峰值向近红外方向移动，与晚上光辐射的匹配率会随之提高。

电子倍增 CCD（Electron Multiplication CCD，EMCCD）：它是迄今为止真正意义上的固态电荷雪崩成像器件，在帧传输 CCD 的移位寄存器和读出放大器之间增加了一段具有二次电子倍增功能的倍增移位寄存器，信号电荷经雪崩电子倍增后进入读出放大器。

低噪声、高像质 COMS 技术：采用能消除噪声的"HAD"结构和低压驱动埋道 COMS 技术，具有良好的成像质量。

③铟镓砷短波红外微光图像传感器

这种传感器的光谱响应与夜晚光谱的匹配率相当高，充分利用了夜间的信息，更适合夜间的被动成像。

（1）利用成形信号和帧累加技术提高图像传感器灵敏度的原理

随着传感器加工工艺的进步和数字图像处理技术的发展，图像检测技术已经经历了长足的发展，但图像传感器在最低可探测照度时仍具有低信噪比和低对比度的问题。因此针对这种问题，本书提出了利用叠加成形信号和帧累加技术相结合的方法来提高图像传感器的灵敏度和信噪比，从而使其在不用大规模改变内部构造和使用材料的基础上也能实现灵敏度和信噪比的提高。这不仅仅大大降低了应用成本和使用复杂度，同时也为提高图像传感器的检测能力提供了一条有效途径。

①图像传感器参数分析

图像传感器的参数基本都相同，主要分为灵敏度、图像分辨率、灰度分辨率和动态范围等。

灵敏度：反映的是图像传感器检测光信号的最低极限的指标之一，表示在多低的光照强度下图像传感器可以检测到光子。灵敏度越高，说明微光检测效果越好。

图像分辨率：简言之就是图像传感器的长乘以宽的大小。分辨率越大说明像素点越多，分辨细节的能力越强。

灰度分辨率：灰度表示图像的强度大小。灰度分辨率越大，说明可展现在屏幕上的灰度越多，图像的层次感会越强，显示器还原真实色彩的能力也就越强。

动态范围：指单位像素饱和输出电压与暗电流噪声输出电压的比值。它主要受单位像素值的大小、沟道的构造和驱动电压值等因素影响。

②图像传感器噪声特性分析

虽然现在的图像传感器的性能都有了显著提高，但是其中仍夹杂着许多的干扰和噪声。为了获得高质量的图像，首先要了解图像传感器的噪声特性并针对不同的噪声进行相应的去噪处理。根据表现在图像上的噪声形式，影响图像质量的图像传感器噪声总体可以分为两种：随机噪声和图像噪声。

随机噪声：因为噪声的产生本身就是随机的过程，与输入图像信号的周期性或位置无关，这种可称为随机噪声。

A. 暗电流噪声：在全黑情况下，半导体内部由于热运动产生的载流子填充势阱而产生的电流，这种电流通常称为暗电流，是一种随机噪声，可以通过泊松分布表示。

B. 光子噪声：光子的发射是随机的，势阱接受光信号时也是随机的，这种噪声是由光子本身的性质决定的。

C. 散粒噪声：单位时间内产生的信号电荷数是在一个均值上下波动的，这一波动误差称为散粒噪声。

D. 读出噪声：主要是起源于芯片的前置放大器和寄生电荷，在 CCD 量化电子信号的过程中引入误差。

图像噪声：受传感器加工工艺、材料和电路自身设计等客观条件限制而产生的噪声。这种噪声很难由人为改进，这类噪声为图像噪声。

A. 固定图形噪声：是指因各像素点的特性不同而发生的、出现在图像固定位置的噪声。此外，也可能与图像传感器的转化方式有关。噪声为加性。

B. 相应非均匀性：指有照明时，像元之间输出响应度的差别变化。噪声为乘性。

③帧累加技术

帧累加是微光图像检测领域最常用最简单的解决方法，许多低照度的 CCD 成像系统都采用了此技术来提高检测微光图像的能力。它的主要实现方式有两种：一种是通过控制 CCD 的帧累加时间，使转换后的微光电信号直接在 CCD 电荷包中进行积分。这种直接进行前端的光生电电荷累加，不仅可以有效地抑制随机噪声来提高信噪比，而且通过延长曝光时间，提高了图像传感器的灵敏度；再一种就是先获取一定数量的连续帧，然后将这些帧进行求和取平均。但这种方法只能有效抑制随机噪声，而不会使图像传感器的灵敏度有任何提高。

根据上面的描述我们知道：第一种帧积累方法对信噪比和灵敏度都有所提高，但是需要对普通的 CCD 图像传感器进行改造才能达到所需要求，且同时由于受限于图像传感器的动态范围，长时间帧积累容易导致光电饱和，进而导致图像不能反映真实的拍摄场景；第二种方法只能提高微光图像的信噪比，但不需要改造图像传感器即可实现其功能（注：本书后面所说的帧积累都代指第二种帧累加方法，也称为多帧累加平均技术，以后不再重复）。

因此会产生一个问题，当目标的光信号小于图像传感器的灵敏度，传感器根本感应不到目标产生或反射的光信号，即使采用多帧累加平均技术也不能读出微弱的光信号，从而会造成微光图像信号的丢失。因此我们通过研究在 A/D 转换器前后施加成形信号（或称抖动信号）来系统提高灵敏度和分辨率的方法，发现二维图像传感器也可以使用类似的技术解决其在低照度下低灵敏度的问题。

④成形信号技术概述

为了简化分析，本书运用黑箱理论来讨论如何改善微光图像检测系统的灵敏度和信噪比，检测系统的黑箱模型如图 4-4 所示。在对黑箱模型分析的基础上，我们发现可以从整体系统的角度出发将微光图像系统近似成 A/D 采样转换系统——输入为二维连续微光图像信号，输出为二维离散图像信号。

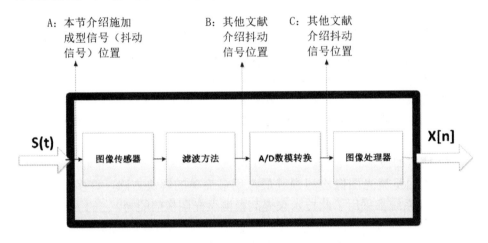

图 4-4　微光图像检测系统的黑箱模型

下面先从 A/D 转换系统来分析成形信号技术。针对提高 A/D 转换器的灵敏度这一问题，研究学者提出了一些可行的成形信号技术。

李刚教授给出了一种数字化信号前加入确定信号的方法，并将该信号定义为成形信号。由于 A/D 分辨率的限制，所输出的数字信号与输入的模拟信号之间会有一个差值，通常称这个差值为量化误差或量化噪声。在大信号检测时，过采样技术（可近似理解为微光图像检测系统中的帧积累技术）可以通过数字平均来减小折合到输入端的量化误差，提高了 A/D 转换的信噪比；然而对于微弱信号检测，当信号幅值低于 A/D 转换的 1 个量化步长时，即使采样率再高，采样获得的结果仍然都为 0。因此认为可以先将弱信号与成形信号叠加，使其幅值大于 A/D 转换的量化步长，信号过采样后，通过线性叠加、下抽样再将弱信号恢复。采用该方法可以使 A/DC 对微弱信号的分辨率增加 $10[10\log(m0)]/6.02$ 位，其中，$m0$ 为每个量化电平内对信号的采样点数。

与之类似，Bunker 也提出了在 A/D 转换器前面叠加抖动信号来提高数字视频信号的信噪比和编码效果。当处理视频信号时，由于人眼的自动平均特性，低频段是人们主要的感兴趣区域。但由于在数字化处理中固有的非线性特点，噪声也总是产生在数字化信号的低频段，这使图像的信噪比受到影响。为了减少噪声在低频段的影响和提高信噪比，在模拟信号输入 A/D 前混合叠加抖动信号然后再下抽样除去不想要的抖动信号，从而使噪声的带宽变大并减少了在低频段的噪声，提高了视频信号的信噪比。除此之外，Frensch 设计了一个图像采集和处理系统，它可以提高低幅度分辨率（也称灰度分辨率）数字图像的主观质量。系统先将模拟视频信号按照 A/D 转换器的幅度分辨率（这里称这个幅度分辨率为第一幅度分辨率）量化为数字视频信号，然后经过图像处理器后显示在显示器上（例如 LCD 等）。但是如果显示器的幅度分辨率比 A/D 转换器小，那么这时图像处理器相当于一种截断或取整的操作，例如 A/D 的分辨率有 8 位，而显示器的分辨率只有 6 位，那么就会将从 A/D 输出的信号截断 2 位最小有效位来满足显示的需求。这种截断或取整导致图像质量的下降。为此，在视频信号进入图像处理器之前，将数字噪声信号叠加到从 A/D 转换器产生的数字视频信号中生成混合信号，这样在量化的时候会显示为随机的强度分布，而不是固定的水平直线，这样可以尽量减少截断的误差。

通过分析上述方法可知，现在已经有了有效施加成形信号（或称抖动信号）来提高 A/D 灵敏度和分辨率的方法，而且施加的都是电信号，施加信号的位置如图 4-4 中所示，其中 B 处是在 A/D 转换器前面添加成形电信号，C 处是在 A/D 转换器后和图像处理器之前施加成形电信号。

但是在微光环境下，光强小于图像传感器的最低可探测能力，即使用电信号也无济于事，因此为了提高图像传感器的灵敏度，采用引入光成形信号代替电成形信号，将光信号通过特定光路施加在图像传感器前端（如图 4-4 中的 A 处），和微光图像信号混合，从而使光成形信号携带的微光图像信号能被图像传感器感知到，间接地提高了传感器检测能力。这个方法的基本思想在于，将需要构造的微光检测系统看成一个类似 A/D 转换的量化系统，如果输入的微光信号强度不足以引起图像传感器输出的变化，那么说明此时输入的微光图像信号强度低于图像传感器的幅度分辨率。这时在输入信号时叠加一个光成形信号（采用了锯齿光信号和正弦光信号），使混合信号的幅度超过图像传感器的量化步长的限制，从而使输出的混合信号中包含我们所需的微光图像信号。接着利用提出的去除成形信号的方法将成形信号从混合信号中剔除，得到最终所需的微光图像。基于上述思想，为了提高低照度环境下图像传感器的检测灵敏度、尽可能地利用传感器动态范围和减少量化过程中信号产生的量化误差，借鉴了 A/D 转换系统中利用过采样与叠加成形信号来提高 A/D 转换器分辨率的方式，提出了在光电传感器前端叠加光学成形信号并利用帧累加技术来提高微光检测灵敏和信噪比的方法。

⑤光成形信号技术的可行性分析

首先假设微光图像信号反映在采集图像的某一像素点处的理论值为 Δx_a，Δx_a 代表微光图像信号能被传感器检测到的测量值，大小小于一个量化步长，不能被传感器所识别。由于这里只考虑静止的微光图像信号，且信号的动态范围远小于图像传感器的动态范围，所以在这里将微光图像信号近似当作固定直流量。当然其中也有一些随机噪声和图像噪声，但是为了更好地验证此方法的可行性，在这里暂时不考虑噪声，后面具体的原理推导会有所涉及，如图 4-5 所示。

然后将成形信号和微光信号进行叠加，这里采用正弦光信号作为成形信号。假设叠加的正弦信号在采集到的图像的某一像素点处的理论值为 $x_s + \Delta x_s (x_s \in Z, 0 < x_s < 1)$，其中 x_s 代表正弦信号能被传感器检测到的测量值，而同样 Δx_s 为小于一个量化步长的量化误差，是不能被传感器识别的部分，如图 4-6 所示。

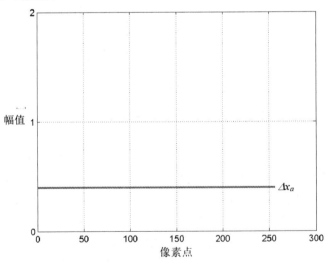

图 4-5　图像某一像素点处的微光信号大小 Δx_a

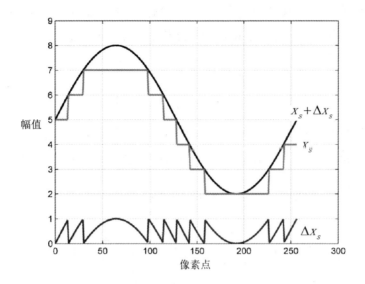

图 4-6 单周期的正弦成形信号

注：包括传感器被测值 x_s 和量化误差值 Δx_s。

两 种 信 号 进 行 叠 加 之 后 的 理 论 值 变 为 $x = \Delta x_\alpha + x_s + \Delta x_s$ $\left(x_s \in Z, 0 < x_s < 1\right)$，如果 $\Delta x_a + \Delta x_s < 1$，则 $x = x_s$；如果 $\Delta x_\alpha + \Delta x_s > 1$，则 $x = x_s + 1$。

从图 4-6 可知，Δx_s 在 $(0,1)$ 之间是符合均匀分布的，那么 $\Delta x_\alpha + \Delta x_s < 1$ 和 $\Delta x_\alpha + \Delta x_s > 1$ 的分布概率取决于 Δx_α。所以这两种分布概率可以表述为：

$$P\left(x - x_s = 0\right) = P\left(\Delta x_\alpha + \Delta x_s < 1\right) = 1 - \Delta x_\alpha \qquad (4\text{-}47)$$

同理，

$$P\left(x - x_s = 1\right) = P\left(\Delta x_a + \Delta x_s > 1\right) = \Delta x_\alpha \qquad (4\text{-}48)$$

因此，$x - x_s$ 情况下的数学期望为：

$$\mu = E\left(x - x_s\right) = 0 * \left(1 - \Delta x_\alpha\right) + 1 * \Delta x_\alpha = \Delta x_\alpha \qquad (4\text{-}49)$$

方差为：

$$\sigma^2 = D\left(x - x_s\right) = E\left(x - x_s\right)^2 - E^2\left(x - x_s\right) = \Delta x_\alpha\left(1 - \Delta x_\alpha\right) \qquad (4\text{-}50)$$

根据估值信号统计原理，在这里用数据的样本均值来估计 $x - x_s$ 是合理的，因为样本均值可以等同于总体数学期望的无偏估计，所以 $x - x_s$ 的估计量 $\overline{x - x_s}$ 为：

$$\hat{\mu} = \overline{x - x_s} = \frac{1}{N} \sum_{i=1}^{N} (x - x_{si}) \tag{4-51}$$

因为所有相互独立的样本 $X_i (X_1, X_2, \cdots, X_N)$ 都服从统一分布，且数学期望为 μ，方差为 $\sigma > 0$，因此根据中心极限定理，$\hat{\mu}$ 也近似服从正态分布 $N\left(\mu, \left(\frac{\sigma}{\sqrt{N}}\right)^2\right)$。根据式（4-49）和式（4-50）：

$$\Delta \hat{x}_\alpha = \hat{\mu} = \frac{1}{N} \sum_{i=1}^{N} (x - x_{si}) \sim N\left(\mu, \left(\frac{\sigma}{\sqrt{N}}\right)^2\right) \tag{4-52}$$

由此可知无偏估计量，它近似地服从正态分布，因此可以求得叠加了正弦信号后微光信号的不可检测部分所产生的功率，这里可以用方差值来近似代替功率值。

$$\hat{\sigma} = D\left(\Delta \hat{x}_\alpha\right) = \frac{\sigma^2}{N} = \frac{\Delta x_\alpha \left(1 - \Delta x_\alpha\right)}{N} \tag{4-53}$$

假设原系统的信噪比为 SNR，而叠加正弦成形信号和帧积累相结合后的系统信噪比为 SNR'。由于系统信噪比可以近似为信号和噪声功率的比值，所以：

$$SNR' = \frac{\Delta x_a^2}{\dfrac{\Delta x_a \left(1 - \Delta x_a\right)}{N}} SNR = \frac{N \Delta x_a}{1 - \Delta x_a} SNR \tag{4-54}$$

根据上述推导过程可以得出结论：

● 在幅值低于一个检测系统的量化步长的微光图像信号上叠加确定的正弦成形信号，使结合后的信号幅值超过了检测系统的量化步长，这相当于提高了微光图像检测系统的灵敏度，从而让低于一个量化步长的微光信号尽可能地被检测到；

● 最后通过信噪比的推导，叠加正弦成形信号并帧积累后的信噪比提高了 $\dfrac{N \Delta x_a}{1 - \Delta x_a}$ 倍；

● 上面施加的成形信号是使用的正弦成形信号，而如果使用锯齿成形信号的话，通过推导可知原理上是类似的，故在这里不再赘述。

（2）施加成形光信号的方法

在上一节我们了解到施加光成形信号在原理上对改善图像传感器的信噪比和灵敏度是有效果的，接下来我们就研究一下如何施加光成形信号。光成形信号的施加主要分为两种方式：直接照射目标的投影和直接照射传感器。每种方式中还包含多种施加光成形信号的方法。所以下面会对常用的方法分别进行介绍，并对这两种方式的优劣及每种方式中具体的方法的优缺点进行详细阐述。

①成形光信号直接照射目标的投影

直接照射目标的图像投影，顾名思义，就是将光学成形信号直接照射在目标物体的投影上。这符合常规的检测目标的思路，因为在日常生活中不论是人眼还是光电传感器基本上都是接收物体反射的光，进而检测到物体。这里我们将光成形信号直接投射在目标的投影上，和微光图像投影叠加后被图像传感器检测到。下面介绍几种常用的直接照射目标投影的方法。从大类上来分，常用的光源照射方式分背面照射和前面照射两种。但由于背照式需要光源在物体的背面投射，不适合低能量的成形光信号的施加，所以在这里不考虑这种施加方法，只考虑前照式光源投射方式。而前照式分为直向型、扩散型、环形、同轴式和低角度式。这五种方法相比较来说，扩散型前照式方法最适合本书的低照度环境和处理方法，也是本书中直接照射目标施加光成形信号所采用的方法。具体施加光路方案如图 4-7 所示。

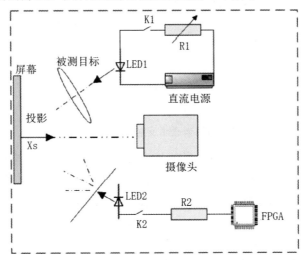

图 4-7 扩散型前照式照射目标施加成形光信号

这种施加方法虽然简单直接且技术较成熟，但是有很多局限性，这里只是在初期验证方法的可行性实验中使用过。而且在一些实际应用场合是不实用的。例如，目标离光源较远；在军事上因为安全原因，目标不能被光源和成形信号持续照射；用投影的方式在实际情况下不易操作，等等。因此，我们又提出用照射图像传感器的方法来施加光成形信号。

②成形光信号照射图像传感器

由于直接照射目标的一些限制，我们提出通过直接照射摄像头镜头的方式来施加光成形信号。但是这种投射需要考虑一些打光的注意事项，例如亮度的衰减、光稳定性、外界干扰排除、光源波长选择、投射面积、投光角度和光源能量等。针对上述要求，我们提出了两种投光方法，即借助半透明反射镜施加成形信号和利用漫散射施加成形信号。

首先介绍借助半透明反射镜施加成形信号的这一设计。我们使用的半透明反射镜是由一对相同的直角棱镜胶合而成，其中一块直角棱镜的斜面上镀上一层或多层薄膜，这是一束光投射到镀膜玻璃上后通过反射和透射将光线分为两个部分，该半透明反射镜的反射率和透射率各占 50%。利用这一特性，将成形信号 X_f 和微光图像信号 X_s 通过半透明反射镜后形成混合信号，并施加到图像传感器上。结构示意图如图 4-8 所示。

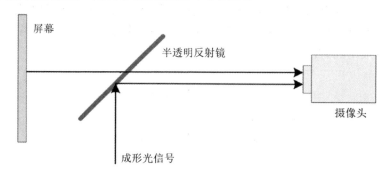

图 4-8　利用半透明反射镜施加成形信号

如图 4-8 所示，在镜头前加装半透明反射镜，微光图像信号和光成形信号分别通过透射和反射的方式叠加在图像传感器上。但是因为只有 50% 的微光图像信号和 50% 的成形信号进入传感器，所以光信号强度各减了一半，对于低照度的图像检测系统来说，一半的光信号衰减量是不可接受的。

由此我们又提出了另一种有效的方法：利用漫散射施加光成形信号的投光方法。但这里我们需要考虑投光的角度。因为成形信号光源是放置在图像传感器前面的,如果投光的角度没有设置好,摄像头会拍摄到产生成形信号的光源。为了避免拍摄到产生成形信号的光源的实像,同时还让传感器接收到光成形信号,我们设计了图 4-9 所示的简化光学成像结构,其实这个过程也间接地表现了微光图像信号是如何在传感器上成像的。

普通的相机系统主要由三部分组成:相机镜头、可变光圈和图像传感器。在光学系统中,阻止成像光束的光圈被称为可变光阑。从图 4-9 中可以看出,水平方向的光信号 D 代表目标图像上一个点发出的光信号(这个点对应着图像传感器上的一个像素点),根据光线传输的原理,它可以直接穿过可变光阑被图像传感器上对应的像素点接收,且光强不会减弱。

接着需要设计光源的投光方式,它必须要在避免摄像头拍摄到光源的实像的同时让传感器能接收到光成形信号。在图 4-9 中,一条斜向照向摄像头镜头的成形信号平行光束 $D1$ 不能穿过光阑,原因是镜头周围的边框挡住了光线。这时我们假设成形光束和镜头的中心轴线的角度值为 α,图中阴影部分表示的就是被遮挡的成形信号光,只有这部分成形光信号不能投射到传感器上。所以,如果产生成形信号平行光束的 LED 光源被放置在图中镜头前面的阴影部分,那么 LED 光源的实像就不会被摄像头拍到,它的实像也就不会被投射在图像传感器上。这种方法有效地阻止了产生成形信号光源的实像被摄像头拍摄到,从而很好地消除了其在微光环境下对成像的影响。

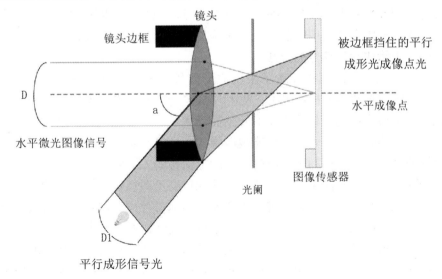

图 4-9 利用漫散射施加光成形信号

那么接下来要考虑如何将成形信号的平行光束投射到图形传感器上。成形光束和镜头的中心轴线有个角度 α，如果想让 LED 光源在阴影区域且光线还能投射进摄像头的镜头里，成形信号的平行光束和镜头的中心轴线之间的角度必须大于 α。设置了一个合适的角度后，成形光束照射在镜头边框的内壁上并产生漫散射，然后漫散射后的光会均匀地照亮摄像头的镜头。但事实上，图像传感器的输入和输出响应不是线性的，而且在整个照明过程中灵敏度也不是一个常数值。因此，如果成形光信号在一个合适的范围内是很微弱的，那么微光图像信号和成形信号的混合信号也会在一个微小的范围内变化，这时我们可以将输入输出响应近似看成线性的。这可以保证提取出更准确的微光图像信号。

综上可知，与利用半透明反射镜施加成形信号相比，利用漫散射施加成形信号的方法可以减少成形光信号能量的损失和减少额外元件的使用。主要原因如下：

● 在低照度下，信号强度直接影响图像成像质量。半透明反射镜的施加方式会使信号的强度各减一半，而利用漫散射原理就不会影响两种光信号投射到传感器上的强度。

● 利用半透明反射镜需要对实验设备进行一定的改装，增加额外的半透明反射镜片，给本实验设备的实际应用带来不便。而利用漫散射施加光成形信号只需把 LED 光源按合理的角度放置即可，减少了改装和购买元件的成本。因此本书中主要使用漫散射原理来施加成形光信号到图像传感器上。

（3）去除成形光信号的方法

前文的论述已经间接证明了采用成形信号与帧累加技术相结合的方式可以提高图像传感器的检测能力。先利用成形光信号与微光图像信号叠加，把低于一个最小量化步长的微光信号抬高到大于一个量化步长，这样包含在混合信号中的微光图像光信号就能被图像传感器检测到了。然后连续采集一个周期的微光图像，再利用提出的去除成形信号的方法将混合信号中的成形信号去除，得到微光图像信号，从而间接地提高了图像传感器的灵敏度。而在微光图像检测系统中，最关键的步骤就是施加哪种成形信号及如何从成形信号、噪声和微光图像信号的混合信号中尽可能地提取出微光图像信号。而其中去除成形信号方法的好坏直接影响得到结果的速度和精度。基于现阶段的一些理论研究，我们总结了三种去除特定成形信号的方法：差分法、最小二乘法去除锯齿成形信号和离散傅里叶变换去除正弦成形光信号。下面详细介绍下这三种方法的原理。

①差分法

这是最直观和易于理解的一种方法，但同时也是效率最低且实验最烦琐的。这里简单地介绍一下其原理和使用方法。该方法的基本步骤如下：

● 利用漫散射直接照射目标物体的投影来施加具有一定幅值的光成形信号（这里选择单周期的锯齿波作为成形光信号），获得微光图像信号和锯齿光成形信号的混合图像信号。

● 连续采集一个锯齿波周期的叠加信号（N 帧），再对这 N 帧混合图像信号进行多帧累加平均。然后去除目标物体，只采集锯齿成形光的图像，同样是采集 N 帧并对其进行多帧累加平均。

● 最后将两次多帧累加平均得到的图像相减去除了其中包含的光学成形信号，再进行灰度拉伸即可得到最终的微光图像信号的近似值。虽然这种方法简单直观且易于理解，但是它同时也有很大的不足。主要包括：多帧累加平均会减慢成像速度；两次多帧累加平均的操作是分开进行的，实验过程不连续且较复杂，影响实验效率；在进行实验过程中会引入环境光噪声，影响提取微光图像信号的精度。

②最小二乘法去除锯齿成形光信号

去除成形信号方法的好坏对结果的精度和速度有直接的影响。从上一节的介绍我们可以知道，直接差分法去除锯齿成形光信号有很多缺点，例如速度慢、精度低和易受环境光干扰等。为了克服前一种差分法的不足并更高效地去除锯齿成形信号并提取出混合信号中的微光图像信号，利用最小二乘法去除锯齿成形信号。在后期利用最小二乘法进行数据处理之前，首先需要采集一个成形信号周期（N 帧）的混合有微光图像信号和成形光信号的图像。假设已经采集到 N 帧所需的图像，为了提高微光图像的提取效率和获得更好的图像结果质量，用最小二乘法来拟合混合信号，从而可以获得混合信号的拟合直线。在假设微光图像信号近似于固定信号的前提下，直线的常数部分即近似代表微光图像信号强度的估计值。根据上一节提到的施加成形光信号方法的对比分析，选择利用漫散射照射图像传感器的方法，把锯齿成形光信号施加到微光图像信号上。接着，保存一个锯齿波周期内图像采集系统采集到的 N 帧图像，每帧图像表示为 $x_f = \alpha i, i = 1, 2, \cdots, N$，最后利用最小二乘法求出微光图像信号的估计值。具体的原理分析如下：

由于采集到的每一帧都是混合微光图像信号和锯齿成形光信号的图像。所以假设 x_s 代表采集到的第 i 帧图像中第 α 个像素点的灰度值中所包含微光图像信号的强度大小。而 x_f 代表锯齿成形光信号施加在对应同一像素点上的强度大小，这里 $x_f = \alpha i, i = 1, 2, \cdots, N$，其中 i 是当前帧图像在所有采集到的帧图像中的序号，N 是采集到的帧的总数，同时也可以代表一个锯齿波周期中采样点的总数。因此第 i 帧图像中第 α 个像素点的灰度值 x 可以表示为：

$$x = x_s + x_f = x_s + \alpha i \tag{4-55}$$

在一个锯齿波周期内，混合信号的被测值理论上是 x，但是由于噪声和其他干扰的影响，真实被图像传感器检测到的第 i 帧的第 α 个像素的值 x_i 并不等于理论值 x。因此，为了能从测量值 x_i 中估计出 x，我们将问题等效为最小二乘法直线拟合问题。

根据最小二乘方法的原理，我们用这些采集到的帧图像的被测值和理论值建立联系，求出它们最小误差的平方和。误差平方和的公式如下：

$$d = \sum_{i=1}^{N} \left(x - x_i \right)^2 = \sum_{i=1}^{N} \left(x_s + ai - x_i \right)^2 \tag{4-56}$$

为了求出最小误差的平方和，只有当 $\dfrac{\partial d}{\partial x_s}$ 和 $\dfrac{\partial d}{\partial a}$ 这两个偏导数等于 0 的时候才成立。因此，d 的最小值可以通过下列公式求得：

$$\frac{\partial d}{\partial x_s} = 2\sum_{i=1}^{N} \left(x_s + ai - x_i \right) \tag{4-57}$$

$$\frac{\partial d}{\partial a} = 2\sum_{i=1}^{N} i\left(x_s + ai - x_i \right)^2 \tag{4-58}$$

然后根据式和，可以算出两个等式：

$$m\hat{x}_s + \hat{a}\sum_{i=1}^{N} i = \sum_{i=1}^{N} x_i \tag{4-59}$$

$$\hat{x}_s \sum_{i=1}^{N} i + \hat{a}\sum_{i=1}^{N} i^2 = \sum_{i=1}^{N} ix_i \tag{4-60}$$

为了简化计算，我们让 $\varphi_0 = \sum\limits_{i=1}^{N} i$、$\varphi_1 = \sum\limits_{i=1}^{N} x_i$、$\varphi_2 = \sum\limits_{i=1}^{N} i^2$ 和 $\varphi_3 = \sum\limits_{i=1}^{N} ix_i$。最终，$x_s$ 和 α 的最小无偏估计值为：

$$\hat{x}_s = \frac{\varphi_1 \varphi_2 - \varphi_0 \varphi_3}{N\varphi_2 - \varphi_0^2} \tag{4-61}$$

$$\hat{a} = \frac{N\varphi_3 - \varphi_0 \varphi_1}{N\varphi_2 - \varphi_0^2} \tag{4-62}$$

上面计算并求出 x_s 和 α 的过程都只是针对某一个帧图像中的某一个像素点，如果针对整个图像，可以用矩阵来表示。

令 $\varphi_0 = \sum_{i=1}^{N} i$、$\varphi_1 = \sum_{i=1}^{N} x_i$、$\varphi_2 = \sum_{i=1}^{N} i^2$ 和 $\varphi_3 = \sum_{i=1}^{N} ix_i$，其中 x_i 代表采集的第 i 帧图像。设 x_s 代表采集的微光图像信号，那么最后利用最小二乘法求得的微光图像的估计值 $\hat{x}_s$ 为：

$$\hat{x}_s = \frac{\varphi_1\varphi_2 - \varphi_0\varphi_3}{N\varphi_2 - \varphi_0^2} \tag{4-63}$$

然而，由于测量手段的限制，不可能知道真实值的大小。此外，$\hat{x}_s + \hat{\alpha}i$ 和 x_i 也有误差。所以，为了检测用最小二乘法拟合效果的好坏，这里使用贝塞尔公式来估计测量中的误差。因为测量误差总是存在，真值就无法获得，因此随机误差（真差）也就不能获得。所以不能用传统的手段求随机误差的标准差。如果想求得测量值的方差 σ^2，可以用 ζ_i 和 $\bar{\zeta}$ 的残差来代替真差，用算术平均值来代替真值。标准差 σ_s 可以用公式表示为：

$$\sigma_s = \sqrt{\frac{1}{N-1}\sum_{i=1}^{N}\left(\zeta_i - \bar{\zeta}\right)^2} \tag{4-64}$$

这个公式也称为贝塞尔公式，其中 σ_s 是标准偏差 σ 的一个估计值。在用最小二乘法去除锯齿光成形信号时，由于最后算出的 $\hat{x}_s$ 和 $\hat{\alpha}$ 是根据测量值 x_i 估算出来的，因此 $\hat{x}_s$ 和 $\hat{\alpha}$ 相比于真实值 $\hat{x}_s$ 和 $\hat{\alpha}$ 必然会产生偏差。同时，$\hat{x}_s$ 和 x_i 之间也不是准确拟合的，所以也存在偏差。根据上述分析可知，上述条件正好符合贝塞尔公式的使用条件，因此它被用于拟合结果里的偏差估计。根据式（4-64）可以推导出利用最小二乘法来进行拟合产生的偏差为：

$$\sigma_s = \sqrt{\frac{1}{N-1}\sum_{i=1}^{N}\left(\hat{x}_s + \hat{\alpha}i - x_i\right)^2} \tag{4-65}$$

其中，σ_s 是测量值 x_i 与估算出的拟合直线 $\hat{x}_s + \hat{\alpha}i$ 之间偏差的估计值。它可以有效地检验计算出来的拟合直线与测量值的拟合效果。如图 4-10 所示，坐标轴上，两个平行于拟合线的直线分布在上下两侧，可以观察到 (i, x_i) 的分布情况。

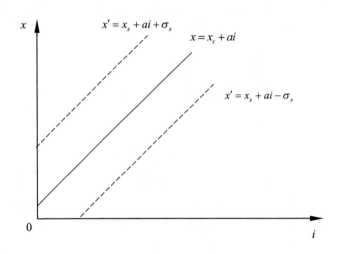

图 4-10　平行于拟合线的直线分布

接着，分析从式（4-61）和式（4-62）所得到两个参数估计值 $\hat{x}_s$ 和 $\hat{\alpha}$ 的偏差。由于 $\hat{x}_s$ 和 $\hat{\alpha}$ 的估计值的大小只与 x_i 有关，故可以利用不确定度传递公式来求得两个估计参数的标准偏差。

$$S_{x_i} = \sqrt{\sum_{i=1}^{N}\left(\frac{\partial \hat{x}_s}{\partial x_i}\sigma_s\right)^2} \tag{4-66}$$

$$S_a = \sqrt{\sum_{i=1}^{N}\left(\frac{\partial \hat{\alpha}}{\partial x_i}\sigma_s\right)^2} \tag{4-67}$$

最后，根据式（4-53）、式（4-54）、式（4-56）、式（4-57）和式（4-58）可得出采用最小二乘法估算出的 $\hat{x}_s$ 和 $\hat{\alpha}$ 的偏差大小，它们可以检查拟合效果是否有效。最终计算的公式为：

$$S_{\alpha} = \sigma_s \sqrt{\frac{N}{N\left(\sum_{i=1}^{N} i^2\right) - \left(\sum_{i=1}^{N} i\right)^2}} \tag{4-68}$$

$$S_{\alpha} = \sigma_s \sqrt{\frac{N}{N\left(\sum_{i=1}^{N} i^2\right) - \left(\sum_{i=1}^{N} i\right)^2}} \tag{4-69}$$

如果计算的偏差结果在合理的范围之内，那么通过最小二乘法拟合得到的最终估值矩阵 $\hat{x}_s$ 就代表所求的微光图像。

③离散傅里叶变换去除正弦成形光信号

上面所述的利用最小二乘法去除锯齿成形光信号相比第一种方法简化了实验过程,大幅度提高了处理速度。但仍存在一些不足,例如处理过程只能逐个周期进行,不能连续地进行图像数据处理;速度仍需进一步提高;拟合过程易受测量值的影响等。为了进一步简化数据处理步骤,尽可能实现实时动态处理,我们又提出了利用离散傅里叶变换去除正弦成形光信号的方法。使用正弦成形信号和离散傅里叶变换可以更准确地推导出混合信号的表达式,从而减少类似利用最小二乘法拟合产生的结果偏差。同时,采集到的图像数据可以通过滑动的方式来进行连续的处理,而不需要像锯齿成形信号一样逐个周期处理,提高了图像数据处理速度。采用离散傅里叶变换去除成形信号的基本原理是:首先需要构造一个叠加了正弦成形信号的微光图像信号的抽象信号模型。假设正弦成形信号的数学表达式被看成一个包含固定频率的数据模型。这个数据模型可以被表示成:

$$x(t) = s(t) + A + A\sin(2\pi ft + \varphi) + w_{rand} + w_{fixed} \qquad (4-70)$$

其中,$s(t)$ 表示连续输入的某一帧图像中的某一个像素点,假设帧图像是静态的,那么 $s(t)$ 可以考虑成一个常数;A 是被图像传感器接收的正弦成形信号的幅值大小,因为 $s(t)$ 和 A 是固定值,所以把这两部分结合成一个常数 DC。f 和 φ 分别代表信号频率和初始相位值,而由多帧累加平均原理和对噪声种类的分析可知,图像传感器的噪声是由随机噪声 $w_{rand}[n]$ 和图像噪声 $w_{fixed}[n]$ 组成的。因此最后包含混合信号的图像的表达式可以表示成:

$$x(t) = DC + a\cos(2\pi ft) + b\sin(2\pi ft) + w_{rand} + w_{fixed} \qquad (4-71)$$

其中,$A = \sqrt{a^2 + b^2}$。

然后根据奈奎斯特采样定理和过采样原理,设定混合信号的采样频率 f_s 是正弦成形信号频率 f 的 N 倍,这意味着 $f_s = N \times f (N > 2)$。因此,数字采样后的离散信号模型定义为:

$$x[n] = DC + a\sin(2\pi ft) + b\sin(2\pi ft) + w_{rand}[n] + w_{fixed}[n]$$
$$n = 0, 1, 2, \cdots, N-1 \qquad (4-72)$$

从上述公式可以发现对应的系数 a 和 b 是未知的,如果想求出这个表达式,必须先求出这两组系数。为了简化问题的分析过程,利用线性模型来重新描述这一问题。其中定义了两个矩阵 θ 和 H:

$$\theta = \begin{bmatrix} a & b \end{bmatrix}^T \tag{4-73}$$

$$H = \begin{bmatrix} 1 & 0 \\ \cos\left(\dfrac{2\pi}{N}\right) & \sin\left(\dfrac{2\pi}{N}\right) \\ M & M \\ \cos\left[\dfrac{2\pi(N-1)}{N}\right] & \sin\left[\dfrac{2\pi(N-1)}{N}\right] \end{bmatrix} \tag{4-74}$$

值得注意的是，H 是 $N \times 2$ 维的，其中秩 p 为 2。因此，根据最小方差无偏估计（minimum variance unbiased, MVU）原理来设计最小方差无偏估计器，这个矩阵需要满足 $N > p = 2$。同时，在确定 MVU 估计量时，注意 H 的列是正交的，这种关系是通过离散傅里叶变换关系推导出来的，可以有效地简化计算。因此 H 可以用列向量的形式表示为：

$$H = \begin{bmatrix} h_1 & h_2 \end{bmatrix} \tag{4-75}$$

其中，h_i 表示 H 的第 i 列。因为之前提到 H 中的列是正交关系，那么可以得出矩阵 H 中列向量 h_i 之间的关系为：

$$h_i^T h_j = 0,\text{如果}\, i \neq j \tag{4-76}$$

根据这一性质，又可以推导出矩阵 H 的运算关系式为：

$$\begin{aligned} H^T H &= \begin{bmatrix} h_1^T \\ h_2^T \end{bmatrix} \begin{bmatrix} h_1 & h_2 \end{bmatrix} \\ &= \begin{bmatrix} h_1^T h_1 & h_1^T h_2 \\ h_2^T h_1 & h_2^T h_2 \end{bmatrix} \\ &= \begin{bmatrix} \dfrac{N}{2} & 0 \\ 0 & \dfrac{N}{2} \end{bmatrix} \\ &= \dfrac{N}{2} I \end{aligned} \tag{4-77}$$

运算后 $H^T H$ 就变成了一个易于求逆的对角矩阵。所以，最小方差无偏估计 MVU 的幅值可以表示为：

$$\hat{\theta} = \left(H^T H\right)^{-1} H^T x = \frac{2}{N} H^T x = \begin{bmatrix} \frac{2}{N} h_1^T x \\ \frac{2}{N} h_2^T x \end{bmatrix} \tag{4-78}$$

最后，正弦和余弦系数的估计值 $\hat{a}$ 和 $\hat{b}$ 分别可以表述为：

$$\hat{a} = \frac{2}{N} \sum_{i=0}^{N-1} x[n] \cos\left(\frac{2\pi n}{N}\right) \tag{4-79}$$

$$\hat{b} = \frac{2}{N} \sum_{i=0}^{N-1} x[n] \sin\left(\frac{2\pi n}{N}\right) \tag{4-80}$$

为了推导出微光图像信号的强度表达式，让求出的正弦和余弦系数的估计值 $\hat{a}$ 和 $\hat{b}$ 代替理论值 a 和 b 来进行去除正弦成形信号的计算。根据式（4-70）、式（4-72）、式（4-79）和式（4-80）的推导计算，整理出：

$$s[n] + w_{rand}[n] + w_{fixed}[n] = x[n] - A\left[1 + \sin\left(\frac{2\pi n}{N} + \varphi\right)\right] \tag{4-81}$$

其中，$A = \sqrt{a^2 + b^2}$，$\varphi = \tan^{-1}\dfrac{b}{a}$。由于上面只是分析了某一帧图像的情况，而实际情况是要采集 N 帧包含混合信号的图像，因此公式要被更改为：

$$\frac{1}{N} \sum_{i=0}^{N-1} \left(S[n] + w_{rand}[n] + w_{fixed}[n]\right) = \frac{1}{N} \sum_{i=0}^{N-1} \left\{ x[n] - A\left[1 + \sin\left(\frac{2\pi n}{N} + \varphi\right)\right]\right\}$$
$$\tag{4-82}$$

由多帧累加平均原理和对噪声种类的分析可知，噪声部分是由随机噪声 $w_{rand}[n]$ 和图像噪声 $w_{fixed}[n]$ 组成的，其中图像噪声是指因各像素特性不同而在画面中固定位置产生的噪声。此外这种噪声也与图像传感器的转移方式有关，一般只能通过改变传感器的构造或改变像素的材料特性等方法来减少噪声，这里没有使用技术手段来消除它，所以我们假设图像噪声是固定不变的。而随机噪声产生的原因有很多种，可以通过多帧累加平均的方法较大程度地减少随机噪声。所以只剩少量的随机噪声 $w_{rand}[n]$，而图像噪声 $w_{fixed}[n]$ 是默认固定不变的。最后通过图像数据处理可以得到包含有微光图像信号、少量随机噪声信号和图像噪声三种信号的估值。所以最终的表达式可以表示为：

$$\overline{s}[n] + \overline{w}_{rand}[n] + \overline{w}_{fixed}[n]$$

$$= \frac{1}{N}\sum_{i=0}^{N-1} s[n] + \frac{1}{N}\sum_{i=0}^{N-1} w_{rand}[n] + \frac{1}{N}\sum_{i=0}^{N-1} w_{fixed}[n] \qquad (4-83)$$

$$= \frac{1}{N}\sum_{i=0}^{N-1}\left\{ x[n] - A\left[1 + \sin\left(\frac{2\pi n}{N} + \varphi \right) \right] \right\}$$

上面的表达式只代表帧图像中某一个像素点的微光信号估值，而最后要得到的是一个微光图像，所以图像中的每个像素点都按照上述步骤进行，即可得到最终的包含微光信号的图像。值得注意的是，虽然最后的推导结果仍包含一定的噪声，但是通过实验验证可以知道最后得到的图像中可以明显地显示出微光下目标物体的图像信息，证明此方法能有效地检测到低于图像传感器灵敏度的微光图像信息。

④三种方法原理的对比分析

如何去除成形信号直接关系到整个系统的速度和效率，所以我们重点分析了这一部分并提出了三种有效的方法，即差分法去除成形光信号、利用最小二乘法去除锯齿成形光信号和利用离散傅里叶变换去除正弦光信号。根据前面叙述的三种方法的原理，主要对这三种方法在方法的操作性、数据处理速度、实验结果的信噪比和计算量四个方面进行对比分析。

● 方法的操作性。差分法虽然操作简单易行，但是需要调整实验设备，实验不具有连续性；而后两种方法只要调试好采集设备，实验过程中不需要对设备进行二次调整，大大提高了操作效率。

● 数据处理速度。进行数据处理过程中，差分法需要进行两次多帧累加平均的操作，而最小二乘法和离散傅里叶变换法只需要一次多帧累加平均的操作。所以从多帧累加平均的存储量和速度上来说，后两种方法的存储量是第一种方法的一半，而速度是第一种方法的一倍以上。同时，利用离散傅里叶变换去除正弦成形信号可以连续地进行数据采集和处理，因为正弦波是连续波形,利用滑动窗可以一直保证一个正弦成形信号周期的数据采集和处理，甚至可以达到实时处理。而锯齿波是非连续波形，利用最小二乘法去除锯齿成形光信号只能逐个周期地进行图像数据采集和处理。

● 实验结果的信噪比通过分析可知，差分法是将成形信号直接施加到目标物体上，易受到周围环境光变化的影响；而后两种方法都是直接让成形光信号照射图像传感器，避免了变化的环境光的影响。同时，利用最小二乘法拟合直线会产生结果的偏差，最后的结果是个估计值，最后的偏差分析直接决定了估计值的信噪比；而利用离散傅里叶变换可以更精确地计算出最后的微光图像信号、少量随机噪声信号和图像噪声三种信号的估值，相较前两种方法，从原理上来说结果的信噪比更高。

● 计算量可以从需要处理的图形数据大小和公式的复杂程度来评价计算量。从计算量上来说，第一种方法的计算量是后两种计算量的两倍以上；利用最小二乘法的计算量多于离散傅里叶变换，因为用到了更多的乘除法操作。

（4）小结

本节介绍了低照度下提高图像灵敏度所需的基本技术及其原理，主要从图像传感器参数特性、帧累加技术和成形信号技术三大方面对所需的基本技术原理进行了阐述，验证了使用上述技术可以实现低照度情况下提高图像传感器灵敏度的目的。而如何利用上述技术实现提高图像传感器灵敏度也是我们重点讨论的问题。主要从如何施加光成形信号和去除光成形信号两大方面来阐述。施加光成形信号的方法有两大类：直接照射目标和直接照射图像传感器。通过对这两大类中的具体方法进行比较分析，认为利用漫散射原理照射图像传感器的方法是最适合本书的方法。因为虽然直接照射目标的方法简单直接且技术较成熟，但是在一些特定的实际应用场合是不实用的，例如远距离成像，因此提出了照射图像传感器的方法来施加光成形信号；与利用半透明反射镜施加成形信号相比，利用漫散射施加成形信号的方法可以减少成形光信号能量的损失和减少额外元件的使用。接着重点对去除成形信号的方法进行了总结，从原理上证明了这些方法能有效地检测到低于图像传感器分辨能力的微光图像信息。通过对比发现，三种方法的优势是层层递进的，第三种方法最优。所以本书建议采用最后一种方法来实现去除成形信号的处理。

4.3 过采样与"大平均"的应用实例

本节以典型的实例，即生物电信号检测（一维信号过采样）、血氧饱和度测量（频分方波调制和解调）、红外测温摄像头的校准（帧累加），说明过采样和"大平均"的应用及其效果。

4.3.1 生物电信号测量

随着生物电（bioelectricity）检测技术的不断进步，其研究领域也在不断扩展。从横向上说，除经典的心电（ECG）、脑电（EEG）、肌电（EMG）检测以外，一些新的应用如胃电（EGG）、子宫肌电（EHG）等也逐步受到了人们的重视。从纵向上说，检测手段也从早期的单导、多导检测衍生出基于地形图技术的体表电位分布图（BSPM）和基于体表电位微分的体表 Laplacian 电位分布图（BSLM）等技术。膜片钳技术的发展则为生物电微观领域的研究提供了平台。尽管生物电检测的分支越来越细腻，然而，由于现代微电子技术和 DSP 技术的飞速发展，作为传感器的生物电检测电路却可以越来越简单，这使得建立一个统一的、通用的生物电检测系统成为可能。

生物电信号一般为低频信号，幅值在毫伏到微伏量级，且相差悬殊。因此，构造一个"通用"的生物电检测系统，首先必须具有较宽的动态范围。目前的 $\Sigma\text{-}\Delta$ A/DC 已具备 16～24 位的精度，分辨率已达到微伏乃至亚微伏的量级，动态范围超过 100dB，可以满足需要。然而，$\Sigma\text{-}\Delta$ A/DC 的致命缺陷是其输出速率偏低，尤其对多通道系统，其通道间的切换需要较长的稳定时间，因此，$\Sigma\text{-}\Delta$ A/DC 只适用于对输出速率要求不高的场合。另外，逐次逼近（SAR）A/DC 也已达到了中等以上的分辨率，且速度较快，大多具有几百 kHz 到几百 MHz 的转换速率，将这种速率用于低频生物电信号的检测，将造成带宽的浪费。为此，借鉴 $\Sigma\text{-}\Delta$ A/DC 的原理，以速度为 800 kSPS 的 18 位 SAR A/DC AD7674 为核心，结合过采样算法构造生物电检测系统。该系统具有以下的优点：

①利用过采样技术，使 SAR A/DC 达到与 $\Sigma\Delta$ A/DC 相当的动态范围，同时具有理想的去噪效果；

②采样频率和分辨率可通过软件动态调整；

③可以精密控制系统的通带，对频率极为接近的信号加以分离。

由于具有上述优点，该系统可以用于多种生物电信号的检测，具有通用性。将该系统用于心电和胃电的同步检测，取得了良好的效果。

（1）系统的实现

由前述可知，通过过采样技术，可以获得极高的采样精度和理想的低通特性。基于这两条特性，构造的生物电信号采集系统如图 4-11 所示。

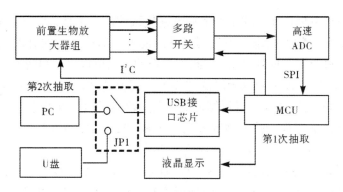

图 4-11　系统构成

前置生物放大器组可引入 8 路信号，其中，每路放大器的结构如图 4-12所示。

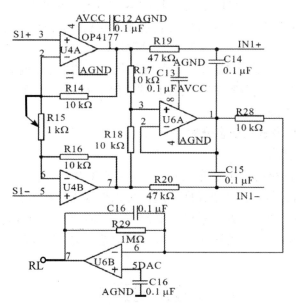

图 4-12　前置放大器

对称并联差动放大可以获得极高的输入阻抗和共模抑制比。由于系统的动态范围极高，因此前置放大的倍数不必很高，一级放大即可。放大倍数 A可由式（4-84）计算。

$$A = 1 + 2R14 / R15 \tag{4-84}$$

R15 采用数字电位器，由 MCU 通过 I2C 接口控制其取值，使放大倍数可调。

　　由于设计目标是作为通用的生物电采集系统，而不是特别针对某种信号，对抗混叠的截止频率要求并不特别严格。此外，运放本身的有限频带也可以对高频信号有一定的抑制作用，因此抗混叠滤波器可以设计得较为简单。R19、C14 及 R20、C15 分别构成无源低通作为抗混叠滤波，截止频率约 33 Hz。

　　R17、R18 提取共模信号反馈回输入端，避免了阻容参数不匹配可能导致共模干扰转换成差模干扰的情况发生。U6B、R29、C16 构成常见的右腿驱动电路。共模反馈与右腿驱动为 8 路通道共享。

　　8 路差动信号经前置放大器组，通过多路开关 ADG707 分时连接到 AD7674（18bit，800 kSPS），从而使成本较高的 A/DC 得以共享。A/DC 为双极输入，转换结果经 SPI 接口送至 MCU。

　　系统由 1 个硬件跳线开关 JP1 决定工作于"主"还是"从"模式。当工作于从模式时，采集卡可以通过 1 根 USB 电缆与上位机相连，并被识别为 1 个全速的 USB 设备，数据可以实时传送至上位机，上位机也可以通过下传控制字，来选取采集卡的工作参数如通道数目、过采样率等。当采集卡工作于主模式时，可作为便携仪器使用。数据被记录在通用的 USB 存储器如 U 盘中，数据文件的格式兼容 FAT 文件系统，便于 PC 回收。可以通过液晶显示屏直接观察数据波形。

（2）A/DC 带宽的动态分配

①第 1 次抽取

　　系统设计的核心思想是使 A/DC 充分发挥其性能，使其工作于最高采样速率 f_{max}。假设系统有 M 个采样通道，可以根据需要将 f_{max} 动态地分配给每个通道，使每个通道获得的采样速率为 f_i。所谓动态是指可随时根据需要通过软件编程调整 f_i 和过采样率 K_i。假设第 i 通道实际所需的采样率为 f_{si}，则有

$$f_{max} = \sum_{i=1}^{M} f_i = \sum_{i=1}^{M} K_i f_{Si} \tag{4-85}$$

　　由式（4-85）可以逆推出每个通道的理想过采样率 K_i。一般取 $K_i = 2^{2N_i}$，则由前述可知，N_i 为 i 通道增加的有效位数。

　　一种简化的情况是将 f_{max} 平均分配给 M 个通道，即取各通道的 K_i 和 f_i 均相同（记为 K 和 f_{s0}），则式（4-85）简化为

$$f_{max} = MKf_{s0} \tag{4-86}$$

AD7674 的最高采样率 f_{max}=800 ksps。将其平均分配给 8 个通道，则每个

通道获得的最高采样率 Kf_{s0} 为 100 Hzksps。对生物电信号采集系统来说，200 sps 采样率已足以满足需要。取 f_{s0} = 200 Hzsps，则 K 的理论值可取 512 左右。在实际应用中，由于 MCU 字长、速度、指令集和算法等方面的限制，K 的实际取值可能远远低于理论计算值。如采用 8051 架构，内核速度为 12 MIPS 的 MCU，实际 K 仅能达到 64 倍。如果采用 ARM 或 DSP 芯片，则可使 K 显著提高。

②第 2 次抽取

相当多的生物信号的主频均集中于近乎直流的低频段且极为接近。通过体表电极检测到的信号往往是多种生理信号源综合作用的结果。依靠传统的模拟滤波器将其分离，在工程上几乎是不可能的。为此，利用前述过采样的低通特性，对采集到的信号进行二次抽取。

胃电信号的主频约为 3 cpm，主要集中于 0.01～0.15 Hz 频段。由前述可知，经过第 1 次抽取，每个通道的实际采样率 f_{s0} 为 200 Hz。将采集到的数据，每 1024 点做求和平均，则相当于在系统中加入了 1 个截止频率为 200/1024=0.195 Hz 的数字低通，高于此截止频率的心电和呼吸伪迹可得到有效滤除，胃电信号得以保留。

第 2 次抽取可以在上位机的回收程序中非实时地进行。由于不再受到实时性、芯片性能等因素的制约，二次抽取的抽取率 L 可取较大。此外，在信号幅值比较小的情况下，也可只进行累加求和，而不求其平均，相当于对信号做了 L 倍的放大，但不会影响其过采样的结果。

（3）系统的实际应用

为了验证采集卡的工作效果，将采集卡用于 8 导联心电、胃电信号的采集。采集卡工作于从模式下，通过 USB 电缆与上位机相连。上位机采用笔记本电脑，直流供电，避免了工频干扰等噪声的引入，并保证了受试者的安全。第 1 次抽取过采样率 K 取 64，18 位 A/DC 的有效位增加 3 位，等效分辨率为 21 位，双极时动态范围可达 20×log（2^{20}-1）=120 dB。采集结果如图 4-13 所示。

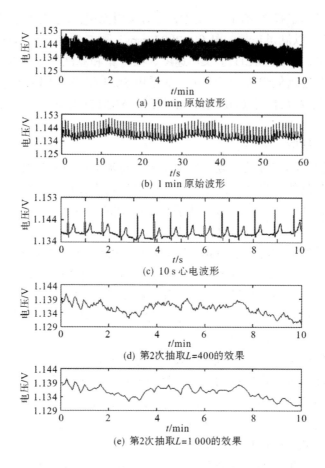

(a) 10 min 原始波形

(b) 1 min 原始波形

(c) 10 s 心电波形

(d) 第2次抽取$L=400$的效果

(e) 第2次抽取$L=1\,000$的效果

图 4-13 应用腹部电极对心电和胃电信号进行提

图 4-13（a）为 8 个通道中某一路的原始信号，长度为 10min，图 4-13（b）为其中 1 min 的波形。可以看出，采集到的原始信号是一种混合信号，其主要成分为心电、胃电和呼吸波。相对较快的心电（图中约为 84 cpm）受到较慢的胃电（约 2.5 cpm）和呼吸波（约 11 cpm）的调制，造成其基线漂移。

图 4-13（c）是 10 s 的心电波形。由于胃电和呼吸波的幅值远小于心电，因此，可将 21 位采样值的末几位舍弃，等效于所有采样数据除以 1 个常数。此时，胃电和呼吸波由于幅值过小无法显示；而幅值较高的心电波形则保留相对完好。实际上，这一过程相当于过采样原理的一个逆的应用，人为地降低采样结果的位数，使暂时不需要的信号幅值保持到"降级"后的 A/DC 的

量化噪声内，从而得以忽略。而对需要保留的幅值较高的信号，在极高分辨率的前提下，即使经过弃位，系统仍能保持较高的分辨率，并且具有极强的去噪效果。由图中可以看出，即使采用腹部电极这样的非标准导联，原始信号也未经任何处理，仍可以很好地表现出心电的细节。

图 4-13（d）是将图 4-13（a）的原始信号每 400 点做一累加的效果，可以看到高于 0.5 Hz 的心电被滤除，波形为胃电和呼吸波叠加的效果。图 4-13（e）是对原始信号做每 1000 点累加的结果，在 0.2 Hz 的截止频率下，呼吸波只剩下极少量的残留。

（4）小结

本节使用高速高精度 SARA/DC 结合过采样技术，作为通用生物电采集系统的核心，使系统的分辨率和动态范围达到乃至超过了 Σ-Δ A/DC 的水平，同时克服了后者采样速率低、通道转换时间长的缺点。

过采样后的抽取过程分两步进行。第 1 次抽取，目的是获得额外的 A/DC 有效位数；第 2 次抽取，则利用过采样的低通效应，通过设置不同的抽取率，得到不同的低通截止频率，从而将混合的生物电信号加以分离。

过采样算法简单易行，便于在采集卡固件中编程实时实现。一方面，相关预处理电路的设计可得到极大的简化，噪声抑制功能也大大增强；另一方面，系统的性能包括采样率、A/DC 有效分辨率、动态范围均可由软件设定。相比于传统的固定精度和采样率的采集系统更加灵活，适用范围更广。

在实际应用中，我们使用一组腹部电极获得心电、胃电和呼吸伪迹的混合信号。通过简单的弃位可以将心电与幅值相差悬殊的胃电和呼吸伪迹分离。通过二次抽取，可以提取出胃电信号。这意味着，可以利用单个通道同时获取多种生理信号，并使多个生理信号的监护同步进行，这对研制微型、便携的监护仪器具有极为重要的意义。

需要注意的是，过采样的原理是建立在系统噪声为白噪声的前提下的。如果噪声为有色噪声，则过采样的方法效果降低甚至失效。此外，如果噪声幅值过小，在 A/DC 固有的量化电平（LSB）之内甚至更小，则过采样的方法可能无效。此时，除了适当提高信号的前置放大倍数之外，也可在信号上用叠加成形函数的方法来达到降低量化噪声、提高分辨率的目的。

4.3.2　基于帧累加技术提高红外热像仪测温精度的校准方法

红外热像仪能够将人体表面温度分布情况可视化地呈现，已逐渐成为多种疾病诊断的依据，对于温度差异识别越灵敏，越利于疾病的早期发现。鉴于这种情况，首次提出了一种帧累加技术应用于提高红外热像仪测温分辨率，从而提高测温精度的校准方法，校准了每个像素点的测量结果，提高了热像仪的测温精度。其中，帧累加技术的运用降低了热像仪的随机误差；以黑体仪为准，校准整个像素平面抑制了由热像仪温度传感器带来的系统误差；对每个像素点的校准抑制了由像素点的空间分布带来的系统误差。通过校准实验和人体实验的数据处理与分析，尤其是对于组织水肿病例的数据分析，结果表明，该方法既提高了热像仪的测温精度，也提高了对被测物体表面温度差异识别的灵敏度，为某些疾病能够在家中实现早期筛查提供了技术支持。

（1）温度校准方法

采用建立校准方程的方法，利用更高温度精度的黑体仪作为校准工具来抑制系统噪声，用以校准的数据通过帧累加的预处理降低了随机误差。记录不同黑体仪设定温度下的红外热像仪测量结果，将红外图像的灰阶值与温度值建立联系，也就是校准了整个像素平面的温度值，抑制了由于热像仪温度传感器所带来的系统误差。但是温度分布均匀的黑体仪，测量得到的红外图像中不同像素点的灰阶值是不同的，通过校准每个像素点的测量值，得到校准方程组，抑制由于像素点的空间分布引起的系统噪声。

通过几个小的温度段来估算大温度段的温度值，因此拟合法是研究中最合适的方法。经过初步数据分析，红外图像的灰阶值与黑体仪温度值之间具有很好的线性度。在一元线性回归模型中，最常见的便是最小二乘法，不仅拟合出的直线结果准确而且计算过程简单快捷。

从测量的角度来看，当使用精度为 $\pm a°C$ 的黑体仪温度值 T1 和 T2 的数据 A1 和 A2 进行直线拟合时，得到的数据存在 $\pm a$ 的误差，不论拟合得到的直线是 Y、Y+或 Y-，在 T1—T2 的范围内，其测量误差都会在 $\pm a$ 之间。用以拟合的数据越多，那么得到的直线误差范围越小。示意图如图 4-14 所示。

用热像仪采集 s 个温度下黑体仪的 N 帧 $m \times n$ 分辨率的红外图像序列 $I_i (i = 1, 2, \cdots, N)$，计算帧累加后红外图像中所有像素点的均值作为待校准值 $\overline{I}_j (j = 1, 2, \cdots, s)$；以黑体仪设定值为真值 $T_j (j = 1, 2, \cdots, s)$，用最小二乘法拟合出近似真值校准方程，也就是在建立灰阶值与温度值之间的关系：

$$T_j = k\overline{I}_j + b \qquad (4-87)$$

其中，k、b 为校正系数。

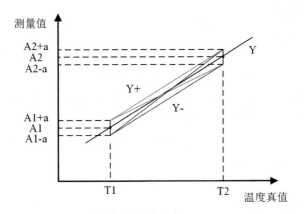

图 4-14　直线拟合误差分析示意图

将 $\overline{I}_j(j=1,2,\cdots,s)$ 代入式（4-87）求得待校准值的近似真值 $T_c(c=1,2,\cdots,s)$，作为当前平面所有像素点的真值。平面中每个点的值，相当于对同一个值的多组重复测量的算数平均值，算数平均值的标准差 $\sigma_{\bar{x}}$ 可作为测量精度评估的指标。

在 s 个温度下，以 N 帧红外图像序列中同一像素点 $t_{(m,n)}$ 的 N 次测量值分别累加平均 $\overline{t}_c(c=1,2,\cdots,s)$，作为这一像素点的待校准值；以近似真值 T_c 作为真值，拟合出各个像素点的校准方程，结合式（4-87）得出像素点 $t_{(1,1)}$ 的校准系数 $k_{(1,1)}$ 和 $b_{(1,1)}$：

$$\overline{I}_j = \frac{k_{(1,1)}}{k}\overline{t}_c + \frac{b_{(1,1)}-b}{k} \tag{4-88}$$

以同样的方式计算出每个像素点的校准系数 $k_{(m,n)}$ 和 $b_{(m,n)}$，得到最终的校准方程组：

$$\begin{cases} y_{(1,1)} = k_{(1,1)}x_{(1,1)} + b_{(1,1)} \\ y_{(1,2)} = k_{(1,2)}x_{(1,2)} + b_{(1,2)} \\ \qquad\qquad \vdots \\ y_{(i,k)} = k_{(i,k)}x_{(i,k)} + b_{(i,k)} \\ \qquad\qquad \vdots \\ y_{(m,n)} = k_{(m,n)}x_{(m,n)} + b_{(m,n)} \end{cases} \tag{4-89}$$

其中，$x_{(m,n)}$ 为像素点的待校准值，$y_{(m,n)}$ 为像素点校准结果。

（2）实验验证

①实验装置

实验平台如图 4-15 所示。具体实验设备如下：海康威视专业型智能人体测温双光半球 DS-B1217-3/PA，温度分辨率为 0.1℃，测量精度小于等于 ± 0.5℃（无黑体仪时精度为±0.5℃、加黑体时精度为±0.3℃），帧率 25 fps/s，焦距 3mm；海康威视的黑体仪 DS-2TE127-H4A(B)，温度分辨率为 0.1℃，测温精度为±0.1℃；电脑 Nitro N50-610 用以数据处理分析。实验分两个部分：温度校准实验和人体温度数据采集。

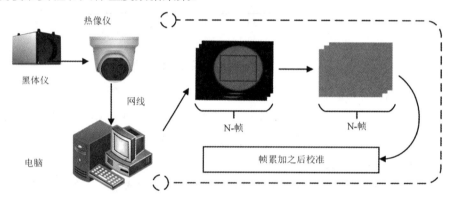

图 4-15　实验装置及简要步骤

②温度校准实验

影响红外测温精度的干扰因素有距离、角度、温度等。在实际测量过程中，要保证热像仪与黑体仪之间的距离恒定，以及热像仪视场范围内物体的绝对静止。因此，将热像仪与黑体仪放在一个相对封闭的环境中，减少空气流动对温度的影响，从而影响采集数据的准确性。

实验装置及简要步骤如图 4-15 所示。热像仪本身分辨率为160×120，但在实际测量时，导出图像大小为 419×314，在保证热像仪本身测距允许范围内，黑体仪辐射部分在整个热像仪采集的画幅中只占一部分。截取图像中位于画幅中心的 200×150 的矩阵作为之后处理的图像。具体校准步骤如下：

● 热像仪自带测量距离校准功能，通过预实验验证，开启内部校准的情况下，距离对温度测量结果影响可忽略。但在温度校准实验中，为了避免这一影响因素，且能够保证黑体仪辐射区尽可能多地占据热像仪画幅，选择固定热像仪与黑体仪之间的距离为 0.1m。

● 黑体仪设定值 $T_j(j=1,2,\cdots,s,s=6)$ 分别为 34℃、36℃、38℃、40℃、

42℃、45℃，待黑体仪达到热平衡。

- 采集 s 个温度下的视频图像，为了使不同温度下灰阶值差异明显，选定显示窗口的温度阈值为 30.5～50℃，在之后的数据采集时需要设定相同的阈值选取 N=400 帧（16s）图像帧序列，并截取 200×150 的图像序列 $I_i(i=1,2,\cdots,N)$，如图 4-16 所示。

34℃　　　36℃　　　38℃

40℃　　　42℃　　　45℃

图 4-16　不同黑体仪温度采集到的红外图像

- s 个温度下的 N 帧图像序列进行帧累加，求帧累加后图像中所有像素点灰阶值的均值 $\overline{I}_j$ 作为待校准值；以黑体仪设定值 T_j 作为真值，进行最小二乘拟合，得到近似真值的校准直线如图 4-17 所示。

$$Y = 0.086 \times X + 29.066$$
$$e = 99.98\%$$
$$(4\text{-}90)$$

- 其中，X 为帧累加后所有像素灰阶值的均值，Y 为整个图像校准后的温度值，e 为此直线的线性相关系数，值越接近 1，表示线性相关性越高。

- 将 s 个温度的 $\overline{I}_j$ 代入此校准方程均值代入式（4-88）得到近似真值 $T_c(c=1,2,\cdots,s,s=6)$。

- 在各个温度下，分别计算 N 帧红外图像帧序列 I_i 中同一像素点 $t_{(m,n)}(m=200,n=150)$ 的 N 个测量值，进行帧累加得到 $\overline{t}_c(c=1,2,\cdots,s,s=6)$，作为这一像素点的待校准值；以 s 个温度对应的近似真值 T_c 作为真值，最小二乘拟合出这 $m\times n$ 个像素点对应的校准方程，从而得到最终的校准方程组。

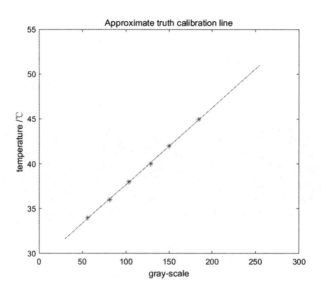

图 4-17　近似真值校准直线

③人体实验数据采集与处理

手是人体局部体温差异较为明显且测量较为便捷的区域，在室温环境中，往往手掌心的温度要略高于手掌周围温度，手指的关节部位也要略高于周围温度。因此，将手作为被测对象，进行人体实验数据的采集，分别采集手掌图像及手指图像，用校准方程组校准，分析校准前后的数据，验证本校准方法的可靠性。在采集数据时，手掌保持静止，将热像仪固定在离手掌 0.1m 的位置，开启热像仪自身的距离校准，采集手掌 N 帧红外图像帧序列。随后，将采集到的数据上传到上位机，对 N 帧图像中同一像素点的测量值进行累加平均，代入校准方程组式（4-89）中，得到测量结果，并以伪彩色图像显示。手指实验数据采集与手掌的实验采集方法一致。

对于病例实验，采集肌肉损伤引起软组织水肿的病例进行分析。组织水肿是血浆和组织液中蛋白质含量不平衡导致血浆的渗透压下降,组织液增加，继而引起水肿部位与周围组织温度差异增大。对此，采集足部水肿部位与正常部位的红外图像，按照前述方法进行每个像素点的校准，对比水肿部位与正常部位皮肤表面的温度场分布情况，充分证实本校准方法对于提高测温分辨率及精度的有效性。

（3）结果与讨论

通过对每个像素点进行校准，校准后得到的是温度值，而原始数据是灰阶值，将原始数据中的每个像素点代入近似真值校准方程得到温度矩阵，并绘制校准前后的温度分布直方图，如图 4-18 所示，以 36℃为例，从(a)(b)中可以看出，灰阶值向温度的转化不影响图像携带信息的分布，从(b)(c)(d)中可以看出，只通过校准，并不能降低系统随机误差，帧累加后的图像分布较为均匀，校准后的温度分布图可以清楚地看到温度分布更加密集均匀，涵盖的像素信息也更加丰富，并且温度值更接近真值，有效降低了随机误差。

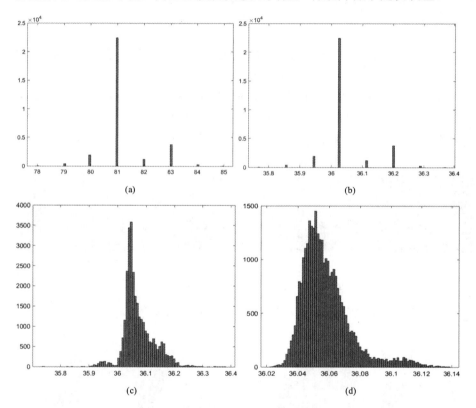

图 4-18　36℃黑体仪数据校准前后温度分布直方图

注：(a)为灰阶分布直方图；(b)为校准前的温度分布直方图；(c)为校准单帧的温度分布直方图；(d)为帧累加校准的温度分布直方图。

使用 400 帧累加采集带有黑体仪的数据，原理上应该提高 20 倍的测温精度，但是在实际的测量中，在原来 0.3℃的基础上提高到了 0.01℃，温度分辨率可以提高一个数量级。用标准差来评估测量精度，计算了 6 个温度校准前后的标准差如表 4-5 所示。本校准方法测温精度提高了 3.85 倍，抑制了部分系统误差。

表 4-5 6 个温度下黑体仪数据校准前后的标准差

各项	34℃	36℃	38℃	40℃	42℃	45℃	MEAN
校准前	0.051	0.072	0.076	0.075	0.081	0.107	
校准后	0.015	0.016	0.023	0.021	0.022	0.023	
倍数	3.497	4.396	3.287	3.643	3.690	4.608	3.853

注：本章中使用数据的有效位均达到了 0.01，在表格中所示数据均保留到了 3 位小数。

为了验证方法的可行性，对手掌的温度分布进行了校准实验，如图 4-19 所示，从中可以看出靠近手心部位的温度要略高于周围部位，温差在 1℃以内。对比校准前后的图像及校准但是没有对同一像素点进行帧累加的图像，应用帧累加技术校准得到的温度分布更加均匀密集，直观上更加易于区分温度的差异。同样的步骤用以校准手指的红外图像，其结果如图 4-20 所示，校准后的图像可以更加清晰地识别关节部位。

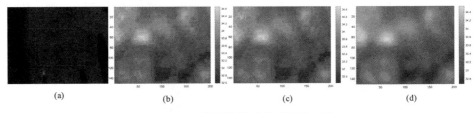

(a) (b) (c) (d)

图 4-19 手掌图像校准前后图像对比

注：(a)为热像仪采集的红外图像；(b)为校准前的伪彩色图像；(c)为校准单帧的伪彩色图像；(d)为帧累加后校准的伪彩色图像。

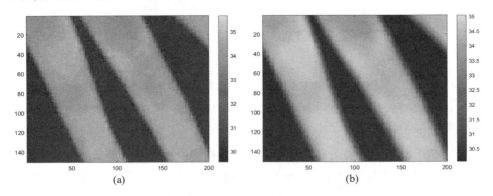

(a) (b)

图 4-20 手指图像校准前后的伪彩色图像对比

注：（a）为校准前；（b）为校准后。

将此方法用于对比肢体有软组织水肿与正常情况下采集到的温度场分布情况，如图 4-21 所示。分别计算两种情况下校准前后区域 II 的温度分布情况指标，用以评估校准后的温度分辨率提升水平，如表 4-6 所示。从标准差可以看出，校准后正常和肿胀的情况相差 0.18，而校准前相差只有 0.16。对于正常的情况，也就是本该温度分布均匀的情况下，校准后的标准差是降低的；而对于肿胀的情况，温度分布差异较为明显，在校准后标准差也有所提高，说明肿胀的情况其温度分布差异较大，且校准可以增大差异。从最大值、最小值和均值可以看出，在校准前，肿胀部位与周围区域的温差为 1.38℃，而校准后，肿胀部位与周围区域的温差为 1.49℃，而正常情况下，温差均在 1℃以下，在验证了组织水肿部位温度高于周围温度的同时，也充分证明了此校准方法可以使得温差更明显。对此病例的实验更进一步地验证了此方法可以有效提高测温的分辨率。

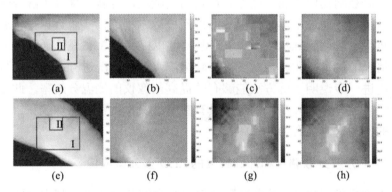

图 4-21 足部软组织水肿部位与正常部位图像校准前后的温度分布情况

注：(a)(e) 分别为采集到的正常情况与组织水肿情况对应的红外图像，其中的区域 I 为校准区域 200×150，(e)的区域 II 为肿胀部位 60×60，(a)的区域 II 为正常部位；(b)(f) 为区域 I 校准后的伪彩色分布图；(c)(g)为区域 II 校准前的伪彩色分布图；(d)(h)为校准后的伪彩色分布图。

经过人体实验包括病例实验的分析，对于人体皮肤表面温度分布具有差异的情况，本方法可以更加清晰明了地分辨出来，帧累加技术的运用减少了随机误差，校准的方式抑制了系统误差，在提高热像仪分辨率的同时，也提高了测温精度。

表 4-6　校准前后区域 II 的温度分布情况指标

各项	MIN/℃	MAX/℃	MEAN/℃	STD
		正常		
校准前	33.039	33.900	33.628	0.158
校准后	33.091	33.798	33.552	0.142
		水肿		
校准前	32.436	33.814	33.196	0.316
校准后	32.318	33.814	33.174	0.322

（4）小结

本节尝试将帧累加技术结合温度校准应用于提高红外热像仪的测温精度中，通过校准热像仪每一个点的测温精度，既提高了热像仪的测温精度，也提高了对被测物体表面温度差异识别的灵敏度，也就是提高了红外热像仪的测温分辨率。通过采集黑体仪数据得到校准方程组，实验数据分析表明，测温分辨率可以达到 0.01℃，对于测温精度也提高了 3.85 倍。通过对人体温度分布情况的测量，尤其是对于具有软组织水肿的情况进行了温度场分布的测量，更进一步说明了此方法能够有效提高热像仪的测温分辨率。此方法对于具有温度场分布差异场景的应用具有参考意义，为红外热像仪在日常疾病诊断中的应用提供了有力的保障。

4.3.3　基于方波分频调制和外部触发的 LED 多光谱成像

多光谱成像（MSI）是在有限数量的窄光谱带或宽光谱带中获取一组图像。多光谱图像以光谱透射率或发射率的形式反映物体的颜色、成分、状态和结构等物理信息。因此，多光谱图像在遥感技术、生理信息识别、医学成像、食品安全、文化遗产等方面有很大的应用潜力，且范围还在不断扩大。

多光谱成像系统根据光源的不同可分为主动照明型和被动照明型。其中，被动照明多光谱成像系统是基于各种滤光片的传统成像系统。这些系统大多使用标准的连续光源作为照明光源，并通过分光系统产生单色光。被动照明系统存在价格高、光强不可控和成像系统复杂等缺陷，主动照明式多光谱成像系统使用单色光源作为照明光源，不需要分光系统。在 LED 技术和工艺快速发展的前提下，采用 LED 的主动照明多光谱成像系统因 LED 光源具有切换能力快、功耗低、鲁棒性强等优点而更受关注。

典型的 LEDMSI 中，通常采用时分方式来获取多光谱图像。选择多个不同峰值波长的 LED，按顺序依次点亮各种波段的 LED，再使用相机来捕捉多个波段 LED 照射下物体的图像，即可获得多波段的多光谱图像。为此，许多研究人员提出他们的系统。2007 年，J.Park 等人提出一种新的技术来确定多个波长下 LED 之间的照明顺序，该方法最小化了采集图像的数量。2015 年，Raju Shrestha 等人提出一种基于 LED 和 RGB 相机的快速成像方法，将 9 个 LED 分为 3 组，每次曝光分别从三组 LED 各选出一个合适的 LED，构成一组非重叠的最佳组合，通过 2 至 3 次曝光获得包含全部波长的多光谱图像。2018 年，T. Heimpold 等人提出了一种新的照明设计过程的时间高效选择方法，它从现有的数据库中选择了一个最佳的 LED 组合来匹配预定义的光谱功率分布。以上研究都是侧重寻找 LED 的最佳组合方式获得相应场景下的多光谱图像，每次照明捕获到的波长信息有限，随着波长数的增多，想要得到所有波段下的图像，就要以降低获取速度作为代价。

近年来，相继提出多种采用频分调制的多光谱成像方法作为对时分调制方式的补偿。李鹤等人使用不同频率的正弦波同时调制多个光源，利用傅里叶变换对各波长下图像进行解调，发现了多波长间存在"协同效应"。王艳军等人提出一种多波长 LED 频分调制在透射图多光谱成像中的快速解调算法，提高了图像处理的速度。刘付龙等人提出了一种结合频分调制帧累加技术和模式识别方法实现异质体分类的方法，频分调制—帧累加技术在预处理实验中用于增强图像信号。李鹤等人提出一种基于频分调制和 RGB 相机结合的 LED 多光谱图像的高效采集方法，该方法在保证质量的前提下进一步提高了多光谱图像的获取速度。但以上方法均是使用正弦波作为载波频率，它不仅需要合理安排载波频率防止其道间干扰，且采样时需满足采样定理，对相机帧率要求也较高。在完整周期内，正弦波的幅值始终在连续变化，这就不可避免相机在 LED 光源跳变时刻积分，导致采集得到的信号信噪比较差。

综上所述，普通相机的采样方式及有限的成像速度限制了正弦波作为载波频率的多光谱成像系统的性能。为此，本书提出一种外部触发和方波频分调制的 LED 多光谱成像方法，频分调制可以实现多波长图像的同时采集，使用方波作为 LED 光源的载波，保证光强在相机积分时间内始终保持稳定并且方波对相机帧率的要求不太高。通过外触发的方式并设置合理的延迟时间避免了在照明光跳变的时刻采集，提高了信号的信噪比。在处理方面，一方面，由于使用方波对光源进行调制，使用差值累加的方法能够进一步消除背景光的影响，且解调方法简单，进一步提高了多光谱图的获取速度；另一方面，调制解调和帧累积相结合能够有效降低系统的量化噪声，进一步提高图像的灰阶分辨率和信噪比。

（1）理论与方法

①帧累加技术和频分调制

灰度级是多光谱图像精度的核心。图像的灰度级越高，图像对应的信息就越丰富，可在其应用场景下获得较高的精度。帧累加技术是在处理器中对不同时刻对应图像的像素点累加求平均，得到它们的时间平均图像以达到抑制随机噪声的目的。调制解调技术是将基波信号的频谱移动到信道通带，然后将信道中带来的频带信号恢复为基带。此过程能够有效地以去除背景光信号、暗电流信号及高频噪声信号，抑制系统噪声的干扰，提高图像的灰阶分辨率和信噪比。频分调制是对多路信号采用不同频率进行调制，使调制后的各路信号在时域重叠而在频域不重叠，利用不同的载波频率实现多波长图像的采集。该方法既保证了各路信号互不干扰又可以在每个瞬间都能捕获各个通道的信号，在提高图像质量的前提下又缩短了获取时间。

②频分方波解调算法

多波长光源被不同频率的方波调制。以五个波长为例，假设各个波长LED 分别被频率为 f、$2f$、$4f$、$8f$ 和 $16f$ 的方波驱动。序列中每帧图像对应于一个或多个成像参数的不同调制状态。通过对单像素的分析，得到多波长同时照明时的解调过程，图像帧的序列中的第 i 帧图像的其中一个像素的灰度值可表示为：

$$D_i^V = D_i^{\lambda 1} + D_i^{\lambda 2} + D_i^{\lambda 3} + D_i^{\lambda 4} + D_i^{\lambda 5} + D_i^B \qquad (4\text{-}91)$$

其中，$D_i^{\lambda 1}$、$D_i^{\lambda 2}$、$D_i^{\lambda 3}$、$D_i^{\lambda 4}$、$D_i^{\lambda 5}$ 分别为载波频率为 f、$2f$、$4f$、$8f$、$16f$ 的 LED 照明下像素点的灰度值。D_i^B 是背景噪声，包括背景光和摄像头的本底噪声，近似于直流噪声，i 是采样点的序列号。多波长光源调制频率与相机触发频率保持严格同步，方波频分激励信号和某像素点的灰阶（光强）序列如图 4-22 所示。

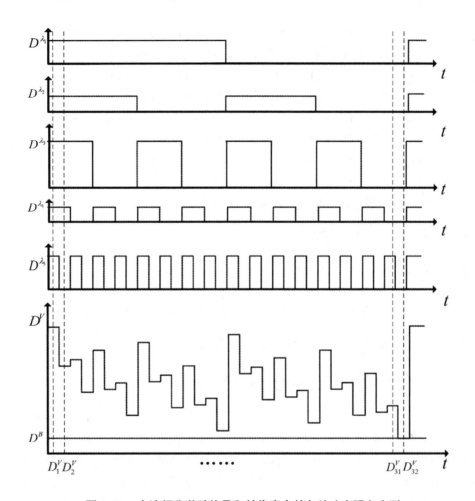

图 4-22　方波频分激励信号和某像素点的灰阶（光强）序列

以最低载波频率的一个周期为例来说明各个采样值之间的关系。

$$
\begin{cases}
D_0^V = D^{\lambda_1} + D^{\lambda_2} + D^{\lambda_3} + D^{\lambda_4} + D^{\lambda_5} + D^B \\
D_1^V = D^{\lambda_1} + D^{\lambda_2} + D^{\lambda_3} + D^{\lambda_4} + D^B \\
D_2^V = D^{\lambda_1} + D^{\lambda_2} + D^{\lambda_3} + D^{\lambda_5} + D^B \\
D_3^V = D^{\lambda_1} + D^{\lambda_2} + D^{\lambda_3} + D^B \\
D_4^V = D^{\lambda_1} + D^{\lambda_2} + D^{\lambda_4} + D^{\lambda_5} + D^B \\
D_5^V = D^{\lambda_1} + D^{\lambda_2} + D^{\lambda_4} + D^B \\
D_6^V = D^{\lambda_1} + D^{\lambda_2} + D^{\lambda_5} + D^B \\
D_7^V = D^{\lambda_1} + D^{\lambda_2} + D^B
\end{cases}
\qquad
\begin{cases}
D_8^V = D^{\lambda_1} + D^{\lambda_3} + D^{\lambda_4} + D^{\lambda_5} + D^B \\
D_9^V = D^{\lambda_1} + D^{\lambda_3} + D^{\lambda_4} + D^B \\
D_{10}^V = D^{\lambda_1} + D^{\lambda_3} + D^{\lambda_5} + D^B \\
D_{11}^V = D^{\lambda_1} + D^{\lambda_3} + D^B \\
D_{12}^V = D^{\lambda_1} + D^{\lambda_4} + D^{\lambda_5} + D^B \\
D_{13}^V = D^{\lambda_1} + D^{\lambda_4} + D^B \\
D_{14}^V = D^{\lambda_1} + D^{\lambda_5} + D^B \\
D_{15}^V = D^{\lambda_1} + D^B
\end{cases}
$$

$$
\begin{cases}
D_{16}^{V} = D^{\lambda_2} + D^{\lambda_3} + D^{\lambda_4} + D^{\lambda_5} + D^{B} \\
D_{17}^{V} = D^{\lambda_2} + D^{\lambda_3} + D^{\lambda_4} + D^{B} \\
D_{18}^{V} = D^{\lambda_2} + D^{\lambda_3} + D^{\lambda_5} + D^{B} \\
D_{19}^{V} = D^{\lambda_2} + D^{\lambda_3} + D^{B} \\
D_{20}^{V} = D^{\lambda_2} + D^{\lambda_4} + D^{\lambda_5} + D^{B} \\
D_{21}^{V} = D^{\lambda_2} + D^{\lambda_4} + D^{B} \\
D_{22}^{V} = D^{\lambda_2} + D^{\lambda_5} + D^{B} \\
D_{23}^{V} = D^{\lambda_2} + D^{B}
\end{cases}
\qquad
\begin{cases}
D_{24}^{V} = D^{\lambda_3} + D^{\lambda_4} + D^{\lambda_5} + D^{B} \\
D_{25}^{V} = D^{\lambda_3} + D^{\lambda_4} + D^{B} \\
D_{26}^{V} = D^{\lambda_3} + D^{\lambda_5} + D^{B} \\
D_{27}^{V} = D^{\lambda_3} + D^{B} \\
D_{28}^{V} = D^{\lambda_4} + D^{\lambda_5} + D^{B} \\
D_{29}^{V} = D^{\lambda_4} + D^{B} \\
D_{30}^{V} = D^{\lambda_5} + D^{B} \\
D_{31}^{V} = D^{B}
\end{cases}
\tag{4-92}
$$

各波长的解调方法可用式（4-93）表示。

$$
\begin{cases}
D_n^{\lambda_1} = \left(\sum_{i=0}^{15} D_{32n+i}^{V} - \sum_{i=16}^{31} D_{32n+i}^{V} \right) \Big/ 16 \\[2mm]
D_n^{\lambda_2} = \left(\sum_{i=0}^{7} D_{32n+i}^{V} - \sum_{i=8}^{15} D_{32n+i}^{V} + \sum_{i=16}^{23} D_{32n+i}^{V} - \sum_{i=24}^{31} D_{32n+i}^{V} \right) \Big/ 16 \\[2mm]
D_n^{\lambda_3} = ([0,3] \sum (8k)(\sum_{i=8k}^{8k+3} D_{32n+i}^{V}) - [0,3] \sum (8k+4)(\sum_{i=8k+4}^{8k+7} D_{32n+i}^{V})) / 16 \quad (i=0,1,2,\cdots,31, n=0,1,2\cdots) \\[2mm]
D_n^{\lambda_4} = ([0,7] \sum (4k)(\sum_{i=4k}^{4k+1} D_{32n+i}^{V}) - [0,7] \sum (4k+2)(\sum_{i=4k+2}^{4k+3} D_{32n+i}^{V})) / 16 \\[2mm]
D_n^{\lambda_5} = \left([0,15] \sum (2k) \sum D_{32n+2k}^{V} - [0,15] \sum (2k+1) \sum D_{32n+2k+1}^{V} \right) \Big/ 16
\end{cases}
$$

$$\tag{4-93}$$

由式（4-93）对波长为 λ_1、λ_2、λ_3、λ_4、λ_5 的 LED 照明像素点的灰度值进行解调，可以得到各波长图像中像素点的灰度值。计算时按照采样顺序每 32 帧图像为一个组，n 为组的序列号。该方法基于差分原理，对不同光照情况下得到的图像相减，消除背景噪声对图像质量的影响。且每次解调计算本质就是帧累加的过程，当对 n 组图像进行解调时，图像精度提高 $32n$ 倍。当然，也可以扩展到 m 个源，就需要产生频率为 2 的倍数的 m 个方波，基频频率为 f_0，波长频率分别为 $mf_0(m=1,2,4,8\cdots)$。

③光源激励模式及相机模式

由微处理器按照频分模式的激励要求去驱动各波长的发光管，同时给相机输入同步外触发信号，由于是同一时钟产生的激励信号和同步触发信号，因此可以确保光源调制信号与相机触发信号之间严格的同步关系。其工作时序图如图 4-23 所示。

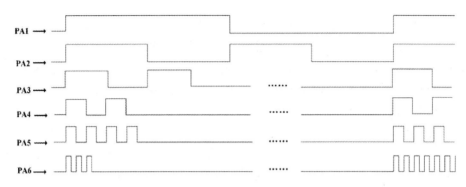

图 4-23　信号时序图

注：其中 PA1、PA2、PA3、PA4、PA5 分别为光源的调制波形，PA6 为相机触发波形。

相机获取一帧图像分为曝光和读出两个阶段。当相机为非重叠曝光模式时，帧周期要大于曝光时间与帧读出时间的和，否则相机读出期间接收到的外触发信号会被忽略，产生丢帧的现象，使得测量的图像数据不准，影响了实验结果的精度。以光源最高频率的一个周期为例说明相机工作时序如图 4-24 所示。设置合理的触发延迟时间可以确保相机在光源稳定时开始积分。设置相机延迟时间、曝光时间与帧读出时间之和小于触发脉冲周期不仅可以避免相机的丢帧现象，还可以保证相机在积分时间内光强保持稳定。

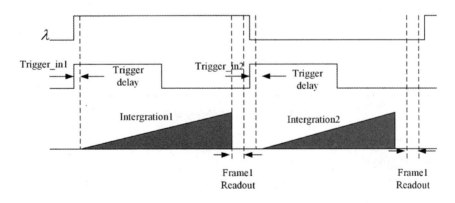

图 4-24　相机工作时序图

（2）实验

①实验装置和参数

本节以五个波长来验证本书中提出方法的可行性和有效性，LED 多光谱实验系统如图 4-25 所示。该系统由控制部分、光源部分、图像采集部分、图像处理部分及其他部分五个部分组成。控制部分主要包括：PT4115 驱动电路（PowTech，封装:SOC89-5），程控直流稳压电源(型号:hspy-600,0-30V,0-10A 可调)及单片机(STM32F103ZET6)。光源部分主要包括：LED 照明板〔包括以 620nm(λ_1)、600nm(λ_2)、520nm(λ_3)、490nm（λ_4）、460nm（λ_5）为中心波长的 5 种 LED〕，台灯（作为干扰光）。图像采集部分主要包括：工业相机（海康威视 MV-CA016-10UC，传感器型号为 IMX273，分辨率为 1440× 1080）。处理部分主要包括：DeLL 计算机（计算机型号:HP Pavilion Gaming Desktop 690-05xx），用作图像采集与图像处理。此外，还有遮光布和彩色被照物体。

在该系统中，STM32 单片机产生的方波频率分别为 2Hz、4Hz、8Hz、16Hz、32Hz、64Hz。其中 2Hz、4Hz、8Hz、16Hz、32Hz 的方波为光源调制信号，64Hz 的方波为相机触发信号。实验所用的五种 LED 按等间距排列。整个实验在封闭环境中进行。

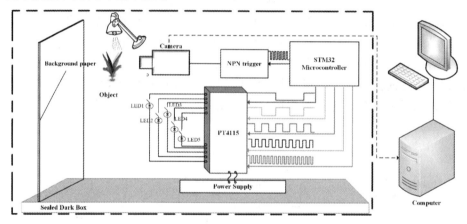

图 4-25　LED 多光谱成像系统

②实验过程

● 图像采集

A. 搭建实验装置，设置摄像机参数和电源参数。打开相机外触发模式，触发条件为上升沿，图像分辨率为 200×200，触发延迟设置为 4000us，曝光时间设置为 5000us。

B. 打开台灯，同时开启 LED1、LED2、LED3、LED4、LED5 作为光源，单片机产生频率为 2Hz、4Hz、8Hz、16Hz、32Hz 的方波信号分别驱动 LED，以鸡毛毽子为拍摄对象，相机以 64fps 的帧率同步采集 1920 帧图像，表示为 $X_{j,n}$（j=0,1,…,31，n=0,1,…,59）。关闭台灯，不改变其他实验条件，摄像头同步采集 1920 帧图像，表示为 $Y_{j,n}$（j=0,1,…,31，n=0,1,…,59）。

C. 打开台灯，分别单独开启 LED1、LED2、LED3、LED4、LED5 作为光源，以同样的方式分别调制五种 LED，摄像头同步采集 1920 帧图像，所获得的图像表示为 $X_{j,n}^{\lambda1}$、$X_{j,n}^{\lambda2}$、$X_{j,n}^{\lambda3}$、$X_{j,n}^{\lambda4}$、$X_{j,n}^{\lambda5}$（j=0,1,…,31，n=0,1,…,59）。

● 快速解调

A. 利用式（4-93）对无干扰光下时分调制分别得到的各波长下的图像进行解调，通过对整个图像的遍历，实现对五波长同时照明图像及单波长照明下图像所有像素点的解调，分别得到不含干扰光时两种调制方式下所有中心波长下的单波段图像。

B. 利用式（4-93）对有干扰光下频分调制得到的图像进行解调，得到含干扰光时频分调制所有中心波长下的单波段图像。

C. 为了适应人眼并改善图像在 8 位灰阶显示器上的显示效果，利用 256 级灰度拉伸公式 $I = 255X\,/\,(\max(\max(I)))$ 对解调得到的各波长图像进行灰度拉伸。无干扰光存在时频分调制和时分调制方式照明分别解调得到的各波长拉伸后的图像如图 4-26 所示，有干扰光存在时频分调制照明解调得到的各波长拉伸后的图像如图 4-27 所示。

D. 利用无参考图像质量评估方法对图像质量进行评估，评估结果如表 4-7 和表 4-8 所示。

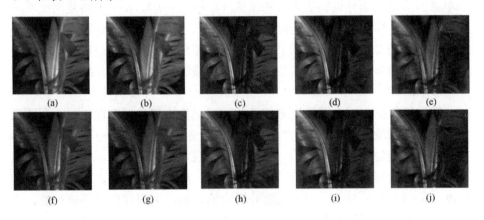

图 4-26　中心波长为 620nm 、600nm、520nm、490nm、460nm 的单波段图像

注：(a-e)分别为 X 解调后中心波长为 620nm、600nm、520nm、490nm、460nm 的单波段图像；(f-j)为时分调制照明解调结果，分别为中心波长为 620nm、600nm、520nm、490nm、460nm 的单波段图像。

   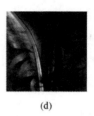 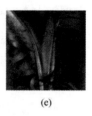

(a)　　　　　　(b)　　　　　　(c)　　　　　　(d)　　　　　　(e)

图 4-27　中心波长为 620nm、600nm、520nm、490nm、460nm 的单波段图像

注：其中(a-e)分别为 Y 解调后中心波长为 620nm、600nm、520nm、490nm、460nm 的单波段图像。

（3）结果与讨论

①结果

实验过程中，无论是以五波长 LED 还是单波长 LED 为照明光源，均是通过快速解调算法对所得图像进行解调，从而得到各波长下的图像。因此可以说不同的采集方式实质上都进行了在某一频率下的等权叠加平均，都在某种程度上抑制了背景噪声，得到了质量较高的图像。在无干扰光存在下，频分调制和时分调制解调得到的各通道图像如图 4-26 所示。在有干扰光存在下，频分调制得到的各通道图像如图 4-27 所示。

②实验结果分析

频分调制技术把总带宽分为一系列不重叠的频带，每个频带用来携带一个单独的信号。频分调制的多波长图像（$f_1 f_2 \cdots f_i \cdots f_n$），$n$ 个多路复用照明对应 n 个载频，即一次曝光可同时得到 n 个波长下的多光谱图像，而基于时分照明的方式需要进行 n 次数据采集。另外，使用方波对光源进行调制，在进行解调时方法非常简单，只需要进行加法和减法运算，进一步缩短了多光谱图的获取时间。

图像质量指人们对图像视觉感受的主观评价，即目标图像相对于原图像在人眼视觉系统中产生误差的程度。图像质量评价分为主观评价和客观评价，主观评价是较为直观、简单的方法，符合人眼对图像的认知，但是会受到很多客观因素的影响。客观评价是通过具体的数学公式计算失真前后图像的相似度并量化为具体分值。由于人眼分辨率的限制，主观评价是不可行的，因此本书选用客观方法对得到的图像进行评估。

客观评价分为全参照评价(FR-IQA)、半参照评价(RR-IQA)和无参照评价(NR-IQA)。本书采用了 FR-IQA 指标从结构信息和梯度两方面衡量图像的质量。GSIM 侧重于描述梯度传达重要的视觉信息，将梯度和像素值相结合来评价图像的质量。SSIM 是两幅图像之间相似度的指标，它从亮度、对比度和结构三个角度评价图像的相似度。其中，μ_M、μ_N 为图像的均值，σ_M、σ_N 为图像的方差，σ_{MN} 为两幅图像的相关系数，C_1、C_2、C_3 为常数。MSSIM 通过迭代的方法从而捕获跨越多个尺度的模糊，能够更好地与人类的感知保持一致。SR-SIM 是基于谱残差视觉显著性的相似性评价指标，该方法通过提取图像在光谱域的谱残差，并实现在空间域构造相应的显著性图。FSIM 很好地提取人类感兴趣的特征点，以相位一致性作为主要特征，提取与原始图像和失真图像在相位上保持高度一致的纹理结构特征，从而很好地表示图像底层特征，如式（4-95）所示。corr2 是 MATLAB 软件自带函数，用于直接计算两个矩阵的互相关系数，进而反映待评图像与参考图像的相关程度，如式（4-96）所示。对于 FR-IQA 指标，这些图像质量评价准则的值越高，两种情况下得到的图像相似度越高。

$$SSIM(M,N) = L(M,N)^{\alpha} \cdot C(M,N)^{\beta} \cdot S(M,N)^{\gamma} \tag{4-94}$$

$$L(M,N) = \frac{2\mu_M \mu_N + C_1}{\mu_M{}^2 + \mu_N{}^2 + C_1} \tag{4-95}$$

$$C(M,N) = \frac{2\sigma_M \sigma_N + C_2}{\sigma_M{}^2 + \sigma_N{}^2 + C_2} \tag{4-96}$$

$$S(M,N) = \frac{\sigma_{MN} + C_3}{\sigma_M \sigma_N + C_3} \tag{4-97}$$

$$FSIM = \frac{S_{PC}(x,y) \cdot S_G(x,y) \cdot PC_m(x,y)}{\sum_{x,y \in \Omega} PC_m(x,y)} \tag{4-98}$$

$$corr2 = \frac{\sum_m \sum_n (A_{mn} - \bar{A})(B_{mn} - \bar{B})}{\sqrt{(\sum_m \sum_n (A_{mn} - \bar{A})^2)((B_{mn} - \bar{B})^2)}} \tag{4-99}$$

其中，$S_{PC}(x,y)$ 是特征相似性，$S_G(x,y)$ 为梯度相似性，$PC_m(x,y)$ 为两幅图像的整体相似性加权。

因此，在对比调制方式带来的优势时，将无干扰光时时分调制得到的各波长图像作为理想图像，将其与频分调制得到的各波长下的图像分别进行比较，用全参考图像评价指标从像素统计、结构信息、信息论三方面进行图像质量的评估，评价结果如表 4-7 所示。

表 4-7 时分调制和频分调制获得的单波段图像的比较

评价指标	波长				
	620nm	600nm	520nm	490nm	460nm
GSIM	0.9999	0.9997	0.9998	0.9999	0.9999
SSIM	0.9942	0.9993	0.9979	0.9987	0.9997
SR_SIM	0.9995	0.9908	0.9982	0.9983	0.9990
FSIM	0.9996	0.9971	0.9964	0.9961	0.9976
MSSIM	0.9982	0.9999	0.9996	0.9996	1.0000
Corr2	0.9994	0.9866	0.9840	0.9884	0.9884

选择不同的指标对得到的图像进行分析比较。GSIM 侧重考虑图像的梯度信息。SSIM 则着重于比较图像之间的结构相关性。而 SR_SIM 则是独立于特征、类别或其他形式的先验知识的目标，对输入图像的对数谱进行分析。FSIM 则更着重于图像内容结构及其相位之间的相似性。MSSIM 在评估图像时考虑了图像的亮度，使用该指标时，相似度最高，460nm 下的图像甚至达到了 100%。Corr2 在评估图像相似度时考虑图像矩阵之间的相关系数，与图像本身的整体亮度无关。由表 4-7 可以看出，时分调制与频分调制方式得到的各波长图像的 GSIM、SSIM、SR_SIM、FSIM、MSSIM 指标均在 99%以上。得到的各波长图像的 Corr2 指标均在 98%以上，不同调制方式得到的图像保持相关性。说明本书中提出的方法不仅可以从多方面提高多光谱图像获取速度，同时各波长图像之间在梯度、信息、相位等方面几乎没有失真。

在对比解调方法带来的优势时，我们将无干扰光下频分调制得到的各波长图像作为理想图像，将其与有干扰光存在时频分调制得到的各波长图像进行对比，评价结果如表 4-8 所示。

表 4-8 不同环境光照环境频分调制获得的单波段图像的比较

评价指标	波长				
	620nm	600nm	520nm	490nm	460nm
GSIM	0.9994	0.9998	0.9997	0.9994	0.9999
SSIM	0.9944	0.9981	0.9971	0.9951	0.9992
SR_SIM	0.9984	0.9982	0.9969	0.9942	0.9967
MSSIM	0.9980	0.9997	0.9994	0.9984	0.9999
FSIM	0.9884	0.9889	0.9859	0.9849	0.9899
Corr2	0.9731	0.9600	0.9388	0.9541	0.9601

由表 4-8 可以看出，即使是在有干扰光存在的条件下，使用该解调方法得到各波长图像与无干扰光存在下的各波长图像之间在多方面都保持很好的一致性。解调得到的各波长 GSIM、SSIM、SR_SIM、MSSIM 指标的相似度均在 99%以上，尤其是各波长下的 GSIM 指标结果均在 99.9%以上，说明外部干扰光对图像各方面的质量影响极小，该解调方法具有不错的抗干扰能力。

（4）小结

本节介绍一种方波分频调制和相机外部触发结合的 LED 多光谱成像方法，通过外部触发控制相机与光源之间的同步，使用方波对光源进行频分调制，采用差值累加的解调方法快速得到各波长下的图像。并以五个波长为例验证了该方法的有效性，该方法不仅通过一次照明可实现多波长图像的同步采集，同时也克服了由正弦波作为载波与普通相机结合的成像系统带来的困难。使用方波作为载波时的解调方法也非常简单，进一步提高了图像的获取速度，结果与讨论部分表明该方法不仅保持了各波长的图像质量且具有很好的抗干扰能力，为今后提高组织多光谱透射成像的速度与质量提供了参考。文中使用五个波长来验证其有效性，如果增加多个波长，该方法依然有效，因此该方法同样适用于更多波长的 LEDMSI 系统。

参考文献

[1] S Ma, G Li, Y Ye, and L Lin. Method of carrier frequency arrangement for suppressing the adjacent channel interference caused by camera nonlinearity during LED-multispectral imaging. Applied Optics, 2022, vol. 61, no. 11: 3240-3246.

[2] Y Wang, G Li, W Yan, G He, and L Lin. Fast demodulation algorithm for multi-wavelength LED frequency-division modulation transmission hyperspectral imaging. Optik, 2020, vol. 202.

[3] K Wang et al. Quantitative analysis of urea in serum by synchronous modulation and demodulation fluorescence spectroscopy. Spectrochimica Acta Part a-Molecular and Biomolecular Spectroscopy, 2022, vol. 268.

[4] H Li, G Li, Y Ye, and L Lin. A high-efficiency acquisition method of LED-multispectral images based on frequency-division modulation and RGB camera. Optics Communications, 2021, vol. 480.

[5] K Wang et al. Quantitative analysis of urea in serum by synchronous modulation and demodulation fluorescence spectroscopy. Spectrochimica Acta Part a-Molecular and Biomolecular Spectroscopy, 2022, vol. 268.

[6] S Yin, G Li, Y Luo, S Yang, H Tain, and L Lin. A Single-Channel Amplifier for Simultaneously Monitoring Impedance Respiration Signal and ECG Signal. Circuits Systems and Signal Processing, 2021, vol. 40, no. 2: 559-571.

[7] Jianping Yu, Gang Li, Shaohui Wang, and Ling Lin. Image quality assessment metric for frame accumulated image. Review of Scientific Instruments 2018(89): 013703.

[8] S Yin, G Li, Y Luo, S Yang, H Tain, and L Lin. A Single-Channel Amplifier for Simultaneously Monitoring Impedance Respiration Signal and ECG Signal. Circuits Systems and Signal Processing, 2021, vol. 40, no. 2: 559-571.

[9] H Li, G Li, Y Ye, and L Lin. A high-efficiency acquisition method of LED-multispectral images based on frequency-division modulation and RGB camera. Optics Communications, 2021, vol. 480.

[10] H Li, J Yu, W Yan, G He, G Li, and L Lin. Employment of image oversampling and downsampling techniques for improving grayscale resolution. Optical and Quantum Electronics, 2021, vol. 53, no. 1.

[11] Y Wang, G Li, W Yan, G He, and L Lin. Fast demodulation algorithm for multi-wavelength LED frequency-division modulation transmission hyperspectral imaging. Optik, 2020, vol. 202.

[12] 夏彬标, 邓云, 林凌, 李刚, 廖和琴, 吴晟, 崔琳. 基于快速数字锁相的溶解氧检测优化设计[J].海洋科学，2020，44(9):91-99.

[13] B Xia et al. Method for Online High-precision Seawater Dissolved Oxygen Measurement Based on Fast Digital Lock-in Algorithm. Journal of Coastal Research, 2020: 216-222.

[14] H Li, G Li, W An, G He, and L Lin. "Synergy effect" and its application in LED-multispectral imaging for improving image quality. Optics Communications, 2019, vol. 438: 6-12.

[15] B Zhang et al. Multispectral Heterogeneity Detection Based on Frame Accumulation and Deep Learning. Ieee Access, 2019, vol. 7: 29277-29284.

[16] Jianping Yu, Gang Li, Shaohui Wang, Ling Lin. Employment of the appropriate range of sawtooth-shaped-function illumination intensity to improve the image quality. Optik - International Journal for Light and Electron Optics, 2018 (175): 189-196.

[17] Shaoxiu Song, Fangfang Jiang, Liling Hao, Lisheng Xu, Xiaoqing Yi,

Gang Li, Ling Lin. Use of bi-level pulsed frequency-division excitation for improving blood oxygen saturation precision. Measurement, 2018 (129): 523-529.

[18] Zhang Shengzhao, Li Gang, Wang Jiexi, Wang Donggen, Han Ying, Cao Hui, Lin Ling, Diao Chunhong. Demodulation of spectral signal modulated by optical chopper with unstable modulation frequency. REVIEW OF SCIENTIFIC INSTRUMENTS, OCT 2017.

[19] Xiaoqing Yi, Liling Hao, Fangfang Jiang, Liehong Xu, Shaoxiu Song, Gang Li and Ling Lin. Synchronous acquisition of multi-channel signals by single-channel A/DC based on square wave modulation. REVIEW OF SCIENTIFIC INSTRUMENTS, 2017, 88: 085108.

[20] Li Gang, Yu Yue, Zhang Cui, Lin Ling. An efficient optimization method to improve the measuring accuracy of oxygen saturation by using triangular wave optical signal. REVIEW OF SCIENTIFIC INSTRUMENTS, 2017, V88(9).

[21] Liu Yang, Qiao Xiaoyan, Li Gang, Lin Ling. An improved device for bioimpedance deviation measurements based on 4 electrode half bridge. REVIEW OF SCIENTIFIC INSTRUMENTS, 2016, V87(10)

[22] Zhang Shengzhao, Li Gang, Lin Ling, Zhao Jing. Optimization of a digital lock-in algorithm with a square-wave reference for frequency-divided multi-channel sensor signal detection. Review of Scientific Instruments, 2016, 87(8).

[23] Yajia Hu, Xue Yang, Mengjun Wang, Gang Li & Ling Lin. Optimum method of image acquisition using sawtooth-shaped-function optical signal to improve grey-scale resolution. JOURNAL OF MODERN OPTICS, 2016, 63 (16): 1539-1543.

[24] Jianman He, Mengjun Wang, Xiaoxia Li, Gang Li, and Ling Lin. Pulse wave detection method based on the bio-impedance of the wrist. Review of Scientific Instruments, 2016, 87: 055001.

[25] Zhang Shengzhao, Li Gang, Lin Ling, Zhao Jing. Optimization of a digital lock-in algorithm with a square-wave reference for frequency-divided multi-channel sensor signal detection. Review of Scientific Instruments, 2016, 87(8).

[26] Xue Yang, Yajia Hu, Gang Li, and Ling Lin. Effect on measurement accuracy of transillumination using sawtooth-shapedfunction optical signal. REVIEW OF SCIENTIFIC INSTRUMENTS, 2016, 87: 115106.

[27] Lin Ling, Li Shujuan, Yan Wenjuan, Li Gang. Employment of

sawtoothshapedfunction excitation signal and oversampling for improving resistance measurement accuracy. REVIEW OF SCIENTIFIC INSTRUMENTS, 2016, V87(10)

[28] Li Gang, Zhao Longfei, Zhou Mei, Wang Mengjun, Lin Ling. Improved method on image detection at low light level using a sinusoidal-shaped-function signal. Journal of Modern Optics, 2015, 62(18): 1527-1534.

[29] Gang Li, Jinzhen Liu, Xiaoxia Li. Ling Lin, Rong Wei. A Multiple Biomedical Signals Synchronous Acquisition Circuit Based on Over-Sampling and Shaped Signal for the Application of the Ubiquitous Health Care. Circuits Syst Signal Process, 2014, 33:3003-3017.

[30] Gang Li, Shengzhao Zhang, Mei Zhou, Yongcheng Li, and Ling Lin. A method to remove odd harmonic interferences in square wave reference digital lock-in amplifier. Rev. Sci. Instrum, 2013, 84: 025115.

[31] Gang Li, Mei Zhou, Xiao-xia Li, Ling Lin. Digital lock-in algorithm and parameter settings in multi-channel sensor signal detection. Measurement, 2013, 46: 2519-2524.

[32] Mei Zhou, Gang Li, Ling Lin. Fast digital lock-in amplifier for dynamic spectrum extraction. Journal of Biomedical Optics, 2013, 18(5): 057003.

[33] 李刚，周梅，何峰，林凌. 基于数字锁相相关计算结构的优化算法. 电子与信息学报，2012，V34（3）：744-748.

[34] Gang Li, Hongying Tang, Dongsung Kim, Jean Gao, and Ling Lin. Employment of frame accumulation and shaped function for upgrading low-light-level image detection sensitivity. Optics Letters, 2012, Vol. 37, Issue 8: 1361-1363.

[35] Gang Li, Mei Zhou, Feng He, and Ling Lin. A novel algorithm combining oversampling and digital lock-in amplifier of high speed and precision. Rev. Sci. Instrum, 2011, 82: 095106.

[36] 林凌，刘近贞，张昊，周梅，李刚. 基于过采样的多种生物信息同步数据采集电路. 仪表技术，2011（10）：64-66，69.

[37] 李刚，汤宏颖，林凌. 运用过采样与成形信号技术提高检测灵敏度. 天津大学学报，2010，43（10）：901-905.

[38] 李刚，张丽君，林凌，何峰. 利用过采样技术提高 A/DC 测量微弱信号时的分辨率. 纳米技术与精密工程，2009，Vol.7（1）：71-75.

[39] 李刚，张丽君，林凌，何峰. 结合过采样技术和锯齿波成形函数的微

弱信号检测. 电子学报，2008，Vol.36（4）：756-759.

[40] 李刚，张丽君，林凌. 一种新型数字锁相放大器的设计及其优化算法. 天津大学学报，2008，Vol.41（4）：429-432.

[41] 李刚，张丽君，林凌，何峰. 基于过采样技术的生物电信号检测. 电子学报，2008，Vol.36（7）：1465-1467.

[42] 何峰，李刚，林凌. 基于过采样的通用生物电检测系统的实现. 天津大学学报，2008，Vol.41（10）：1178-1182.

关于课程思政的思考：

马克思主义认为：矛盾是普遍的、绝对的，存在于一切事物发展的过程中，又贯穿于一切过程的始终。

测量精度与误差（噪声）永远是一对矛盾，但通过"过采样"与"大平均"可以在更高精度、更低噪声上达到平衡。

第5章 动态光谱理论与血液成分无创分析

目前各种现代病的发病率不断攀升，尤其是糖尿病、贫血等。这类疾病最为有效的预防方式就是对血脂、血糖、血红蛋白等血液成分进行经常性的检测。李刚教授提出的动态光谱法（Dynamic Spectrum，DS）是一种具有广阔的应用前景的无创血液分析方法，它能有效地抑制个体差异（如皮肤、肌肉、脂肪）的影响和测量条件的变化，目前已经能够无创获得多项血液成分的分析结果。

DS 具有完整的理论体系和技术方法，可以在理论上预测出可实现的测量结果，DS 系统具有无创无痛、方便快捷、测量成本极低、无污染、可连续监测等一系列突出的优点。

经过多年的探索，现在动态光谱无创血液成分分析已经在信息传感、数据采集、信号提取、建模分析和临床验证等方面取得了一定的结果，已经在信息传感、光谱 PPG（photoplethysmographic，光电容积脉搏波）检测、光谱 PPG 预处理、DS 光谱提取、数据建模五个方面形成了一套较为完备的检测体系。

对动态光谱的研究框架如图 5-1 所示。本章对其中的各个部分有重点地进行介绍。

DS 的物理基础是"朗伯-比尔定律"，在基本满足朗伯-比尔定律用于基于光谱的化学分析的 4 个前提条件下，吸收光谱与被测"光吸收媒介（血液）各成分"呈线性关系，也就是构成线性方程组。对于实际问题，通常可以认为是一个超定方程，这样，基于光谱的化学分析问题就转化为对超定线性方程组的求解。

然而，"线性"仅仅是理想的存在，测量必定有各种各样的误差，基于光谱的化学分析问题就成为一个十分复杂问题：需要在误差理论与数据处理和"M+N"理论的指导下，抑制各种各样的误差。

图 5-1 给出了动态光谱理论与应用的研究框架，概括研究的主要内容。

换一个角度来看动态光谱理论与应用的研究，我们把整个研究分成"两个阶段和三个方面"。

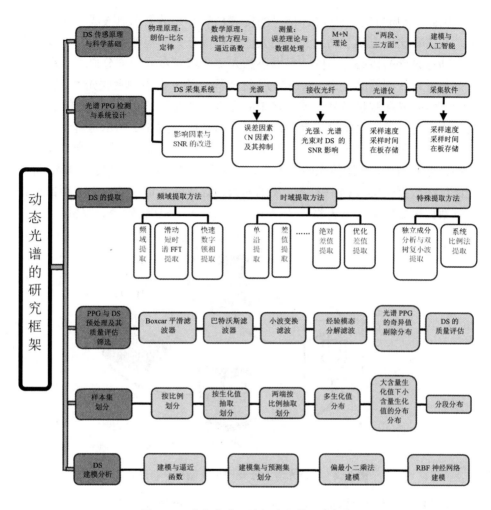

图 5-1 动态光谱理论与应用的研究框架

①两个阶段

第一阶段：信息获取阶段

信息获取是指围绕一定的目标，在一定范围内通过一定的技术手段或方法获得原始信号的活动和过程。因此，在信息获取阶段要尽可能获取所需信息的全部，即获取的信息要全面，为后续信息的挖掘提供足够的信息。信息获取阶段要明确信息获取的三要素，即明确所获取信息的要求（什么信息？信息的特征是什么？）；确定信息获取的范围方向（可以通过哪些途径获取该信息？）；确定采用的技术手段和方法（采用哪种途径能够获取最优的效果？）

因此，高质量的光谱 PPG 信号的检测是动态光谱无创血液成分检测的关键，其信噪比决定基于动态光谱的人体血液成分无创检测的成败与精度的高低。动态光谱的核心是在同一足够小的人体区域、对同一部分血液采用同一光谱测量系统测得的光谱 PPG 信号，提取同一部分血液的吸收光谱，有效地抑制个体差异和测量条件的差异带来的影响（误差），在不计散射的情况下，利用"平均"效应大幅度提高动态光谱的信噪比。图 5-2 所示是基于光谱仪的动态光谱采集装置示意图，主要由可编程式稳压电源、光源、光谱仪、光纤和计算机组成，光源的光照射手指，通过手指的光通过光纤传输到光谱仪，光谱仪在数据采集过程中先将采集到的数据存放在光谱仪的内部缓存器中，等到数据采集结束之后再将光谱仪中的数据通过 USB 传输至计算机。

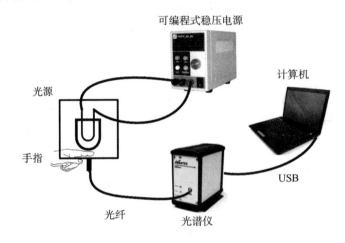

图 5-2　动态光谱（光谱 PPG）数据采集系统

然而，在现实的技术条件下需要在很多影响因素作出平衡：

A. 提高入射光强有助于提高信噪比，但人体的耐受性及生物组织的光热效应极大地限制了入射光强。

B. 增加入射光照射面积有利于提高入射光强，但由于人体组织的非均匀性又将带来原理性误差。

C. PPG 信号的幅值提高有助于带来信噪比的提高，但显而易见的是散射作用将明显增加非线性的影响。

D. 所用波长（波段）受到光源、人体组织和光电（光谱）检测器件（灵敏度与信噪比等）的严重制约。

E. 增加检测光谱 PPG 的数据量有助于提高信噪比，但受到系统的采样速度和采集时长的限制，系统的采样速度主要受现今的技术水平和经济因素的限制，过长的采集时间也将引入其他误差。

为了抑制这些不利因素的影响，研究团队进行了许多相关的研究。对于入射光照射面积的影响，课题组研究了窄平圆光束、宽平圆光束和宽光纤光束三种光照条件对动态光谱的影响，结果显示，细光纤的透射光路径比较一致，获取的 PPG 信号相似程度更高，有利于提高动态光谱的信噪比。为了提高部分强吸收波段或光源过弱波段的信噪比，课题组提出了一种双采样时间的采集方式，通过改变不同波段的积分时间，使得所有波长下的信号均不饱和，且信号最强波段达到光谱仪的最佳线性输入范围。针对人体无创血液成分检测中散射造成的吸光度与血液成分之间不再是线性关系，依据"M+N"理论，将这种非线性归类为第三类信息，针对非线性光谱信息提出"多维多模式多位置"的建模和测量方法，利用这种非线性所携带的光谱信息，进一步提高测量精度。通过从手指不同的方向透射手指，以获得不同光程的透射光谱，利用光谱的非线性，增加非线性测量方程与被测对象光谱信息量，提高测量精度。

此外，还需要考虑入射手指的光束大小与方向、探测面积与光纤的入射孔径，以及光源与探测光纤的相对位置等问题。PPG 信号的检测方法通常决定了所得信号的有效信息的多少，后续的处理分析的目的是尽量充分提取利用有效信息，因此保证信号检测环节的信噪比至关重要。

第二阶段：信息挖掘阶段

信息挖掘是通过对大量的数据进行处理和分析，滤除样本信息中与检测无关的干扰信息并发现和提取隐含在其中的具有价值的信息的过程。在获得足够高信噪比的光谱 PPG 信号之后，按照信息论的原理，提高信噪比的途径只有抑制噪声而不可能增加"有用信息"（实际上能够做的只有尽可能降低"有用信息"的损失），该问题包括：

A. 确定"有用信号"。这是一个看似容易却是十分困难而又不可回避的问题。

B. 找准"敌人"。影响信噪比的噪声种类、强度与性质。

C. 在抑制某种噪声时是否损失了"有用信号"和引入新的噪声。

D. 信号（光谱）预处理与提取方法的统筹考虑以取得更高的信噪比。

E. 提取动态光谱的质量评估。没有评估（测量与标准）的结果（产品）是没有意义，而动态光谱的质量评估的困难在于标准和方式。

因此，在提取高质量的 PPG 信号之后，如何在动态光谱的提取、预处理、建模和质量评估阶段实现信息的充分挖掘成了至关重要的问题。

②三个方面

第一方面——测量的鲁棒性

所谓"鲁棒性"，是指控制系统在一定的参数摄动下，维持其他某些性能的特性。动态光谱无创血液成分分析通过建立吸收光谱和成分浓度的模型，对血液成分的浓度进行预测，相当于黑箱模型。因此要保证预测的鲁棒性，对样本的数量和质量提出了较高的要求：

A. 样本数量要足够大。

B. 样本覆盖范围要足够广（不同年龄段的受试者，不用健康状况下的受试者）。

C. 样本数据的质量要足够高（防止采集过程中的抖动等情况）。

第二方面——测量的精度

测量精度反映测量结果与真值的接近程度的量，它与误差的大小相对应，因此可以用误差大小来表示精度的高低，误差小则精度高，误差大则精度低。

准确度：指在一定实验条件下多次测定的平均值与真值相符合的程度，以误差来表示，反映测量结果中系统误差的影响。

精密度：表示在一定条件下进行多次测量时，所得测量结果彼此之间符合的程度，反映测量结果中随机误差的影响程度。

精确度：反映测量结果中系统误差和随机误差综合的影响程度，简称精度。

在动态光谱无创血液成分分析中，在质量评估上涉及两个方面，分别是对采集的 PPG 信号的质量评估和对提取的动态光谱的质量评估。在测量过程中因受测者的不稳定，短时间内出现大幅度抖动时，则会出现运动伪差现象，导致样本中的部分数据可信度太低，无法通过后续处理方法滤除这些不稳定的干扰，因此，需要对 PPG 信号质量进行评估，舍弃这些可信度过低的数据样本，以避免对后续数据处理的不利影响。在动态光谱提取完成之后，要确定提取的动态光谱中所含信息量的多少，也需要对动态光谱的质量进行评估。

第三方面——原创性和价值性

作为一个原创的科研项目，注重创新是应有之义。

创新的定义：首次进行的有价值的活动及其成果。

创新的主要性质：首创性——只承认第一；价值性——必须推动某一方面的进步；时效性；过程性；地域性；系统性；确定性与不确定性；风险性。

创新的要素：

A. 掌握研究方法，分析建模、实验、计算。

B. 形成创新意识，原始创新、步进创新、借鉴创新。

C. 进入专注思维，静思、开窍、天马行空、豁然开朗。

D. 演绎推广交流，逻辑推理、跨学科交流、发表成果。

E. 总结凝聚升华，清晰表达。

创新的类型：

A. 总结前人的工作：继承——站巨人的肩膀；发扬——提出和凝练问题—解决——创新。

B. 前人未发现或未解决——原创。

C. 前人"解决"——错误（日心说和地心说）。

D. 前人未彻底解决——完善（超声速问题、稳定问题）。

E. 前人解决——新理论和新方法（大量）。

5.1　动态光谱的传感原理

5.1.1　朗伯–比尔定律

物质对光吸收的定量关系很早就受到了科学家的注意并进行了研究。皮埃尔·布格（Pierre Bouguer）和约翰·海因里希·朗伯（Johann Heinrich Lambert）分别在 1729 年和 1760 年阐明了物质对光的吸收程度和吸收介质厚度之间的关系；1852 年奥古斯特·比尔（August Beer）又提出光的吸收程度和吸光物质浓度也具有类似关系，两者结合起来就得到有关光吸收的基本定律——布格-朗伯-比尔定律，简称朗伯-比尔定律。

朗伯-比尔定律是光吸收的基本定律，适用于所有的电磁辐射和所有的吸光物质，包括气体、固体、液体、分子、原子和离子。朗伯-比尔定律是吸光光度法、比色分析法和光电比色法的定量基础。

如图 5-3 所示，假设一束强度为 I_0 的平行单色光（入射光）垂直照射于一块各向同性的均匀吸收介质表面，在通过厚度为 l 的吸收层（光程）后，由于吸收层中质点对光的吸收，该束入射光的强度降低至 I_1，称为透射光强度。物质对光吸收的能力大小与所有吸光质点截面积的大小成正比。设想该厚度为 l 的吸收层可以在垂直于入射光的方向上分成厚度无限小的多个小薄层 dl，其截面积为 S，而且每个薄层内，含有吸光质点的数目为 dn 个，每个吸光质点的截面积均为α。因此，此薄层内所有吸光质点的总截面积$dS=\alpha dn$。

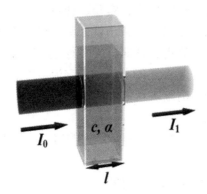

图 5-3　光吸收示意图

假设强度为I的入射光照射到该薄层上后，光强度减弱了dI。dI是在小薄层中光被吸收程度的量度，它与薄层中吸光质点的总截面积dS以及入射光的强度I成正比，也就是

$$-dI = k_1 IdS = k_1 I\alpha\, dn \qquad (5\text{-}1)$$

负号表示光强度因吸收而减弱，k_1为比例系数。

假设吸光物质的浓度为c，则上述薄层中的吸光质点数为

$$dn = 6.02 \times 10^{23}\, cSdL \qquad (5\text{-}2)$$

其中，6.02×10^{23}为1摩尔物质中的粒子数。代入式（5-1），合并常数项并设$k_2 = 6.02 \times 10^{23} k_1 \alpha S$，经整理得

$$-\frac{dI}{I} = k_2 cdL \qquad (5\text{-}3)$$

对式（5-3）进行定积分，则有

$$-\int_{I_0}^{I_1} \frac{dI}{I} = \int_0^l k_2 cdl$$

$$-\ln \frac{I_1}{I_0} = k_2 cl \qquad (5\text{-}4)$$

$$\log_{10} \frac{I_1}{I_0} = 0.43 k_2 cl = Kcl$$

式（5-4）中，$\log_{10} \dfrac{I_0}{I_1}$为吸光度$A$；$K = 0.43 k_2$；而透射光强度与入射光

强度之间的比值 $\dfrac{I_O}{I_1}$ 称为透射比，或称透光度 T，其关系为：

$$A = \log_{10} \frac{I_O}{I_1} = \log_{10} \frac{1}{T} = Klc \tag{5-5}$$

式（5-5）即是朗伯-比尔定律。

朗伯-比尔定律的成立是有前提的，即入射光为平行单色光且垂直照射；吸光物质为均匀非散射体系；吸光质点之间无相互作用；辐射与物质之间的作用仅限于光吸收，无炭光和光化学现象发生。

5.1.2 从双波长的双成分溶度测量说起

图 5-4 是含氧血红蛋白（HbO₂）和还原血红蛋白（Hb）的吸收曲线，我们假设仅有含氧血红蛋白（HbO₂）和还原血红蛋白组成液体需要检测各自的含量（浓度），怎样确定该测量的最佳波长。

依据朗伯-比尔定律，即式（5-5），写出测量方程：

$$A^{\lambda 1} = a_{(Hb,\lambda 1)}\, bc\_Hb + a_{(HbO_2,\lambda 1)}\, bc\_HbO_2 \tag{5-6}$$

式中，$A^{\lambda 1}$ 为在波长 $\lambda 1$ 处测得的吸光度；$a_{(Hb,\lambda 1)}$ 为 Hb 在波长 $\lambda 1$ 处的吸光系数；b 为样品皿的厚度，也即被测样品的光路长度，或称为光程长（简称光程）；c_Hb 为 Hb 的溶度；$a_{(HbO_2,\lambda 1)}$ 为 HbO₂ 在波长 $\lambda 1$ 处的吸光系数；c_HbO_2 为 HbO₂ 的溶度。

显然，式（5-6）有 Hb 和 HbO₂ 两个成分的浓度需要测量，也就是有两个未知数需要求解，这是一个不可能的任务。

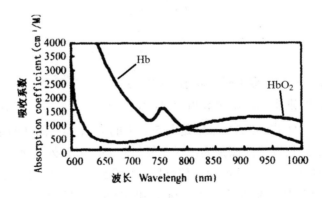

图 5-4　氧血红蛋白和还原血红蛋白的吸收曲线

根据线性代数的基本知识，有两个未知数正好需要两个方程就可以求解。因此，在两个不同的波长测量吸光度，我们可以得到一个由两个方程组成的方程组。

$$\begin{cases} A^{\lambda 1} = a_{Hb,\lambda 1}bc_{Hb} + a_{HbO2,\lambda 1}bc_{HbO2} \\ A^{\lambda 2} = a_{Hb,\lambda 2}bc_{Hb} + a_{HbO2,\lambda 2}bc_{HbO2} \end{cases} \tag{5-7}$$

有了式（5-7），似乎问题已经解决。实际上问题远远没有解决！最关键的问题是如何选择两个波长，即 $\lambda 1$ 和 $\lambda 2$。

下面的讨论将基于 $A^{\lambda 2}$ 和 $A^{\lambda 2}$ 的测量一定会有误差这一点出发（任何一个测量一定有误差），来分析如何在一定的测量吸光度精度（即存在一定的误差）的基础上讨论测量波长的选择。

为便于讨论问题和更具备普适性（一般性），先改写成更为简洁的形式，并折合到吸光度里（ $A^{\lambda 1}/b \to A^1$ 和 $A^{\lambda 2}/b \to A^2$ ）或/和吸光系数里（ $a_{Hb,\lambda 1}b \to a_{1,1}$, $a_{Hb,\lambda 2}b \to a_{2,1}$ 和 $a_{HbO2,\lambda 1}b \to a_{1,2}$, $a_{HbO2,\lambda 2}b \to a_{2,2}$ ），同时做 $c_{Hb} \to c_1$ 和 $c_{HbO2} \to c_2$ 的替换。这样并不影响问题本质，但更"数学"了：

$$\begin{cases} A^1 = a_{1,1}c_1 + a_{1,2}c_2 \\ A^2 = a_{2,1}c_1 + a_{2,2}c_2 \end{cases} \tag{5-8}$$

或者为更直观，将式（5-8）改写成：

$$\begin{cases} c_2 = -\dfrac{a_{1,1}}{a_{1,2}}c_1 + \dfrac{A_1}{a_{1,2}} \\ c_2 = -\dfrac{a_{2,1}}{a_{2,2}}c_1 + \dfrac{A_2}{a_{2,2}} \end{cases} \tag{5-9}$$

式（5-9）可用二维坐标图表示，如图5-5。

这里需要特别指出：在光谱测量中，$a_{1,1}$、$a_{2,1}$、$a_{1,2}$、$a_{2,2}$、A^1 和 A^2 都是大于0的值，因而式（5-9）必定是图5-5中的类似"\"的（两条）直线。

入射光源波长选择的原则为：尽可能使除血红蛋白外的物质吸收率低，而血红蛋白的吸收率高，从而提高信噪比。由图5-4可以看出，应该在760nm至900nm之间选择测量波长，而760nm和850nm分别位于去氧血红蛋白和氧合血红蛋白的吸收峰附近，是比较理想的波长组合。下面深入分析这种选择波长方式的合理性。

先把式（5-9）变形成为［也就是计算式（5-9）的解］：

$$\begin{cases} c_1 = \dfrac{a_{2,2}A^1 - a_{1,2}A^2}{a_{1,1}a_{2,2} - a_{1,2}a_{2,1}} \\ c_2 = \dfrac{-a_{2,1}A^1 + a_{1,1}A^2}{a_{1,1}a_{2,2} - a_{1,2}a_{2,1}} \end{cases} \tag{5-10}$$

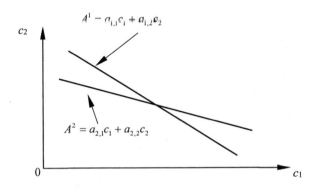

图 5-5　式（5-8）的几何表示

下面从两点来考虑波长的选择最有利于提高测量精度。

①吸光度的测量误差

任何测量都会存在误差，吸光度的测量也不例外。我们假设吸光度测量分别存在误差 ΔA^1 和 ΔA^2。（5-10）需要改写成：

$$\begin{cases} A^1 \pm \Delta A^1 = a_{1,1}c_1 + a_{1,2}c_2 \\ A^2 \pm \Delta A^2 = a_{2,1}c_1 + a_{2,2}c_2 \end{cases} \tag{5-11}$$

相应地，图 5-5 也需要改画成图 5-6。

式（5-11）的解为

$$\begin{cases} c_1 = \dfrac{a_{2,2}\left(A^1 \pm \Delta A^1\right) - a_{1,2}\left(A^2 \pm \Delta A^2\right)}{a_{1,1}a_{2,2} - a_{1,2}a_{2,1}} \\ c_2 = \dfrac{-a_{2,1}\left(A^1 \pm \Delta A^1\right) + a_{1,1}\left(A^2 \pm \Delta A^2\right)}{a_{1,1}a_{2,2} - a_{1,2}a_{2,1}} \end{cases} \tag{5-12}$$

图 5-6 表明：任何一次吸光度的测量都是条形阴影区域内的一根直线；而在两个波长上的吸光度测量所得到的浓度结果是两条条形阴影区域内两条直线的交点。换言之，某次测量浓度的结果一定是两条条形阴影区域的交

集——解域中的一个点。也可以说，解域的任何一个点都是测量的可能结果。

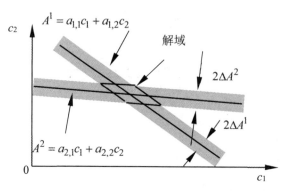

图 5-6 式（5-12）的几何表示

显然，如果两条条形阴影带成平行且没有交叠，即没有解域存在，则测量"无解"；如果两条条形阴影带成平行且交叠，则解域很大，也就是解不精确；如果两条条形阴影带相互垂直，则解域最小，也就是解最精确。实际是不可能做到"两条条形阴影带相互垂直"，而只能接近相互垂直。接近相互垂直的形式是一条条形阴影带接近平行水平轴而另一条接近平行垂直轴。

换成测量的语言：

A. 如果两条条形阴影区域平行且没有交叠，说明在两个波长处两种成分的吸光系数成比例关系，无法得到有意义的结果；

B. 如果两条条形阴影区域平行且交叠，说明在两个波长处两种成分的吸光系数接近成比例关系，此时测量误差很大；

C. 如果两条条形阴影区域（接近）相互垂直，在一定的仪器精度条件下，这两个波长的选择可以使测量两种成分浓度的精度最高。

下面讨论如何得到 C 中的最佳结果：

根据解析几何的知识，两条直线的夹角 φ

$$\cos\varphi = \frac{\left| a_{1,1}a_{1,2} + a_{2,1}a_{2,2} \right|}{\sqrt{a_{1,1}^2 + a_{1,2}^2}\sqrt{a_{2,1}^2 + a_{2,2}^2}} \qquad （5\text{-}13）$$

显然，$\varphi = 90°$ 时 $\cos\varphi = 0$，也即两条直线相互垂直，此时

$$\left| a_{1,1}a_{1,2} + a_{2,1}a_{2,2} \right| = 0 \qquad （5\text{-}14）$$

但由于 a_{ij} 均为非负数，因此有如下四种组合能使得 $\cos\varphi = 0$：$a_{11}, a_{22} \rightarrow 0$；$a_{12}, a_{21} \rightarrow 0$；$a_{11}, a_{12} \rightarrow 0$；$a_{21}, a_{22} \rightarrow 0$。

如果 $a_{11}, a_{12} \to 0$ 或 $a_{21}, a_{22} \to 0$，那么意味着在同一波长下两种物质的吸光度都很小，那么光谱仪的响应也小，结果是无法测量或测量无意义，因而这两种情况下波长的选择是无效的。而对于 $a_{11}, a_{22} \to 0$ 或 $a_{12}, a_{21} \to 0$ 这两种情况下的波长应该满足：两种物质的吸收曲线相差越大越好；两个波长中的任一波长处两种物质的吸光度系数互为峰谷值。

根据式（5-14）可以进行波长的优选：对仅有两种成分组成的溶液，选择这两种成分的吸光系数成反比或接近成反比的两处波长。

但实践中还有更多的因素需要考虑：

A. 由于仪器的精度有限，从不确定度来考虑，还需选择式（5-9）的比值尽可能大的地方。

B. 在有第三种成分存在时，需要考虑第三种成分的吸光系数远远低于两种被测成分的地方。

②多波长的应用

理论上是存在只有两种成分的情况，但实际上却很少有这种情况，请注意：任何一种水溶液至少也是两种成分。除溶质外还有作为溶剂的水！

换一个角度：成分数正好等于测量波长数的情况比较少见，一般会选取波长数多于成分数进行测量。这样的好处如下：

A. 降低其他成分对精度的影响。在存在不明成分但有把握确认这种（些）不明成分对测量精度不会产生特别不利的影响，适当地增加测量波长数不会过于增加成本和测量系统的复杂度。在这种情况下适当增加测量波长数有助于提高测量的稳健性。

B. 多波长测量的"平均"效果。如果大幅度增加波长数，则会起到测量上的"平均"效果，即假定每个波长上的信号的信噪比相同（或说测量精度相同，等精度测量），则每多四倍的测量波长将提高一倍的精度。

5.1.3　动态光谱的形成

动态光谱理论以修正的朗伯-比尔定律为支撑。动态光谱来源于 PPG 信号，使用某种光源照射人体后，应用光电传感器接受其透射或反射光谱。透射或反射后得到的 PPG 信号可以区分为直流信号 DC 和交流信号 AC。在 PPG 中，DC 代表着骨骼、肌肉、肌肤、静脉血等产生的光谱；AC 信号代表动脉血的因脉搏而产生的信号。由于脉搏会对测量处的血液形成周期性的变化，因而形成了周期性的 AC 信号。此外，DC 信号也并不是完全不会变化，呼吸和温度等都会对 DC 信号产生一定的影响。

图 5-7 是光谱 PPG 信号的原理示意图。入射光强为 I_0，当心脏收缩时，血管中血液增多，吸收光的能力增强，出射光强减小，将最小值记为 I_{min}；心

脏舒张时，血管中血液减少，吸收光的能力减弱，出射光前增大，将最大值记为 I_{max}。

计算单波长下单周期的吸光度的极差

$$\Delta OD^{\lambda} = \lg\left(\frac{I_O^{\lambda}}{I_{min}^{\lambda}}\right) - \lg\left(\frac{I_O^{\lambda}}{I_{max}^{\lambda}}\right) = \lg\left(\frac{I_{max}^{\lambda}}{I_{min}^{\lambda}}\right) = 0.434\left[\ln\left(I_{max}^{\lambda}\right) - \ln\left(I_{min}^{\lambda}\right)\right] \quad (5\text{-}15)$$

可以看出，最后得到的吸光度的最大值和最小值的差值在取对数后，只与血液脉动有关，这样就可以消除个体差异产生的影响。而把不同波长下的 ΔOD^{λ} 排列起来就得到了动态光谱。并且，从公式中可以看出，ΔOD^{λ} 与入射光强度 I_0 无关。因此，此方法也可以克服环境光的干扰，降低了对测量环境的要求。之后就可以运用修正的朗伯-比尔定律和化学计量学的方法对血液成分浓度进行分析。

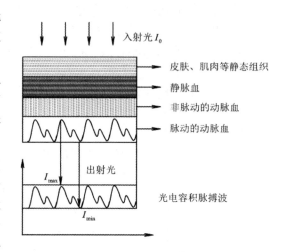

图 5-7　动态光谱的传感原理

5.1.4　动态光谱的原理性误差

5.1.1 节给出了基于朗伯-比尔定律的光谱分析有 4 个前提条件，这 4 个前提条件同样也适用于动态光谱的测量，特别是前两个条件（入射光为平行单色光且垂直照射；吸光物质为均匀非散射体系）要满足也非易事，后两个条件相对容易满足。

如图 5-8 所示，根据光子在散射介质中传输的深度和散射平均自由程两者之间的关系将光子分成了以下三类：弹道光子、蛇形光子、散射光子。其中，弹道光子是信噪比最高的"光子"，因它们的行程最短且固定。蛇形光子是信噪比稍低的"光子"，因它们的行程相对比较固定。在传感器接收到的这类光子数量最多。而散射光子可以说是"干扰"，因其行程极端不确定，好在其数量最小。因此，对高质量的动态光谱（从光谱 PPG 信号中提取）来说，理想的是弹道光子，可以得到数量最多的是蛇形光子，尽量避免的是散射光子。

　　然而，如图 5-9 所示，上面的讨论仅仅限于"直细"入射光束，光束太细却又要得到足够的光能量 [（图 5-9（a）]，人体肯定承受不了，因此，需要在光束粗细和光能量之间进行平衡以取得最高信噪比，这是导致原理性误差的最大一个问题。

　　如果入射光太宽 [（图 5-9（b）]，或者倾斜 [（图 5-9（c）]，入射光束与接收传感器不在透过生物组织的对射位置，即光源入射点与传感器接收点的距离不在最短位置，必然要降低动态光谱的信噪比。而外界光则完全是干扰 [（图 5-9（d）]，务必进行有效的隔绝。

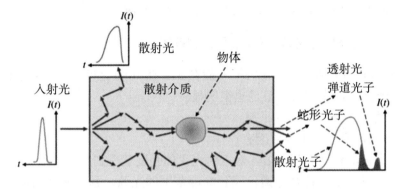

图 5-8　光脉冲穿越散射介质后分别产生弹道光子（Ballistic）、蛇形光子（Snake）、散射光子（Diffusive）示意图

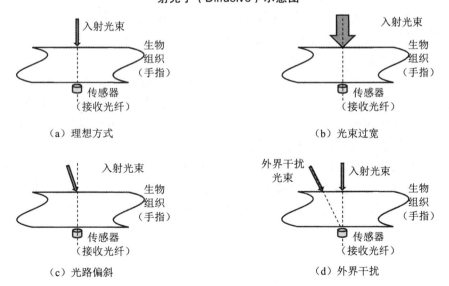

（a）理想方式　　　　　　　　　　　　（b）光束过宽

（c）光路偏斜　　　　　　　　　　　　（d）外界干扰

图 5-9　入射光与传感器的相对位置

5.2　光谱 PPG 信号检测与系统设计

　　鉴于血液成分种类繁多，又处于皮下深部的毛细血管内（大血管内的血液是难以检测的），因此，对 DS 的信噪比要求极高。另外，利用多波长的平均效果和利用谱线差异提高信噪比（测量精度）均要求尽可能多的波长。同时，PPG 的频谱有几十赫兹，这就对采样速度有一定的要求。

　　综上所述，现有技术能够满足光谱 PPG 数据采集要求的仅仅有两种：光栅光谱仪和采用 LED/LD 的光谱 PPG 数据采集系统。

5.2.1　基于光谱仪的光谱 PPG 信号检测系统

　　光谱仪的优势在于波长数多，一般在 512 至 1080 之间，个别型号能够达到 2000 以上。但光谱仪的不足也很明显。

　　①灵敏度低

　　造成灵敏度低的主要原因有：

　　A. 人体的忍受光强有限，对入射光束的强度就受到严格的限制；

　　B. 难以有正好符合光谱仪波长响应范围的光源，且入射光的能量是分布在所有波长上的；

　　C. 经过生物组织的吸收后，光束强度呈数量级的衰减。

　　综合起来，能够被光谱仪所接收的光强极其微弱，特别是光谱仪的各个波长上的能量就更微弱 2 至 3 个数量级。

　　②信噪比低

　　最好的光栅光谱仪的信噪比仅仅为 1000:1，但这是在灵敏度最高的波长处，接收光强接近满量程的条件下的指标，这些理想的条件就不可能得到满足，如前面所述的光谱仪在保证足够高的采样速率（对 PPG 信号需要 30sps 以上）能够得到的光强是很微弱的。

　　③波长灵敏度曲线不平坦，与需求不够适配

　　图 5-10 所示是某型号光栅光谱仪的波长灵敏度曲线，可见其有足够信噪比的波长范围是很小的，大概只有标称范围的一半多一点。

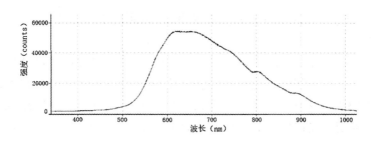

图 5-10　某型号光栅光谱仪的波长灵敏度曲线

在设计基于光谱仪的光谱 PPG 信号检测系统时需要注意和改进的问题有：选择与光谱仪适配的光源，通过滤波片除去光谱仪灵敏度范围以外的波长，从而可以增加光强而不超出人体的承受阈值；多部位测量、多波段光谱仪，利用多光谱仪的高灵敏度波段和这些波段的衔接，既有效增加波长数，又可得到更高质量的光谱数据；做好环境光的隔离处理；改进传感器架子的舒适性，减少手指抖动的影响。

5.2.2　基于 LED/LD 的光谱 PPG 信号检测系统

基于 LED/LD 的光谱 PPG 信号检测系统具有以下优势。

①由于 LED/LD 的亮度高，单个波长上的光强也远远大于溴钨灯等宽带光源，而且 LED/LD 的数量有限，在人体可以忍受的光强范围内，光敏传感器所能接收到单个波长上的光强也就远远超过光谱仪所能够接收的光强。

②基于 LED/LD 的光谱 PPG 信号检测系统另外一个优势是模拟信号可以高倍放大和采用高精度 A/DC 进行采样，结合前面所述的优势，基于 LED/LD 的光谱 PPG 信号检测系统在每个波长上可以得到极高的灵敏度。

③成本低。相比于光谱仪十余万的价格，基于 LED/LD 的光谱 PPG 信号检测系统可以低一个数量级的成本。

但基于 LED/LD 的光谱 PPG 信号检测系统的缺点也是明显的：波长数少，峰值波长的稳定性差，线宽远大于光谱仪，结构复杂。

5.3　动态光谱的提取

不言而喻，动态光谱的提取是一个核心、重要的问题，实际上，动态光谱的提取还在于提取的同时如何抑制 PPG 数据中的随机噪声和粗大噪声，以得到高精度的动态光谱。所以，发展十余种动态光谱的提取方法都是围绕着抑制 PPG 数据中的随机噪声和粗大噪声、充分利用 PPG 数据的有效信息（包括数据点数）展开。

动态光谱的提取从最原始的定义，到频域提取，再到时域提取，还有一些同时的方法。这些方法虽然各有特点，但非要分高低上下却有相当的困难：既没有"真值"，又存在很多影响因素。稍微有效一点的评估是对实际采集的数据和样本进行建模分析。但这依然受建模方法、样本数量和分布、非线性等的影响。

动态光谱的原始定义是"峰峰值提取"，相应的为动态光谱提取方法。所谓的动态光谱提取方法，在本质上符合动态光谱原理，并尽可能提高信噪比，而在提取过程中提高信噪比的途径就是抑制各种噪声，高质量的动态光谱提取方法应该满足以下条件：

①充分利用全部的脉搏波数据，提高数据的利用率；

②保证所获得的所有数据都是有效的，提高数据的可信性；

③对其中的粗大误差采取相应的措施予以剔除；

④采取相应的措施尽可能地降低随机噪声的干扰；

⑤考虑其他因素（如人体脉搏波的非严格周期性、光谱仪与 PC 端之间传输时间）的影响。

至今为止发展了以下 3 类动态光谱提取方法：

①时域提取。单沿提取法、面积法、差值提取法和优化的差值提取法、基于最小二乘法的动态光谱补偿拟合提取法和基于统计方法的动态光谱差值提取法。

②频域提取。FFT 提取法、利用谐波分量的 FT 提取法和滑动短时 FFT 法。

③特殊提取。基于不确定度的光谱提取方法、结合双树小波变换的独立成分分析提取法。

5.3.1 动态光谱的频域提取

（1）动态光谱频域提取基本原理

对采集到的 PPG 信号，它的变换到频域的离散傅里叶变换为：

$$X(k) = \sum_{n=0}^{N-1} x_n e^{-i2\pi kn/N} \qquad (5\text{-}16)$$

其基波数值为

$$X(1) = \sum_{n=0}^{N-1} x_n e^{-i2\pi k/N} \qquad (5\text{-}17)$$

基波的数值无疑与原函数成正比。

可以看到频域中的基波对应时域信号中脉动部分的成分，且数值上成正比，因此可用所采数据做傅里叶变换后的基波的成分来代替脉动部分的峰峰值。

分别从多个波长出射光所对应的光电脉搏波中，首先将其取对数，然后做傅里叶变换并提取相应的脉动动脉血液的出射光强的基波幅值，组成吸光度光谱，这种方法称为动态光谱的频域提取方法。

（2）短时傅里叶变换提取法

Gabor 在 1946 年提出"加窗傅里叶变换"（Windowed Fourier Transform）。其基本思想是：将一个信号的频率一部分一部分地进行分析。可以将非平稳的过程看作许多短时平稳信号的叠加，一般通过时域上"加窗"来得到各短时性信号。采取此方法，无论信号持续过程中发生了什么，都可以确定此变化在信号中发生的确切位置。

通常，对于常见的非平稳信号（如语音信号、探地信号、生物体生理信号等），这些信号的频域特性是随时间变化的，不仅需要了解某些局部时段上所对应的主要频率特性，还需要了解某些频率点或频率段的信息出现在哪些时域段上，即"时—频局部化"。对于上述信号的"时—频局部化"要求，傅里叶变换往往是难以满足的。

在把信号由时域转换到频域开展分析的过程中，由于传统的傅里叶变换需要利用信号的全部时域信息，却并未反映出随着时间变化信号频率成分的变化情况。对于信号中存在的奇异值并不能较为准确地检出，针对上述缺点提出了公式（5-18）所示矩形窗函数 $g(t)$，利用窗函数将原始对数光电脉搏波信号进行分段，同时令窗口以一定步长 u 滑动，对每次滑动后窗函数中的原始信号段进行傅里叶变换，根据 Pauta criterion（3σ 准则）原理，对子 PPG 信号中的"奇异值"进行检出和剔除（替换）。这种动态光谱提取方法称为短时傅里叶变换法。

矩形窗函数公式：

$$g(t) = \begin{cases} 1, & t_s \leqslant t \leqslant t_e \\ 0, & \text{else} \end{cases} \qquad (5\text{-}18)$$

其中，t_s 表示窗函数的数据起点在原始数据时域中的位置，t_e 表示窗函数的数据终点在原始数据时域中的位置，两者之差即为窗函数长度。根据上一小节所述动态光谱的频域提取法的推导公式（5-17），可以推导出基于短时傅里叶变换的动态光谱提取公式：

$$DS_{ij} = kX_{ij} = k\frac{1}{t_e - t_s}\int_{t_s}^{t_e} x_i(t)e^{-j2\pi f_0 t}dt, \quad i=1,2,\cdots,m \quad j=1,2,\cdots,n \quad (5-19)$$

其中，m 表示经过短时傅里叶变换后原始光谱数据所分的段数，n 表示波长数，DS_{ij} 为第 i 段对数光电容积脉搏波信号在第 j 个波长下的动态光谱值。X_{ij} 表示经过短时傅里叶变换后，第 i 段脉搏波信号在第 j 个波长下的基波分量。k 为动态光谱信号与原始信号基波分量幅值之间的比例系数。

一段光电容积脉搏波信号在时域可表示为 $f(t)$，时窗函数为 $g(t)$，时窗函数的长度表示为 seglength，窗函数每次滑动的步长 u 记作 steplength，信号 $f(t)$ 乘上平滑移动的窗函数 $g(t-u)$ 后，有效抑制了 $t=u$ 的邻域之外的信号，所以，再对 $f(t)g(t-u)$ 进行傅里叶变换所得的结果，反映了 $t=u$ 时刻附近的局域频谱信息，从而实现了时域局域化的效果。图 5-11 所示为短时傅里叶变换的原理示意图。

短时傅里叶变换提取法的步骤：

读取样本光谱数据。使用 MATLAB 软件读取样本的光谱数据，得到式（5-20）所示的单个样本初始光谱矩阵，并根据 Lambert-Beer 定律对样本的光谱数据进行对数变换，得到对数光电容积脉搏波矩阵，如式（5-21）所示。其中，n 为波长数，j 为总采样点数。

$$initial\_data = \begin{bmatrix} I_{11} & I_{12} & \cdots & I_{1j} \\ I_{21} & \ddots & & \vdots \\ \vdots & & \ddots & \vdots \\ I_{n1} & I_{n2} & \cdots & I_{nj} \end{bmatrix}_{single\_sample} \quad (5-20)$$

$$ln\_data = \begin{bmatrix} ln_{11} & ln_{12} & \cdots & ln_{1j} \\ ln_{21} & \ddots & & \vdots \\ \vdots & & \ddots & \vdots \\ ln_{n1} & ln_{n2} & \cdots & ln_{nj} \end{bmatrix}_{single\_sample} \quad (5-21)$$

确定短时傅里叶变换参数。为了避免窗口长度与滑动步长的关系不确定性而导致的数据结尾处的窗口长度冗余。使原始信号中的数据最大化利用，以确保数据的完整性。本方法确定了式（5-22），以选取最优分段方案。

$$seglengtg + steplenth \times (segnum -) = samplenum \qquad (5-22)$$

其中，$samplenum$ 为对数光电脉搏波信号的数据长度，即采样点数；$seglength$ 为以数据个数为单位的矩形窗函数长度，即每次进行短时傅里叶变换的数据长度；$steplength$ 为窗函数滑动步长；$segnum$ 为在原始信号长度下的分段数。

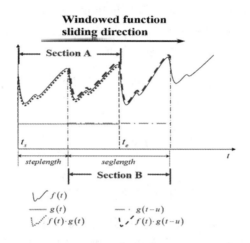

图 5-11　动态光谱短时傅里叶变换提取法的原理示意图

利用窗函数对对数光电容积脉搏波矩阵数据进行滑动分段。在确定窗函数长度 $steplength$ 和滑动步长 $steplength$ 后，通过窗函数对样本原信号进行滑动分段，将对数光电脉搏波信号分为式（5-23）所示子数据段。

$$seg\_data = \begin{bmatrix} seg_{11} & seg_{12} & \cdots & seg_{1s} \\ seg_{21} & \ddots & & \vdots \\ \vdots & & \ddots & \vdots \\ seg_{n1} & seg_{n2} & \cdots & seg_{ns} \end{bmatrix}_{sin gle\_sample} \qquad (5-23)$$

其中，n 为子数据段中的波长数，s 为子数据段中的采样点数。

对子数据段求取对应基波分量。对子数据段中每个波长下的对数光电脉搏波信号进行傅里叶变换，提取各个波长上频谱在 1Hz（心率）附近范围的对数光电脉搏波的最大幅值，即基波分量，并以此作为各个对应波长上的 DS 数据。

$$seg\_DS = \begin{bmatrix} DS_1 & DS_2 & \dots & DS_n \end{bmatrix}_{single-segment} \qquad (5-24)$$

进而得到单个样本经过短时傅里叶变换后的动态光谱矩阵。m 为单个样本中子数据段的个数，即 $segnum$；n 为波长数。

$$DS\_data = \begin{bmatrix} DS_{11} & DS_{12} & \cdots & DS_{1n} \\ DS_{21} & \ddots & & \vdots \\ \vdots & & \ddots & \vdots \\ DS_{m1} & DS_{m2} & \cdots & DS_{mn} \end{bmatrix}_{single\_sample} \tag{5-25}$$

对单个样本得到的基波分量进行校准修正。在单波长上对式（5-25）所示动态光谱矩阵进行按列求和平均，得到每个波长上的平均特征量（平均基波分量）nDS 如式（5-26）、式（5-27）所示。

$$\begin{bmatrix} DS_{11} & DS_{12} & \cdots & DS_{1n} \\ DS_{21} & \ddots & & \vdots \\ \vdots & & \ddots & \vdots \\ DS_{m1} & DS_{m2} & \cdots & DS_{mn} \end{bmatrix}_{single\_sample} \tag{5-26}$$

$$\begin{bmatrix} \left|\overline{DS_1}\right| & \left\|\overline{DS_2}\right\| & \cdots & \left|\overline{DS_n}\right| \end{bmatrix} \tag{5-27}$$

对每个波长下对数光电脉搏波基波分量求取标准偏差 σ_n 绝对误差 V_{ij}（$I = 1, 2, \cdots, m; j = 1, 2, \cdots, n$）。根据莱以特准则（也即"$3\sigma$ 准则"）的筛选原理设置本研究中相应的筛选准则参数，为了更有效地剔除奇异值，提高数据质量，本研究以 2σ 为准则参数，对奇异值进行筛选和剔除。

得到每个波长上的对数脉搏波基波分量，即该波长上的动态光谱特征量。

样本结果数据归一化得到最终动态光谱数据。

（3）快速数字锁相提取

动态光谱能够从理论上降低个体差异和测量条件的影响。尽管如此，当采集系统难以优化时，需要尽可能地提高信号提取的精度。已有的频域法和单沿法，根据动态光谱的原理来提取各个波长峰峰值的比例关系，一个从频域上、一个从时域上通过统计平均效应来提高信噪比，均取得了较好的结果。但两种方法均有改善的空间，因此提出了基于快速数字锁相的新算法，该方法结合了已有的频域法与单沿法的优势，从而能够为后续的建模分析提供可靠的数据，同时能够实时地提取动态光谱。然而，对于受到脉搏波幅值和周期的差异及奇异数据段等干扰影响的脉搏波而言，频域法提取精度不及单沿法。频域法将与脉搏波频谱重叠的粗大误差带入基波分量中影响了测量精度，相比之下，单沿法则从时域波形上剔除了这些粗大误差影响从而提高精度。

从算法的复杂度来看，频域法比单沿法简单，只需要对所有数据进行傅里叶变换即可。但是傅里叶变换计算了所有频率分量的幅值，频域法最终仅仅利用了其中一个频率分量的信息，即基波分量，而其他频谱信息都被丢弃，造成了大量的计算浪费。因此，两种算法都需要进一步改善。一种较为理想算法就是既能够去除异常波形的影响，又能够充分利用所有有效数据，且算法实现简单。

　　根据单沿提取法的优势，对于异常波段造成的粗大误差，可以将一长段脉搏波信号进一步划分为较小的片段，然后对每个片段提取动态光谱，再通过统计方法剔除异常波段提取的动态光谱。对于频域提取法中的无效计算，可以利用数字锁相算法来直接提取基波分量的幅值。数字锁相算法在原理上与离散傅里叶变换是一致的，但数字锁相算法仅计算了傅里叶变换中一个已知频率分量的幅值相位信息。脉搏波的频率与心率一致，其典型的基波频率在 1Hz 左右。另外，根据前文中的分析可以知道多波长下的脉搏波具有相似性，且各波长任一频率分量的幅值之间的比例关系与峰峰值之间的比例关系相同。因此，对于大部分个体而言，采用 1Hz 作为提取基波分量的频率是合适的。数字锁相算法不仅能够充分利用所有的数据，而且能够提高计算的效率。而一种快速的数字锁相算法可以进一步提高计算的速度。该算法在第 6 章进行详细介绍，这里简要介绍一下实现思想：通过合理的过采样率的设置和下抽样，使得正余弦参考信号简化为 0、1、-1 组成的序列，从而相敏解调通过一些加减法来实现，大幅度地简化了运算，且过采样使得算法的精度得到改善。基于以上分析与改进，形成了一种基于快速数字锁相的动态光谱提取算法，这个新算法首先将脉搏波划分为较小的片段，然后通过快速数字锁相算法提取每个片段基波分量的幅值组成片段动态光谱，再利用统计方法去除异常片段的动态光谱，最后将剩余的动态光谱平均获取最终的动态光谱。

　　结合了频域法与单沿法两者优势的新算法，其具体实现步骤如下：

　　①根据需要提取的频率分量 1 Hz，设置合理的采样频率和信号片段长度。由于使用快速数字锁相算法，采样频率需要满足为待提取频率的 4 的整数倍。

　　②分别对各波长下所采集的信号进行下抽样处理。比如采样频率设置为 $f_s = 120$ Hz，对信号进行下抽样处理，即将连续的 30 个采样点叠加平均为一个采样点，下抽后的采样频率为 4 Hz，为待提取频率 1 Hz 的 4 倍。

　　③各波长下同相以及正交互相关信号 I 和 Q 通过加减法运算求和平均后获取。

　　④根据式（5-28）计算各波长下待测频率的幅值，这些幅值组成该片段

的动态光谱。

$$A = \sqrt{I^2 + Q^2} \qquad (5-28)$$

⑤当获取若干片段动态光谱后，通过统计方法去除具有粗大误差的片段动态光谱，将剩余的片段动态光谱叠加平均作为最终的动态光谱。

5.3.2　动态光谱的时域提取

顾名思义，动态光谱的时域提取是在时域直接对光谱 PPG 信号进行计算处理，这种方法相对频域来得简单一些，更重要的是时域提取法对"粗大误差"具有很强的抑制作用，它把光谱 PPG 信号分成很多小段，从每一小段提取一个"子动态光谱"，通过统计学原理（3σ 准则）剔除由于手指抖动带来粗大误差的"子动态光谱"，然后将高质量的"子动态光谱"叠加成为总的动态光谱。

（1）单沿提取法

单沿提取法结合了叠加平均、最小二乘拟合及粗大误差剔除等方法的特点来提高动态光谱提取的精度。此方法的重点是应用最小二乘拟合对数脉搏波均值模板和各波长对数脉搏波，而动态光谱取自拟合斜率，之后再利用粗大误差剔除方法达到动态光谱精度的进一步提高。利用此方法进行动态光谱的提取步骤为：

①采集所有波长下的光谱信号对数值，计算出各波长下样本的 PPG 信号。

②模板的获取。使用叠加平均对出射光强较大的 PPG 信号处理，得到对数 PPG 模板。

③峰（谷）值点的判别。选择适当的判别方法，按时间顺序提取对数 PPG 模板中的峰值点和谷值点，从而将脉搏波信号划分为若干段。

④上升（下降）区域的判断。根据提取的峰值点和谷值点，确定波形中的上升（下降）沿，采用 3σ 准则，以沿的高度和宽度为依据剔除异常的沿，确定出有效的沿。

⑤线性拟合。按时间顺序采用最小二乘法拟合各周期单沿的数据和各波长对应周期的数据的关系，确定各波长条件下的斜率，即等效吸光度。

⑥斜率的叠加平均。对同一波长下所有的斜率进行叠加平均，得到一系列斜率的平均值。

⑦粗大误差的剔除。以欧式距离为依据，利用 3σ 准则剔除包含粗大误差

的有效沿。

⑧动态光谱的获取。将剔除之后的斜率按照波长的顺序排列起来，得到测量数据中的所有有效沿的动态光谱。

（2）基于整数计算的单沿提取法

在采集过程的第一步，即计算所有波长下的 PPG 信号的对数值时，选用麦克劳林级数计算，其公式如下：

$$f(x) = \sum_{n=0}^{\infty} \frac{f^n(0)}{n!}x^n = f(0) + \frac{f'(0)}{1!}x + \frac{f''(0)}{2!}x^2 + ... + \frac{f^{(n)}(0)}{n!}x^n + R_n(x)$$

（5-29）

由此可以得到 f(x)=ln(x) 的麦克劳林级数：

$$\ln(1+x) = x - \frac{x^2}{2} + \frac{x^3}{3} - \frac{x^4}{4} + \frac{x^5}{5}... + \frac{x^n}{n} + R_n(x), \quad -1 < x \leqslant 1 \quad （5-30）$$

在收敛域内时，该级数为交错调和级数，$R_n(x) < \left|\dfrac{x^n}{n}\right|$，由此可以得到：

$$\ln(x_i) = \ln(x_0 + \Delta x_i) = \ln\left[x_0\left(1 + \frac{\Delta x_i}{x_0}\right)\right] = \ln(x_0) + \ln\left(1 + \frac{\Delta x_i}{x_0}\right) \quad （5-31）$$

用麦克劳林级数的前两项替代 $\ln\left(1 + \dfrac{\Delta x_i}{x_0}\right)$：

$$\ln(x_i) = \ln(x_0) + \frac{\Delta x_i}{x_0} - \frac{1}{2}\left(\frac{\Delta x_i}{x_0}\right)^2 \quad （5-32）$$

得到的数据最大值和最小值的差值为 1.17×10^3；而直流部分大约为 2.9×10^4。因此意味着这种算法在实际运用时是符合麦克劳林级数处于快速收敛状态的要求。并且此时有：$R_2(x) = \left|\left(\dfrac{\Delta x_i}{x_0}\right)^2\right| / 2 < 1/1250$。因此采用这个公式可以达到 1/1000 的精度要求。

将公式变形为：

$$2x_0^2 \ln(x_i) = 2x_0^2 \ln(x_0) + 2x^2 \Delta x_i - \Delta x_i^2 \quad （5-33）$$

单沿提取法提取动态光谱的过程中，使用叠加平均对出射光强较大的 PPG 信号进行处理，在一定程度上可以减弱随机噪声的干扰，然而，叠加平均为将相应的波段数据求和之后再同除以一个常量，进而会使用单精度浮点数进行计算。而使用单精度浮点数计算时会造成数据有效位数的损失，降低数据的精度。在这种整数计算方法中运用求和的方法代替叠加平均，在一定程度上去除随机噪声的干扰，也保证数据的有效位数不会丢失，数据的精度不会降低。

（3）差值提取法

动脉血液脉动部分对光的吸收谱构成动态光谱，通常采用获得动脉血液脉动部分的整体光吸收度光谱，如最初的峰峰值提取法和上面提到的单沿提取法。而各个波长对数脉搏波在同一周期内任意两时刻间的光吸收度差值是两时刻间动脉血液脉动部分血液容积变化引起的，因此其也能够构成动态光谱，差分提取法正是基于这一原理。峰峰值提取法能够当成差分提取法的一个特殊情况，其动态光谱从动脉血液脉动部分光吸收度差值最大的时刻提取。理想状况下，峰峰值提取法得到的动态光谱与差值提取法得到的动态光谱相比，峰峰值动态光谱能够最大限度地获取动脉血液脉动部分的光吸收度信息。但峰峰值提取法也有弊端：其一，因为此方法高度依赖对数脉搏波峰峰值的采集精度，而光谱采集系统很难实现峰峰值的精确采集，而差值提取法并没有这一需求而是通过与统计学方法相结合的方式来高度利用采集到的数据实现动态光谱精度的进一步提高；其二，当采集到的数据存在随机噪声时，峰峰值提取法会引入随机误差，使动态光谱的信噪比降低，而差值提取法将让数脉搏波的上升沿分成很多互相交叉的位段，分别进行动态光谱的提取，之后结合统计学方法，达到减少随机噪声对动态光谱影响的目的。

利用差值提取法进行动态光谱数据的提取一般包括两种方式：固定差值间隔和固定差值幅值。这两种方式虽然考虑的出发点不同但本质是一致的，下面分别对其进行介绍：

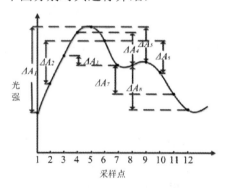

图 5-12　固定差值间隔方式示意图

①固定差值间隔方式（图 5-12）

设定一个采样间隔范围。通过设置一个采样间隔范围来得到一个最佳的采样间隔，而采样间隔范围的设置需要依据对数脉搏波的频率及光谱采集系统的采样率，将采样间隔范围固定于脉搏波单个周期采样点的 $1/3 \sim 2/3$。

提取每个采样间隔内的动态光谱数据。计算各波长对数脉搏波采样间隔对应的差值绝对值，并将这种差值绝对值按照波长大小进行排列，构成动态光谱数据。

去除含有粗大误差的动态光谱数据。将各波长对应差值序列中相同时刻对应差值进行叠加求和取平均，之后将这一平均值作为模板来衡量各波长此时刻内差值过大和过小的数据并将其剔除。

求得差值动态光谱。按照剔除后剩下有效差值的所在位置，进而再确定各波长差值序列中相应位置的差值，建立动态光谱。利用多元散射校正对各差值动态光谱进行归一化以消除光程长不同产生的影响，从而得到归一化的差值动态光谱。

②固定差值幅值方式

设定幅值范围。方法与固定差值间隔方式基本相同，设置一个合理的幅值范围以便得到一个最优的差值幅度。为了设置合理的幅值范围，首先要对对数脉搏波进行叠加求平均得到其模板，并提取出该模板的峰峰值，通常将幅值范围设定为模板峰峰值的 40%～80%。

获取对数脉搏波的周期，按照之前设定的固定差值幅值在平均对数脉搏波上查找其绝对差值与之相同的所有采样数据及其相应的时刻。

按照查找的对数脉搏波模板上采样数据对的位置，将其对应到各波长对数脉搏波上，找到其采样数据对的绝对差值，这些差值将构成动态光谱。由于所得到的这一系列差值动态光谱的光程长是相同的，所以不需要校正其光程长，使运算程序得到简化。

利用相同的步骤，就能够获得所有其他设定幅值对应的所有差值动态光谱。针对差值提取法以上两种提取方式，可以得到一系列的差值动态光谱，所以能够选取 3σ 准则对初始差值动态光谱进行更细致的评判，以便更加有效地筛出间隔或幅值从而提高精度。提取出标准差最小的一组差值动态光谱，对其进行叠加平均，求得最后的结果即是最佳的差值间隔或差值幅值。

5.3.3　其他变换方法的提取

动态光谱主要有两大类提取方法：频域提取法和时域提取法。它们各自分别衍生了近十种方法。虽然均在不同程度上改进的基于动态光谱分析的精度，但还有某些不足：频域提取法提取时间过长且易受脉搏波信号粗大误差的影响。单拍提取法虽能剔除异常的脉搏波信号，但处理过程相对复杂，还有待完善的空间。这里再介绍两种不同的动态光谱提取方法：基于不确定度的光谱提取方法和基于源角度的动态光谱提取方法，它们对动态光谱的精度和提取性能有了进一步的提高。

（1）基于不确定度的光谱提取方法

这种改进光谱提取方法，首先拟合出漂移基线，抑制了手指与夹具相对运动造成的影响。然后以一个周期内的方和根代替峰峰值组成光谱，减小了脉搏波随机误差造成的影响，并进行了不确定度分析。结合血氧饱和度的测量实例，讨论这种动态光谱提取方法。

①血氧饱和度测量原理

一般采用红光与红外光进行血氧饱和度的测量。按峰峰值法，采用脉搏波在单个周期上吸光度的最大值与最小值的差值构成动态光谱。可定义血氧饱和度系数 Q 为红光脉搏波提取出的吸光度与红外光脉搏波提取出的吸光度之比。则有

$$Q = \frac{\lg R_{\max} - \lg R_{\min}}{\lg I_{\max} - \lg I_{\min}} \tag{5-34}$$

其中，$R_{\max}$ 为一个周期内红光脉搏波最大值，$R_{\min}$ 为周期内红光脉搏波最小值，$I_{\max}$ 为一个周期内红外光脉搏波最大值，$I_{\min}$ 为周期内红外光脉搏波最小值。血氧饱和度系数 Q 与血氧饱和度值之间存在一一对应关系，有经验公式

$$SaO_2 = AQ - B \tag{5-35}$$

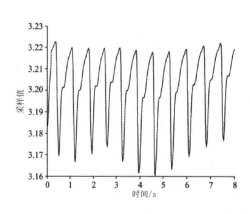

图 5-13　取对数后的 PPG

其中，A 和 B 为常数，且与测量时选用的两种光波长有关。测得 Q 值后即可通过经验公式得到血氧饱和度值。此方法对于一个波长仅用一个周期内采样值的最大值、最小值确定 Q 值，Q 值精度易受采样值的随机误差影响。

②对数脉搏波的获取

将各波长对应的光电容积脉搏波信号取对数，得到对数脉搏波。选择在血氧饱和度实验中得到的一组红光及红外光对数脉搏波为例。两脉搏波波形，特性相似，其中红外光对数脉搏波如图 5-13 所示。本例中脉搏波采样频率为 50 Hz。

③脉搏波的周期判定

根据任意一波长的对数脉搏波可确定脉搏波周期。周期判定方法如下：

每得到一个对数脉搏波采样点，截取最近获得的 10 个对数脉搏波采样值。如图 5-14 所示，记为 a_1，a_2，a_3，$\cdots$，a_{10}。

根据这 10 个采样值判定 a_8 是否为波谷，若同时满足 $a_{10} > a_9 > a_8$，$a_6 > a_7 > a_8$，$a_1 > a_8$ 三个条件，则判定 a_8 为波谷。

当得到下一个采样值时，重复前两步骤，当判定出波谷存在时，计算这个波谷与上一个波谷时间之差，即为周期。两个波谷之间的所有点组成了一个周期的对数脉搏波信号。

④对数脉搏波的运动漂移补偿

在光谱提取过程中，手指和夹具会有不可避免的相对运动，这会给信号带来运动漂移，从而给光谱提取带来误差。为了消除这种误差需进行运动漂移补偿，首先计算对数脉搏波第 n-1 个周期所有点的平均值，记为 y_1，第 n 个周期所有点的平均值为 y_2，第 n+1 个周期所有点的平均值为 y_3。记对数脉搏波第 n-1 个周期起始端采样点序号为 x_1，第 n 个周期起始端采样点序号为 x_2，第 n+1 个周期起始端采样点序号为 x_3，第 n+2 个周期起始端采样点序号为 x_4，则在坐标系中得到 3 个点：$\left(\dfrac{x_1 + x_2}{2}, y_1 \right)$，$\left(\dfrac{x_2 + x_3}{2}, y_2 \right)$，$\left(\dfrac{x_3 + x_4}{2}, y_3 \right)$。将三个点连线，拟合出运动漂移基线，如图 5-15 所示。

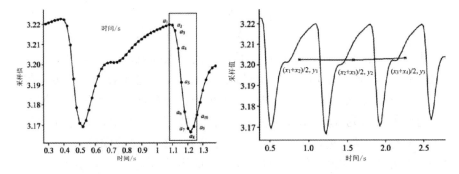

图 5-14　检测 PPG 周期的流程　　　　图 5-15　拟合基线

然后将第 n 个周期的对数脉搏波信号减去运动漂移基线（长度与第 n 个周期一致），再将第 n+1 个周期的对数脉搏波信号减去运动漂移基线（长度与第 n+1 个周期一致），以此类推，得到补偿后的对数脉搏波信号，此时的对数脉搏波信号不再含直流成分，且补偿了大部分运动漂移成分。如图 5-16 和图 5-17 所示。

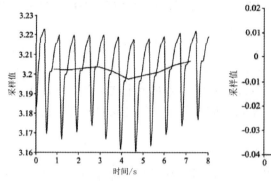

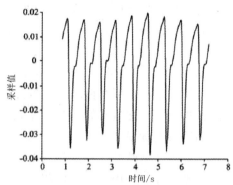

图 5-16　差值提取法–固定插值间隔方式　图 5-17　差值提取法–固定插值间隔方式
　　　　示意图　　　　　　　　　　　　　　示意图

⑤光谱信息提取与分析

从不确定度的角度考虑，采用方和根法代替传统的峰峰值法提取光谱信息，即以各个波长对应的一个周期内已去除直流成分对数脉搏波（即补偿后的对数脉搏波）信号的方和根构成光谱。即 λ_1 波长在光谱上对应的幅值 $A_{\lambda 1}$ 为

$$A_{\lambda 1} = \sqrt{\sum_{i=1}^{n} x_i^2} \tag{5-36}$$

其中，x_1，x_2，x_3，$\cdots$，x_n 为 λ_1 波长对应的已去除直流分量的对数脉搏波（即补偿后的对数脉搏波）在一个周期内的采样值。假定血液成分检测中得到 λ_1，λ_2，λ_3，$\cdots$，λ_n 共 n 个波长下对应的光电容积脉搏波，则可得 n 个波长在光谱上对应的幅值为 $A_{\lambda 1}$，$A_{\lambda 2}$，$A_{\lambda 3}$，$\cdots$，$A_{\lambda n}$，即可构成与血液成分相关的光谱。可再利用 λ_1，λ_2，λ_3，$\cdots$，λ_n 之间的比值来计算出血液成分。

为观察方和根法提取效果，将方和根法应用于血氧饱和度的检测，则有 Q 值表达式

$$Q = \sqrt{\dfrac{\displaystyle\sum_{i=1}^{n} a_i^2}{\displaystyle\sum_{i=1}^{n} b_i^2}} \tag{5-37}$$

其中，a_1，a_2，a_3，$\cdots$，a_n 为一个周期内运动漂移补偿后的红光对数脉搏波的采样值。b_1，b_2，b_3，$\cdots$，b_n 为一个周期内运动漂移补偿后的红外光对数

脉搏波的采样值。按峰峰值法提取，有 Q 值表达式（5-34）。再根据经验式（5-35）即可得到血氧饱和度值。由于式（5-35）中 A、B 为常量，则可认为 Q 值精度越高则血氧饱和度精度越高。误差分析中常用不确定度表征测量精度，不确定度越小则精度越高。为比较方和根法与峰峰值法得到的 Q 值的精度，以下分析了峰峰值法［式（5-34）］与方和根法［式（5-37）］得到 Q 值的不确定度。

记一个周期内红光脉搏波的采样值为 R_1，R_2，R_3，$\cdots$，R_n，红外脉搏波的采样值为 I_1，I_2，I_3，$\cdots$，I_n（n 为一个周期内的采样点个数）。用实验中测得的一组较有代表性的数据给 R_1，R_2，R_3，$\cdots$，R_n 和 I_1，I_2，I_3，$\cdots$，I_n 赋值，并得到补偿后的对数脉搏波采样值 a_1，a_2，a_3，$\cdots$，a_n 和 b_1，b_2，b_3，$\cdots$，b_n。

● 方和根法的不确定度计算

根据不确定度相关理论，忽略高阶小项后，可由式（5-37）得 Q 值不确定度表达式为

$$u_{Q4} = \sqrt{\sum_{i=1}^{n}\left(\frac{\partial Q}{\partial a_i}\right)^2 u_{ai}^2 + \sum_{i=1}^{n}\left(\frac{\partial Q}{\partial b_i}\right)^2 u_{bi}^2} \tag{5-38}$$

可认为脉搏波的每个采样值具有相同的不确定度，记为 u_R。则有

$$u_{Q4} = u_R \sqrt{\sum_{i=1}^{n}\left(\frac{\partial Q}{\partial a_i}\right)^2 u_{ai}^2 + \sum_{i=1}^{n}\left(\frac{\partial Q}{\partial b_i}\right)^2 u_{bi}^2} \tag{5-39}$$

● 峰峰值法的不确定度

计算根据不确定度相关理论，忽略高阶小项后，可得 Q 值不确定度表达式为

$$u_{Q1} = \sqrt{\left(\frac{\partial Q}{\partial R_{\max}}\right)^2 u_{R\max}^2 + \left(\frac{\partial Q}{\partial R_{\min}}\right)^2 u_{R\min}^2 + \left(\frac{\partial Q}{\partial I_{\max}}\right)^2 u_{I\max}^2 + \left(\frac{\partial Q}{\partial I_{\min}}\right)^2 u_{I\min}^2}$$
$$\tag{5-40}$$

则有

$$u_{Q1} = u_R \sqrt{\left(\frac{\partial Q}{\partial R_{\max}}\right)^2 + \left(\frac{\partial Q}{\partial R_{\min}}\right)^2 + \left(\frac{\partial Q}{\partial I_{\max}}\right)^2 + \left(\frac{\partial Q}{\partial I_{\min}}\right)^2} \tag{5-41}$$

不确定度之比

$$\frac{u_{Q4}}{u_{Q1}} = \frac{\sqrt{\sum_{i-1}^{n}\left(\frac{\partial Q}{\partial a_i}\frac{da_i}{dR_i}\right)^2 + \sum_{i-1}^{n}\left(\frac{\partial Q}{\partial b_i}\frac{db_i}{dI_i}\right)^2}}{\sqrt{\left(\frac{\partial Q}{\partial R_{max}}\right)^2 + \left(\frac{\partial Q}{\partial R_{min}}\right)^2 + \left(\frac{\partial Q}{\partial I_{max}}\right)^2 + \left(\frac{\partial Q}{\partial I_{min}}\right)^2}} \tag{5-42}$$

将实验中的 10 组脉搏波数据（每组 8～10 个周期）代入式（5-42），可得方和根法 Q 值不确定度 u_{Q4} 与峰峰值法 Q 值不确定度 u_{Q1} 之比平均约为 38%。所以本工作采用的方和根法可得精度更高的血氧饱和度值。

（2）基于源角度的动态光谱提取方法

从上两节的内容可以了解到，频域提取法与时域提取法虽然提取的方法与角度不同，但二者皆是通过科学地提取动态光谱的特征量来获取最终的动态光谱数据值。

为提高动态光谱数据的准确性，频域提取法与时域提取法分别从频域和时域的角度进行分析，其中会存在信息易丢失或数据利用率不足等问题。为提高动态光谱数据的精度，针对含噪 PPG 信号时、频的特点及动态光谱的基本特性，本节提出了一种基于信号源角度的动态光谱提取法，即 ICA 与 DTCWT 相结合的动态光谱提取法。该方法从原始信号自身的特性出发，充分利用信号的独立性，能够有效获取更加逼近源信号特征的纯净的动态光谱数据。

①ICA 结合 DTCWT 提取法的原理

基于 ICA 的独立分析特性，获取最逼近原始纯净信号的信号特征，通过结合 ICA 与 DTCWT 的优势，来进一步得到标准的动态光谱数据。基于此，该方法首先利用 DTCWT 的去噪方法对 PPG 信号进行预处理，得到去噪后的 PPG 信号。随后利用叠加平均方法对处理后的 PPG 信号求出模板信号，将模板信号视作标准纯净信号。接下来将模板信号与各单一波长下的 PPG 信号做 ICA 处理，得到每一个波长下的最逼近原始血液脉动信息的信号。最后对 ICA 得到的各单一波长下的 PPG 信号求出最逼近模板信号的比例系数 k，该值体现着各单一单波长下的 PPG 信号与模板信号之间的最佳相似程度，再由所有波长下得到的这些比例系数 k 值组成动态光谱数据。ICA 结合 DTCWT 的动态光谱提取法同样是运用获取采样点之间的关系来体现吸光度，该方法获取的是与标准纯净信号间的比例系数，进而代表动态数据。

该方法的核心在于 ICA 处理部分，ICA 对实际采集过程中采集到的观测信号是有要求的，即观测信号的个数要小于源信号的个数，因此，需要构造一个参考信号来达到多维输入的要求。参考信号的要求是与源信号相关或与噪声干扰相关，基于此，本方法提出了对预处理后的 PPG 信号叠加平均计算模板信号来作为参考信号，然后分别将其与预处理后的各单一波长下的 PPG 信号作为二维输入来解决这一难题。值得注意的是，该叠加平均法并不是时域上幅值的直接叠加平均，而是对时域轴上同一个脉搏周期的不同波长下的脉搏波形进行叠加平均，因 PPG 的采样速度足够快，所以该方法可以满足相位一致性。

因需要处理大量的样本数据且 PPG 信号的采样点也较多，因此，在 ICA 的核心算法上，基于负熵的稳定性更好，本方法选用负熵作为目标函数的 FastICA 算法。

ICA 具有不确定性问题，其输出会存在幅值变化和次序不定性，针对次序不定性，可通过频谱分析来确定并快速筛选出所对应的信号是否为有用信号。针对幅值变化问题，因 PPG 信号的幅值蕴含着大量的重要信息，所以幅值恢复是不可缺少的一步。根据以往经验，采取具有自动调整性能的自适应滤波器来进行幅值恢复，算法上选择计算简单且快速的最小均方根滤波（Least Mean Square，LMS）算法。

②基于源角度的动态光谱提取方法步骤

根据上述基于源角度的动态光谱提取方法的原理，本方法提出的 ICA 结合 DTCWT 的动态光谱提取方法流程图如图 5-18 所示。

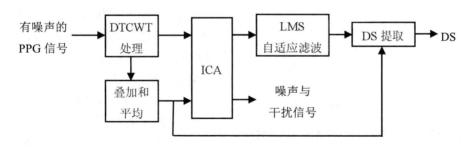

图 5-18　ICA 结合 DTCWT 的动态光谱提取法流程

由图 5-18 所示，ICA 结合 DTCWT 的动态光谱提取方法主要分为三大步骤：

第一，PPG 信号预处理。利用基于阈值分析与数学形态学的 DTCWT 去噪方法对 PPG 信号进行预处理，得到去噪后的 PPG 信号。

第二，求取模板信号进行 ICA 处理。对去噪后所有单一波长下的 PPG 信号记作 $PPGi$($i=1,2,\cdots,m$)，m 为波长数。将 $PPGi$ 进行叠加平均，求取模板信号，记为 PPG_I，PPG_I 可视作一个近似原始信号的标准纯净信号。将每一个波长下的 $PPGi$ 分别与模板信号 PPG_I 作为一个二维输入信号进行 ICA 处理，分解出每个波长下的与标准纯净信号逼近且相关的有用信号，将该有用信号视为 PPG_P。

第三，DS 值的获取。对 ICA 生成的 PPG_P 通过 LMS 自适应滤波来得到幅值信息恢复后的信号，记为 PPG_S。然后计算 PPG_S 满足最接近模板信号 PPG_I 的比例关系 k 值，将此 k 值作为动态光谱数据。动态光谱数据的计算式如下：

$$\min\left|PPG_S - kPPG_I\right| = 0 \qquad (5\text{-}43)$$

式（5-43）是整个提取方法的核心公式，将所有波长得到的 k 值排列起来，便可组成最终的动态光谱数据。对光谱采集系统采集到的样本的 PPG 信号进行基于 ICA 结合 DTCWT 的动态光谱提取，按照上述提取方法的流程依次进行处理。

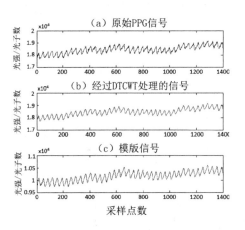

图 5-19 PPG 信号预处理结果与模板信号

首先利用基于阈值分析与数学形态学的 DTCWT 去噪方法对样本各单一波长下的 PPG 信号进行预处理，得到了去噪后的 PPG 信号。然后对去噪后的 PPG 信号进行叠加平均，得到模板信号。图 5-19 呈现的是随机抽取的某一样本在波长为 680.13nm 下的 PPG 信号的预处理结果与模板信号。

图 5-19 (a)为原 PPG 信号，图 5-19 (b)为该 PPG 信号经过基于阈值分析与数学形态学的 DTCWT 去噪方法去噪后的波形，图 5-19 (c)表示该样本不同波长下的 PPG 信号进行叠加平均后得到的模板 PPG 信号。可以看出，原始信号在预处理后去除了较为明显的噪声干扰，模板 PPG 展现了更好的脉动特征，波形更加稳定。

其次，将预处理后的单一波长下的 PPG 信号分别与模板信号作为二维输入信号进行 ICA 处理。处理结果如图 5-20 所示。

图 5-20 中各个子图所对应的横坐标为信号采样点数，纵坐标为信号幅值。图 5-20 (a)为 FastICA 的输入信号 1，即模板信号；图 5-20 (b)为 FastICA 输入信号 2，即预处理后的 PPG 信号；图 5-20 (c)表示输出的解混信号 1，得到的是 PPG 的相关信号；图 5-20 (d)表示输出的解混信号 1，为噪声干扰。FastICA 算法将有用信号与无用信号清晰地分离出来，得到了逼近原始信号特征的纯净信号。从图 5-20 (c)可以看出，ICA 的输出幅值与原 PPG 信号幅值相比发生了变化，为此，将获取的图 5-20 (c)的中信号输入自适应滤波器进行幅值信息的恢复。将幅值变化的信号作为 LMS 的输入，预处理后的 PPG 信号作为 LMS 的期望信号，LMS 自适应滤波的输出图像如图 5-21 所示。

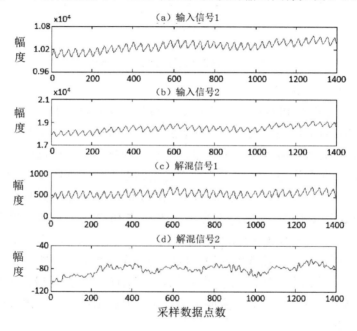

图 5-20　ICA 处理结果

图 5-21 中，上图为 LMS 的输入，即幅值变化的 PPG 信号；下图为经过 LMS 处理后的输出信号，即信号幅值恢复后的结果。两幅图明显地表明 LMS 的输出使信号幅值恢复到了与采集的原始 PPG 信号相同的量级上，为确保信息的完整性提供了有效保证。

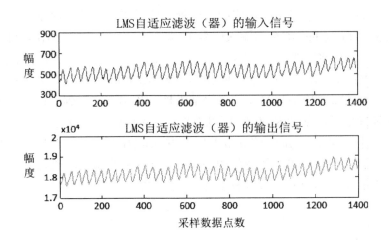

图 5-21　LMS 自适应滤波输出结果

③动态光谱的获取

将 LMS 输出的 PPG 信号与模板信号按照式（5-43）求取最佳 k 值，这些 k 值记作最终的动态光谱数据。为比较 ICA 结合 DTCWT 提取法的有效性与优势性，同时采用频域提取法、单沿提取法对同一批数据进行动态光谱提取并对比。三种提取方法提取出的动态光谱谱线对比图如图 5-22 所示。

图 5-22 展示了三种方法对同一样本 PPG 信号提取的动态光谱图。图 5-22 (a)为频域提取法提取出的动态光谱，图 5-22 (b)为单沿提取法提取出的动态光谱，图 5-22 (c)为 ICA 结合 DTCWT 提取法提取出的动态光谱。通过三者的比较，可以看出：频域提取法提取的动态光谱数据在某些波长上的提取精度不够，含有较多干扰；单沿提取法提取的动态光谱数据较为干净；ICA 结合 DTCWT 的提取方法具有更明显的优势，其提取的动态光谱数据的呈现更加平滑完整。

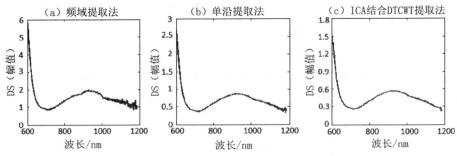

图 5-22　同一样本动态光谱谱线对比图

5.4　PPG 与 DS 的预处理及其质量评估

在测量过程中测量系统引入的系统噪声和随机噪声，如人体轻微抖动、呼吸干扰产生的基线漂移与手指抖动引起的运动伪差，若直接对采集到的光谱 PPG 信号进行动态光谱提取，部分噪声便会伴随提取过程，引入下一个环节中，因此在动态光谱提取前需要对采集到的光谱 PPG 信号进行一定的预处理。这些预处理方法包括：使用 Marr 小波对 PPG 信号进行奇异性分析和粗大误差补偿；基于 ICA 对随机噪声进行抑制；利用 Daubechies (db5) 的小波变换进行 5 尺度分解滤除信号中的运动伪差和基线漂移；基于 EMD 算法去除抖动中的低频噪声和部分高频噪声，提高 PPG 信号质量等。

为了尽量充分发挥各预处理方法的特点，后续的动态光谱提取方法应与预处理方法配套使用，当动态光谱提取方法选用时域类提取法时（如峰峰值法，单拍提取法），由于这类提取方法缺乏对高低频噪声的处理，因此，在提取前应选用小波变换、EMD 算法等预处理手段，以弥补对这类噪声的抑制能力。而选用频域类提取法时（如傅里叶提取法，滑动短时傅里叶提取法），由于这类提取方法本身相当于一个窄带滤波器，具有滤除其他频带噪声的能力，在对光谱 PPG 预处理时，应当更加关注对奇异值与随机噪声的处理，可以选用小波去除奇异值的预处理方法。在噪声抑制方面，时域类预处理方法比频域预处理方法效果差但在实时监测的系统中却能因其实时性发挥独到的作用。

5.4.1　Boxcar 平滑滤波器

Boxcar 平滑滤波思路与信号采集中的 Boxcar 积分滤波器相似，适用于对零均值噪声背景下的微弱信号波形的恢复，如荧光信号采集。Boxcar 积分滤波器是利用取样脉冲在信号上的延时取样，其特点是取样和积分同时进行，随着取样门的移动而恢复有效波形，常常通过 RC 积分电路实现样品的取样和同步积累，达到平均目的。对于可重复的待测信号，若叠加有随机噪声，经积分后，噪声幅值趋近于零，而信号更趋近于真实值。信噪比的提高与积分次数有关，是积分次数的平方根倍。Boxcar 平滑滤波是一种数字平均滤波算法，是将光谱仪中阵列检测其相邻像元采集的光谱数据做平均后替换中心像元的输出数据。如，若选择 Boxcar 滤波阶数为 5，则每一个采集器的输出数据是其与左右各 5 个检测器检测值的平均值，如式（5-22）所示。因此，滤波阶数越大，信噪比提高得越多，但如果阶数太大，会使得光谱过于平滑而损失光谱的空间分辨率，造成对光谱特征的损失。

$$\bar{x}[i] = \frac{1}{2m+1} \sum_{j=-m}^{m} \bar{x}[i+j] \tag{5-44}$$

其中，x 是原始信号，$\bar{x}$ 是 Boxcar 平滑滤波后的信号，m 是滤波阶数。$\bar{x}$ 的信噪比是 x 的 m 倍。以光谱仪采集的背景信号去噪为例，研究 Boxcar 平滑滤波器的最佳滤波阶数。图 5-23 所示为光谱背景信号进行不同阶数 Boxcar 滤波后的光谱输出结果比较。

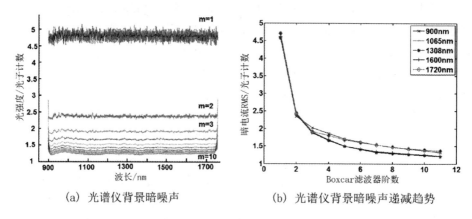

(a) 光谱仪背景暗噪声　　　　(b) 光谱仪背景暗噪声递减趋势

图 5-23　光吸收示意图

从图 5-23(a)可看出，随着 Boxcar 阶数的上升，背景噪声的均值和波动幅度均递减；图 5-23(b)反映出了一些特征波长下的背景噪声随 Boxcar 阶数上升而递减的趋势。当阶数大于 3 时，噪声衰减趋势趋于平稳。由于 Boxcar 滤波器阶数过高会使处理后的光谱过于平滑，而可能失去一些特征峰信息。选择对光谱信号做 3 阶 Boxcar 滤波比较合适，既尽可能地保留原始光谱信息，又能将信噪比提高了接近一倍。

5.4.2　巴特沃斯滤波器

巴特沃斯滤波器是由英国工程师斯替芬·巴特沃斯（Stephen Butterworth）1930 年发表在英国《无线电工程》期刊上的一篇论文中提出的，其最大特点是通频带的频率响应曲线最平滑。相比贝塞尔滤波器和切比雪夫滤波器，巴特沃兹滤波器在线性相位、衰减斜率和加载特性三方面特性较均衡，是实际应用中首选的滤波器。一阶巴特沃斯滤波器的衰减率为每倍频 6dB，每增加一阶，倍频衰减率增加 6dB。利用 MATLAB 软件工具设计巴特沃兹滤波器的主要步骤和函数如图 5-24 所示。

通常脉搏波的频率范围在 0.8～1.2 Hz，呼吸等其他低频干扰频率在 0.4 Hz 以下，本例最终设计的滤波器为 4 阶巴特沃兹带通滤波器，高通截止频率为 0.5Hz，低通截止频率为 5 Hz。

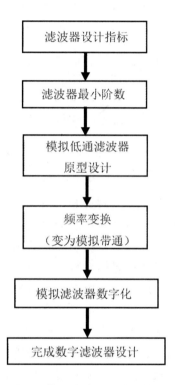

图 5-24　巴特沃兹带通滤波器设计的步骤及主要函数

5.4.3　小波变换滤波

小波变换在近红外光谱预处理上已经得到了广泛的应用。其简要变换过程是设 $\Psi(t) \in L^2(R)$ 是小波函数，$\Phi(t)$ 是对应的尺度函数，则信号 $\Psi(t) \in L^2(R)$ 的连续小波变换为：

$$WT_t(\alpha, \tau) = \frac{1}{\sqrt{\alpha}} \int f(t) \psi\left(\frac{t-\tau}{\alpha}\right) dt = f(\psi_{\alpha,\tau}) \tag{5-45}$$

其中，α 和 τ 分别是尺度参数和平移参数，对 $\Psi(t)$ 和 $\Phi(t)$ 按 $\alpha = 2^j$、$\tau = kg2^j$ 离散化，就得到了二进离散小波函数簇 $\Psi_{j,k}(t)$ 和尺度函数 $\Phi_{j,k}(t)$，它们构成希尔伯特空间的完备基。$\Psi_{j,k}(t)$ 描述 $f(t)$ 在尺度 j 下的细节特征，即信号高频特征，尺度越小，其反应频率越高；$\Phi_{j,k}(t)$ 描述 $f(t)$ 大于等于尺度 j 范围内的轮廓特征，即信号低频特征。这样就可以用 $\Psi_{j,k}(t)$ 和 $\Phi_{j,k}(t)$ 按照尺度来分割原始信号，即完成对原始信号的小波展开：

$$
\begin{aligned}
f(t) &= \sum_{k \in z} f\left(\Phi_{j,k}(t)\right)\Phi_{j,k}(t) + \sum_{j=1}^{j} \sum_{k \in z} f\left(\psi_{j,k}(t)\right)\psi_{j,k}(t) \\
&= \sum_{k \in z} c_{j,k}\Phi_{j,k}(t) + \sum_{j=1}^{j} \sum_{k \in z} d_{j,k}\psi_{j,k}(t)
\end{aligned}
\tag{5-46}
$$

式（5-46）又叫重构公式，其中 j 为任意设定的最大分解尺度，$c_{j,k}$ 代表低频信号的近似系数，$d_{j,k}$ 代表高频分量的细节系数。

S.Mallat 在 1988 年提出的多尺度分析（Multi-Resolution Analysis），也称多分辨率分析，是 Shannon 小波基方法的抽象与推广。利用对小波变换的多层分解可将对数脉搏波信号分解为多级小波系数来表达不同尺度信息。通过剔除与噪声和干扰相关的表达信息的系数后在不同尺度下重构相应频率的信号，可以保留信号中的有用成分，从而提高信号的信噪比。而且，不同的尺度的小波系数具有不同的频率范围，多分辨率分析可以区分源自呼吸的基线漂移和源自心脏搏动的脉搏周期性变化。本研究选择合适的小波将各波长下的时域对数光电脉搏波信号进行多尺度分解，分析分解得到的近似系数和细节系数，将变换后得到的低频尺度（如基线漂移）和高频尺度（高频噪声）的小波系数去除，重构得到稳定且消除高频噪声的对数光电脉搏波数据。

5.4.4 经验模态分解滤波

EMD 由 Huang 1998 年提出并在 1999 年针对此算法存在的不足进行了改进，是一种基于数据本身特性的分析方法，不需要被处理信号的先验知识，对外界依赖性小，具有对信号的局部自适应性。它可以客观地处理非线性问题，已在许多领域得到广泛应用，很适于处理具有非平稳性质的生物医学信号。EMD 方法可将非平稳时间序列平稳化，得到一组不同频率的本征模态分量(Intrinsic Mode Function，IMF)和一个趋势项（RES）。经 EMD 分解得到的各 IMF 分量都是平稳的，能够反映真实的物理过程。EMD 分解基本思路为，假设信号是由若干本征模态分量 IMF 组成，每个信号都可以包含多个 IMF，且 IMF 信号要满足以下两个条件：整个数据中，零点数与极点数一致或至多相差一个；信号上任意一点关于时间轴局部对称，即由局部极大值点确定的包络线和由局部极小值点确定的包络线的均值均为 0。

对任意信号 s，首先确定 s 的所有极大值点和极小值点，然后用两条曲线分别将所有极大值点和所有极小值点连接起来，使两条曲线间包含所有的信号数据，则这两条曲线为信号 s 的上、下包络线。将上、下包络线的平均值记为 m，s 与 m 的差记为 h，则

$$s - m = h \qquad (5\text{-}47)$$

将 h 视为新的信号 s，重复以上操作，直到当 h 变化足够小或满足其他一定的条件时，记

$$C_1 = h \qquad (5\text{-}48)$$

将 C_1 视为第一个 IMF，再作

$$s - C_1 = r \qquad (5\text{-}49)$$

将 r 视为新的信号 s，重复以上过程，依次得第二个 $IMF C_2$，第三个 $IMF C_3$，…，第 n 个 IMF C_n。当分解出的 IMF 或残余函数 r 小于一定阈值，或残余函数 r 成为单调函数时，即满足终止条件，则分解过程终止，得分解式：

$$x(t) = \sum_{i=1}^{n} C_i + r \qquad (5\text{-}50)$$

其中，残余函数 r 代表信号的平均趋势。根据信号的先验知识，如有用信号的频率范围，可以从 IMF 中找到反映噪声的本征模态分量和有用信号的本征模态分量。通过公式（5-50）可以重组出滤除干扰和噪声的信号。

5.4.5　3 种动态光谱数据预处理方法的对比

临床采集中，数据的质量有一定的随机性，本研究选取临床采集中一个典型光谱数据，运用巴特沃兹带通滤波器、小波变换滤波和经验模态分解滤波算法分别对本样本进行滤波处理，从动态光谱数据质量的角度比较这三种

滤波算法的效果。

图 5-25 所示为一例临床数据样本在 800nm 波长处的光电对数脉搏波和 DFT 的频域图。

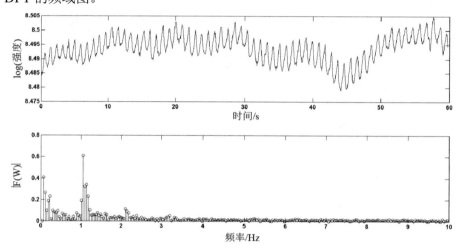

图 5-25 临床样本对数脉搏波数据及 DFT 变换结果

可见，原始数据的光电脉搏波时域波形基线跳变明显，且存在较强的噪声干扰；对数脉搏波 DFT 变换后低频区能量较强，接近对数脉搏波频率区域的能量，个别波长下脉搏波的基频能量不突出。利用动态光谱频域提取法提取动态光谱，并以有效波长数评估其数据质量，结果如图 5-26 所示。

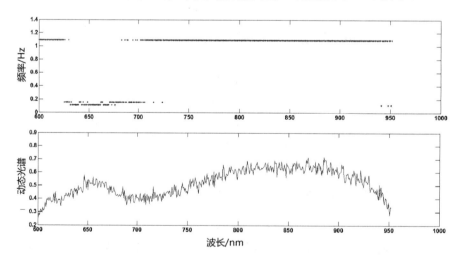

图 5-26 样本数据有效波长分布和动态光谱数据由处理结果

　　由处理结果可见，在 630～700nm 区域内，频域提取法无法判断对数脉搏波准确频率，从而无法提取正确的对数脉搏波幅值强度，导致动态光谱数据在此波段存在较大误差。

　　运用小波变化进行滤波处理时，选择 Daubechies（db5）小波将各波长时域吸光度信号进行 5 尺度分解，如图 5-27 所示。

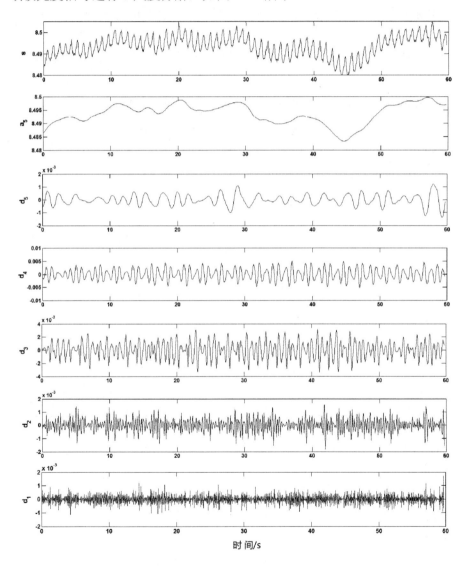

图 5-27　对数脉搏波信号 db5 小波分解结果

其中，s 为原始数据，a_5 为低频尺度，显示的是被测者在测试时间段内由于生理活动造成光谱基线变化，其中既存在由呼吸等生理活动引起的周期性基线漂移，也包含着由手指抖动等引起的非周期阶跃干扰。$d_1 \sim d_5$ 为高频尺度。d_1 主要是高频噪声干扰。将变换后得到的低频尺度 a_5 和高频尺度 d_1 的小波系数去除，即可重构得到稳定和消除高频噪声的对数脉搏波信号。

EMD 分解如图 5-28 所示，原始信号自适应分解成为 6 个 IMF 分量和 RES 之和，IMF 从全局特征上看，极值点数必须和过零点数一致或至多相差一个，并且任意时刻，其极大值包络线和极小值包络线的均值必须是零。

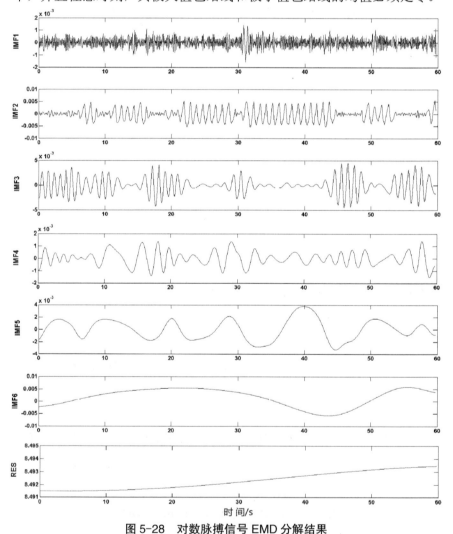

图 5-28　对数脉搏信号 EMD 分解结果

　　经巴特沃斯带通滤波器、小波变换和经验模态分解滤波后的对数脉搏波数据如图 5-29 所示。

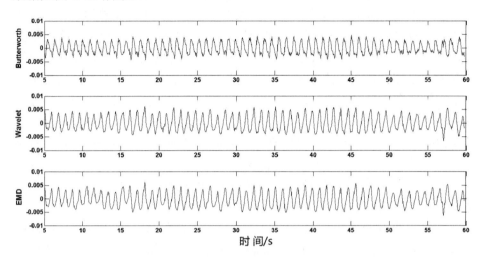

（a）预处理后时域波形

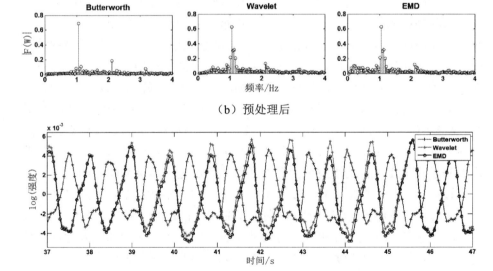

（b）预处理后

（c）预处理后时域波形细节对比

图 5-29　数据处理结果比较

　　从图 5-29（c）细节对比图上可以看出，巴特沃兹带通滤波使信号相位延迟，并且信号强度明显小于小波变化和 EMD 滤波后的信号强度。EMD 和小波变换对信号滤波效果相似，但 EMD 滤波后的信号幅值略小于小波变换滤波处理的信号。对数光电脉搏波交流信号很微弱，幅值的衰减无疑使得信号的信噪比大幅度降低；同时对于动态光谱检测理论，幅值反映的正是血液成分浓度的吸光度，幅值的变化会影响建模预测的准确性。从 FFT 变换结果上看，高通滤波器将信号滤除得过于"干净"，结合时域图像也可发现其处理结果对原信号改变较大，信号无法保真。小波变换滤波和 EMD 滤波过程是基于信号特征和物理意义进行的，滤波后的对数脉搏波信号仍是由多种相近频率的信号组合而成，因此滤波后信号中仍保留了原脉搏波信号的细节特征，但 EMD 滤波后的信号低频区仍有较多能量，这种不规则的基线漂移会对频域提取的动态光谱信号准确度带来影响。

运用动态光谱频域提取法对预处理后的对数脉搏波提取动态光谱，并评估其有效波长数，如图 5-30 所示。

可见，小波变换和高通滤波均使得动态光谱信号在全波段上平稳，但 EMD 分解在个别波长点上仍无法准确提取有效对数脉搏波信号，且提取出的动态光谱信号波动性较大。

利用巴特沃兹带通滤波器、小波变换和经验模态分解均可以消除基线波动和去除高频噪声，降低了对采集过程中被测者控制身体的要求，并可以提高动态光谱的有效波长数和数据质量，提高动态光谱临床采集系统的鲁棒性。比较三种方法后可以看出，巴特沃斯高通滤波只能机械地去除漂移，而不能保证原始信号的真实性，小波变换和 EMD 分解可以保留原始数据的物理意义并去除信号基线波动和高频噪声。但当噪声同信号在 IMF 分量中频率交叉时，EMD 算法会将信号和噪声一起滤除，因此 EMD 在分解过程中对信号的衰减程度大于小波变换，且消除基线漂移能力不如小波变换算法。近些年提出的基于阈值 EMD 的小波变换等方法可以帮助进一步区分噪声和信号，但计算过程过于复杂烦琐，且需要大量的人工参与，不适用于临床采集系统的使用。同时，EMD 分解和小波变换不同，EMD 不受到先验基底函数的影响，自适应得到各 IMF 分量。重建信号时要根据分解结果和先验知识人为选取最合适 IMF，这一点也使其不适于设计在动态光谱临床采集系统中。

综合实验结果和分析因素，在动态光谱技术中运用小波变换对脉搏数据进行预处理结果相对较好，可以去除各波长时域对数光电脉搏波中的高频随机噪声和生理运动等引起的基线波动，提高动态数据质量，从而会提高无创血液成分检测的准确度和鲁棒性。

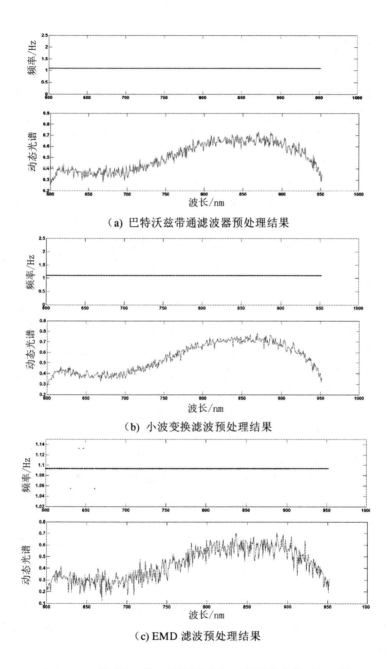

（a）巴特沃兹带通滤波器预处理结果

（b）小波变换滤波预处理结果

（c）EMD 滤波预处理结果

图 5-30　预处理后提取的动态光谱数据及其有效波长比较

5.4.6 光谱 PPG 的奇异值剔除

（1）引言

在采用动态光谱无创血液成分检测方法预测血液成分技术中，需要结合化学分析方法，通常需要将光谱进行归一化和中心化处理，即光谱中各谱线幅值同时乘以一个常数，对该方法没有影响。而各波长光谱幅值的相对变化则预示着某些被测成分的改变。由于光电容积脉搏波的基线存在着不可避免的漂移现象，无法保证每个波长下不同时段脉搏波基波幅值的稳定。但如果不同波长的检测环节具有很好的匹配程度，则在被测样本成分相对稳定的前提下，可实现同一时段内检测的不同波长下光电容积脉搏波基波分量相对比值的稳定，即实现归一化光谱的稳定检测，因此在动态光谱检测技术中，不仅对光电容积脉搏波的检测精度要求很高，而且对不同波长下脉搏波检测的匹配程度也有很高的要求。

在研究者的前期工作中，光电容积脉搏波检测的奇异值剔除方法多是基于对单一波长下脉搏波幅值突变的识别和剔除。这种突变的成因多为被测个体姿态改变、情绪变化等，与血液成分信息无关。且虽然脉搏波绝对幅值发生较大改变，但归一化后各波长间的相对幅值，即归一化光谱幅值未发生显著变化，对于动态光谱检测而言不能据此确定为奇异值。

因此，动态光谱检测中的奇异值判别应该基于光谱信息进行。由于静卧人体指端血液成分的改变均为缓变过程，所以归一化脉搏波单周期幅值突变与血液成分浓度无关。而这种突变却会在很大程度上影响检测结果。这种现象多源自硬件因素引起的单波长信号变异（如温度漂移、饱和、截止等），应该视为奇异值。因此，在对光谱信号进行归一化处理后，应进一步判定光谱信号的有效性。

在提取每个心动周期内各波长下光电容积脉搏波的基波信号组成动态光谱后，按照每个波长下的最大值进行归一化处理，即令 $g = \dfrac{\ln(I)}{\ln(I_{max})}$。

为客观评价光谱信号的有效性，引入标准差判别指标以表达各通道的匹配程度和光谱信号的稳定性。在进行光谱信息归一化后，将标准差过大的点视为奇异值。

$$S = \sqrt{\dfrac{\sum\limits_{i=1}^{n}\left(g_i - \overline{g}\right)^2}{n}} \qquad\qquad (5\text{-}51)$$

（2）实验

图 5-31 为实测多路光电容积脉搏波信号，在 A 时段中幅值最大的脉搏波有局部饱和现象，其他时段内的信号均为较完整脉搏信号。由于信号在该时段基线相对平稳，采用常规的脉搏波稳定区间判别技术，会被识别为稳定信号区段。但由于该区段内信号存在饱和失真，应视为无效信号。

截取每个心动周期数据长度提取其基波幅值如图 5-32。对比其中 A 段信号和 B 段信号，按照传统的阈值稳定性判别方法，A 时段内信号基线和脉动幅值均相对稳定，信号更佳。对比 A 时段中第 20 个脉搏的基波分量与 B 时段第 28 个脉搏的基波分量的脉搏波基波幅值及其归一化结果，都在同一水平，甚至图 5-32 中第 28 个脉搏的基波分量较 A 时段更偏离均值。按照单一波长脉搏波奇异幅值剔除方法，第 28 个脉搏的基波分量是首先应该剔除的点。

将图 5-32 中信号按照每条曲线的最大值进行归一化处理，结果如图 5-33 所示。

考察图 5-33 和图 5-34，虽然第 28 个脉搏的基波分量绝对幅值在整个时段内的偏离度最大，但各波长下的归一化幅值相对比值十分接近，标准差也在较低的水平，表明该点的归一化光谱并没有太大变化，应该视为有效检测点。而 A 时段虽然时域信号相对平稳，但各点标准差较大，应视为奇异点予以剔除。对比以上奇异值识别过程，以及在归一化后的标准差判别方法，有效剔除了单波长变异引起的奇异值，有效保障了动态光谱的检测精度。

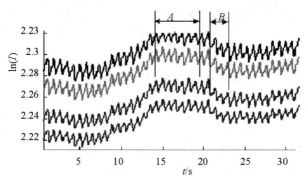

图 5-31　含有单波长形变的多路光电容积脉搏波

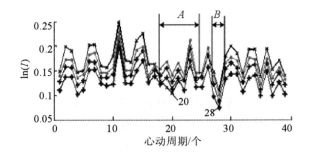

图 5-32   脉搏波基波幅值

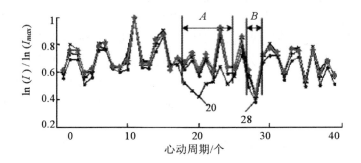

图 5-33   归一化脉搏波基波幅值

计算每个心动周期内各波长脉搏波基波幅值标准差如图 5-34 所示。

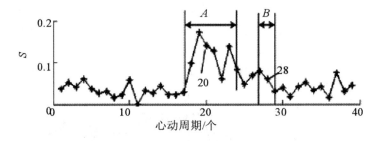

图 5-34   脉搏波基波幅值标准差

（3）小结

根据动态光谱检测原理，针对单波长脉搏波形变导致的奇异值，提出了基于归一化的标准差判别方法，有效解决了动态光谱有效信号的判别问题。故动态光谱检测中信号截取应该遵循以下步骤：

①根据单波长脉搏波的基线稳定性和幅值稳定性截取信号稳定区间。

②采用快速傅里叶算法提取稳定区间内各心动周期脉搏信号的基波分量。

③对每个波长下的基波信号进行归一化处理。

④计算每个心动周期内各波长下归一化基波幅值的标准差。

⑤剔除其中标准差过大的采样点。该算法若结合均值滤波等其他信号处理方法，可进一步提高动态光谱的检测精度。

5.5 DS 建模分析

建模分析是建立测量光谱信号与待测组分含量之间的校正模型，是光谱测量分析中的核心部分。由于光谱数据通常呈现光谱重叠、信号微弱等特点，因此需要数据建模才能从大量复杂的光谱数据中提取出有用的定性、定量信息。在血红蛋白的检测中，光源主要为光谱仪，波长数较多，偏最小二乘法非常适合这种因变量多个、自变量多个的系统，在早期的无创血红蛋白建模时，研究团队主要使用的偏最小二乘法进行建模预测。但随着对动态光谱研究的深入和对血液成分检测精度的不断提高，研究团队认为人的散射带来的非线性影响不可忽视，而 PLS 是一种线性建模方法，为了降低这种非线性带来的影响，先后采用了反向神经网络建模、极限学习机（ELM）等非线性建模方法进行建模。实际测量中，目标组分的变化、皮肤的差异性、各种组织光学参数的差异性，往往引入了非线性影响。很多建模方法是基于线性变化这一假设的基础上建立光谱与目标组分之间的模型，而系统与测量过程中各种参数的变化使得这种线性变化的假设难以成立，因而很难获得稳健的模型。非线性建模方法如人工神经网络及支持向量机表现出更优越的性能，能够有效地降低非线性的影响，解决模型的稳健性等问题，为其他在体成分检测如何建立定标模型提供了很好的借鉴。此外，在实际应用上，合理的光谱预处理方法与建模方法相结合，能够进一步提高模型的性能。

除了直接应用动态光谱数据进行建模，在"M+N"理论中的第三个策略中提到，测量中的干扰信号 N 因素，加以利用可以使 M 因素得到更高的精度，还研究了血流灌注指数 PI 与血红蛋白测量精度之间的关系，其中灌注指数作为检测中的 N 因素，对动态光谱的无创血液成分测量的精度有影响。

随着对预测精度要求的提升，非线性的影响不可忽视，与传统的直接使用动态光谱数据进行线性或非线性建模相比，引入 N 因素参与建模更能抑制这种非线性的影响，将在未来的无创血液成分检测中发挥重要作用。

请注意一个众所周知的事实：建模是最"公平"、最"民主"的"选举"过程，每一个样本对模型有同等的"作用""贡献"——对这一点的深刻理解，才可能得到一个好的模型。

5.5.1 建模与逼近函数

所谓"建模"，就是利用足够多、分布足够宽（覆盖"M+N"的分布范围）的样本，寻找被测目标与测量数据之间的数学关系。在本章，我们只考虑被测血液成分与动态光谱数据之间的数学关系，这种数学关系经常被称为逼近函数或拟合函数。

在满足朗伯-比尔定律的 4 个前提条件时，朗伯-比尔定律表达了光吸收程度和吸收介质厚度、吸光物质浓度之间的"线性关系"。这是动态光谱常常采用线性建模（最小二乘法）的理论依据。

然而，实际的测量很难确保朗伯-比尔定律的 4 个前提条件，使得光吸收程度和吸收介质厚度、吸光物质浓度之间呈现"非线性关系"，但可以断定这种非线性是一种"单调"的非线性，因此，考虑这种关系时，建模不能采用"多值函数"作为"拟合函数"，否则，很容易把数据中的"随机误差"计算在内，即出现"过拟合"现象，其表现为建模（校正）集的相关系数和均方误差明显，甚至大幅度优于预测集。

对于多成分的吸收介质的非线性，需要考虑多元函数在某个领域展开（逼近）的问题，解决这类问题的前提是在某个"领域"有足够多的样本"覆盖"。

（1）从数据拟合说起

在大学的"数学分析""微积分"或者"数值分析"课程中，大家都已学习并熟悉数据拟合问题及求解拟合问题的最小二乘法。

①数据拟合问题

在科学技术的各领域中，我们所研究的事件一般都是有规律（因果关系）的，即自变量集合 X 与应变量集合 Y 之间存在的对应关系通常用映射来描述 $f: X \rightarrow Y$（特殊情况：实数集合 R^1 到实数集合 R^1 之间的映射称为函数）。这样能根据映射（函数）规律作出预测并用于实际应用。

有些函数关系可由理论分析推导得出，不仅为进一步的分析研究工作提供理论基础，也可以方便地解决实际工程问题。比如，适合于宏观低速物体的牛顿第二运动定律 $F = ma$ 就是在实际观察和归纳中得出的普适性力学定律。

但是，很多工程问题难以直接推导出变量之间的函数表达式；或者即使能得出表达式，公式也十分复杂，不利于进一步分析与计算。这时可以通过诸如采样、实验等方法获得若干离散的数据（称为样本数据点），然后根据这些数据，希望能得到这些变量之间的函数关系，这个过程称为数据拟合（Data fitting），在数理统计中也称为回归分析（Regression analysis）。

这里需要指出，在实际应用中，还有一类问题是输出的结果 Y 是离散型的（比如识别图片里是人、猫、狗等标签的一种），此时问题为分类（Classification）。

②数据拟合类型

我们先考虑最简单的情形，即实数到实数的一元函数 $f: R^1 \to R^1$。假设通过实验获得了 m 个样本点(x_i, y_i), $i = 1, 2, \cdots, m$。我们希望求得反映这些样本点规律的一个函数关系 $y = f(x)$，如图 5-35 所示。

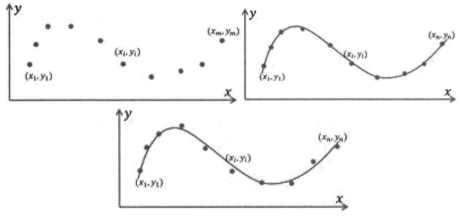

图 5-35　数据拟合

注：左为输入的样本点；中为插值函数；右为逼近函数。

如果要求函数严格通过每个样本点，即

$$y_i = f(x_i), \quad i = 1, 2, \cdots, m \tag{5-52}$$

则求解函数的问题为插值问题（Interpolation）。

一般地，由于实验数据带有观测误差，因此在大部分情况下，我们只要求函数反映这些样本点的趋势，即函数靠近样本点且误差在某种度量意义下最小，称为逼近问题（Approximation）。若记在某点的误差为

$$\delta_i = y_i - f(x_i), \quad i = 1, 2, \cdots, m \tag{5-53}$$

且记误差向量为 $\delta = [\delta_1, \cdots, \delta_m]^T$。逼近问题就是要求向量 δ 的某种范数

$\|\delta\|$ 最小。一般采用欧氏范数（L_2 范数）作为误差度量的标准（比较容易计算），即求如下极小化问题：

$$\min_f \|\delta\|_2 = \sum_{i=1}^{m} \|\delta\|_2^2 \qquad (5\text{-}54)$$

无论是插值问题还是逼近问题，一个首要的问题就是函数 f 的类型的选择和表示问题，这是函数逼近论中的一个比较"纠结"的问题。

（2）函数逼近论简介

函数的表示是函数逼近论中的基本问题。在数学的理论研究和实际应用中经常遇到下类问题：在选定的一类函数中寻找某个函数 f，使它与已知函数 g（或观测数据）在一定意义下为最佳近似表示，并求出用 f 近似表示 g 产生的误差。这就是函数逼近问题。f 称为逼近函数或拟合函数。

在函数逼近问题中，逼近函数 f 的函数类可以有不同的选择；即使函数类选定了，在该类函数中确定 f 的方式仍然是各式各样的；f 对 g 的近似程度（误差）也可以有各种不同的定义。我们分别对这些问题进行理解和讨论。

①逼近函数类

在实际问题中，首先要确定函数 f 的具体形式。这不单纯是数学问题，还与所研究问题的运动规律及观测数据有关，也与用户的经验有关。一般地，我们在某个较简单的函数类中去寻找我们所需要的函数 f。这种函数类叫作逼近函数类。

逼近函数类可以有多种选择，一般可以在不同的函数空间（比如由一些基函数通过线性组合所张成的函数空间）中进行选择。如下是一些常用的函数类。

● 多项式函数类

n 次代数多项式，即由次数不大于 n 的幂基 $\{x^k, k = 0,1,\cdots,n\}$ 的线性组合的多项式函数：

$$f(x) = \sum_{k=0}^{n} w_k x^k \qquad (5\text{-}55)$$

其中，$\{w_k, k = 0,1,...,n\}$ 为实系数。

更常用的是由 n 次 Bernstein 基函数来表达的多项式形式（称为 Bernstein 多项式或 Bezier 多项式）：

$$f(x) = \sum_{k=0}^{n} w_k B_k(x) \qquad (5\text{-}56)$$

其中，Bernstein 基函数 $B_k(x) = \binom{n}{k}(1-x)^{n-k}x^k, \quad k = 0,1,\cdots,n$。

- 三角多项式类

n 阶三角多项式，即由阶数不大于 n 的三角函数基的线性组合的三角函数：

$$f(x) = a_0 + \sum_{k=1}^{n}(a_k \cos kx + b_k \sin kx) \tag{5-57}$$

其中，$\{a_k, b_k, k = 0,1,...,n\}$ 为实系数。

这些是常用的逼近函数类。在逼近论中，还有许多其他形式的逼近函数类，比如由代数多项式的比构成的有理分式集（有理逼近）；按照一定条件定义的样条函数集（样条逼近）；径向基函数（RBF 逼近）；由正交函数系的线性组合构成的（维数固定的）函数集等。

②万能逼近定理

在函数逼近论中，如果一组函数成为一组"基"函数，需要满足一些比较好的性质，比如光滑性、线性无关性、权性（所有基函数和为 1）、局部支集、完备性、正性、凸性等。其中，"完备性"是指该组函数的线性组合是否能够以任意的误差和精度来逼近给定的函数（即万能逼近性质）。

对于多项式函数类，我们有以下的"万能逼近定理"。

Weierstrass 逼近定理：对[a,b]上的任意连续函数 g，及任意给定的 $\varepsilon > 0$，必存在 n 次代数多项式 $f(x) = \sum_{k=0}^{n} w_k x^k$，使得

$$\min_{x \in [a,b]}|f(x) - g(x)| < \varepsilon \tag{5-58}$$

Weierstrass 逼近定理表明，只要次数 n 足够高，n 次多项式就能以任何精度逼近给定的函数。具体的构造方法有 Bernstein 多项式或 Chebyshev 多项式等，这里不详细展开。

类似地，由 Fourier 分析理论（或 Weierstrass 第二逼近定理），只要阶数 n 足够高，n 阶三角函数就能以任何精度逼近给定的周期函数。这些理论表明，多项式函数类和三角函数类在函数空间是"稠密"的，这就保障了用这些函数类作为逼近函数是"合理"的。

③逼近函数类选择的"纠结"

在一个逼近问题中选择什么样的函数类作逼近函数类，这要取决于被逼

近函数本身的特点，也和逼近问题的条件、要求等因素有关。

在实际应用中，其实存在着两个非常"纠结"的问题。

● 选择什么样的逼近函数类？一般地，需要用户对被逼近对象或样本数据有一些"先验知识"来决定选择具体的逼近函数类。比如，如果被逼近的函数具有周期性，将三角函数作为逼近函数是个合理的选择；如果被逼近的函数具有奇点，将有理函数作为逼近函数更为合理，等等。

● 即使确定了逼近函数类，选择多高的次数或阶数？比如，如果选择了多项式函数类，根据 Lagrange 插值定理，一定能找到一个 $n-1$ 次多项式来插值给定的 n 个样本点。但如果 n 较大，则这样得到的高次多项式很容易造成"过拟合"（Overfitting）。而如果选择的 n 过小，则得到的多项式容易造成"欠拟合"（Underfitting）。如图 5-36 所示。过拟合或欠拟合函数在实际应用中是没有用的，因为它们的预测能力非常差！

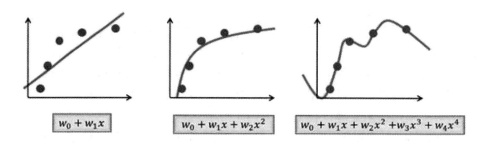

$$w_0 + w_1 x \qquad w_0 + w_1 x + w_2 x^2 \qquad w_0 + w_1 x + w_2 x^2 + w_3 x^3 + w_4 x^4$$

图 5-36　用不同次数的多项式拟合样本点（蓝色点）

注：左为欠拟合；中为合适的拟合；右为过拟合。

这里有个概念需要提及一下。一个逼近函数"表达能力"体现在该函数的未知参数（即式（5-52）到式（5-54）中的系数）与样本点个数的差，也称为"自由度"。如果逼近函数的未知参数越多，则表达能力越强。然而，在实际的拟合问题中，逼近函数的拟合能力并非越强越好。因为如果只关注样本点处的拟合误差的话，非常强的表达能力会使得样本点之外的函数值远远偏离期望的目标，反而降低拟合函数的预测性能，产生过拟合，如图 5-36（右）所示。

人们发展出各种方法来减缓（不能完全避免）过拟合。比如，剔除样本点中的噪声（数据去噪）、增加样本点数据量（数据增广）、简化预测模型、获取额外数据进行交叉验证或对目标函数进行适当的正则化等。在此不详细叙述。

在实际应用中，如何选择拟合函数的数学模型（合适的逼近函数类及其阶数），并不是一开始就能选好，往往须通过分析确定若干模型后，再经过实际计算、比较和调整才能选到较好的模型。需要不断试验和调试（称为"调参"过程），是个需要丰富经验的"技术活"。

④最小二乘法（Least Squares Method）

假设通过分析已经确定了逼近函数类及其次数 n。记基函数（一般线性无关）为 $\{\varphi_1(x), \varphi_2(x), \cdots, \varphi_n(x)\}$。记 $\Phi = \mathrm{span}\{\varphi_1(x), \varphi_2(x), \cdots, \varphi_n(x)\}$ 为这些基函数所组成的线性空间（函数空间）。则逼近函数 f 可记为

$$f(x) = \sum_{k=1}^{n} w_k \varphi_k(x) \tag{5-59}$$

其中，$\{w_k, k=1, 2, \ldots, n\}$ 为待定权系数。

关于最小二乘法的一般提法是：对给定的一组样本点数据 $(x_i, y_i), i=1, 2, \cdots, n$，要求在函数类 Φ 中找一个函数 f，使误差的 L_2 模的平方 δ_2^2，即式（5-54），达到最小。

对于分析极小化误差［式（5-54）］，可得关于系数向量 $W=[w_1, \cdots, w_n]^T$ 的法方程

$$X^T X W = X^T Y \tag{5-60}$$

从而可求得

$$W = \left(X^T X\right)^{-1} X^T Y \tag{5-61}$$

由于法方程是一个线性方程组，因此基于最小二乘法的函数求解也称为线性回归。

另外，可在误差项中加个权，表示不同点处的数据比重不同，此时称为加权最小二乘方法（Weighted least squares, WLS）。另外，还有移动最小二乘法（Moving least squares, MLS）等其他最小二乘法的改进方法。此处不详细叙述。

（3）稀疏表达和稀疏学习

在实际应用中，上一小节中所述的两个"纠结"问题时有发生。人们发展出不同的方法来尝试解决。

①岭回归（Ridge Regression）

当数据量较少的情况下，最小二乘法（线性回归）容易出现过拟合的现

象，法方程的系数矩阵 $X^T X$ 会出现奇异（非满秩），此时回归系数会变得很大，无法求解。

这时在最小二乘法的结果 [式（5-58）] 中加一个小扰动 I，使原先无法求广义逆的情况变成可以求出其广义逆，使得问题稳定并得以求解，即

$$W = \left(X^T X + I\right)^{-1} X^T Y \qquad (5\text{-}62)$$

事实上，这个解对应于如下极小化问题的解：

$$\min_f \sum_{k=1}^n \left\| y_i - f\left(x_i\right) \right\|_2^2 + \lambda \|W\|_2^2 \qquad (5\text{-}63)$$

其中，$\|W\|_2^2 = \sum_{k=1}^n w_k^2$，参数 λ 称为正则化参数（岭参数）。上述回归模型称为岭回归，其与最小二乘法的区别在于多了关于参数 W 的 L_2 范数正则项。这一项是对 W 的各个元素的总体的平衡程度，即限制这些权稀疏的方差不能太大。

实际应用中，如果岭参数 λ 选取过大，会把所有系数 W 最小化（趋向于 0），造成欠拟合；如果岭参数 λ 选取过小，会导致对过拟合问题解决不当。因此岭参数 λ 的选取也是一个技术活，需要不断调参。对于某些情形，也可以通过分析选择一个最佳的岭参数 λ 来保证回归的效果。

②Lasso 回归（Least Absolute Shrinkage and Selection Operator）

Lasso 回归的极小化问题为：

$$\min_f \sum_{k=1}^n \left\| y_i - f\left(x_i\right) \right\| + \lambda \|W\|_1 \qquad (5\text{-}64)$$

其中，$\|W\|_1 = \sum_{k=1}^n |w_k|$，正则项为 L_1 范数正则项。Lasso 回归能够使得系数向量 W 的一些元素变为 0（稀疏），因此得到的拟合函数为部分基函数的线性组合。

③稀疏表达与稀疏学习

根据 Lasso 回归的分析，我们可通过对回归变量施加 L_0 范数 W_0（L_0 范数为元素中非 0 元素的个数，在很多时候可以用 L_1 范数近似）的正则项，以达到对回归变量进行稀疏化，即大部分回归变量为 0（少数回归变量非 0）。这种优化被称为稀疏优化。也就是说，对回归变量施加 L_1 范数能够"自动"对基函数进行选择，值为 0 的系数所对应的基函数对最后的逼近无贡献。这

些非 0 的基函数反映了样本点集合的"特征",因此也称为特征选择。

通过这种方法,为了保证防止丢失一些基函数(特征),往往可以多选取一些基函数(甚至可以是线性相关的),使得基函数的个数比输入向量的维数还要大,称为"超完备"基(Over-complete basis)或过冗余基,在稀疏学习中亦称为"字典"。然后通过对基函数的系数进行稀疏优化,选择出合适(非0 系数)的基函数的组合来表达逼近函数 f。

这在一定程度上克服了上一小节中所提出的两个"纠结"的问题。因为,这时可以选取较多的基函数及较高的次数,通过稀疏优化来选择("学习")合适的基元函数,也称为稀疏学习。另外,基函数(字典)和稀疏系数也可以同时通过优化学习得到,称为字典学习。

对于矩阵形式(比如多元函数或图像),矩阵的稀疏表现为矩阵的低秩(近似为核模很小),则对应着矩阵低秩求解问题。

5.5.2　建模集与预测集划分

既然是基于朗伯-比尔定律的光谱化学定量分析,被测溶液成分与光谱之间的"主流"关系必定是线性的。散射现象的存在,导致消光(吸收)光强或多或少与成分含量之间呈非线性关系,这种非线性关系只能是单调增或单调减的关系,绝对不可以成为"多值"关系,否则,严重违背了应用朗伯-比尔定律的 4 个前提条件,也就无法进行分析。

虽然上面的叙述简单明了,但却是对建模集与预测集划分以至建模方法(近似函数)选择的指导原则。比如,所谓"随机划分"建模集与预测集不会得到最好的结果,仅仅在样本足够大时,才有可能接近按照"浓度"排列后抽取建模集与预测集的结果。

通常认为"建模(包括深度学习等)"是一个"概率"的问题,可能包含两个含义:

● 样本数量是一个概率问题。样本是否覆盖所有影响光谱的"因素"及其范围。

● 随机噪声也是"概率",随机噪声主要决定了建模集和预测集的均方误差。换一个角度,信号(代表了光谱与成分含量的理想关系)与随机噪声的比值 SNR,决定了模型的精度和稳健性。

值得注意的是:建模集的样本数多,更容易得到反映被测成分与光谱之间的关系;预测集样本数"足够"多,可以更好地反映"模型"的"稳健性",以及是否出现过拟合。

总而言之，样本数量越多越好！

（1）按比例抽取的方法

这是一种最直观、最简单的划分方法：将所有样本按被测成分的含量高低排序，按照一定的比例抽取建模集和预测集。

通常做法：每隔数个样本抽取一个样本作为"预测集"。

可能存在的问题：

①样本绝对数量不够时（这是任何一个建模分析中的最重要问题之一）；

②数据质量（信噪比）较低时（这也是任何一个建模分析中重要问题之一）；

③影响因素较多时（参见本书第 2 章）；

④溶液中被测成分含量明显少于若干种其他成分。

以上问题对新手很重要：他们无意中认为有数据就可以建模分析，把注意力完全放在建模方法上。

（2）按生化值抽取

为研究被测成分本身的浓度分布范围对建模结果造成的影响，提出按生化值排列，等间隔浓度抽取法划分校正集和预测集。校正集样本选择方法如下：

①将所有样本（77 个）按目标成分的浓度从小到大排序。设定校正集与预测集的样本数比例为 6:1。以每 7 个样本为一个区间，共划分出 11 个区间。

②每个区间按固定的距离选择 1 个样本作为预测集。即预测集样本 11 个，校正集样本 66 个。

这样可以尽量保证每个浓度范围内的样本数相同，同时可以确保校正集的样本浓度覆盖预测集样本浓度。按被测物质浓度分布选择校正集样本的方法如图 5-37 所示。

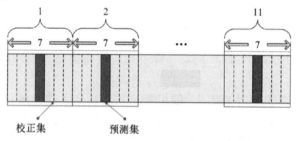

图 5-37　等间隔浓度法选取校正集和预测集的示意图

（3）两端按比例抽取的方法

与按比例抽取的方法类似，但只在含量高、低两端按一定的比例划分建模集和预测集。这样做的理由是：既然"被测溶液成分与光谱之间的'主流'关系是线性的"，那么，决定这根"线"的走线基本上取决于"线"的两端。

该方法有两个前提条件：

①被测成分含量最大，或在吸收光谱中占主导位置。

②其他成分的吸收光谱虽然占据相当大的部分，但含量变化很小。

在血液成分的光谱定量分析中，血红蛋白按照这种方式能够取得不错的效果。

同样，"按比例抽取的方法"中提到的问题同样要注意避免。

（4）多生化值分布

多组分空间距离的校正集样本选择（Sample selection method of calibration set based on multi-component spatial distance, SSM-MCSD）算法，区别于仅考虑待测组分浓度均匀分布的 YR 算法、等间隔浓度抽取法等，而是将非待测组分放在与待测组分相同的位置一起考虑。在对复杂溶液进行光谱分析时，含量较小的待测组分受到相对含量较大的背景组分的影响，致使光谱灵敏度受到影响；即使待测组分浓度变化较大，所引起的光谱变化，依然会被含量较大的非待测组分浓度的微小变化引起的光谱变化所覆盖。为避免以上情况对复杂溶液中微量组分定量分析的影响，将待测组分和非待测组分均作为划分校正集样本的依据，具体步骤如下：

①假设共有 N 个样本，将待测组分与非待测组分的浓度构成多维空间。每个样品对应一个多维空间的点，简称样本点 $S_i(i=1,2,\cdots,N)$。

②计算多维空间中任意两个样本点 S_i 与 S_j 的欧式距离 d_{ij}，选择欧式距离最远 $\max(d_{ij})$ 的两个样本点 S_p 与 S_q 进入校正集。

③分别计算剩余样本点与 S_p 与 S_q 之间的欧式距离，记为 d_{ip} 和 d_{iq}，其中 $i=1,2,\cdots,p-1,p+1,\cdots,q-1,q+1,\cdots,N$。取 $\max(\min(d_{ip},d_{iq}))$ 所对应的样本点 S_t 作为第三个样本点加入校正集。

④重复步骤③，直至校正集中的样本数目达到预定要求。

（5）大含量生化值下小含量生化值的分布

在复杂溶液光谱分析中，像含有多种复杂成分的血液，目标成分的分析精度往往会受到非被测成分含量的影响。因此，基于"M+N"理论，考虑含量相对较大的非目标成分对于含量相对较少的目标成分的建模分析产生的影响，提出一种非目标成分分区建立目标成分模型的方法，即根据血液中浓度较大成分的浓度分布进行样本分区，并分别建立浓度较小成分的含量模型。

基于"M+N"理论中的 M 因素（非目标成分），同时考虑血液中被测成分与非被测成分的浓度分布影响，根据非被测成分浓度均分成合适的区间，在每个区间对目标成分等间隔浓度划分样本集进行建模。基于非目标成分浓度划分样本集的步骤如下：

①选择对光谱法分析目标成分浓度影响大的非目标成分。

②建立一个良好的非目标成分模型并得到所有样本的非目标成分浓度的预测值。实验中，先对所有样本的光谱进行样本筛选，然后根据非目标成分浓度进行波长筛选，最后对筛选后的总样本进行全建模，得到所有样本非目标成分浓度的预测值。所有样本按照非目标成分的预测值浓度从小到大排序，均分成 3 个区间。从而该方法可以使每个区间内的非目标成分的浓度大致地保持在一个范围内，减少其对光谱变化的影响，提高光谱定量分析目标成分的预测精度。

③三个区间的样本分别根据目标成分的浓度，对每个区间都建立一个目标成分模型。在每个区间内按照目标成分的浓度采用合适的等间隔浓度抽取法选取建模集与预测集，最后利用偏最小二乘法建立目标成分的模型。

溶液中非目标成分对于目标成分的测量的影响属于 M 因素中的一种，M 因素对于被测成分的测量精度具有很大的影响，在建模时是一个不可忽视的因素。所以，为了提高被测成分白细胞的测量精度，考虑了含量较大的非被测成分的浓度分布的影响，由于目标成分对总体光谱的贡献程度小，容易受到其他组分的影响，尤其是浓度含量大的成分对其的影响更为显著。因此按照非目标成分浓度划分成合适的区间，以保证每个区间非目标成分的浓度在相同的范围内，从而减少非目标成分浓度分布的影响。该方法可以有效地提高血液成分的测量精度，并提高校正模型的预测能力和鲁棒性。

（6）分段分布

基于吸收光谱对物质进行定量分析，其前提是吸收光谱与成分浓度值之间存在线性关系，这是一种理想情况。在实际测量中，这种线性关系被破坏，吸收光谱与成分含量之间的关系依然是单调的。因此，如果把所有样本分成几个子样本集，那么在每个子样本集中，光谱和成分含量之间的关系将会比整个样本集更接近线性，从而在一定程度上校正非线性。

分区建模的步骤如下所述：将所有样本按照被测物质含量高低排序，然后根据所有样本的被测成分的浓度范围，将所有样本进行分段，每个浓度段的样本按照校正集的含量范围覆盖预测集的原则，利用等间隔浓度选取法选出合适数量的样本分别作为预测集和校正集。最后分别利用每个浓度段内的校正集分别建模。

（7）单权重全覆盖的建模集与预测集划分方法（SWNA）

在实际的复杂溶液分析中，比如血样检测，两端的样本数量会远小于中间部分的样本数量，这就造成了对两端部分预测效果差的结果。然而我们所追求的稳健的模型是可以对所有的被测对象都有高精度的预测，这是目前大部分研究人员都会忽略的一点。虽然忽略两端也会得到可接受的结果，但这是因为预测集也集中分布在中间。由此可见建模结果并不具备普适性，如果预测集的分布全都在两端，那么就会产生较大的误差。基于"M+N"理论，提出了一种单权重全覆盖的 SWNA 样本集划分的新方法，对校正集的选取要在不重复的前提下覆盖所有的浓度真值，这样可以避免由于样本分布集中造成的模型不具有普适性的后果。

SWNA 方法在本实验中的具体步骤是：

①浓度排序。根据红细胞计数的浓度真值对所有样本进行排序。

②样本划分。根据第一步排序的结果，如果样本对应的浓度真值仅有一个，则将该样本作为校正集，如果样本对应的浓度真值重复出现，则从中随机挑选一个样本作为校正集，剩余的作为预测集。

③建模预测。选用常用的 PLS 建模对第二步中选取的校正集建立模型，并用该模型对预测集进行预测。

（8）"终极"按比例抽取的方法

把所有已知含量的成分分成多段，构成若干多维"小区"，在每个小区内按比例划分建模集和预测集。

该方法欲解决两个问题：

- 非线性问题。采用多维（成分）、多段折线的对策。
- 小含量、小吸收的成分分析。

应用该方法的前提条件：

- 样本量大，足以覆盖待测成分和所有与之相当或所有更大成分含量的分布。
- 数据信噪比高，有足够多的波长数据反映被测成分含量的变化。

5.5.3　偏最小二乘法建模

偏最小二乘法回归是对多元线性回归模型的一种扩展，是一种用于建模和预测的多元统计分析方法，其主要目的是要建立一个线性模型。偏最小二乘法针对两个数据矩阵 X 与 Y，它通过最小化误差的平方和找到数据的最佳函数匹配，在降维的同时，构造 X 与 Y 的模型关系，且令真值与预测值的误差平方之和为最小。

（1）基本原理与算法

PLS 方法是建立在 X（自变量）与 Y（因变量）矩阵基础上的双线性模型，可以看作由外部关系（即独立的 X 块和 Y 块）和内部关系（即两块的联系）构成。建立自变量的潜变量关于因变量的潜变量的线性回归模型，间接反映自变量与因变量之间的关系。在 PLS 中对每个 X 矩阵的潜变量方向进行了修改，使它与 Y 矩阵间的协方差最大，即在原回归方程中删去那些特征值近似为零的项，其 X 和 Y 矩阵分解为较小的矩阵：

$$X = TP' + E = \sum t_\alpha p_\alpha \tag{5-65}$$

式中，T 为 X 的得分矩阵；t_α 为得分向量；P 为 X 的载荷矩阵；p_α 为相应的载荷向量；E 是残差矩阵，是 X 中无法用 α 个潜在变量 t 反映的部分。

$$Y = UQ' + F = \sum u_\alpha q_\alpha \tag{5-66}$$

式中，U 为 Y 的得分矩阵；u_α 为得分向量；Q 为 Y 的载荷矩阵；q_α 为相应的载荷向量；F 是残差矩阵，是 Y 中无法用 α 个潜在变量 u 反映的部分。PLS 回归分别在 X 和 Y 中提取各自的潜变量，它们分别为自变量与因变量的线性组合。二者满足以下条件：两组潜变量分别最大限度地承载自变量和因变量的变异信息；二者之间的协方差最大化。

PLS 对每一维度的计算采用迭代的方法，在迭代计算中互相利用对方的信息，每一次迭代不断根据 X、Y 的剩余信息（即其残差矩阵）调整 t_α、u_α 进行第 2 轮的成分提取，直到残余矩阵中的元素绝对值近似为零，回归式的精度满足要求，则算法停止，此时得到的 t_α、u_α 能同时最大限度地表达 X 和 Y 的方差，由此得到的系数 b_α 能更好反映 X 和 Y 的关系。对于公式 $Y = XB$ 中一般模型的 B 系数矩阵 $B = W(P'W)^{-1}Q'$，需已知矩阵 P、Q、W，其中 W 为 PLS 的权重矩阵。

从自变量和因变量中提取潜变量的方法有多种，如主成分法、迭代法、SVD 法等，其中比较高效的算法是迭代法，包括两种基本算法：非线性迭代偏最小二乘法（nonlinear iterative partial least squares，NI-PALS）和简单最小二乘法（simple partial least squares，SIMPLS)。

将 462 个波长的动态光谱数据视为自变量矩阵 X，血液中多种蛋白含量视为因变量矩阵 Y。由动态光谱原理可知，X 与 Y 之间存在明显的线性关系，且各自变量 x_i 之间存在多重共线性。偏最小二乘法可以从自变量矩阵和因变量矩阵中提取主因子数，对其进行有效降维，进而解决回归方程中变量的多重共线性问题；能提供一种多因变量对多自变量的回归建模方法，最好地解释因变量，明显改善数据结果的可靠性和准确度。因此，选用 PLS 方法对获取的动态光谱数据和血液中多种蛋白含量的生化分析值进行建模分析。

（2）主因子数的选择

选择最大最小值法对数据进行归一化处理，将每个样本的各波长吸光度数据规范为[0，1]上的数，即建立映射 $x_k f(x_k) = (x_k - x_{min}) / (x_{max} - x_{min})$。在建立各血液成分含量与动态光谱数据之间的 PLS 定量校正模型时，以模型的内部交互验证均方根误差（root mean square errors of cross-validation，RMSECV）和预测残差平方和（predicted resid square sum，PRESS）为指标，选择 RMSECV 和 PRESS 数值最小时的主因子数为最优的主因子数。主因子数对 RMSECV 和 PRESS 的影响如图 5-38 所示。由图 5-38 可以看出，HGB、TP 与 ALB 的最优主因子数分别为 7、3 和 4，上述数据处理过程均由 MATLAB 7.0 编程实现。

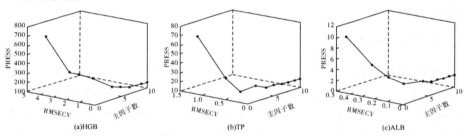

图 5-38　主因子数对模型 RMSECV 和 PRESS 的影响

（3）最优模型的内部交互验证

在 104 组数据样本中选择 50 组数据作为训练集，其余 54 组作为预测集。采用最优条件，建立测定血液中多种蛋白含量与动态光谱数据的最优模型，为评价模型的拟合效果和稳定性，结合杠杆值和预测残差考察各样本点对模型的影响，剔除有强烈影响的点（奇异点数为 3）。对最优模型进行内部交互验证，结果如图 5-39 所示，HGB、TP 和 ALB 含量的交互验证预测值与血液生化分析测定值之间的相关系数 R_c 分别为 0.9994、0.9221 和 0.9560，RMSECV 值分别为 0.1452、0.5280 和 0.1702，说明交互验证预测值与血液生化分析测定值接近，可见模型的拟合效果和稳定性良好。

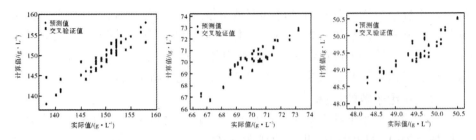

图 5-39　模型实际值、预测值和交叉验证拟合值之间的相关性测量系统的数学模型

（4）最优模型外部验证

在建立最优模型后，采用外部验证方法对模型的实际预测效果进行评价检验，对于血液中 HGB、TP 和 ALB 含量，预测集样本的预测值与血液生化分析测定值之间的平均相对误差分别为 3.77%、3.49% 和 3.40%。预测值均方误差(root mean squared error of prediction，RMSEP)值分别为 6.3214、4.1471 和 2.6051。结果表明，预测值和真实值之间无明显差异，采用 PLS 获得了较好的建模效果。

5.5.4　支持向量机建模

（1）基础理论

支持向量机（support vector machine，SVM）是一种新的机器学习方法，其基础是 Vapnik 创建的统计学习理论（statistical learning theory，STL）。统计学习理论采用结构风险最小化（structural risk minimization，SRM）准则，在最小化样本点误差的同时，最小化结构风险，提高了模型的泛化能力，且没有数据维数的限制。在进行线性分类时，将分类面取在离两类样本距离较大的地方;进行非线性分类时通过高维空间变换，将非线性分类变成高维空间的线性分类问题。

一般支持向量机分类采用的是线性可分 SVM，以下为模型概述。

支持向量机最初是研究线性可分问题而提出来的，因此，这里先介绍线性 SVM 的基本思想及原理。

不失一般性，假设大小为 1 的训练样本集 $\{(x_i, y_i), i = 1, 2, \cdots, l\}$ 由两个类别组成，若 x_i 属于第一类，则记 $y_i = 1$；若 x_i 属于第二类，则记 $y_i = -1$。

若存在分类超平面

$$wx + b = 0 \tag{5-67}$$

能够将样本正确划分成两类，即相同类别的样本都落在分类超平面的同

一侧，则称该样本集是线性可分的。即满足

$$\begin{cases} wx_i + b \geq 1, y_{i=1} \\ wx_i + b \leq 1, y_{i=-1} \end{cases}, i = 1, 2, \cdots, l \qquad (5\text{-}68)$$

定义样本点 x_i 到式（5-67）所指的超平面的间隔为

$$\varepsilon_i = \varepsilon_i (wx_i + b) = |wx_i + b| \qquad (5\text{-}69)$$

将式（5-69）中的 w 和 b 进行归一化，即用 $\dfrac{w}{\|w\|}$ 和 $\dfrac{b}{\|b\|}$ 分别代替原来的 w 和 b，并将归一化后的间隔定义为几何间隔

$$\delta_i = \frac{wx_i + b}{w} \qquad (5\text{-}70)$$

同时，定义一个样本集到分类超平面的距离为此集合与分类超平面最近的样本点的几何间隔，即

$$\delta = min \delta_i, \quad i = 1, 2, \cdots, l \qquad (5\text{-}71)$$

样本误分次数 N 与样本集到分类超平面的距离 δ 间的关系为

$$N \leq \left(\frac{2R}{\delta} \right)^2 \qquad (5\text{-}72)$$

其中，$R = max \|x_i\|, i = 1, 2, \cdots, l$，为样本集中向量长度最长的值。

由式（5-72）可知，误分次数 N 的上界由样本集到分类超平面的距离 δ 决定，δ 越大，N 越小。因此，需要在满足式（5-68）的无数个分类超平面中选择一个最优分类面，使得样本集到分类超平面的距离 δ 最大。

若间隔 $\varepsilon_i |wx_i + b| = 1$，则两类样本点的距离为 $2\dfrac{|wx_i + b|}{\|w\|} = \dfrac{2}{\|w\|}$。因此，如图 5-40 所示，目标即为满足式（5-68）的约束下寻求最优分类超平面，使得 $\dfrac{2}{\|w\|}$，即最小化 $\dfrac{\|w\|^2}{2}$。用数学语言描述，即

$$\begin{cases} min \dfrac{\|w\|^2}{2} \\ y_i (wx_i + b) \geq 1, i = 1, 2, \cdots, l \end{cases} \qquad (5\text{-}73)$$

该问题可以通过求解 Largrange 函数的鞍点得到，即

$$(w,b,\alpha_i) = \frac{1}{2}w^2 - \sum_{i=1}^{l}\alpha_i\left[y_i\left(wx_i + b\right) - 1\right] \tag{5-74}$$

其中，$\alpha_i > 0, i = 1,2,\cdots,l$，为 Largrange 系数。

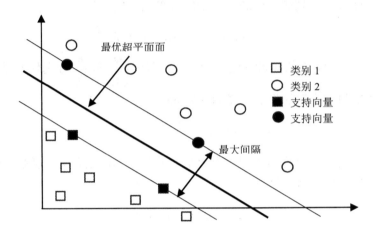

图 5-40　最优超平面示意图

由于计算的复杂性，一般不直接求解，而是根据 Largrange 对偶理论将式（5-74）转化为对偶问题，即

$$\begin{cases} maxQ(\alpha) = \sum_{i=1}^{l}\alpha_i - \frac{1}{2}\sum_{i=1}^{l}\sum_{j=1}^{l}\alpha_i\alpha_j y_i y_j\left(x_i x_j\right) \\ s.t. \quad \sum_{j=1}^{l}\alpha_i y_i, \quad \alpha_i \geq 0 \end{cases} \tag{5-75}$$

这个问题可以用二次规划方法求解，设求解得到的最优解为 $\alpha^* = \left[\alpha_1^2, \alpha_2^2, \cdots, \alpha_l^2\right]^T$，则可以得到最优解的 w^* 和 b^* 为

$$\begin{cases} w^* = \sum_{j=1}^{l}\alpha_i^* x_i y_j \\ b^* = \frac{1}{2}w^*\left(x_r + x_s\right) \end{cases} \tag{5-76}$$

其中，x_r 和 x_s 为两个类别中任意的一对支持向量。

最终得到的最优分类函数是

$$f(x) = sgn\left[\sum_{i=1}^{l} \alpha_i^* y_i \left(xx_i\right) + b^*\right] \qquad (5\text{-}77)$$

值得一提的是，若数据集中的绝大多数样本是线性可分的，仅有少数几个样本（可能是异常点）导致寻找不到最优分类超平面。针对此类情况，通常的做法是引入松弛变量，并对式（5-73）中的优化目标及约束进行修正，即

$$\begin{cases} min = \dfrac{\|w\|^2}{2} + C\sum_{i=1}^{l} \xi_i \\ s.t. \begin{cases} y_i\left(wx_i + b\right) \geqslant 1 - \xi_i, & i = 1, 2, \cdots, l \\ \xi_i > 0 \end{cases} \end{cases} \qquad (5\text{-}78)$$

其中，C 为惩罚因子，起着控制错分样本惩罚程度的作用，从而实现在错分样本的比例与算法复杂度间的折中。求解方法与式（5-74）相同，即转化为其对偶问题，只是约束条件变为

$$\begin{cases} \sum_{j=1}^{l} \alpha_i y_j = 0 \\ 0 \leqslant \alpha_i \leqslant C \end{cases} \qquad (5\text{-}79)$$

最终求得的分类函数的形式与式（5-77）一样。

（2）基础理论

实验方案如图 5-41 所示，光线照射手指，由光谱仪接收到近红外动态光谱信息并保存至计算机中。实验共有 239 位受试者，在采集数据前，受试者在情绪、心理等各方面均保持稳定状态。每个受试者的测量时间为 20s，光谱仪积分时间为 10ms，单波长采样点数为 2000 个点，将光谱仪采集到的数据保存到计算机中。在使用光谱仪采集数据的同时，抽取受试者的血液进行生化分析得到血糖真值，及对血糖有影响的甘油三酯、胆固醇、球蛋白、白蛋白等成分的浓度真值，并记录受试者的年龄。将获得的数据进行处理并建模，根据模型可得到血糖浓度的预测值。

血糖浓度预测模型的建立基于支持向量机（SVM）的方法，SVM 在解决小样本、非线性及高维模式识别中表现出特有的优势。可根据有限的样本信息在模型的复杂性和学习能力之间寻求最佳折中，以求获得最好的推广能力。模型建立基于 Libsvm-3.22 工具箱，Libsvm 是台湾大学林智仁（LinChin-Jen）教授等设计开发的一个易于使用且快速有效的 SVM 模式识别与回归的软

件包。

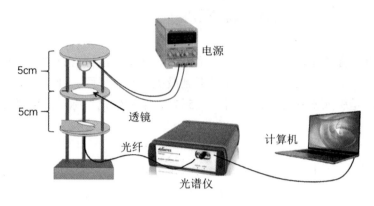

图 5-41　实验方案

（3）实验过程及结果

在建立模型的过程中将非测量组分影响因素也作为自变量输入模型，以减小其对测量系统的影响。采用非线性算法 SVM 来建立将非测量组分考虑在内的血糖预测模型，并与未将非测量组分考虑在内的血糖预测模型进行对比。

将实验测得的样本进行筛选，剔除无效数据，并对光谱数据进行预处理，得到有效样本数 192 组，每个样本的有效光谱数据为 606 个。建立模型时，血糖真值数据作为因变量矩阵 $Y=[y_1\ y_2\cdots y_{192}]$ 输入模型。若不考虑非测量组分，模型的自变量输入仅有光谱数据 $X=[x_{i1}\ x_{i2}\cdots x_{i192}]$，其中 i 表示样本数量，$i=1,2,\cdots,192$。考虑非测量组分时，将甘油三酯、胆固醇、白蛋白、球蛋白和年龄 5 个影响因素和动态光谱数据作为自变量矩阵 $X=[x_{i1}\ x_{i2}\cdots x_{i192}]$，其中 $i=1,2,\cdots,192$；因变量输入均为血糖数据；模型输出均为血糖预测值。将建模数据按血糖浓度进行从小到大排序，以保证训练集血糖样本浓度覆盖预测集的血糖样本浓度。按照 3:1 的比例划分训练集和预测集，选取 144 例样本进行建模，48 例样本进行预测。考虑和未考虑非测量组分的模型，均按此标准选择训练集和预测集样本数据。

①SVM 建立考虑非测量组分的血糖校正模型

SVM 模型建立过程如下：

第一步，对输入的自变量和因变量数据进行归一化操作。将其包含数据的概率分布统一归纳到上述区间，使其处于同一数量级，提高训练效率。归一化公式为

$$y_i^* \left(x \right) = \frac{y_i - y_{min}}{y_{max} - y_{min}}, \quad i = 1, 2, \cdots, 192 \quad (5\text{-}80)$$

第二步，寻找合适的惩罚因数 c 和核函数参数 g。核函数参数 g 可由函数的宽度参数 σ 表示，即

$$g = \frac{1}{2\sigma^2} \quad (5\text{-}81)$$

对于血糖模型来说，无法在训练模型之前得知血糖模型的最优参数值。因此需通过网格法来寻找最优的参数。网格法参数寻优的原理是通过对所有可能的参数在一定的范围内进行网格划分，并且遍历网格中所有点进行穷举，一一进行实验，找到分类准确率最高时所对应的参数值。根据该方法，得到 $c = 128$，$g = 0.0078125$。

第三步，寻找合适的核函数。在实验过程中，分别使用线性核函数和径向基核函数（RBF 核函数）对考虑非测量组分的数据建立矫正模型，模型结果如图 5-42、图 5-43 所示。

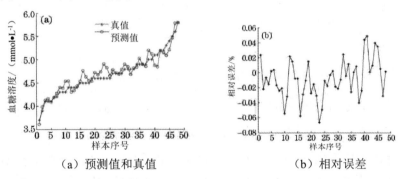

（a）预测值和真值　　　　　　　　　（b）相对误差

图 5-42　考虑非测量组分的 RBF 建模结果

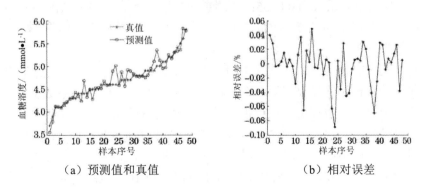

（a）预测值和真值　　　　　　　　　（b）相对误差

图 5-43　考虑非测量组分

线性核函数建模结果。线性核函数建立的模型预测值和血糖真值的相关系数为 0.9437，均方根误差为 0.14。计算得出 RBF 核函数建立的模型预测集相关系数为 0.9627，预测集均方根误差（RMSEP）为 0.13。相较线性核函数，预测集相关系数增加了 2.01％，预测集均方根误差减小了 7.14％。对比这些指标可知，对于将非测量组分考虑在内的血糖模型来说，RBF 核函数建立的模型质量更高，稳健性更好。

②SVM 建立未考虑非测量组分的血糖校正模型

根据上述数据，对于血糖模型来说，RBF 核函数建立模型稳健性更好，所以在不考虑非测量组分数据时也使用 RBF 核函数建立校正模型。重复上述建模步骤，选出惩罚系数 c＝32，g ＝0.000976，得出模型预测值。模型结果如图 5-44 所示。

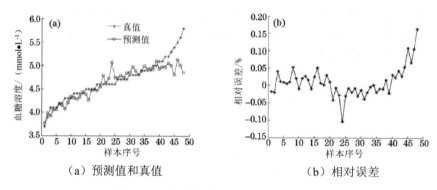

（a）预测值和真值　　　　　　　（b）相对误差

图 5-44　未考虑非测量组分的模型结果

根据模型预测结果计算可得，未将非测量组分考虑在内建立的模型预测值和血糖真值的校正集相关系数为 0.9344；校正集均方根误差（RMSEC）为 0.17；预测集相关系数为 0.8655；预测集均方根误差为 0.23。从图 5-44（b）可看出，误差在 10％范围内的有 44 个样本点，为总样本数的 91.67％。

③结果分析

对于建立的校正模型，均采用相关系数 R、校正集均方根误差、预测集均方根误差和相对误差 E 这 4 个指标来评价模型，其中相关系数反映了预测值和理论值的相似程度，均方根误差和相对误差反映了模型精度。

所建模型相对误差如图 5-45 所示，考虑非测量组分建模时，预测值和真实值相对误差在 10％范围内的样本点数有 48 个，为总样本数的 100％。未考虑非测量组分建模时，预测值和真实值相对误差在 10％范围内的样本点数有 44 个，为总样本数的 91.67％。

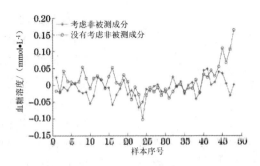

图 5-45　SVM 建立模型的相对误差

非测量组分考虑在内的模型和未将非测量组分考虑在内的模型均使用 SVM 建模，各模型指标如表 5-1 所示。

表 5-1　各模型指标

各项	校正集		预测集	
	R	RMSEC	R	RMSEP
考虑非被测成分	0.9993	0.02	0.9627	0.13
没有非被测成分	0.9344	0.17	0.8655	0.23

对比将胆固醇、甘油三酯、白蛋白、球蛋白、年龄 5 种非测量组分考虑在内和未将非测量组分考虑在内建立的模型，前者的预测结果均优于后者的预测结果。前者比后者预测集相关系数提高 14.23%，预测集均方根误差减少 43.12%，相对误差在 10% 范围内的样本数量多 8.33%。相较于仅使用光谱数据建模，将 5 种非测量组分考虑在内的血糖测量系统的预测精度显著提高。

（4）小结

通过对 192 个样本的光谱数据及非测量组分进行分析，并结合生化分析结果，使用 SVM 的方法，分别建立了考虑和未考虑非测量组分的血糖浓度预测模型。通过对比模型建立结果可知，将非测量组分考虑在内的预测结果相关系数增大，均方根误差减小，相对误差减小，预测精度优于未将非测量组分考虑在内的预测结果。在血液成分的无创测量中可采用此种方法来提高测量精度。

5.5.5　RBF 神经网络建模

（1）RBF 神经网络

RBF 神经网络，即径向基函数神经网络，具有简单的结构、简洁的训练

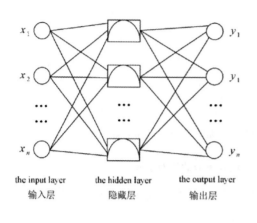

x_1 y_1
x_2 y_1
... ...
x_n y_n

the input layer　the hidden layer　the output layer
输入层　　　隐藏层　　　输出层

图5-46　RBF神经网络的结构示意图

过程和快速的收敛速度。如图5-46所示，RBF前向神经网络是三层网络结构，其中第一层是包含多个信号源节点的输入层，这一层的功能较为简单，仅仅完成输入信号从输入层到中间层的传输；第二层是隐藏层，该层主要采用非线性优化策略对输入数据进行变换，实现数据从低维到高维、线性不可分到线性可分的转换，这一层是RBF神经网络的核心部分；第三层是输出层，该层实现的功能是通过线性优化策略调整线性权使得模型逐渐向理想条件逼近。

已经证明，对于任何的非线性函数，RBF神经网络都能对其实现任意精度的逼近。针对散射所引起的动态光谱和成分血红蛋白浓度之间的非线性关系，RBF神经网络建模不仅能够考虑动态光谱中的概貌信息（线性信息），而且还能顾及光谱中的细节信息（非线性信息），因此有望进一步改善动态光谱无创血液成分分析模型的预测能力。

使用MATLAB中的"newrb"函数进行RBF神经网络建模。在建模之前，预先设定径向基函数扩展速度（SPEED）和均方误差目标（GOAL），GOAL参数主要用来控制神经网络的结束条件。"newrb"函数在网络训练中逐渐增加中间层神经元的个数使得网络的输出逐渐向结束条件逼近，直到神经网络的输出误差满足设定的均方误差目标（GOAL）。本节通过实验来确定最佳的均方误差目标和最佳径向基函数扩展速度，并以此时的建模效果作为RBF神经网络的最终建模效果和偏最小二乘法进行比较。

（2）动态光谱RBF神经网络建模过程

将提取的231位受试者的动态光谱按照6:1的比例划分校正集和预测集，分别采用偏最小二乘法和RBF神经网络进行建模。为了选择RBF神经网络建模的最佳建模参数，我们首先将RBF神经网络建模的GOAL参数设置为45，SPEED参数从1取到500，以此来确定RBF神经网络建模的最佳SPEED参数。然后在所得最佳参数条件下，使GOAL在40至55之间变化，从而确定最佳GOAL参数。校正集和预测集的相关系数（R）[式（5-82）]

和均方根误差（RMSE）[式（5-85）]用来评价建模的效果。图 5-47 所示是 RBF 神经网络建模最佳建模参数的选择过程，结果表明在该校正集和预测集下，径向基函数扩展速度和均方误差目标分别选择 132 和 50，能够得到最佳的建模效果。

$$R = \sqrt{1 - \frac{\sum_{i=1}^{n}\left(y_i - \widehat{y_i}\right)^2}{\sum_{i=1}^{n}\left(y_i - \overline{y_i}\right)^2}} \tag{5-82}$$

$$RMSE = \sqrt{\frac{\sum_{i=1}^{n}\left(y_i - \widehat{y_i}\right)^2}{m-1}} \tag{5-83}$$

图 5-48 所示是偏最小二乘和 RBF 最佳建模效果下校正集和预测集的拟合情况，表 5-2 为神经网络最佳建模效果和偏最小二乘法建模效果的对比，结果表明，相较于常规的偏最小二乘法建模，RBF 神经网络非线性建模校正集的相关系数提高了 3.11%，均方根误差降低了 6.69%；预测集的相关系数从 0.688 提高到 0.737，提高了 7.10%，均方根误差也由 9.527 降低到 9.072，降低了 4.77%。说明将非线性因素作为有效信息列入考虑之列并采用 RBF 神经网络进行非线性建模来提高动态光谱无创血液成分分析的精度的方案是可行的。

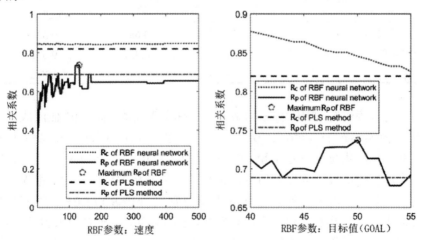

图 5-47　RBF 神经网络最佳建模参数的选择过程

注：（a）SPEED 选择过程，不同 SPEED（1-500）参数下的建模效果；（b）GOAL 选择过程，不同 GOALs（40-55）参数下的建模效果。

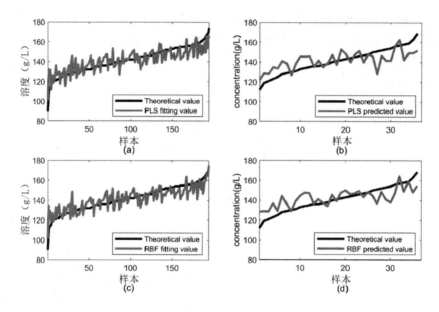

图 5-48　RBF 神经网络最佳建模效果下校正/预测集的拟合情况

表 5-2　RBF 神经网络和偏最小二乘建模效果对比（均方误差目标 50，扩展函数 132）

各项	校正集		预测集	
	相关系数	均方根误差（g/L）	相关系数	均方根误差（g/L）
偏最小二乘法	0.820	7.518	0.688	9.527
RBF 神经网络	0.845	7.015	0.737	9.072
相对变化率	3.11%	6.69%	7.10%	4.77%

　　为了进一步研究 RBF 神经网络非线性建模对动态光谱无创血液成分分析精度的影响，提高实验结果的可信度，我们按照 6:1 的比例随机选取了 10 组校正集和预测集分别标号 1 至 10，重复上述步骤来进行 PLS 建模和 RBF 神经网络建模的比较。同样采用校正集和预测集的相关系数和均方根误差来描述建模的效果。表 5-3 所示是 10 组数据分别采用 PLS 和 RBF 神经网络建模的效果比较。结果表明，除了第 4 组和第 5 组之外，其他各组 RBF 神经网络建模的校正集评价指标均优于传统的偏最小二乘法建模；并且通过 RBF 神经网络建模，各组的预测集指标（不管是相关系数还是均方根误差）都有了明显的提升。可见把散射所引起的非线性因素考虑在内，利用神经网络进行

非线性建模能够显著提升动态光谱无创血液成分分析的精度。

表 5-3　各组中两种方法的建模效果

| | PLS | | | | RBF | | | |
| | 校正集 | | 预测集 | | 校正集 | | 预测集 | |
	RC	RMSEC (g/L)	RP	RMSEP (g/L)	RC	RMSEC (g/L)	RP	RMSEP (g/L)
1	0.820	7.518	0.688	9.527	0.845	7.015	0.737	9.072
2	0.889	6.042	0.616	9.934	0.879	6.315	0.695	9.183
3	0.821	7.467	0.723	9.173	0.856	6.769	0.734	9.080
4	0.847	7.099	0.589	9.119	0.832	7.413	0.689	8.461
5	0.873	6.397	0.611	10.341	0.832	7.294	0.683	9.539
6	0.837	7.298	0.646	8.890	0.839	7.250	0.684	9.011
7	0.812	7.422	0.557	12.389	0.836	6.973	0.668	11.493
8	0.800	7.710	0.613	11.442	0.839	7.023	0.698	11.117
9	0.845	6.737	0.738	10.575	0.852	6.583	0.759	10.359
10	0.832	7.271	0.728	9.060	0.843	7.058	0.791	8.122

5.6　信号和算法的质量评估

"基于动态光谱的血液成分无创分析系统"的精度取决于系统的每个环节，而从"信号流"，即光谱 PPG、动态光谱和模型三个关节点来分析和作为评价的对象，可以有效地评价系统的性能和把控检测的精度。

①光谱 PPG 的质量评估

在测量过程中因受测者的不稳定，短时间内出现大幅度抖动时，则会出现运动伪差现象，导致样本中的部分数据可信度太低，无法通过后续处理方法滤除这些不稳定的干扰，因此，需要舍弃这些可信度过低的数据样本，以避免对后续数据处理的不利影响。

动态光谱理论认为各波长下的脉搏波波形具有相似性，即不同波长入射光所对应的对数脉搏波频率应相同，理想样本基波个数应该为 1，根据动态光谱的这一特点，采用了将样本各波长下对数光电脉搏波的基波个数作为判断依据，若实际样本基波数大于 3 个，则将该样本视为无效样本，予以滤除。与其思想类似，提出了稳定波长数的概念，即样本各波长下对数光电脉搏波含有相同基波位置的波长数，通过稳定波长数作为动态光谱数据质量的评价标准，将稳定波长数大于 400 的样本（总波长数为 422）作为有效样本。

②DS 的质量评估

在动态光谱提取完成后，需要对数据质量进行评估，在早期的动态光谱文献（2004—2009）中，多以主观评价动态光谱波形的毛刺程度来判断动态光谱数据质量的高低，并没有一个具体的指标进行评估。通过动态光谱波形平滑度作为动态光谱质量的评估标准，首先采用 Savitzky-Golay 平滑滤波器对曲线进行平滑，将平滑的结果看作理想的光谱真值，用光谱真值和原曲线的方差作为平滑度，方差越小说明平滑性越好，将能得到更高平滑度的方法视为更有效的动态光谱提取方法。

实际上，在多数研究中使用更多的是间接评估的方式。根据动态光谱原理可知，动态光谱数据理论上只与血液成分有关，这就意味着来自同一个体不同采样部位的数据经过处理后应该具有较好的一致性，而取自不同个体的数据因为个体间的血液成分存在的差异表现出较大的不同，因此通过个体间的相关性与不同个体间的差异性作为动态光谱质量的评估依据。目前最常用的评估方法是用预测结果（相关系数、误差均方根等参数）作为评估标准，理论上动态光谱数据只和血液成分有关，因此认为预测结果精度越高的动态光谱质量越好。

③DS 提取方法的评估

动态光谱及其提取法有三个重要参数：准确度（Accuaracy）、灵敏度（Sensitivity）和鲁棒度（Robustivity）。

根据以往的讨论，高频干扰和低频干扰在测量过程中随时发生，且无法去除；而阶跃干扰属于光谱测量过程中的意外情况。因此，动态光谱提取的准确度是指第 3 章动态光谱数据提取方法研究在高频和低频干扰下，提取出的动态光谱与真实动态光谱的偏差。本研究中用 15 周期和 30 周期数据长度下的提取误差均值作为准确度的衡量指标。

本小节讨论的提取灵敏度是指不同提取方法提取精度对数据长度的依赖性。提取方法的敏感度越高，增加数据长度带来的提取效果改善就越明显。这里用 3 周期数据长度下的提取误差与 30 周期长度下的提取误差之比作为灵敏度的衡量指标。

鲁棒度是指当测量过程中出现了意外情况时提取方法提取效果的稳健性。这里利用提取仅含有阶跃干扰的信号时的提取误差大小作为鲁棒性的评价标准。将计算出来的各提取方法的准确度、灵敏度和鲁棒度向其最大值归一，并通过"性能三角形"予以表示，如图 5-49 所示，其中坐标轴为对数坐标。

关于提取方法，"性能三角形"中的频域提取法的准确度最佳，对数据长度也最敏感，但其鲁棒性较差，即运用频域提取法时要保证充足的数据长度，防止过程中有阶跃干扰的发生；单拍提取法的鲁棒性最佳，但准确度和灵敏度稍低于其实时域提取方法，即对含有高频、低频干扰较大的信号提取精度不够高，且通过加长数据长度的方法来提高提取精度的效果不如其他提取

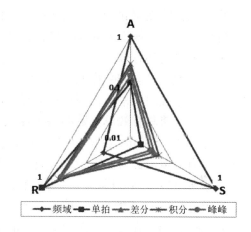

图 5-49　动态光谱提取方法的"性能三角形"

方法显著；差分、积分和峰峰值提取方法在"性能三角形"中的位置接近，属于各方面性能较为均衡的提取方法，其三者之间的综合性能由高到低排序是积分提取方法＞差分提取方法＞峰峰值提取方法。

5.6.1　PPG 质量评估

（1）Q 值

Q 值又称为品质因子，它表示振子的阻尼，也可以表示共振频率相对于带宽的大小。在表示滤波器性能时，表现为中心频率和带宽的比值。在动态光谱提取中，尤其是频域提取中，我们可以借用这个概念，将它作为基频和带宽的比值，用以表示 PPG 信号的基波"突出程度"或受干扰程度。用式（5-84）表示 Q 值。

$$Q = \frac{f_0}{f_1 - f_2} \qquad (5-84)$$

其中，f_0 为基波频率，由于 FFT 频谱图是离散的，所以以 f_1、f_2 是基波幅度衰减 3dB 处最接近的离散点对应的频率。可以看出，Q 值越大，基波频率特性越突出，频带越窄，说明基波频率受其他频率的杂波影响越小。在时域中就表现为周期波的频率稳定性好，数据质量高。

（2）有效单沿数

有效单沿数，也称为有效周期波个数。脉搏波由若干个周期组成，由于各种干扰，各个周期内的波形并不一致，有时甚至差异很大。对 PPG 信号中峰峰值大小循环和对应的单沿值循环运用 3σ 准则，直到所有值都在 3σ 以内

为止，这样就能剔除峰峰值对应的单沿区间值偏大偏小的异常区间值和区间峰峰值差值偏大偏小的区间异常值，即剔除了周期和幅值异常的周期波，剩下未被剔除的为有效单沿区间，其个数即为有效单沿数。对于一个脉搏波，有效单沿数越多，说明采样过程中相近的周期波越多，异常的周期波就越少。因此此参数反映了采样过程存在的异常程度，即反映了采集数据的质量。

（3）Q 值与有效单沿数的联合评价

如图 5-50 所示，Q 值和有效单沿数没有直接明确的数值关系，Q 值更大的样本有效单沿数未必更大，有效单沿数更大的样本 Q 值也未必更大。假设某有效单沿数很高的样本，它的局部有一些和基波频率很接近的杂波存在，那么就会导致 Q 值的下降；假设某 Q 值很高的样本，其远离基波频率的频带上有较大的噪声存在，那么就会导致有效单沿数的减少。因此需要 Q 值和有效单沿数的联合评价，以准确、有效地得出 PPG 信号的质量。

在图 5-50 中，设定两个临界指标，Q 值大于 15，有效单沿数大于 50。只有同时满足这两个条件的样本才是被选取用于建模的样本。

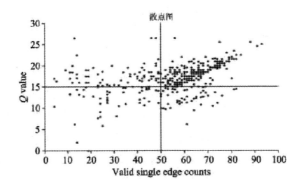

图 5-50　有效单沿数和品质因子的散点图

（4）变异系数和稳定因子

因为缺少真值，因此采用标准差表示数据的稳定程度。又因为标准差含有量纲，所以同式（5-85），在标准差下除以一个振幅的平均值，称之为变异因子 CV。最后，对不同波长下的变异因子按权重求和，作为稳定因子，评价一个样本的稳定程度 SC［式（5-86）］。

$$CV = \frac{S(A)}{\overline{A}} \tag{5-85}$$

$$SC = \sum_{i=1}^{n} \eta_i \frac{1}{CV_i} = \sum_{i=1}^{n} \eta_i \frac{\overline{A}_i}{S(A)_i} \qquad (5-86)$$

　　以上的 Q 值、有效单沿数、变异系数和稳定因子等指标只能评价某波长的透射光产生的 PPG 信号，但是测量得到的样本并不是只有一个波长的透射光产生的 PPG 信号，而是由许多波长透射光的 PPG 信号组成的。因此，某一波长下的 PPG 信号良好并不能说明整个样本质量优秀，其至所有波长下的 PPG 信号都很优秀，也未必就能够表明整个样本质量优秀。因此我们需要一个指标用以评价整个样本的质量。

　　稳定波长数，或有效波长数，就是为了解决这一问题而产生的一种评价方式。根据动态光谱理论，不同波长透射光产生的 PPG 信号应该有一定程度的相似性。因此，我们用各波长下的 PPG 信号频率是否一致来判定样本质量。而稳定波长数就是同一样本的多波长 PPG 信号经过 FFT 变换后，如图5-51 的右下图所示，会有某些连续的波长中提取出来的信号的基波是处于同一或极为接近的频率上的。这意味着，这个样本中只有这一部分的波长是"有效的"。这个范围叫作稳定波长范围,这个范围内的波长数量叫作稳定波长数。稳定波长数越大，PPG 信号越出色。

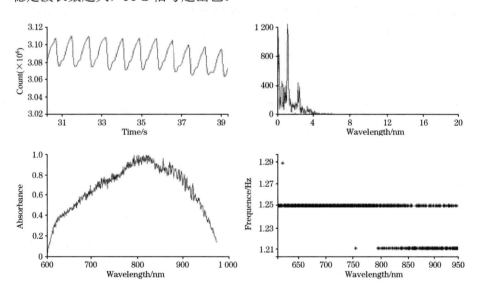

图 5-51　某典型样本数据

5.6.2　DS 质量评估

（1）离散度

离散度是对短时间内获取的动态光谱差异的分析。我们可以认为短时间内，人体血液成分是不变的，因此理论上，短时间内测量得到的归一化动态光谱应该是一致的。基于这个假定，我们给出了离散度的评价方式。对于时间离散度，需要在短时间内测得多组数据，并且计算得到它们的归一化动态光谱。对于空间离散度，则需要同时在人体的不同位置获取信号，并且计算出它们的归一化动态光谱。而对于一组归一化动态光谱，需要求出它们的平均动态光谱和每个归一化动态光谱与平均光谱的欧式距离。在这个过程中，要求对这些动态光谱作 σ 值的剔除。

（2）平滑度

由于在测量的频带内没有尖锐的吸收峰，因此在理论上，动态光谱应该是光滑的。但是在实际测量时，如图 5-52 所示，由于受到噪声的影响得到的动态光谱并不是平滑的。因此动态光谱的平滑程度能够在一定范围内表征出动态光谱的信噪比。为了在数学上得到平滑度，我们将动态光谱用 Savitzky-Golay(S-G)滤波器进行平滑处理得到"理想动态光谱"，然后计算平滑前的动态光谱和平滑后的各点的误差序列，最后用误差序列的标准差作为平滑度。不难看出，这个标准差越小，则说明平滑性越好。

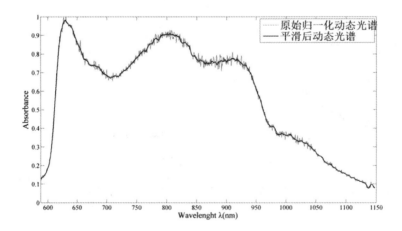

图 5-52　平滑前后归一化动态光谱

（3）Salami slicing 有效位数法

这种方法原本是为了在一定程度上消减数据冗余，以消除这些冗余位引入的偶然相关问题。但是在这个基础上也可以用于动态光谱的质量评价。

通常我们得到的动态光谱数据为 16 位，将得到的动态光谱数据逐位向下进行圆整，分别得到 15 位、14 位……5 位、4 位、3 位、2 位的动态光谱数据。之后对这些数据进行建模。此后，如图 5-53 所示，通过对比分析不同数据位的动态光谱数据的建模结果，可以判断建模精度变化的转折点，粗略逼近动态光谱数据的有效位。对于动态光谱数据，数据的有效位数越多，数据的信噪比越高，相应的数据处理方法的质量越好。

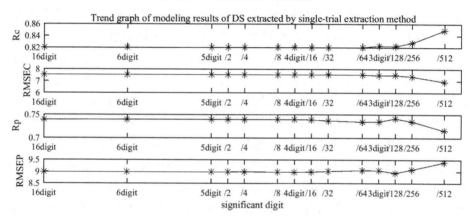

图 5-53   不同数据位的建模结果统计图

5.6.3   DS 提取方法评估

对于 DS 提取方法的评估，由于动态光谱本身缺少真值，所以评估 DS 的提取方法比较困难。

（1）建模比较法

最为根本的方法是使用同样的样本，同样的样本划分方式，同样的建模方法，对使用不同 DS 提取方法得到的最后的预测结果进行比较。实际上就是控制整个过程只有 DS 提取方法一个变量。但是这种方法的缺陷在于：可能某种方法对于实验的样本提取更优秀，但是在更换另一批样本时，它就不再具有优势；也有可能在更换样本划分方式或更换建模方式时，得到不同的结果。

（2）DS 比较法

第二种则是使用相同的样本进行提取，然后评价得到的动态光谱，以此来间接评价提取方法的优劣。在离散度和平滑度中，时间离散度评价的是提取方法在受不同外界干扰的时候，提取 DS 的稳定性；空间离散度则可以评价从不同测量条件下获取的信号中提取 DS 的稳定性；平滑度则可以在一定程度上表示出 DS 提取方法对噪声的抑制程度。同样 salami slicing 方法可以用于判断 DS 提取方法得到的数据有效位数。

（3）标准 PPG 比较法

由于 DS 提取没有真值，那么要直接评价就需要人为地"创造"一个真值。一种方法是挑选一个周期的波形，再将它拓展到多个周期，作为脉搏波的仿真信号；另一种是将一段时间内的 PPG 信号的各周期的对应点求平均，得到一个周期内每一个采样点的平均值，最后将这一个周期的信号拓展至多个周期。这两种方法都可以得到一个"标准 PPG 信号"，然后用各种 DS 提取方法从这个信号中提取得到的动态光谱就是"标准动态光谱"。

此后，可以在标准 PPG 信号上叠加不同幅度的高斯噪声和阶跃干扰等。将叠加后的 PPG 信号提取的动态光谱与"标准动态光谱"相比较，得出它们之间的差值绝对值的平均值，作为误差。最后对所有样本得到的误差取平均值或方均根，用来评定一种 DS 提取方法针对某一种噪声的抑制能力。同样，基于这个"标准动态光谱"，可以叠加低频正弦信号作为基线漂移，叠加矩形波作为运动干扰；还可以选取不同周期数的信号，这样可以得出各提取方法对信号长度的依赖。同样也可以同时叠加多种噪声，以评定 DS 提取方法的综合抑制噪声能力。有研究将各种噪声下的误差作为准确度的标准，将阶跃噪声的影响作为鲁棒性的标准，将不同周期数产生的影响称为灵敏度。对各种提取方法的三个指标作归一化，并且绘制出性能三角形（图 5-49）。

但是这种方法也有不少缺陷。首先，这种方法只能从理论上验证 DS 提取方法对不同噪声的抑制能力。实际情况要远远比这样模拟的情况更加复杂，不同噪声同时存在并且不同样本中的噪声分贝也不尽相同。不过，这样的模拟也能够在一定程度上得到 DS 提取方法的性能。其次，虽然这种方法使用的"标准 PPG 信号"本身提取时尽可能减小了噪声，但是这个信号从样本中得出的时候仍然包含了一定的噪声。这意味着"标准动态光谱"和真值之间仍旧有一定差距。如图 5-54 所示，在高斯白噪声小于 45dB 时，除了峰峰值和差值提取法外，各个提取方法的误差水平接近，在这样的相近程度下，我们不能只用误差高低判断提取方法的优劣，因为用于评定的"真值"本身就含有误差。最后，各个样本中得出的标准信号存在代表性问题。不过这个问题只要样本足够大，覆盖人群足够广，就能够在一定程度上得到解决。

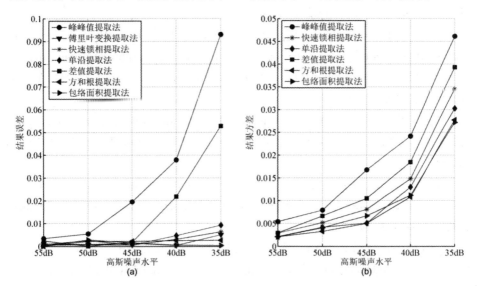

图 5-54　不同水平高斯白噪声对各提取方法的影响

参考文献

[1] Y M Awelisah, G Li, and L Lin. Towards robust reduction of nonlinear errors in dynamic spectrum spectroscopy for effective noninvasive optical detection of blood components. Infrared Physics & Technology, 2022, vol. 121.

[2] G Li et al. Noninvasive detection and analysis of human globulin based on dynamic spectrum. Analytica Chimica Acta, 2022, vol. 1191.

[3] G Li, D Wang, K Wang, and L Lin. A two-dimensional sample screening method based on data quality and variable correlation. Analytica chimica acta, 2022, vol. 1203: 339700-339700.

[4] G Li, K Wang, D Wang, and L Lin. Noninvasive blood glucose detection system based on dynamic spectrum and "M plus N " theory. Analytica Chimica Acta, 2022, vol. 1201.

[5] Y M Awelisah, G Li, Y Wang, W Tang, and L Lin. Considering blood scattering effect in noninvasive optical detection of blood components using dynamic spectrum along with time varying filter based empirical mode decomposition. Biomedical Signal Processing and Control, 2022, vol. 71.

[6] G Li et al. Improve the precision of platelet spectrum quantitative analysis based on "M plus N" theory. Spectrochimica Acta Part a-Molecular and Biomolecular Spectroscopy, 2022, vol. 264.

[7] Y M Awelisah, G Li, M Ijaz, and L Lin. The effect of spectral photoplethysmography amplification and its application in dynamic spectrum for effective noninvasive detection of blood components. Optics and Laser Technology, 2021, vol. 133.

[8] J Ni, G Li, W Tang, Q Xiao, and L Lin. Noninvasive human red blood cell counting based on dynamic spectrum. Infrared Physics & Technology, 2021, vol. 113.

[9] J Ni, G Li, W Tang, Q Xiao, and L Lin. Broadening the bands for improving the accuracy of noninvasive blood component analysis. Infrared Physics & Technology, 2020, vol. 111.

[10] Q Xiao, G Li, W Yan, G He, and L Lin. Evaluation of dynamic spectrum extraction method based on salami slicing method. Infrared Physics & Technology, 2020, vol. 111.

[11] W Tang, Q Chen, W Yan, G He, G Li, and L Lin. An Optimizing Dynamic Spectrum Differential Extraction Method for Noninvasive Blood Component Analysis. Applied Spectroscopy, 2020, vol. 74, no. 1: 23-33.

[12] W Tang, G Li, W Yan, G He, and L Lin. Exploring the influence of concentration and optical path on nonlinearity in VIS&NIR dynamic spectrum. Infrared Physics & Technology, 2019, vol. 103.

[13] W Tang, G Li, S. Yang, W Yan, G He, and L Lin. Dual-Mean Extraction Method of Dynamic Spectrum for Suppressing Random Noise and Coarse Error. Ieee Access, 2019, vol. 7: 168681-168687.

[14] W Tang, W Yan, G He, G Li, and L Lin. Dynamic spectrum nonlinear modeling of VIS & NIR band based on RBF neural network for noninvasive blood component analysis to consider the effects of scattering. Infrared Physics & Technology, 2019, vol. 96: 77-83.

[15] X Wan et al. A review on the strategies for reducing the non-linearity caused by scattering on spectrochemical quantitative analysis of complex solutions. Applied Spectroscopy Reviews, 2020, vol. 55, no. 5: 351-377.

[16] Y Wang, G Li, W Tang, Y M Awelisah, and L Lin. A Dynamic Spectrum

extraction method for extracting blood scattering information - Dual-position extraction method. Spectrochimica Acta Part a-Molecular and Biomolecular Spectroscopy, 2019, vol. 221.

[17] Y Wang, G Li, H Wang, M Zhou, and L Lin. Dynamic Spectrum for noninvasive blood component analysis and its advances. Applied Spectroscopy Reviews, 2019, vol. 54, no. 9: 736-757.

[18] Q Xiao, G Li, L Han, W Yan, G He, and L Lin. Determine the significant digit of spectral data and reduce its redundant digits to eliminate the chance correlation problem based on the "salami slicing" method. Chemometrics and Intelligent Laboratory Systems, 2019, vol. 187: 1-5.

[19] Yuyu Wang, Gang Li, Huiquan Wang, Mei Zhou & Ling Lin. Dynamic Spectrum for noninvasive blood component analysis and its advances. Applied Spectroscopy Reviews, 2019, 54(9):736-757.

[20] Shaoxiu Song, Fangfang Jiang, Liling Hao, Lisheng Xu, Xiaoqing Yi, Gang Li, Ling Lin. Use of bi-level pulsed frequency-division excitation for improving blood oxygen saturation precision. Measurement, 2018 (129): 523-529.

[21] Ai Liu, Gang Li, Wenjuan Yan, Ling Lin. Combined effects of PPG preprocess and dynamic spectrum extraction on predictive performance of non-invasive detection of blood components based on dynamic spectrum. Infrared Physics and Technology, 2018 (92): 436-442.

[22] Ai Liu, Gang Li, ZhiGang Fu, Yang Guan, Ling Lin. Non-linearity correction in NIR absorption spectra by group modeling according to the content of analyte. SCIENTIFIC REPORTS, 2018, 8, DOI: 10.1038/s41598-018-26802-w.

[23] Ximeng Feng, Gang Li, Haixia Yu, ShaohuiWang, Xiaoqing Yi, Ling Lin. Wavelength selection for portable noninvasive blood component measurement system based on spectral difference coefficient and dynamic spectrum. Spectrochimica Acta Part A: Molecular and Biomolecular Spectroscopy, 2018, V193: 40-46.

[24] Li Gang, Yu Yue, Zhang Cui, Lin Ling. An efficient optimization method to improve the measuring accuracy of oxygen saturation by using triangular wave optical signal. 2017, REVIEW OF SCIENTIFIC INSTRUMENTS, V88(9).

[25] Yi Xiaoqing, Li Gang, Lin Ling. Noninvasive hemoglobin measurement using dynamic spectrum. REVIEW OF SCIENTIFIC INSTRUMENTS, 2017, 88:

083109.

[26] Dai Wenting, Lin Ling, Li Gang. New method of extracting information of arterial oxygen saturation based on Sigma vertical bar Delta vertical bar. REVIEW OF SCIENTIFIC INSTRUMENTS, 2016, 88(5).

[27] Feng Ximeng, Yu Haixia, Yi Xiaoqing, Li Gang, Lin Ling. The relationship between the perfusion index and precision of noninvasive blood component measurement based on dynamic spectroscopy. ANALYTICAL METHODS, 2017, 9(17): 2578-2584, DOI: 10.1039/c7ay00350a.

[28] Gang Li, Sijia Xu, Mei Zhou, Qirui Zhang & Ling Lin. Noninvasive hemoglobin measurement based on optimizing Dynamic Spectrum method. Spectroscopy Letters, 2017, 50(3): 164-170.

[29] Yao Peng, Gang Li, Mei Zhou, Huaile Wang and Ling Lin. Dynamic spectrum extraction method based on independent component analysis combined dual-tree complex wavelet transform. RSC Advances, 2017, 7: 11198-11205.

[30] Zhang Shengzhao，Zhang Linna, Li Gang, Lin Ling. Wavelength selection based on two-dimensional correlation spectroscopy: Application to noninvasive hemoglobin measurement by dynamic spectrum. Proceedings of SPIE - The International Society for Optical Engineering，Beijing, China，Proceedings of SPIE - The International Society for Optical Engineering, v 10024, 2016, Optics in Health Care and Biomedical Optics VII.

[31] Ling Lin, Zhang Qirui, Zhou Mei, and Gang Li. Calibration set selection method based on the "M plus N" theory: application to non-invasive measurement by dynamic spectrum. RSC ADVANCES, RSC Adv., 2016, 6: 113322-113326.

[32] 李钢，付志刚，关洋，林凌，李刚，赵静，毕平. 动态光谱信号质量的评估与筛选. 光谱学与光谱分析，2016，36（09）：3020-3025.

[33] Liu Hongyan, Wang Mengjun, Li Xiaoxia, Li Zhe, Li Gang, LinLing. Study on the effect of spectral difference coefficient on the precision of quantitative spectral analysis. ANALYTICAL METHODS, 2016, 8 (23): 4648-4658.

[34] 贺文钦，严文娟，贺国权，杨增宝，谭勇，李刚，林凌. 无创血液成分检测中基于 VIP 分析的波长筛选. 光谱学与光谱分析，2016，Vol. 36（04）：1080-1084.

[35] 李刚，包磊，周梅，林凌，刘蕊，赵春杰. 一种测量动脉血氧饱和度的新方法. 光谱学与光谱分析，2016，36（1）：196-200.

[36] Wenqin He, Xiaoxia Li, Mengjun Wang, Gang Li and Ling Lin. Spectral data quality assessment based on variability analysis: application to noninvasive hemoglobin measurement by dynamic spectrum, Anal. Methods, 2015, 7: 5565-5573.

[37] Zhou Mei, Li Qingli,Li Gang,Lin Ling. Coding method for the study of the intrinsic mechanism of spectral analysis. ANALYTICAL METHODS, 2015. VOL. 7(9): 3988 3992.

[38] 林凌，李威，周梅，曾锐利，李刚，张宝菊. EMD 算法在动态光谱无创测量血红蛋白浓度中的应用，光谱学与光谱分析，2014，Vol. 34（08）：2106-2111.

[39] 林凌，武若楠，李永城，周梅，李刚. 基于最小二乘法的动态光谱补偿拟合提取. 光谱学与光谱分析，2014，Vol. 34（07）：1973-1977.

[40] Gang Li, Mei Zhou, Ling Lin. Double-sampling to improve signal-to-noise ratio (SNR) of dynamic spectrum (DS) in full spectral range. Optical and Quantum Electronics, 2014, 46:691-698.

[41] Zhou Mei, Lin Ling, Wang Mengjun, Li Xiaoxia, Li Gang. Influence of water on noninvasive hemoglobin measurement by Dynamic Spectrum. ANALYTICAL METHODS, 2013, V.5 (18): 4660-4665.

[42] Huiquan Wang, Gang Li, Zhe Zhao and Ling Lin. Non-invasive measurement of haemoglobin based on dynamic spectrum method. Transactions of the Institute of Measurement & Control, 2013, 35(1): 16-24.

[43] 林凌，熊博，赵双琦，刘桂礼，王晓飞，李刚. 血液成分无创检测中基于不确定度的光谱提取方法. 光谱学与光谱分析，2013，Vol. 33（2）：459-463.

[44] 林凌，李永城，王蒙军，周梅，李刚，张宝菊. 基于统计方法的动态光谱差值提取. 光谱学与光谱分析，2012，Vol. 32（11）：3098-3102.

[45] 张宝菊，雷晴，李刚，林凌，王慧泉，Jean Gao. 基于 BP 神经网络的人体血液中红细胞浓度无创检测. 光谱学与光谱分析，2012，Vol. 32（08）：2110-2116.

[46] 李刚，王慧泉，赵喆，林凌，张宝菊，吴晓荣. 提高 DS 法无创血液成分检测信噪比的方法与分析. 光谱学与光谱分析，2012，Vol. 32（08）：2290-2294.

[47] 李刚，周梅，王慧泉，熊婵，林凌. 动态光谱提取方法的对比研究，

光谱学与光谱分析，2012，Vol. 32（05）：1324-1328.

[48] 李刚，王慧泉，张昊，林凌，吴晓荣，张宝菊. 无创血液成分检测全波段信号信噪比均衡. 光谱学与光谱分析，2012，32（2）：486-490.

[49] 索永宽，李刚，王慧泉，林凌. 基于动态光谱法的人体血液胆固醇含量无创检测. 光谱学与光谱分析，2012，32（1）：188-191.

[50] Huiquan Wang, Gang Li, Zhe Zhao and Ling Lin. Non-invasive measurement of haemoglobin based on dynamic spectrum method. Transactions of the Institute of Measurement & Control，published online 19 October 2011.

[51] 李刚，熊婵，王慧泉，林凌，张宝菊，佟颖. 动态光谱的单拍提取. 光谱学与光谱分析，2011，Vol.31（07）：1857-1861.

[52] 李刚，门剑龙，孙兆敏，王慧泉，林凌，佟颖，张宝菊. 小波变换提高动态光谱法血液成分无创检测的精度. 光谱学与光谱分析，2011，Vol. 31（02）：469-472.

[53] 李刚，门剑龙，孙兆敏，王慧泉，林凌，张宝菊，吴晓荣. 动态光谱法用于人体血液中多种蛋白含量的无创测量. 天津大学学报，2011，44（1）：90-94.

[54] Wang Huiquan, Li Gang, Zhao Zhe, Lin Ling. Dynamic spectrum and BP neural network for non-invasive hemoglobin measurement, Lecture Notes in Computer Science (including subseries Lecture Notes in Artificial Intelligence and Lecture Notes in Bioinformatics), v 6330 LNBI, n PART 3, p 230-237, 2010, Life System Modeling and Intelligent Computing - Int. Conf. on Life System Modeling and Simulation, LSMS 2010 and Int. Conf. on Intelligent Computing for Sustainable Energy and Environment, ICSEE 2010.

[55] 李刚，周梅，吴红杰，林凌. 无创人体血糖检测光学方法的研究现状与发展. 光谱学与光谱分析，2010，30，（10）：2744-2747.

[56] 李刚，王慧泉，赵喆，林凌，周梅，吴红杰. 动态光谱数据质量的评价. 光谱学与光谱分析，2010，30（10）：2802-2806.

[57] 李刚，赵喆，刘蕊，王慧泉，吴红杰，林凌. 利用多光程光谱法检测血液多种成分含量的研究. 光谱学与光谱分析，2010，30（09）：2381-2384.

[58] 李刚，王慧泉，赵喆，林凌. 谐波分量提高动态光谱法无创血液成分检测精度. 光谱学与光谱分析，2010，30（09）：2385-2389.

[59] 贾萍，张宝菊，张志勇，林凌，门剑龙，李刚. 动态光谱和 PLS 在人体血液红细胞无创测量中的应用. 红外与毫米波学报，2010，29（2）：132-

135.

[60] 张宝菊，贾萍，张志勇，林凌，门剑龙，李刚.PLS 在基于动态光谱法的人体血液中性粒子细胞无创测量中的应用. 光谱学与光谱分析，Vol.30（2）：466-469.

[61] 李刚，李娜，林凌. 基于 LabVIEW 的动态光谱光电脉搏波信号的快速算法. 光谱学与光谱分析，2010，Vol.30（2）：444-447.

[62] 张志勇，门剑龙，李刚，林凌，动态光谱法用于人体血红蛋白浓度的无创测量. 光谱学与光谱分析，2010，Vol.30（1）：150-153.

[63] 李刚，杨英超，林凌. 应用独立分量分析提高动态光谱的信噪比. 计算机工程与应用，2009，V45（35）：145-147，156.

[64] 林凌，杨英超，李刚，曾锐利，王焱. 利用谐波分量提高动态光谱法的信噪比. 光谱学与光谱分析，2009，Vol.29（10）：2769-2772.

[65] 林凌，李刚.人体血液成分无创测量取得突破，即将进入实用. 中国医疗器械信息，2009，V15（8）：29-33，40.

[66] Wang Yan, Lin Ling, Ma Yong, Li Gang, Zeng Rui-Li. Phase shift error of dynamic spectrum, Proceedings of SPIE - The International Society for Optical Engineering. Fifth International Symposium on Instrumentation Science and Technology. 2008, Vol. 7133, 71332E.

[67] 王焱，吕春玲，马勇，李刚，曾锐利. 动态光谱幅值检测中的奇异值剔除. 辽宁工程技术大学学报，2009，Vol.28（2）：265-268.

[68] 李刚，刘玉良，林凌，王焱，刘胜洋. 光电脉搏波信号处理中呼吸干扰的抑制. 纳米技术与精密工程，2008，Vol.6（1）：54-58.

[69] 李刚，刘玉良，林凌，王焱. 采用多光程建模方法检测血液成分含量. 分析化学，2007，Vol.35（10）：1495-1498.

[70] 李刚，刘玉良，林凌，王焱. 利用统计处理方法提高动态光谱的检测精度. 光谱学与光谱分析，2007，Vol.27（9）：1669-1672.

[71] 王焱，李刚，林凌，刘玉良. 动态光谱检测中的相移波形误差分析. 光谱学与光谱分析，2007，Vol.27（8）：1506-1508.

[72] 王焱，李刚，林凌，刘玉良，李小霞. 动态光谱频域检测中血液散射对等效光程长变化的影响. 光谱学与光谱分析，2007，Vol.27（1）：91-94.

[73] Liu Yuliang, Wang Zhiqiang and Li Gang. An in vivo acquisition device for near infrared blood spectra. 4TH IEEE/EMBS International Summer School and Symposium on Medical Devices and Biosensors, Cambridge, 2007, 73-6.

[74] 李刚，李秋霞，林凌，李晓霞，王焱，刘玉良. 动态光谱频域提取的 FFT 变换精度分析. 光谱学与光谱分析，2006，Vol.26（12）：2177-2180.

[75] Qiao XY, Li G, Lin L. Signal restoration and parameters' estimation of ionic single-channel based on HMM-SR algorithm. NEURAL INFORMATION PROCESSING, PT 2, PROCEEDINGS LECTURE NOTES IN COMPUTER SCIENCE, 2006, 4233: 586-595 (SCI：BFG61).

[76] 李刚，李尚颖，林凌，王焱，李晓霞，卢志杨. 基于动态光谱的脉搏血氧测量精度分析. 光谱学与光谱分析，2006，Vol.26（10）：1821-1824.

[77] 李刚，刘玉良，林凌，王焱. 基于 Monte-Carlo 方法的耳垂动态光谱检测的研究. 光学精密工程，2006，Vol.14（5）：816-821.

[78] 李刚，王焱，李秋霞，李晓霞，林凌，刘玉良. 动态光谱法对提高近红外无创血液成分检测精度的理论分析. 红外与毫米波学报，2006，25（5）：345-348（SCI：102AU）（EI：065110317250）.

[79] Xiaoxia LI, Gang LI, Ling LIN, Yuliang LIU, Yan WANG, Xiumei GAO. Optical properties of the tissue effects upon the dynamic spectrum, Progress in Biomedical Optics and Imaging, Fourth International Conference on Photonics and Imaging in Biology and Medicine, Vol.7, No.37, ISSN 1605-7422:604704.

[80] LI Gang, LIU Yu-liang, LIN Ling, LI Xiao-xia, WANG Yan. A new near-infrared spectrometer developed for dynamic spectroscopy, Progress in Biomedical Optics and Imaging, Fourth International Conference on Photonics and Imaging in Biology and Medicine, Vol.7, No.37, ISSN 1605-7422:6047:20-7.

[81] 李刚，王盛艳，李海兰，林凌，王焱. 动态光谱测定中 CCD 传感器的研究. 测试技术学报，2006（20）：108-111.

[82] 李刚，李晓霞，林凌，刘玉良，王焱. 消除个体条件测量差异的动态光谱及其频域提取法的研究. 光谱学与光谱分析，2006，26（5）：63-266.

[83] Qiuxia Li, Gang Li, Ling Lin, Xiaoxia li, Yan Wang, Yuliang Liu, and Stephen C-Y Lu. Theoretic Discussion on The Improvement of The Prediction Accuracy to Noninvasive Blood Glucose by A New Way, Proceedings of the 2005 IEEE Engineering in Medicine and Biology 27th Annual Conference Shanghai, China, September 1-4, 2005 .

[84] Xiaoxia Li, Gang LI, Ling LIN, Yuliang LIU, Yan WANG, Yunfeng ZHANG. Dynamic Spectrum in Frequency Domain on Non-invasive in Vivo Measurement of Blood Spectrum, Optical in Health Care and Biomedical Optics:

Diagnostics and Treatment II, edited by B. Chance, M, A. E. T. Chiou. Q Luo, Proc. Of SPIE, 2005, Vol. 5630: 688-696.

[85] Li Xiaoxia, Li Gang, Lin Ling, Liu Yuliang, Wang Yan, Zhang Yunfeng. Application of a wavelet adaptive filter based on neural network to minimize distortion of the pulsatile spectrum, Lecture Notes in Computer Science (including subseries Lecture Notes in Artificial Intelligence and Lecture Notes in Bioinformatics), 2004, v 3174: 362-368.

[86] 李刚，王焱，林凌，刘玉良，李晓霞. 一种优异的无创血液成分检测方法. 生命科学仪器，2004，2（5）：32-35.

[87] Xiao-xia LI, Gang LI, Ling LIN, LIU Yu-liang, WANG Yan, and Yunfeng Zhang. Application of a Wavelet Adaptive Filter Based on Neural Network to Minimize Distortion of the Pulsatile Spectum, F. Yin, J. Wang, and C. Guo(Eds.): ISNN 2004, LNCS 3174, pp.362-368, 2004. Springer-Verlag Berlin Heidelberg 2004.

[88] LI Gang, LIU Yu-liang, LIN Ling, LI Xiao-xia, WANG Yan. Dynamic Spectroscopy for Noninvasive Measurement of Blood Composition. 3rd International Symposium on Instrumentation Science and Technology, Aug.18-22,2004, Xi'an, China, pp3-0875-0880.

关于课程思政的思考：

毛泽东曾经提出，"中国应当对于人类有较大的贡献"。

在高端诊断仪器完全是西方人原创的今天，我们要努力，为中华民族争光。

第6章 透射多光谱图的采集与处理

多光谱图是指由数个至数十个波段（波长）组成的图像，而透射多光谱图是指透过媒质得到的多光谱图，特别是透过生物组织得到的多光谱图，由于不同的生物组织对不同的波长有不同的光学特性，如吸收和散射等。因此，透射多光谱图具有难以估量的临床与医学研究的应用前景。

由于生物组织具有极强的吸收和散射，特别像乳房的厚度在 5cm，甚至 10cm 以上，因而要求很强的照明光源，常见的光源如下。

①卤素灯等白光光源具有很宽和平坦的频谱，但在单位波长上光强却很低。

②激光作为光源有几个难以克服的困难：激光在透过生物组织中难以避免出现"散斑"现象，还需要有扩束光路，成本高，激光虽然有很窄的谱线，但透射多光谱图却对线宽没有过高的要求。

③LED 功率大、成本低、单色性足以满足要求，且极易控制。

综上所述，卤素灯和激光（LD）几乎完全不适合在透射多光谱图的成像中使用，因而 LED 是透射多光谱图成像光源的最佳选择。

多光谱图成像系统中，要么在接收传感器（图像传感器，即俗称"相机"）中分光（分开各个波长），要么在光源中"分光"。采用调制解调技术给不同的波长"编码"，此时可以采用普通的相机实现接收，系统成本比"光谱相机"低 1~2 个数量级以上。因此，采用 LED 照明和图像传感器（相机）实现的"多光谱透射成像数据采集系统"又称为 LED 多光谱成像（LED-multispectral imaging，LEDMSI），具有更强的优势。

由于人体能够承受的照明光功率有限，所以，采集到的透射多光谱图是极低灰阶、极低信噪比的图像，这就要求一方面在图像数据采集阶段尽可能提高数据质量（灰阶和信噪比），可采用调制解调等技术；另一方面通过图像处理提高数据质量，采用"帧累加"等抑制噪声，采用李刚教授提出的效果好、针对性强的一种图像处理算法——"梯田压缩法"消除冗余。

LEDMSI 的最终价值体现在无创地查找乳腺中的异质体——肿瘤组织。因此，需要寻找有效的算法来检测、提取异质体。与常规的医学图像处理不一样的地方在于：

- 有效融合多波长图像信息是核心。
- 强调"邻域关系",或说"互相关信息",或说"梯度"在异质体识别中的作用。
- 利用每个像素点的"光谱",也是研究中不能忽略内容。

如何利用深度学习、卷积神经网络等锐利武器,必将在今后的研究中成为主要的内容。

研究目标:不是用于人眼观察和识别的图像,也不是直接用于常规"显示器"显示图像,因而不能受到显示器的灰阶,如 $2^8 = 256$ 的限制。

对于"灰阶",讲究的是"有效数字位"和信噪比,不受"整数"或"定点数"的限制。但可以做到:

- 所有像素点同时加减乘除一个常数,然而并不改变,也不应该改变"计算机处理或识别"某图像的结果。
- 如果能够用整数(定点数)计算,不仅可以大幅度提高图像的处理速度,同样也可以保持图像的精度。

一定要排除潜意识中的"基于人眼的感觉"来评判处理过程及结果。

6.1　LEDMSI 的基本成像原理和实验系统

6.1.1　成像原理

透照法应该是最早用于乳腺肿瘤检查的光学方法,当人们意识到乳腺组织对可见光强烈的吸收和散射之后(见图 6-1 和图 6-2),很少有人研究可见光的乳腺肿瘤的透射检查,或改用穿透性更强的近红外光进行透射成像。可见光的透照法成为一个自检的方法。

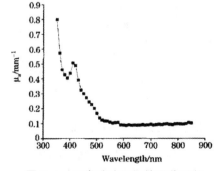
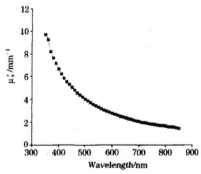

图 6-1　正常乳腺组织的吸收系数　　　图 6-2　正常乳腺组织的约化散射系数

然而，现代 LED 光源的高效率、低成本和 CMOS 图像传感器（手机相机）的极高性能和低成本，加上手机的强大计算能力和联网能力，又有计算机技术、网络与云计算加持，给透照法注入新的生命活力，如市面上出现的乳房检查仪，凭普通人的眼睛就可以看到相当深度的乳房组织中的异常组织（图 6-3 和图 6-4），为透照法早期筛查乳腺肿瘤提供了可行性。

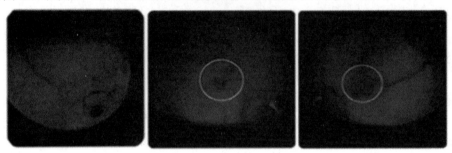

图 6-3　正常乳腺的透照图　　　图 6-4　有异常组织乳腺的透照图

以下说明足以证明其可行性：

①不仅是近红外，可见光也可以"透过"乳房组织，图 6-3 和图 6-4 中的红光的透过强度就足够高。

②如图 6-5 所示，虽然绝对不可能确定每一个光子的路径，也不能确定其是否能从成像面输出，以及从何处输出，但从成像面出射的巨量光子一定能够表现出光路径中是否有异质体（这里假定异质体比本底组织有更强的吸收）的差异。

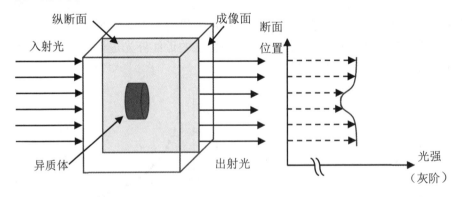

图 6-5　强散射、强吸收生物组织中检测异质体的可行性

③我们会"本能"地苛求可见光透射能够像 X 光那样透射成清晰的像，但这是不可能的。但这并不意味不能从"模糊"的图像中提取异质体的大致

空间与尺寸信息和"成分"信息，这完全取决于获得图像的灰阶和精度（分辨率），以及图像处理与分析能力。

④不同的组织对于不同波长的光具有不同的吸收和散射特性，因此通过多光谱图可识别不同异质体。

以上就是可以通过透射多光谱图检测乳腺肿瘤的依据，只要能够得到足够高的灰阶和精度（分辨率），就能够通过计算机把肿瘤所在路径的灰阶值与周边区别开，进而识别出肿瘤或其他组织。

6.1.2　单色（黑白）相机时分方式的系统

这是一种最简单的 LEDMSI 成像系统。

①系统构成

由多块单色大功率 LED（板）及其电源、被测仿体、单色（黑白）工业摄像头及一台 PC 机构成，如图 6-6 所示。

②特点

搭建简单，不需要编制控制软件，简单安装各个部件的位置即可。

③作用与意义

可以简单地配置光源强度、相机的曝光时间和采集帧数等，获取不同波长等参数的最佳配置，以求得到最佳信噪比。实验快捷、方便。

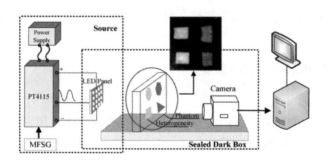

图 6-6　单色相机时分方式采集

6.1.3　单色（黑白）相机频分方式的系统

①系统构成

由一块多色（波长）大功率 LED 照明（板）及其电源、被测仿体、单色（黑白）工业摄像头及一台 PC 机构成，如图 6-7 所示。

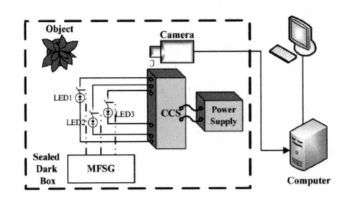

图 6-7　单色相机频分方式采集

②特点

需要按不同的编码方式对 LED 照明板进行控制。稍微比单色相机时分系统复杂一些，且由于照明板的体积和散热受限，每个波长的 LED 难以做到最大。

③作用与意义

该系统可以完成以下实验：方波频分的编码方式；LED 激励电源的参数。

由于人体的耐受，在总（光）功率受限时，各个波长 LED 的功率分配要从各个波长图像信噪比到每个波长在异质体（肿瘤）检测所起到的作用等进行考虑。

6.1.4　彩色相机时分方式的系统

①系统构成

由多块单色大功率 LED（板）及其电源、被测仿体、黑白工业摄像头及一台 PC 机构成，如图 6-8 所示。

②特点

搭建容易，快速实验。

③作用与意义

该系统可以完成以下实验：色彩通道的交叉干扰的校准；类似黑白相机，研究不同波长的灵敏度问题。

由于人体的耐受，在总（光）功率受限时，各个波长 LED 的功率分配要从各个波长图像信噪比到每个波长在异质体（肿瘤）检测所起到的作用等进行考虑。

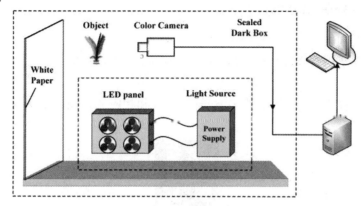

图 6-8　彩色相机时分方式采集

6.1.5　彩色相机频分方式的系统

①系统构成

由一块多色（波长）大功率 LED 照明（板）及其电源、被测仿体、彩色摄像头及一台 PC 机构成，如图 6-9 所示。

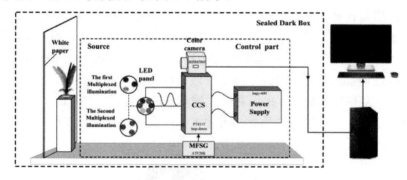

图 6-9　彩色相机频分方式采集

②特点

这是最复杂的系统形式，需要在每个环节、每个方面进行考虑和权衡，也包括各个方面的相互配合，才能达到这套系统的实验效益和效果。

③作用与意义

这是最接近未来使用的形式，对该系统既需要全面、系统和综合考虑以期获得高质量多光谱图，又可探索在各种因素限制下研究新的思路。

6.1.6 白光照明+光谱相机的系统

①系统构成

系统主要由高亮度白光光源+多光谱相机，如图6-10所示。

②特点

结构上极为简单，不需要多波长的 LED 和相应的调制，可望得到高质量的多光谱图。

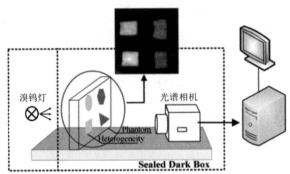

图 6-10 溴钨灯+光谱相机采集

③作用与意义

光谱相机作为一种新型的相机，一次可以获得几十个波长的图像，因此不需要"分光光源"，也就不需要 LED 及相应的调制解调。该系统获得的多光谱图经过帧累加后可以得到远高于普通相机的灰阶值和信噪比。

一项需要进行的研究：采用对应光谱相机的敏感波长的 LED，以便将照明光强"聚焦"到有用的波长上，可望大幅度提高"有用"波长的强度值，如图6-11所示。

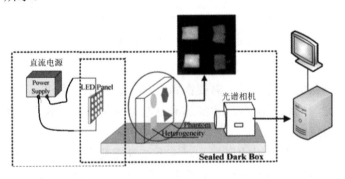

图 6-11 LED+光谱相机方式采集

6.2　LED 的"方波频分"方式激励及其激励电路

LED 的激励采用方波是由于相机本身为"积分"方式工作，这样能够得到最大的光信号"能量"。

由于限制信号强度的因素有两个：人体所能承受的光强和相机的过度曝光。前者在实际上可能会受到一定的限制，后者则绝无可能到过度曝光的地步。

频分方式可以有两个好处：缩短图像采集的时间和利用"协同效应"。

6.2.1　方波频分方式

所谓频分方式是"码分多址"技术，即利用不同的载波频率对不同波长的光进行编码，在接收到多种频率编码的光信号后再进行"解码（解调）"——分离出各个波长的光信号。

对"调制解调"技术而言，解码（解调）有两个作用，除分离出各个波长的光信号外，还要获取各个波长光的幅值。

编码方式需要考虑多个因素：编码的唯一性；邻道干扰小；降低多通道信号的同时跳变及其带来的振铃（吉布斯）现象（干扰）；解调的简单快速。

详细情况请参见本书"第 3 章　测量中的调制解调技术及其复用方式"。

6.2.2　激励电路

激励电路实际包括两个部分：信号发生器和功率驱动电路，如图 6-12 所示。

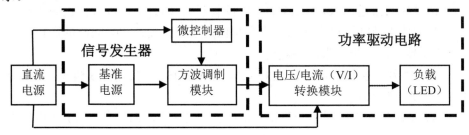

图 6-12　LED 光源激励电路框图

（1）信号发生器

需求：多通道、方波频分、幅值稳定可调、编码方式可控（易于改变）、能够输出同步信号。

对激励信号的进一步讨论：

①相机的帧率很有限，至多为 120 Hz（太高无益，可能导致图像极低的灰阶和信噪比，甚至完全不可用）。

②幅值稳定但不要求精确，而且并不在乎存在白噪声。因相机工作在积分方式，关乎于异质体检测的性能主要是像素点之间的灰阶成比例关系。

一种电路构成如图 6-13 所示。

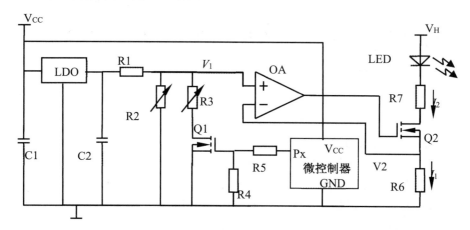

图 6-13　LED 光源双电平激励电路

由 LDO、C1 和 C2 组成参考电源，隔离 V_{CC} 和提供更稳定"基准电源"；R1、R2 和 R3 构成可调分压电路，Q1 作为一个开关，导通时 R2 和 R3 并联后与 R1 分压，得到较低的（分压）输出电压 V_1，而 Q1 断开时则仅由 R2 与 R1 分压得到较高的（分压）输出电压 V_1。

由微控制器通过 R4 与 R5 的分压控制开关管 Q1，可以方便按照"码分多址"的要求控制输出方波的频率和相位，又用开关管 Q1 隔离的微控制器 I/O 本身输出高电平带来的供电电源的纹波。

功率恒流源驱动电路由运放 OA、功率 NMOS 管 Q2 和 R6 构成。不难得到：$I_2 = I_1 = V_1/R6$。

R7 是限流保护电阻，一旦出现故障使得 Q2 短路时，保证 LED 中的电流 I_2 不会超出极限值。

需要注意的是：

● 大功率 LED 照明板通常需要多支 LED 组成，因此需要并联、串联或混联方式连接。单纯的并联或串联方式可能导致所需的电流或电压过高。

●　不管是并联还是串联，相应地需要均流或均压电阻。一般而言，采用先串联再并联比较合适，需要的均流电阻数量较少且不需要均压电阻。电路效率较高，相应的发热较少。

●　该电路采用线性驱动电路，总效率较低，发热较严重。

●　注意功率驱动电路。每一个元件要同时考虑电压、电流和功率（包括发热）不能超过极限值，实际上要打出充分的裕量。容易忽略的还有导线的线径，没有足够粗的线径，不仅发热严重，甚至导致烧毁，即使没有到发热严重的地步，但导线电阻依然是威胁电路精度和稳定性的重要因素。

对图 6-13 的改进可以采用图 6-14 所示的电路。主要改进有两点：

●　采用多通道输出 D/AC 作为信号发生器。电路简单、控制灵活、精度足够高。虽多通道 D/AC 的速度较低，但足以满足相机的速度要求。

●　采用 LED 驱动模块。其优点是这种模块工作在高频开关恒流模式，效率很高，发热很轻微，需要电源电压的幅值较低。LED 高频开关恒流模块虽然高频噪声很大，但相机的积分工作模式对此有很强的抑制作用，且光源的高频噪声并不改变图像像素点之间的亮度（灰阶）的相对比例关系。

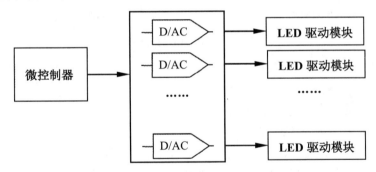

图 6-14　改进的 LED 光源双电平激励电路

（2）LED 驱动电路

LED 驱动电路有三种类型：简单开关驱动电路、恒流驱动电路和高频开关恒流驱动。

①LED 简单开关驱动电路，如图 6-15（a）所示。顾名思义，这是最简单的电路。R_L 作为限流电阻，在开关管 Q 导通时限制 LED 中的最大电流。设计时需要考虑 Q 的耗散功率、耐压和极限电流，需要考虑两倍以上的裕量；也必须考虑其耗散功率。

该电路存在较严重的缺点：效率低下，发热严重。

②LED 恒流驱动电路，如图 6-15（b）所示。该电路控制精度较高，LED 中的纹波电流很小。同样，设计时需要考虑 Q 的耗散功率、耐压和极限电流，需要考虑两倍以上的裕量；也必须考虑其耗散功率。

与图 6-15（a）电路相同，存在较严重的缺点：效率低下，发热严重。

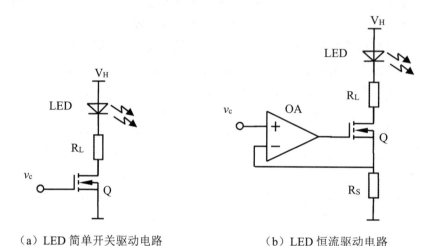

（a）LED 简单开关驱动电路 　　　　　　（b）LED 恒流驱动电路

图 6-15　LED 模拟驱动电路

③如图 6-16 所示为某型 LED 开关驱动模块，其主要技术性能如下：

模块名称：400W 升压恒流模块

模块性质：非隔离升压模块（BOOST）

输入电压：DC 8.5V～50V

输入电流：15A（MAX）超过 8A 请加强散热

静态工作电流：10mA（12V 升 20V 时，输出电压越高，静态电流越会有所增加）

输出电压：10～60V 连续可调（默认输出 19V），12～80V 固定输出

输出电流：12AMAX，超过 7A 请加强散热

恒流范围：0.2～12A

输出功率：输入电压×10A

工作温度：-40℃～85℃（环境温度过高时请加强散热）

工作频率：150 kHz

转换效率：最高 96%（效率与输入、输出电压、电流、压差有关）

过流保护：有（输入超过 15A，自动降低输出电压，有一定范围误差）

输入反接保护：无（如需要防止反向电流请在输入串入一支二极管）

安装方式：4 颗 2.5mm 螺丝孔

接线方式：接线输出

模块尺寸：长 67mm，宽 48mm，高 28mm

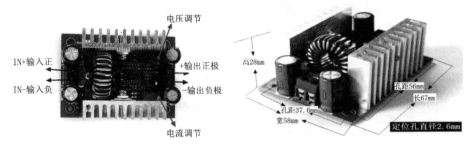

（a）实物图　　　　　　　　　　（b）外形尺寸图

图 6-16　某型 LED 开关驱动模块

使用商品的驱动模块，不仅质量、可靠性等具有保障，其价格也可以显著低于自制的电路。

6.2.3　LED 驱动脉冲与相机触发脉冲的同步

为避免驱动 LED 方波边沿跳变的振铃带来干扰，用微控制器产生一系列不同频率的方波来驱动不同波长的 LED 控制电路和控制相机的外触发功能。其工作时序图如图 6-17 所示，方波的占空比均为 50%。

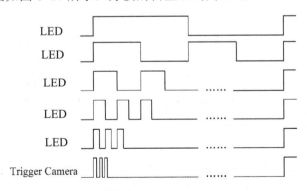

图 6-17　微控制器控制 LED 的时序图

使用方波的差值累加解调算法对得到的多光谱图像序列进行处理时，每次解调时需要固定的帧数且依赖图像序列的时序，因此确保帧序列的准确性是非常必要的。相机分两个阶段获取一帧图像：曝光和读出。当相机处于非重叠曝光模式时，帧周期应大于曝光时间和帧读出时间之和。否则，读出时收到的外部触发信号会被忽略，容易造成丢帧，影响实验结果的准确性。以光源调制频率最高的一个周期为例，相机的工作时序图如图 6-18 所示。设置相机延迟时间、曝光时间和帧读出时间之和不超过触发脉冲周期可以避免帧丢失和相位变化。

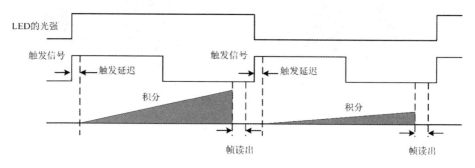

图 6-18　相机的工作方式

6.3　人体透射 LEDMSI 的配准

人体透射 LEDMSI 突出的特点是"没有特点"：低灰阶、低信噪比、没有显著的图像特征（点特征、线特征和面特征）。点特征常指角点、高曲率点、边缘点、暗区域的亮点，以及亮区域的暗点等灰度曲面上的不连续点，这些特征点不会因光照条件的改变或图像的几何变化而消失。线特征即边缘特征，是图像处理中最重要的研究对象，基于边缘的特征提取效率高，通过边界提取，过滤掉杂乱的边界，并加宽边界，就可以采用基于区域的相关类算法进行匹配；在图像结构特征不变的情况下，可排除灰度变化的影响，但缺点是对旋转等几何畸变的适应能力不强。

而且，在实际采集过程中，由于人体呼吸和轻微抖动等不稳定因素，使得采集的图像序列存在不同程度的偏移从而影响数据精度，并且生物组织对光的强吸收和散射特性也会产生透射图像模糊、信号弱、对比度差等问题。这些图像质量上的缺陷使其不能充分反映出图像中的异质体，从而限制了信息提取，给组织分类和异质性检测带来了障碍。因此，实现各帧透射图像之间的配准有助于提高帧累加图像的质量，以便后续提取图像的特征信息，为多光谱透射图像中的异质体检测提供了有利条件。

进行人体透射 LEDMSI 图像的配准也有"有利"的条件,由于连续帧之间的位移较小,因此,可以在小范围内寻找最佳配准参数;在若干个小区域进行配准,区域大小视需要仔细斟酌。

图像配准是将不同客观条件下采集的图像数据进行完全匹配的过程,其中相对配准是一种最为常用的图像配准手段,通常需要先从图像序列中挑选任意一帧图像作为参照,并将图像序列中的其他帧图像与其进行匹配。根据配准过程中利用的信息和技术不同,对传统的配准方法进行了分类,这些方法分别基于图像特征、变换域和灰度信息。

①基于特征法

基于特征的配准方法通常都是在对图像进行预处理后,再提取图像中包含的特征信息如点特征、线特征、轮廓、感兴趣区域等。之后根据图像中提取得到的特征集进行初步匹配,并删除错误匹配的特征以优化匹配过程,最后根据建立的坐标映射关系实现完全匹配。其中,特征提取是该方法的核心,特征的准确提取确保了匹配的顺利进行。基于特征的配准方法适用于特征丰富且易于检测的图像,常在计算机视觉和遥感方面应用,但该方法要求两幅图像之间必须有足够多的特征,并且特征点的位置最好为均匀分布。

②基于变换域法

基于变换域的配准方法以傅氏变换方法为主。根据傅里叶变换的平移特性,两帧图像在空间域的位移量被转换为频率域的相位差信息,图像的幅值不变,然后通过计算互功率谱的逆变换即可得到空间变换参数。由于基于变换域的配准方法在频域实现,能够抵抗一定程度的噪声,并且仅使用图像的相位信息,与图像的强度和内容无关,全局的对比度和亮度会保持不变。但是,频域中散布的白噪声、混叠会使估计的变换参数不准确,其计算复杂度也取决于图像的分辨率大小。

③基于灰度信息法

基于灰度信息的图像配准方法通过依次计算在不同空间位置中的浮动图像与参考图像之间灰度信息的相似程度,并将两者之间相似性度量的变化曲线作为匹配依据。利用搜索策略找到相似性度量最大或最小的位置,从而估计两幅图像之间的最佳变换参数。当图像自身的灰度信息改变时,该配准方法能够灵敏地检测到图像的变化情况,并避免了因特征误匹配而引入的误差,具有准确度高、鲁棒性强的优势,但搜索全局最优解的过程通常需要较大的运算量,比较耗时。

6.4 帧累加技术

在 LED 成像系统中，图像的获取经常会受到外界环境的干扰产生噪声，从而影响图像质量。因此，为了防止杂散光被反射进入镜头并记录在图像中，整体的实验环境被进行暗处理，从而导致采集到的图像信号弱、分辨率低，增加了后续的处理难度。叠加平均技术是一种有效提高数据精度的方法，在不同的应用中存在不同的表现形式，而帧累加技术是一种在图像处理领域中的叠加平均形式，也是提高微光图像信噪比的有效方法之一.

帧累加技术有两种方法，增加曝光时间或叠加多帧图像都可以实现帧累加的目的，但是考虑到增加曝光时间可能带来的过曝光现象，而过曝光现象产生与否取决于图像传感器本身的特性——动态范围，即无法通过后期算法进行控制，所以往往采用叠加多帧图像的方式来实现帧累加操作。

假设 x_s 是图像信号，x_n 是随机噪声，其主要由电路和传感器产生。在获得的 m 帧图像中，每一帧图像的信号是相同的，即 $x_{s1}=x_{s2}=\cdots=x_{sm}$，每帧图像的随机噪声 $x_{n1},x_{n2},\cdots,x_{nm}$ 都是独立的。进行帧累加之前，每帧的图像信噪比可表示为：

$$SNR_1 = \frac{x_{si}^2}{\sigma^2} \tag{6-1}$$

而经过帧累加后，信号中噪声的标准差为 $\sigma / \sqrt{m}$，此时图像的信噪比为：

$$SNR_2 = \frac{\sum\limits_{i=1}^{m}(x_{si})^2}{\sum\limits_{i=1}^{m}(\sigma/\sqrt{m})^2} = mSNR_1 \tag{6-2}$$

6.5 梯田压缩法

LED 多光谱透射成像为早期乳腺癌筛查提供了可能。但由于组织的强散射效应和强吸收特性，使得透射图像灰度和信噪比很低，不利于异质体的检测与识别。多帧累加和调制解调技术在提高图像精度的同时不可避免引起灰阶冗余。针对以上情况，综合考虑图像的灰度和梯度信息，可以采用"二维梯田压缩"图像预处理算法。采集了 LED 多光谱透射图像序列（视频），然后，使用解调和帧累加技术对处理得到高精度且高灰阶冗余的图像，然后对图像低通滤波和"二维梯田压缩"处理，对比处理前后图像的灰阶和梯度信息，处理后的图像灰阶显著降低（消除了部分冗余灰阶），且图像梯度信息增强。

6.5.1　预处理算法

低通滤波的基本思想是将图像的灰度特性从时间域映射到频域，根据其频谱信息进行分析和处理。从频域角度来说，灰度变化较剧烈的部分（图像的边缘和噪声）属于高频分量，而灰度变化比较平缓（背景区域）属于低频分量。低通滤波方法具有通低频、阻高频的作用。因此，我们使用低通滤波器去除图像中的高频成分，从而降低图像中的噪声，达到平滑的效果，其具体处理流程如下：使用傅里叶快速变换求得待处理图像的频谱，为 $D(u, v)$ ；将得到的频谱通过传递函数，去除多余频段，保留有效频段，处理后的频谱记为 $G(u, v)$ ；使用傅里叶逆变换得到处理后的图像。

经低通滤波处理后的图像，图像精度和信噪比有效提高。但是，也存在图像模糊的问题。

6.5.2　梯田压缩算法

梯田压缩算法针对帧累加之后，灰阶成数量级地增加，同时伴随着灰阶冗余也大幅度增加而提出来的、集"压缩"灰阶和滤波处理于一体的高效算法（图 6-19），类似于"数学形态滤波"，但把满足"结构元素"像素点"合并"成同一灰阶，即把（因帧累加处理后）巨大灰阶数量压缩成少量有意义的、连续正整数的灰阶数。

梯田压缩算法大致分为三个过程：一是寻找最小值过程，二是判断条件，三是赋值压缩。每次压缩寻找图像中的灰度最小值，然后在梯度阈值的影响域内寻找连通区域，如果连通区域满足面积阈值，将其作为有效生长点，对在连通区域内的灰度值进行重新赋值，否则，视其为孤点，重复第一步，最终对图像实现梯田式压缩。算法的主要流程如下（图 6-20、图 6-21 和图 6-22）：

①待处理图像记为 I，用 Imin 表示图像中的最小灰度值，用 Imax 表示图像中的最大灰度值。

②对图像的灰度值进行平移处理，所有像素点都减去 Imin，处理后的图像记为 I1。

③设置面积阈值，记为 Threshold_area（Th_area）。设置生长梯度阈值，

记为 Threshold_gra。

（a）梯田

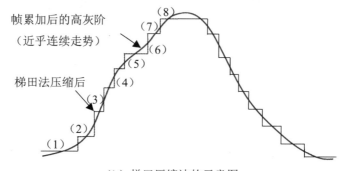

（b）梯田压缩法的示意图

图 6-19　梯田——"梯田压缩法"的由来

④原始图像的大小为 M×N，I_result 是为 M 行、N 列的全零矩阵，用于存放梯田处理后的像素点，创建空矩阵 Isolated_list，用于存放梯田压缩过程中的孤点。

⑤寻找图像中的最小值，将其记作为生长点，初始梯度为 1，生长面积（在连通区域内的像素点数量）用 count 表示。

⑥将与生长点满足梯度关系且在连通的区域内的点作为有效生长点，判断生长面积与面积阈值的关系，如果梯度为 1 时未达到生长面积阈值，那么清除刚才生长，将梯度加 1，重复刚才生长过程。如果生长面积达到面积阈值，那么在 I_result 中将生长区域中的像素点赋值为 gray_new，gray_new 初始值为 0。如果生长梯度达到梯度阈值时，其生长面积仍未达到面积阈值，那么将此生长点记为孤点，放入 Isolated_list 中。

⑦值得注意的是，在原始图像中灰度值相同的生长点，其在 I_result 中的

新灰度值均为 gray_new。例如，假如第一次有效的生长点的灰度值为 a，我们在 I_result 中将其赋为 gray_new,第二次的有效的生长点的灰度值为 a，其在 I_result 中仍赋为 gray_new, 第二次的有效的生长点的灰度值为 a+1，其在 I_result 中仍赋为 gray_new+1。

⑧将所有的点生长完毕后，对孤点进行处理，其具体方法为在 I_result 中寻找离孤点最近的不为零的点，将其灰度值赋给此孤点。孤点处理完毕，得到最终图像。

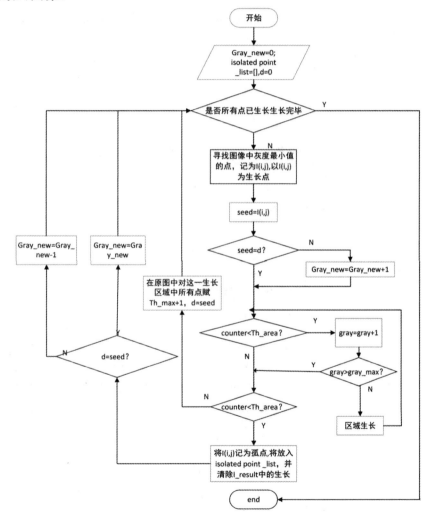

图 6-20　"二维梯田压缩"主函数流程图

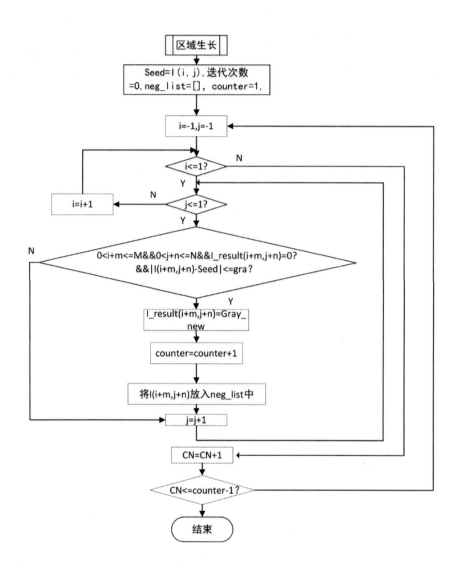

图 6-21　生长函数流程图

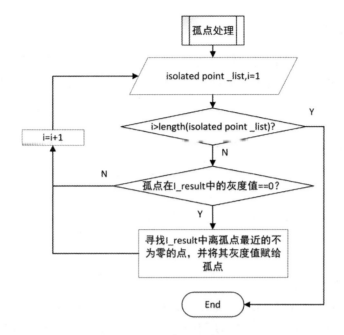

图 6-22　孤点处理流程图

6.5.3　分水岭算法

　　分水岭算法的基本原理是将图像的灰度分布特性与地形形态特性进行类比。将图像的灰度值看作海拔高度，图像的边缘部分看作一条分水岭，背景则为一片平坦的地形。常用分水岭算法有基于梯度的分水岭分割和基于控制标记的分水岭分割两种。

　　基于梯度的分水岭法：借助图像的梯度信息来实现分水岭分割。基于图像的轮廓区域具有大的梯度值，通过梯度算子求得待处理图像的梯度，因此沿着大梯度分布方向形成一条分水岭。然而，基于梯度的分水岭算法对弱边界也有很好的响应，容易造成过多分割。

　　基于控制标记的分水岭法：基于控制标记的分水岭算法能够很好地防止过度分割的现象发生。通过在待处理图像中寻找内部和外部标记对基于梯度的分水岭算法进行改进。内部标记需要在被图像边缘包围的内部区域，外部标记处在背景区域。通过内部标记和外部标记起到对梯度函数引导的作用，实现更精准的分水岭分割。

6.5.4 实验验证

在这一节中，我们将详细描述整个实验过程，由 4 个部分组成：实验装置介绍、数据采集、数据预处理、"二维梯田压缩"。图 6-23 给出了实验的流程。

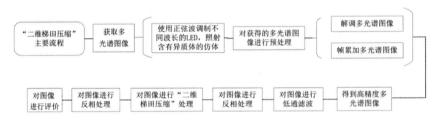

图 6-23　实验的流程

（1）实验装置

LED 多光谱透射图像采集系统如图 6-24 所示。控制部分包括多功能信号发生器（MFSG，型号为 AFG-2105 型）、学生电源（型号为 HSPY-600，0～30V，0～10A 可调）和 PT4115 降压型恒流源驱动电路（CCS，型号为 POWTECH）。光源部分由 4×4 阵列的 LED 面板组成，LED 的波长包括以 435nm 为中心的蓝光、以 546nm 为中心的绿光、以 700nm 为中心的红光和以 860nm 为中心的近红外光。图像采集部分使用工业相机（型号为 JHSM500Bf，图像分辨率为 640×640）。图像处理部分为戴尔计算机和 MATLAB 软件（2018a）。由于乳房的透光率高于其他人体组织，所以仿体装置包括以下部分：一个透光率高达 96% 的聚甲基丙烯酸甲酯材料长方体容器，其中装有牛奶和水的白色混合乳状液体用于模拟正常乳腺组织，并在溶液中悬挂不同大小、形状和位置的土豆和胡萝卜片模拟乳腺组织中的异常组织。

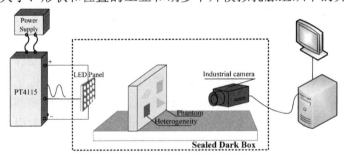

图 6-24　透射图像采集系统

（2）数据采集

数据采集的具体步骤如下：

①搭建实验装置，设置相机、学生电源和信号发生器的初始化参数。设置电压在合适的范围，保持 LED 工作在线性范围。信号发生器产生频率为 3.5Hz 的正弦信号。相机的增益为 10，相机的采集速率为 39.5 帧/秒。

②调整仿体、光源和相机三者之间的距离关系。一方面，保证光源能够均匀充分照射在仿体装置上。另一方面，要确保相机能够完整地拍摄到仿体，避免其他干扰光进入镜头中。LED 面板、仿体、相机的位置固定后，整个实验装置被一层黑色遮光布覆盖，实验环境被进行暗处理从而避免外界光线的干扰。

③图像采集。信号发生器产生的正弦波控制 LED 的驱动模块。相机分别采集四组不同波长下的多光谱图像，每组包含 1200 帧图像，每组采集得到的原始图像如图 6-25 所示。

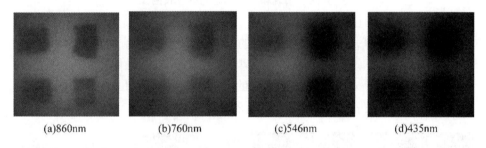

(a)860nm　　　　(b)760nm　　　　(c)546nm　　　　(d)435nm

图 6-25　采集到的原始图像

（3）数据预处理

"二维梯田压缩"的面积阈值和梯度阈值的选择与待处理图像的分辨率、其最高灰阶、异质体的分辨率大小、处理后期望的灰阶和异质体的空间分辨率有关。多波长图像的分辨率为 640×652，异质体的分辨率约为 150×200。因此在验证本节方法的可行性时，我们选择面积阈值（Threshold_area）为 1000，梯度阈值（Threshold_gra）为图像最大灰度值的 1/10。

①图像解调和帧累加

首先对得到的多光谱图像进行预处理，对图像进行解调和帧累加，得到高分辨率且高灰阶的图像。

将每帧图像的灰度值相加，得到图像序列的灰度时域图。使用 FFT 对图像序列进行处理，得到与载波信号对应的频率坐标。

根据频域坐标，对不同波长的图像序列施行 FFT 和帧累加操作得到四帧解调图像。

通过以上操作可以获得高精度、高灰阶的各波长图像。采用了一种线性变换的方法 $N = 255(M - \min(M)) / \max(M)$ 将图像拉伸到 0～255 灰阶范围。在不影响数据精度的前提下，能够更好地显示在 8 位显示器上，如图 6-26 所示。

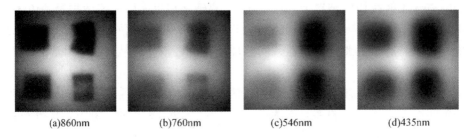

| (a)860nm | (b)760nm | (c)546nm | (d)435nm |

图 6-26 解调和帧累加后的各波长图像

② "二维梯田压缩"

对经过调制解调—帧累加处理后的高灰阶图像进行"二维梯田压缩"处理，具体步骤如下：分别对解调—帧累加后的各波长图像低通滤波；根据图 6-20 的算法流程，对分别低通滤波后的各波长图像进行"二维梯田压缩"处理，处理后的各波长图像如图 6-27 所示。

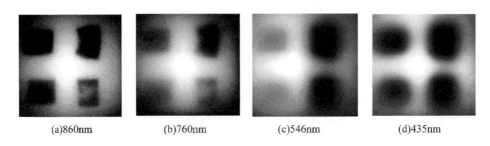

| (a)860nm | (b)760nm | (c)546nm | (d)435nm |

图 6-27 "二维梯田压缩"处理后的各波长图像

6.5.5 结果与讨论

"二维梯田压缩"能够有效降低图像的冗余度，同时提高图像的梯度信息。本节分别从灰阶压缩、提高图像梯度信息、轮廓提取三个方面讨论"二维梯田压缩"的有效性。

（1）灰阶压缩

调制解调和帧累加技术在提高图像精度的同时会不可避免地带来灰阶冗余。高灰阶图像不仅会占用大量内存，不利于图像的传输。而且，不利于后续的处理与分析。"二维梯形压缩"能够有效改善图像的灰阶冗余，经"二维梯田压缩"处理前后各波长图像的灰度级如表 6-1 所示。

可以看出，经"二维梯田压缩"处理后的图像灰阶冗余度有效降低，各波长图像的灰阶压缩到 300 左右。图像占用的空间有效减小，有利于图像后续的传输与处理。

表 6-1　经"二维梯田压缩"处理前后图像的灰阶

指标		图像的波长			
		860nm	760nm	546nm	435nm
灰阶	I	417280	417164	417164	412029
	final_result	285	290	297	301

（2）图像质量评估

"二维梯田压缩"在降低图像的灰阶冗余度的同时，还可以提高图像的梯度信息。我们使用无参考图像评价指标（NR-IQA）中基于梯度的评价指标对"二维梯田压缩"前后的图像梯度信息进行评估，如图像能量梯度（EOG）指标、Brenner 指标、AVEGRAD 指标。其中 EOG 反映图像表达小细节对比度的能力，如式（6-3）所示。Brenner 指标反映了图像灰度级之间的变化程度，如式（6-4）所示。AVEGRAD 指标用于衡量图像细节对比表达能力。同时，我们还关注了其他指标，如 Laplacian 算子、图像对比度（ICG）、空间频率（SF）。Laplacian 函数将图像中各像素点与 Laplace 算子做卷积运算，利用平方和函数处理各像素点的梯度，最终输出函数值，如式（6-5）所示。ICG 是图像中黑与白的比例，比例越大，从黑到白的层次越多，如式（6-6）所示。SF 衡量图像空间的整体活动水平，如式（6-7）所示。

$$\text{EOG} = \sum_i \sum_j \left\{ [f(i+1,j) - f(i,j)]^2 + [f(i,j+1) - f(i,j)]^2 \right\} \quad (6-3)$$

$$\text{Brenner} = \sum_i \sum_j \left\{ [f(i+2,j) - f(i,j)]^2 \right\} \quad (6-4)$$

$$\text{Laplacian} = \sum_x \sum_y G^2(i,j), \quad G(i,j) = f(i,j) \otimes L, \quad L = \begin{bmatrix} 0 & 1 & 0 \\ 1 & -4 & 1 \\ 0 & 1 & 0 \end{bmatrix} \quad (6-5)$$

$$ICG = \sum_{\delta} \delta(i,j)^2 P_\delta(i,j), \text{ where } \delta(i,j) = |i-j| \qquad （6-6）$$

$$SF = \sqrt{\frac{1}{m \times n}\sum_{i=1}^{m}\sum_{j=2}^{n}(f(i,j)-f(i,j-1))^2 + \frac{1}{m \times n}\sum_{i=2}^{m}\sum_{j=1}^{n}(f(i,j)-f(i-1,j))^2}$$

（6-7）

其中，m 是图像中的宽度，n 是图像中的高度，$f(i,j)$ 是像素点 (i,j) 的灰度值。

使用客观评价指标对"二维梯田压缩"处理前后的各波长图像进行评价，其结果如表 6-2 所示。"二维梯田压缩"能够有效提高图像的梯度信息，当使用 EOG、Brenner、Laplacian 指标对处理前后的图像进行评价时，处理后的各波长图像均提高了一个数量级以上，AVEGRAD 指标提高了 2 到 3 倍。以上指标的提高说明经过处理后的图像梯度信息增强，图像呈现了更好的清晰度。使用 SF 指标对各波长图像进行评价时，处理后的图像的 SF 指标提高了 2 到 3 倍，说明处理后图像的像素的灰度在空间域中变换比较明显，灰度值之间有了更明显的差异，更有利于对图像进行分割。使用 ICG 指标对各波长图像进行评价时，处理后的图像的 ICG 指标提高了 10 倍左右，说明处理后的图像能够呈现更加丰富的灰度信息。

表 6-2　处理前后的各波长图像质量评估

波长		EOG	Brenner	AVEGRAD	Laplacian	ICG	SF
860nm	I	8.3089e05	9.6611e05	0.0016	1.7201e06	1.3666	1.4121
	final_result	1.0053e07	8.8889e06	0.0054	3.3250e07	14.6470	4.9096
700nm	I	5.6088e05	6.3805e05	0.0013	1.1667e06	0.9268	1.1599
	final_result	6.2086e06	5.3174e06	0.0042	2.0853e07	9.0158	3.8577
546nm	I	5.2731e05	6.0881e05	0.0012	8.8968e05	0.8915	1.1245
	final_result	2.6184e06	2.2235e06	0.0028	8.4226e06	3.8416	2.5054
435nm	I	9.8962e05	1.1429e06	0.0017	2.0951e06	1.6396	1.5405
	final_result	6.3494e06	5.6511e06	0.0043	2.1269e07	9.2764	3.9015

6.6　异质体的检测

研究透射多光谱图的目的就是找出乳腺中的肿瘤——异质体，但透射多光谱图的低灰阶、低信噪比构成极大的困难，但透射多光谱图又提供了"多波长"信息。因此，一方面要提高透射多光谱图的灰阶和信噪比，另一方面需要充分发掘"多波长"信息。

本小节介绍两个阶段性的成果，以提供进一步研究思路。

6.6.1　轮廓提取检测异质体

这是沿用经典的思路检测异质体。按 6.5 节，在经过"二维梯形压缩法"后，采用 LOG（Laplacian-of-Gaussian）对透射图像的异质体进行检测。

LOG 广泛用于图像增强领域，其具体处理步骤为首先使用高斯算子平滑图像，降低部分噪声的影响，然后用拉普拉斯算子处理，起到提取图像边缘的作用。使用 LOG 算子对图像进行处理，可以减少噪声对轮廓区域的影响。将经过"二维梯形压缩法"处理前后的各波长图像经过 LOG 轮廓检测，其结果如图 6-28 和图 6-29 所示。

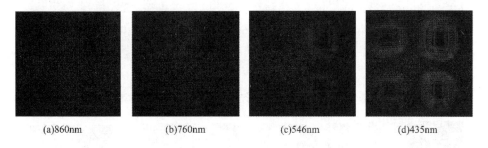

　　(a)860nm　　　　　(b)760nm　　　　　(c)546nm　　　　　(d)435nm

图 6-28　未经过"二维梯田压缩"处理的各波长图像经过 LOG 算子处理的结果

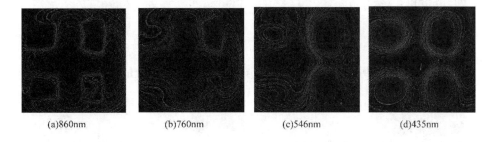

　　(a)860nm　　　　　(b)760nm　　　　　(c)546nm　　　　　(d)435nm

图 6-29　经过"二维梯田压缩"处理的各波长图像经过 LOG 算子处理的结果

经过"二维梯田压缩"处理后的各波长图像经过 LOG 后表现出更好的效果，轮廓信息得到明显的改善。针对波长为 860nm 的图像，未处理过的图像经过 LOG 算子后呈现出灰蒙蒙的状态，其"二维梯田压缩"处理后的图像轮廓的梯度信息明显增强，异质体的细节也得到了很好的体现。针对波长为760nm 和波长为546nm 的图像，处理后的图像有了明显的轮廓信息。对波长为435nm 的图像来说，处理后的图像表现出更准确的轮廓信息。综上可以说明，"二维梯田压缩"作为图像的预处理算法，能够有助于图像轮廓提取。

图 6-30 是图像序列经过调制解调—帧累加后，直接使用基于梯度的分水岭算法后进行分割的各波长图像。图 6-31 是图像序列经过调制解调—帧累加后，然后使用"二维梯田压缩"处理，最后使用基于梯度的分水岭算法对各波长图像进行分割的结果。图 6-32 是图像序列经过调制解调—帧累加后，直接使用基于标记的分水岭算法进行分割的各波长图像。图 6-33 是图像序列经过调制解调—帧累加后，使用"二维梯田压缩"处理，最后使用基于标记符的分水岭算法进行分割的各波长图像。

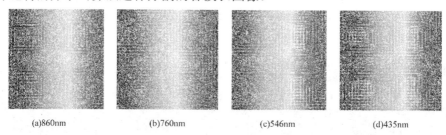

(a)860nm　　　　　(b)760nm　　　　　(c)546nm　　　　　(d)435nm

图 6-30　未经处理的各波长图像经过基于梯度的分水岭算法的结果

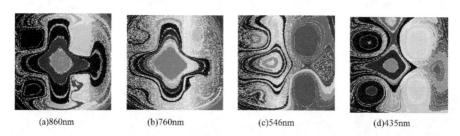

(a)860nm　　　　　(b)760nm　　　　　(c)546nm　　　　　(d)435nm

图 6-31　经过"二维梯田压缩"处理的各波长图像经过基于梯度的分水岭算法的结果

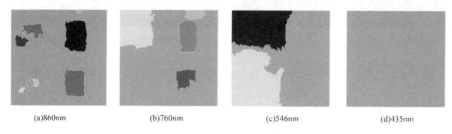

(a)860nm　　　　　(b)760nm　　　　　(c)546nm　　　　　(d)435nm

图 6-32　未经过"二维梯田压缩"处理的各波长图像经过基于标记符的分水岭算法的结果

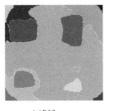 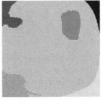 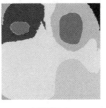 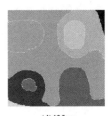

(a)860nm　　　(b)760nm　　　(c)546nm　　　(d)435nm

图 6-33　"二维梯田压缩"后各波长图像经过基于标记符的分水岭算法的结果

6.6.2　基于高光谱透射成像和多元数据分析的异质体分类

高光谱图像包含众多光谱带，可以为图像分类和目标检测提供丰富的信息。基于此，本节结合多元数据分析实现对高光谱透射图像中异质体的分类。首先，搭建了高光谱图像采集系统。利用微控制器控制步进电机驱动器，进而控制十字滑台进行 XY 二维平面的扫描，同时在扫描过程中同步外触发光谱仪进行高光谱图像的采集。其次，对采集的高光谱图像进行处理，包括滤波去噪、感兴趣区域的提取、编码得到被标记的异质体样本和划分样本集。最后，通过连续投影算法选择出 9 个代表性波段，并采用 PLS-DA、SVM 和 kNN 三个判别模型来判别异质体的类型。分类结果表明，SVM 模型在不同样本集划分法上整体分类效果最好（最高分类准确率为98.83%），PLS-DA 次之（最高分类准确率为 97.5%），kNN 的预测效果最差(最高准确率仅为83.33%)。此外，PLS-DA 和 SVM 模型在不同样本集划分算法下的决定系数 R^2 均大于 0.97，且均方根误差 RMSE 均小于 0.16，有效证明了模型的稳健性。

（1）样本集划分方法

数据集的划分会影响模型的准确率，因此在对高光谱进行建模分析之前，需要对样本集进行合理的划分。下面主要介绍 K-S、SPXY、RS 三种常用的样本集划分算法。

①K-S 算法

K-S 算法是把所有的样本视为训练集候选样本，然后从中挑选一定数量的样本作为训练集。其挑选样本的过程如图 6-34 所示。

②SPXY 算法

SPXY 算法是在 K-S 算法基础上发展而来的，它在考虑样本间光谱空间欧式距离的基础上，增加了因变量 y，样本的选择过程与 K-S 算法基本一致。

其距离如式（6-8）所示。其中，(p,q) 为样本对，d_x 为样本对应的光谱向量空间的欧式距离 ［如式（6-9）所示］，d_y 为样本对应的待测组分空间的欧式距离 ［如式（6-10）所示］。

$$d_{xy}(p,q) = \frac{d_x(p,q)}{\max\limits_{p,q \in [1,N]} d_x(p,q)} + \frac{d_y(p,q)}{\max\limits_{p,q \in [1,N]} d_y(p,q)}, p,q \in [1,N] \quad (6\text{-}8)$$

$$d_x(p,q) = \sqrt{\sum\nolimits_{j=1}^{N}[x_p(j) - x_q(j)]^2}, p,q \in [1,N] \quad (6\text{-}9)$$

$$d_y(p,q) = \sqrt{(y_p - y_q)^2} = |y_p - y_q|, p,q \in [1,N] \quad (6\text{-}10)$$

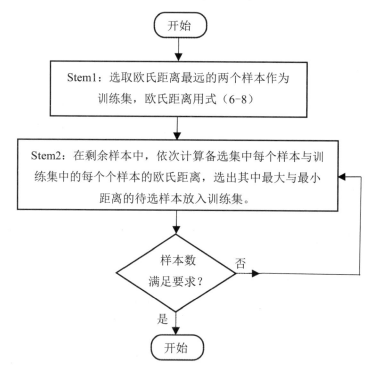

图 6-34 K–S 算法挑选样本的过程

③RS 算法

RS 算法是指从全部样本集中随机选取 n 个样本作为训练集，未被选取的作为测试集。该算法的特点是每个样本被选中的概率相同。通常情况下，按照比例 7:3 或 8:2 将样本集划分为训练集与测试集。

（2）连续投影算法

连续投影算法（SPA）是一种前向特征变量选择方法。其主要利用向量的投影分析来建立最具代表性的变量候选集，然后选择出含有最少冗余信息及最小共线性的变量组合。通过 SPA 减少变量的数量可提高模型的速度。该算法步骤如下（其中，初始波长记为 $x_{k(0)}$，所需提取波长数目记为 N，光谱矩阵记为 J 列）。

Step0：任选光谱矩阵中的一列（第 j 列），把第 j 列赋值给 x_j，记为 $x_{k(0)}$。

Step1：将样本下尚未选择的波长集合记为 S，$S = \{j, 1 \leqslant j \leqslant J, j \notin \{k(0), \cdots, k(n-1)\}\}$。

Step2：分别计算 x_j 对剩余列向量的投影，$Px_j = x_j - \left(x_j^T x_{k(n-1)}\right) x_{k(n-1)} \left(x_{k(n-1)}^T x_{k(n-1)}\right)^{-1}, j \in S$。

Step3：提取最大投影向量的光谱波长序列号，$k(n) = \arg\left(\max \left\| Px_j \right\|\right)$，$j \in S$。

Step4：令 $x_j = Px_j, j \in S$。

Step5：$n = n + 1$，如果 $n < N$，则返回 Step1 循环计算，直至满足对特征波段数目的需求。最后提取出的特征波段为 $\left\{x_{k(n)}; n = 0, \cdots, N-1\right\}$。

（3）实验验证

①实验装置

实验装置系统的示意图如图 6-35 所示。该实验系统由以下部件组成：14 个卤素灯（OSRAM，12v，10W）构成的光源面板，程序控制直流稳压电源（hspy-600，0～30V 和 0～10A 可调）、微控制器（STM32f103ZET6）、两个步进电机驱动器（TB6600）、十字滑台、光纤、紫外可见光近红外光谱仪 Avantes（AvaSpec-HS1024x58TEC-USB2，分辨率为 0.9nm，波长范围为 300～1200nm，波长数为 946）、计算机和仿体。

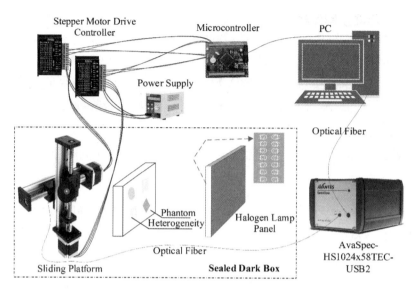

图 6-35　实验装置图

仿体用于模拟含有肿瘤的乳腺组织。依据乳腺中的正常组织和肿瘤组织的光学特性，选择高透明度 PMMA（聚甲基丙烯酸甲酯）材料制成的矩形平行六面体容器（尺寸为 120 mm×50 mm×150 mm）、牛奶和水的混合溶液（牛奶和水的体积比为 1:2）来模拟正常组织。此外，依据乳腺肿瘤断层分布的特点，选用土豆、胡萝卜、瘦肉、肥肉（尺寸大小约为 10 mm×10 mm×4 mm）作为异质体来模拟肿瘤组织。仿体的折射率约为 1.4，吸收系数约为 0.0044 mm^{-1}，散射系数约为 0.8 mm^{-1}。

②数据采集

在搭建的实验平台上采集原始的高光谱透射图像数据。在图像采集中，微控制器控制步进电机驱动器，光纤固定在十字滑台的 X 轴上，十字滑台被控制进行 XY 二维平面的扫描。与此同时，同步外触发光谱仪进行高光谱图像的采集。实验过程中为了避免环境光对光谱值的影响，实验中进行了遮光处理。具体采集步骤如下：

● 调整和固定光源、仿体和光纤探头之间的距离。光源与仿体距离约为 13cm，仿体与光纤探头距离约为 2mm。用黑箱子将光源与仿体封在一起，使卤素灯面板均匀覆盖整个仿体区域，同时保证了光纤探头只接收透过仿体区域的光。

● 设置电源、光谱仪的参数。打开电源，电源设置为 12V、3A。打开光谱仪的外触发模式，积分时间设置为 60ms。高电平触发时，采集软件将自动采集并保存光谱数据。

● 通过点扫描的方式采集高光谱数据。通过串口助手发送编写好的指令给单片机，同时控制十字滑台的自动扫描和光谱仪的同步采集。采用高电平外触发模式，在仿体每个位置自动采集 10 个周期的数据并保存，总共采集了 10000 个位置点，构成 100×100 的面阵。采集的高光谱立方体数据（100×100×946）的示意图如图 6-36 所示。

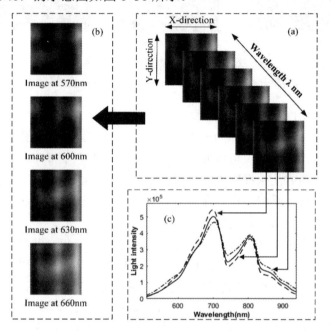

图 6-36　仿体的立方体数据

③数据处理

数据处理主要包括四部分：图像滤波和去噪、提取感兴趣区域（Region of Interest, ROI）和编码标记样本、样本集的划分、特征波段选取与模型建立，通过一系列的数据处理实现了异质体的判别分类。

● 图像滤波和去噪

获得的原始图像含有混合噪声［如图 6-37（a）所示］，主要是脉冲噪声和条纹噪声。根据噪声的特性，选用了一种基于频域滤波结合中值滤波的降噪算法。其中，中值滤波被用于滤除脉冲噪声［如图 6-37（b）所示］，然而其对于去除条纹噪声并没有显著的效果。对于条纹噪声，采用的是频域滤波方法。傅里叶变换将中值滤波后的图像转换成频域空间，然后用传统的巴特沃斯低通滤波器将高频噪声滤除。最后，通过傅里叶反变换得到去噪的图像 [如图 6-37（c）所示]。

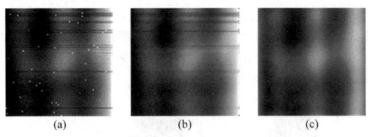

图 6-37　图像滤波去噪的结果

注：(a)原始图像；(b)滤除椒盐噪声后的图像；(c)滤除条纹噪声的图像。

- 提取 ROI 和编码标记样本

ROI 是指从图像中选择的一个图像区域，便可忽略图像背景仅对圈定的区域进行处理，这样不仅可以减少处理时间，还有利于提高准确性。本节主要采用图像掩膜方法来提取 ROI，其提取过程主要是利用已有的区域掩模与被处理的图像进行乘积。在该条件下，所得到的目标区域的灰度不变，而在该区域之外的所有灰度都变成了 0。

处理过程中采用多边形交互提取法来获取图像掩膜，并利用图像掩膜提取 ROI（异质体区域）。然后对 ROI 中的不同异质体进行编码标记，为每种类型的样本数据赋予相应的类别标签，即将瘦肉的样本标记为 1，肥肉的样本标记为 2，土豆的样本标记为 3，胡萝卜的样本标记为 4。提取 ROI 和编码标记样本的结果如图 6-38 所示。在图 6-38(d)编码标记的各个异质体区域均随机选取 100 个样本点，共 400 个样本点组成样本集用于后续的处理。

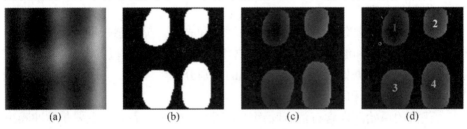

图 6-38　提取 ROI 和编码标记样本

注：(a)频域滤波去噪后的图像；(b)多边形交互法获取的图像掩膜；(c)提取的感兴趣区域；(d)样本的编码标记。

● 样本集的划分

图 6-38(d)中每个样本均包含 946 个波长的光谱信息，然后在建模分析之前分别采用 RS、K-S、SPXY 这三种算法对样本集进行划分，训练集和测试集的比例均设置为 7:3。

● 特征波段选取与模型建立

特征波段的选取：首先将光谱矩阵的第一列作为初始波长为 $x_{k(0)}$，然后预设波段的数量为 20，并将每次循环中得到的 $x_{k(0)}$ 和最优波段数量 N 输入多元线性回归（MLR）模型，得到训练集的 RMSE，RMSE 的最小值对应的即为 N 的值。经 SPA 算法循环计算得到的最优波段数量为 9，如图 6-39 所示。

模型建立：将异质体样本集的光谱矩阵和类别信息（400×10）输入 PLS-DA、SVM 和 KNN 模型中，然后比较三种模型在不同样本集划分算法下的分类准确率、决定系数 R^2 和 RMSE。

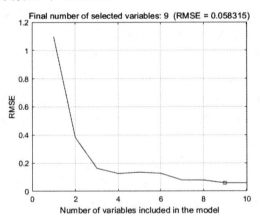

图 6-39　SPA 算法选择的最优波段数量

（4）结果与讨论

本部分主要对建模结果进行了讨论分析。分类准确率、决定系数 R^2 和 RMSE 被用于评估建模结果。其中，分类准确率是评价模型好坏的主要指标，准确率越高，预测模型的预测效果越好。R^2 用于评估模型的拟合效果，R^2 越高，说明模型的拟合效果越好，即模型解释因变量的能力越强，R^2 的计算如式（6-11）所示。RMSE 是用来判定模型的预测能力，RMSE 越小，模型精度越高，预测能力越好，计算如式（6-12）所示。其中，y_i 代表真实值，

$\widehat{y}_i$ 代表预测值，$\overline{y}$ 代表平均值，n 为样本数。PLS-DA、SVM 和 KNN 三个模型在不同样本集划分方法下的评估结果如表 6-3 所示。

$$R^2 = 1 - \frac{\sum_{i=1}^{n}\left(y_i - \widehat{y}_i\right)^2}{\sum_{i=1}^{n}\left(y_i - \overline{y}\right)^2} \tag{6-11}$$

$$RMSE = \sqrt{\frac{1}{n}\sum_{i=1}^{n}\left(y_i - \widehat{y}_i\right)^2} \tag{6-12}$$

通过赋予每种类型的样本数据相应的类别标签，对异质体进行编号标记，可以实现对异质体的判别分类。其中 PLS-DA 模型是由 PLS 算法改进而来，其分类的判别规则为：当预测值位于 0.95 至 1.05 之间，则将异质体样本判别为瘦肉。同理，预测值位于 1.95 至 2.05 之间，则将异质体样本判别为肥肉；预测值位于 2.95 至 3.05 之间，则将异质体样本判别为土豆；预测值位于 3.95 至 4.05 之间，则将异质体样本判别为胡萝卜。

分析表 6-3 的模型判别结果可知，在三个模型中，SVM 的整体分类效果最好，PLS-DA 仅次于 SVM，KNN 的分类效果相对最差。不同样本集划分算法也会影响异质体的分类结果。PLS-DA 和 SVM 模型中均是在 RS 算法下的分类准确率最高，分别为 97.5% 和 98.83%。而且 PLS-DA 模型的最高分类准确率与 SVM 模型中 K-S 和 SPXY 算法下的分类准确率相同。此外，PLS-DA 和 SVM 模型在不同样本划分算法下的 R^2 均大于 0.97，RMSE 均小于 0.16，有效证明了模型的稳健性。对于 KNN 模型，K-S 算法划分的样本集分类准确率最高，SPXY 次之。由此可说明，不同的分类模型需要结合不同的样本集划分算法，才能达到更好的分类效果。分类结果表明，本书采用多元数据分析中的有监督分类方法有效实现了异质体的分类，这可为高光谱透射成像在乳腺肿瘤早期筛查中的潜在应用提供借鉴意义。

表 6-3　不同分类模型下的分类结果

模型	样本集划分算法	准确率(%)	R^2	RMSE
PLS-DA	RS	97.50	0.998	0.053
	K-S	95.83	0.997	0.058
	SPXY	96.67	0.997	0.060
SVM	RS	98.33	0.987	0.129
	K-S	97.50	0.978	0.158
	SPXY	97.50	0.978	0.158
kNN	RS	77.50	0.823	0.474
	K-S	83.33	0.853	0.408
	SPXY	81.67	0.841	0.428

6.6.3　基于"梯田压缩法"和窗口函数的多光谱透射图像聚类分析

（1）灰度的窗口变换

灰度变换是图像增强的一种重要手段，用于改善图像显示效果，属于空间域处理方法，它可以使图像动态范围加大，使图像对比度扩展，图像更加清晰，特征更加明显。灰度变换其实质就是按一定的规则修改图像每一个像素的灰度，从而改变图像的灰度范围。灰度的窗口变换可以在灰阶上选择不同大小的窗口，将感兴趣的灰阶区域保留，多余的灰度细节则去除。同时也可以将感兴趣的灰阶区域进行线性拉伸，突出显示这部分的细节信息。灰度的窗口变换如图 6-40 所示。

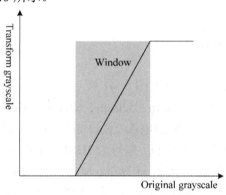

图 6-40　窗口函数

（2）多波长图像聚类

聚类分析是一种无监督的机器学习算法，可以在无标签的情况下根据样本之间的相关性进行分类处理。常见的聚类方法有 K-means、模糊 C-means、MeanShift 等。

多波长透射图像的聚类原理是根据不同的组织会在不同的波长下呈现出不同的吸收效果，将这些差异作为聚类时每个样本的特征信息。在多维图像的聚类中，我们将每个像素点看作一个样本，其每一维的数据是它的特征信息。对于大小为 M×N 的多波长图像数据如表 6-4 所示，其中 $g_{\lambda1}, g_{\lambda2}, g_{\lambda3}, \cdots, g_{\lambda n}$ 代表该像素点在对应波长下的像素值。若聚类中心在各波长下的灰度值为 $g_1, g_2, g_3, \cdots, g_n$，则聚类时距离的计算如式（6-13）所示。

$$D = \sqrt{(g_{\lambda1} - g_1)^2 + (g_{\lambda2} - g_2)^2 + (g_{\lambda3} - g_3)^2 + \cdots + (g_{\lambda n} - g_n)^2} \quad (6\text{-}13)$$

表 6-4　多波长图像数据初始化示意

像素	波长				
	λ_1	λ_2	λ_3	...	λ_n
1	$g_{\lambda 1}$	$g_{\lambda 2}$	$g_{\lambda 3}$	...	$g_{\lambda n}$
2	$g_{\lambda 1}$	$g_{\lambda 2}$	$g_{\lambda 3}$	...	$g_{\lambda n}$
3	$g_{\lambda 1}$	$g_{\lambda 2}$	$g_{\lambda 3}$	...	$g_{\lambda n}$
4	$g_{\lambda 1}$	$g_{\lambda 2}$	$g_{\lambda 3}$	...	$g_{\lambda n}$
...	...	...	...	...	...
M×N	$g_{\lambda 1}$	$g_{\lambda 2}$	$g_{\lambda 3}$	...	$g_{\lambda n}$

（3）实验

①多波长透射图像采集

● 实验装置

多光谱透射图像采集系统如图 6-41 所示。光源部分由单波长的 LED 组成的 8×8 面板，波长包括 460nm、520nm、620nm、670nm、760nm、850nm。供电电源选为锂电池（最大输出电流 2.8A，输出电压包括 14.8V、21V、24V）。图像采集部分使用黑白工业相机（型号为 JHSM36Bf，光谱响应范围为 390～1030nm）。图像处理部分为 Acer 计算机、MATLAB R2019a 和 Python 3.8。实验仿体使用 RTV-2 硅胶制作，用来模拟正常的乳腺组织，大小为100mm×100mm×30mm。仿体中央放置土豆、胡萝卜、瘦肉模拟乳腺中的异质体，大小均为 15mm×15mm×10mm，其位置分布如图 6-41 所示。

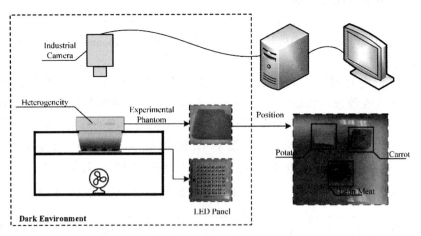

图 6-41　实验设备图

● 数据采集

初始化参数：将 LED 板连接到对应电压的锂电池。设置相机的参数：图像分辨率为 480×450，采集帧率为 30fps，设置自动曝光和自动增益。调整相机、仿体和光源三者之间的距离，使得光源均匀地照射到仿体上，且不会过于曝光。最终调整的三者之间距离均为 150mm。调节相机的焦距，保证能清晰、完整地拍摄。最后使用遮光布将整个装置覆盖，避免环境光的干扰。

图像采集：打开光源电源，采集图像，每个波长下采集 600 帧图像。在一个波长的图像采集完成后，保持仿体与相机的位置不变，仅更换光源，之后继续采集。六个波长共采集 3600 帧图像。采集的原始图像如图 6-42 所示。

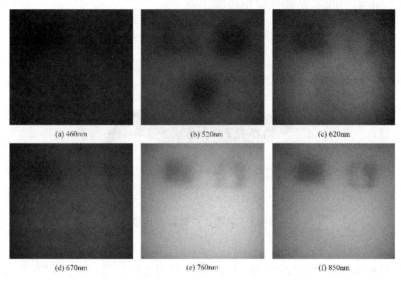

图 6-42　采集的原始图像

②图像处理

● 帧累加

帧累加技术作为图像处理领域常用的方法，对信号微弱的图像有着明显的效果。它能提高图像的灰阶与信噪比，去除采集过程中由相机暗电流等造成的随机噪声。在实验中将每个波长下获得的图像序列 I_k^λ（λ 为波长，k 为帧数）相加，如式（6-14）所示。累加的帧数为 600 张，结果如图 6-44 (a1) ～ (f1) 所示。

$$I_{acc}^\lambda = \sum_{k=1}^{n} I_k^\lambda \qquad (6\text{-}14)$$

● 趋势项去除

由于光源呈现发散状，获得的透射图像呈现中间亮四角暗的现象，会影响后续的处理。为了解决这个问题，我们利用多项式曲面拟合的方式对获得的图像进行拟合。通过减掉拟合平面的值来去除趋势项，具体如式（6-15）所示。将帧累加图像 I_{acc}^{λ} 的各像素点灰度值作为拟合数据进行多项式拟合，拟合的示意图如图 6-43 所示。得到的拟合结果作为各像素点的灰度值得到拟合图像 I_{fit}^{λ}〔如图 6-44(a2)至(f2) 所示〕。之后通过式（6-15）得到去除趋势项的图像 I_{new}^{λ}〔如图 6-44(a3)至(f3) 所示〕。去除趋势项的图像明显变得清晰，中间亮四角暗的现象也被有效地消除了。

$$I_{new}^{\lambda} = I_{acc}^{\lambda} - I_{fit}^{\lambda} - \min(I_{acc}^{\lambda} - I_{fit}^{\lambda}) \qquad （6-15）$$

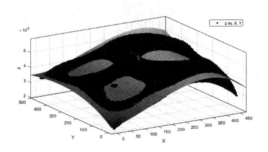

图 6-43　多项式曲面拟合示意图

● 滤波处理

由图 6-44(a3)至(f3)的图像，我们可以看到去除趋势向的图像存在大量噪声，尤其是波长较长的图像。我们采用中值滤波的方式对图像进行平滑处理。中值滤波是一种非线性滤波器，通过统计像素点及其领域的灰度值大小并进行排序，用中值代替该点的灰度值。我们选择 5×5 大小的窗口进行中值滤波，滤波的结果如图 6-44 (a4)至(f4)所示。

● 梯田压缩法

我们根据不同波长的透射图像的灰阶值，选择了合适的梯度阈值和面积阈值进行梯田压缩，具体选择的阈值如表 6-5 所示。各波长梯田压缩后的图像如图 6-44 (a1)至(f1)所示。

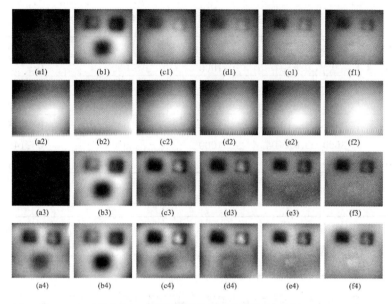

图 6-44　帧累加图像去除趋势项的结果

注：(a1)至(f1)表示各个波长的帧累加图像，(a2)至(f2) 表示各个波长的拟合图像，(a3)至(f3)表示各波长去除趋势向的图像；(a1)至(a3)为波长 460nm，(b1)至(b3)为波长 520nm，(c1)至(c3)为波长 620nm，(d1)至(d3)为波长 670nm，(d1)至(d3)为波长 760nm，(f1)至(f3)为波长 850nm。

- 灰度的窗口变换

大部分异质体的吸光度是大于正常组织的，因此透射图像中的异质体的灰阶值低，背景部分的灰度值高。因此我们利用窗口函数来保留低灰阶的异质体信息，将高灰阶的背景信息变为同一灰阶。图像处理过程中根据不同波长图像梯田压缩之后的灰阶和异质体的灰阶选择窗口的大小。具体的窗口大小如表 6-6 所示。处理后的图像如图 6-45 (a2)至(f2)所示。

- 多维图像聚类

将每个波长的图像看作二维矩阵，矩阵的大小为 480×450。在聚类之前需要对图像数据进行整理，每个波长的图像矩阵 reshape 为 1×216000 的列，6 个波长为 6 列。之后将 6 列连接成 6×216000 的矩阵，作为聚类的输入数据，即聚类数据为 216000 组，每组数据有 6 维的特征量。通过选择聚类的类数得到最终分类的结果。

表 6-5 梯田压缩法阈值选择

波长	原始灰阶范围	面积阈值	梯度阈值	压缩后灰阶范围
460	0～1.08e+04	1000	1000	0～126
520	0～3.03e+04	2000	3000	0～83
620	0～1.84e+04	1000	1000	0～122
670	0～1.38e+04	1000	1000	0～146
760	3600～3.10e+04	1000	2000	0～146
850	3600～3.72e+04	1000	3000	0～138

表 6-6 窗口函数范围选择

波长	460	520	620	670	760	850
压缩后灰阶	0～126	0～83	0～122	0～146	0～146	0～138
窗口灰阶范围	0～60	0～50	0～60	0～60	0～40	0～50

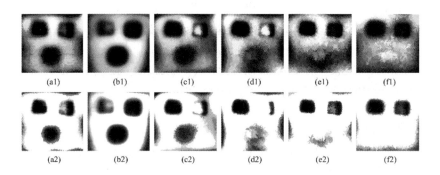

图 6-45 梯田压缩图像和窗口函数图像

（4）结果与讨论

为了验证文中对透射图像的处理方法与多维图像聚类结合使用的有效性，我们选择了多种聚类方式进行验证，包括 K-means、K-means++和 Mean-shift 算法。

K-means 聚类算法是常见的聚类方法，它的基本思想是从样本数据中随机选取 K 个作为聚类中心，计算所有样本与聚类中心的距离，将每个样本分配到它距离最近的聚类中心所在的类中。之后重新计算每个类的聚类中心，即将每个类的中心作为新的聚类中心。反复迭代，直到聚类中心变化小于设定的误差值时停止，得到最终的聚类结果。K-means++是在 K-means 算法的基础上增加了初始聚类中心选择的改进算法。Mean-shift 方法是基于概率密度和梯度爬升实现的。通过计算某点与以其为圆心的圆内点的偏移均值，将圆心移动到偏移均值处，不断迭代，直到找到密度最大处完成聚类。

聚类的结果如图 6-46 所示，我们将不同类别的像素点用不同颜色进行了标记。(a1)至(c1)为 K-means 聚类的结果。(a2)至(c2)为 K-means++聚类的结果。(a3)至(c3)为 Mean-shift 聚类的结果。(a1)(a2)(a3)为直接进行聚类的结果，从中可以看出来，对图像直接进行聚类的结果不能将图像中的三种异质体与背景分割出来，并且由于光照不均的原因，聚类的结果呈现出一圈一圈的效果，并且存在着大量的噪声。在经过帧累加、趋势向去除和梯田压缩之后，聚类的结果如(b1)(b2)(b3)所示。对图像的处理滤除了图像中的噪声，能简单地分辨出三种异质体的边缘，并且三种异质体显示为不同颜色，表示不同的类别。但是仿体背景被分割为很多块，在对异质体没有先验知识的情况下，很容易会将背景的某些区域判定为异质体。在使用窗口函数对图像处理后聚类的结果如(c1)(c2)(c3)所示。窗口函数的处理很好地解决了背景分割不均的问题，将大部分背景区域聚为了同一类，使得我们对于异质体的辨别更加容易。同时，文中的处理方法使得异质体的边界更加清晰，噪声也更少。

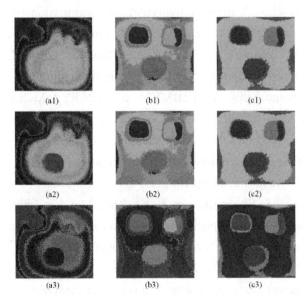

(a1)　　　　(b1)　　　　(c1)

(a2)　　　　(b2)　　　　(c2)

(a3)　　　　(b3)　　　　(c3)

图 6-46　K-means、K-means++和 Mean-shift 的聚类结果

注：(a1)(a2)(a3)为直接进行聚类的结果；(b1)(b2)(b3)为梯田压缩后聚类的结果；(c1)(c2)(c3)为文中方法处理后的聚类结果。

将图 6-46 从左向右看，对比 K-means、K-means++和 Mean-shift 三种聚类方法对多维图像聚类的结果，可以发现不同的聚类方法呈现着相同的变化趋势。在直接对多波长图像进行聚类时，三种方法均不能将异质体分辨出来，而且呈现着类似的效果。在使用本书的方法处理之后，均可以将三种异质体区分开来。所以，本书对于多波长透射图像的一系列处理方法能将图像中的异质体分割分类，很好地提高聚类的效果。

参考文献

[1] Lin Ling, Fan Meiling, Ijaz Muhammad, Cheng Leiyang, Li Gang. A modulation method that can improve the performance of LED multi-spectral imaging. SPECTROCHIMICA ACTA PART A-MOLECULAR AND BIOMOLECULAR SPECTROSCOPY, 2023: 287.

[2] Lin Ling, Fan Meiling, Cheng Leiyang, Li Gang. Optimizing FDLIA to realize high-speed and high-precision detection of multi-channel signals. DIGITAL SIGNAL PROCESSING, 2022: 131.

[3] Li Gang, Ma Shuangshuang, Li Ke, Zhou Mei, Lin Ling. Band selection for heterogeneity classification of hyperspectral transmission images based on multi-criteria ranking. INFRARED PHYSICS & TECHNOLOGY, 2022: 125.

[4] Li Gang, Yang Yuhui, Fan Meiling, Munawar Adnan, Lin Ling. Two-dimensional Terraced Compression method?and its application in contour detection of transmission image. SPECTROCHIMICA ACTA PART A-MOLECULAR AND BIOMOLECULAR SPECTROSCOPY, 2022: 278.

[5] Yang Yuhui, Li Ke, Nawaz Muhammad Zeeshan, Zhou Mei, Li Gang, Lin Ling. LED multispectral imaging based on frequency-division modulation of square wave and synchronous triggering. OPTIK, 2022: 261.

[6] Li Gang, Ma Shuangshuang, Li Ke, Zhou Mei, Lin Ling. Heterogeneity classification based on hyperspectral transmission imaging and multivariate data analysis. INFRARED PHYSICS & TECHNOLOGY, 2022: 123.

[7] Ma Shuangshuang, Li Gang, Ye Yaping, Lin Ling. Method of carrier frequency arrangement for suppressing the adjacent channel interference caused by camera nonlinearity during LED-multispectral imaging. APPLIED OPTICS, 2002, 61(11): 3240-3246.

[8] Li Gang, Ma Shuangshuang, Li He, Liu Fulong, Lin Ling. Terrace compression methodand its application in heterogeneity contour detection of

transmission images. OPTICS COMMUNICATIONS, 2022: 514.

[9] Yang Yuhui, Li Ke, Zhou Mei, Shang Hua, Li Gang, Lin Ling. A high-efficiency acquisition method of LED multispectral images using Gray code based square wave frequency division modulation. DIGITAL SIGNAL PROCESSING, 2022: 126.

[10] Ye Yaping, Li He, Li Gang, Lin Ling. A crosstalk correction method to improve multi-wavelength LEDs imaging quality based on color camera and frame accumulation. SIGNAL PROCESSING-IMAGE COMMUNICATION, 2022: 102.

[11] Li Gang, Ye Yaping, Zhou Mei, Shang Hua, Yang Yuhui, Ma Shuangshuang, Lin Ling. Multi-resolution transmission image registration based on Terrace Compression Method and normalized mutual information. CHEMOMETRICS AND INTELLIGENT LABORATORY SYSTEMS, 2022: 223.

[12] Yin Shuaiju, Li Gang, Luo Yongshun, Lin Ling. Cuff-less continuous blood pressure measurement based on multiple types of information fusion. BIOMEDICAL SIGNAL PROCESSING AND CONTROL, 2021: 68.

[13] Li He, Li Gang, Ye Yaping, Lin Ling. A high-efficiency acquisition method of LED-multispectral images based on frequency-division modulation and RGB camera. OPTICS COMMUNICATIONS, 2021: 480.

[14] Li He, Yu Jianping, Yan Wenjuan, He Guoquan, Li Gang, Lin Ling. Employment of image oversampling and downsampling techniques for improving grayscale resolution. OPTICAL AND QUANTUM ELECTRONICS, 2021, 53(1).

[15] Shang Shuaijie, Li Gang, Lin Ling. A method of source localization for bioelectricity based on Orthogonal Differential Potential. BIOMEDICAL SIGNAL PROCESSING AND CONTROL, 2021: 70.

[16] Liu Fulong, Li Gang, Lin Ling. A novel method for selecting the set optimal wavelength combination in multi-spectral transmission image. SPECTROCHIMICA ACTA PART A-MOLECULAR AND BIOMOLECULAR SPECTROSCOPY, 2021: 261.

[17] Liu Fulong, Li Gang, Yang Shuqiang, Yan Wenjuan, He Guoquan, Lin Ling. Detection of heterogeneity in multi-spectral transmission image based on spatial pyramid matching model and deep learning. OPTICS AND LASERS IN ENGINEERING, 2021: 134.

[18] Li He, Li Gang, Wang XueHu, Li Ting, Li Ke, Yang Xue, Lin Ling. Edge detection of heterogeneity in transmission images based on frame accumulation and multiband information fusion. CHEMOMETRICS AND INTELLIGENT LABORATORY SYSTEMS, 2020: 204.

[19] Liu Fulong, Li Gang, Yang Shuqiang, Yan Wenjuan, He Guoquan, Lin Ling. Detection of heterogeneity on multi-spectral transmission image based on multiple types of pseudo-color maps. INFRARED PHYSICS & TECHNOLOGY, 2020: 106.

[20] Wang Yanjun, Li Gang, Yan Wenjuan, He Guoquan, Lin Ling. Fast demodulation algorithm for multi-wavelength LED frequency-division modulation transmission hyperspectral imaging. OPTIK, 2020: 202.

[21] Liu Fulong, Li Gang, Yang Shuqiang, Yan Wenjuan, He Guoquan, Lin Ling. Recognition of Heterogeneous Edges in Multiwavelength Transmission Images Based on the Weighted Constraint Decision Method. APPLIED SPECTROSCOPY, 2020, 74(8):883-893.

[22] Wang Yanjun, Li Gang, Yan Wenjuan, He Guoquan, Lin Ling. Heterogeneity Detection Method for Transmission Multispectral Imaging Based on Contour and Spectral Features. SENSORS, 2019, 19(24).

[23] Liu Fulong, Li Gang, Yan Wenjuan, He Guoquan, Yang Shuqiang, Lin Ling. Improving heterogeneous classification accuracy based on the MDFAT and the combination feature information of multi-spectral transmission images. INFRARED PHYSICS & TECHNOLOGY, 2019: 102.

[24] Li He, Li Gang, An Wenjuan, He Guoquan, Lin Ling. Synergy effect and its application in LED-multispectral imaging for improving image quality. OPTICS COMMUNICATIONS, 2019, 438: 6-12.

[25] Liu Fulong, Li Gang, Yan Wenjuan, He Guoquan, Yang Shuqiang, Lin Ling. Classification of Heterogeneity on Multi-Spectral Transmission Image Based on Modulation-Demodulation-Frame Accumulation and Pattern Recognition. IEEE ACCESS. 7:97732-977442019

[26] Liu Fulong, Li Gang, Yan Wenjuan, He Guoquan, Yang Shuqiang, Lin Ling. A Fusion Method in Frequency Domain for Multi-Wavelength Transmission Image. IEEE ACCESS, 2019, 7:168371-168381.

[27] Yang Xue, Hu Yajia, Li Gang, Lin Ling. Optimized lighting method of

applying shaped-function signal for increasing the dynamic range of LED-multispectral imaging system. REVIEW OF SCIENTIFIC INSTRUMENTS, 2018. 89(2).

[28] Yu Jianping, Li Gang, Wang Shaohui, Lin Ling. Employment of the appropriate range of sawtooth-shaped-function illumination intensity to improve the image quality. OPTIK, 2018, 175:189-196.

[29] Yu Jianping, Li Gang, Wang Shaohui, Lin Ling. Image quality assessment metric for frame accumulated image. REVIEW OF SCIENTIFIC INSTRUMENTS, 2018, 89(1).

[30] Yang Xue, Li Gang, Lin Ling. Assessment of Spatial Information for Hyperspectral Imaging of Lesion. OPTICS IN HEALTH CARE AND BIOMEDICAL OPTICS VII, 2017: 24.

[31] Yang Xue, Hu Yajia, Li Gang, Lin Ling. Effect on measurement accuracy of transillumination using sawtooth-shaped-function optical signal. REVIEW OF SCIENTIFIC INSTRUMENTS, 2016, 87(11).

[32] Yang Xue, Li Gang, Liu Yan, Zhao Jing, Lin Ling. The Acceleration of Monte Carlo Simulation for Optical Transmission in Large Space Biological Tissue. SPECTROSCOPY AND SPECTRAL ANALYSIS, 2016, 36(11):3476-3480.

[33] Hu Yajia, Yang Xue, Wang Mengjun, Li Gang, Lin Ling. Optimum method of image acquisition using sawtooth-shaped-function optical signal to improve grey-scale resolution. JOURNAL OF MODERN OPTICS, 2016, 63(16):1539-1543.

关于课程思政的思考：

习近平总书记指出，我们的责任就是"接过历史的接力棒，继续为实现中华民族伟大复兴而努力奋斗，使中华民族更加坚强有力地自立于世界民族之林，为人类作出新的更大的贡献"。

为一半人口避免因乳腺肿瘤带来的痛苦和死亡，涉及每一个家庭的幸福和社会的安定和谐，我们怎样努力都不过分。